U0142247

近代物理
Modern Physics

倪澤恩 著

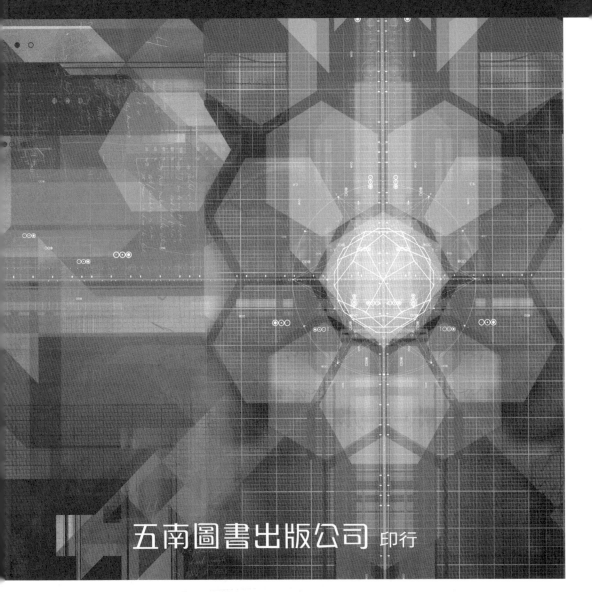

五南圖書出版公司 印行

誌　謝

敬以此書獻給我敬愛的家人

倪誠忠先生、倪歐瑞芬女士、貞芳、咸安、咸曄

近代物理對於理工學院的各科系來說不僅是觀念甚至是計算都是必要的能力。本書的藍本是作者在大三的暑假為了自修考研究所所整理的筆記加上長庚大學的「近代物理」及「量子力學」的講義彙集而成。內容包含了相對論與量子論，在最後一章還介紹了密度矩陣理論（Density matrix theory），希望能提供有興趣的讀者些許幫助。

「知我者，謂我心憂，不知我者，謂我何求？悠悠蒼天，此何人哉！」，權且引用《詩經》作為回答安安與曄曄的提問吧！

倪澤恩

長庚大學　電子工程學系／光電工程研究所

我欲與君相知　長命無絕衰

山無陵　江水為竭　冬雷震震　夏雨雪　天地合　乃敢與君絕

漢　佚名　《上邪》

文史背景的讀者，會感受到詩中的強烈情感；理工背景的讀者，亦可感受到詩中的「君」，正映襯著氣勢奔放的「量子力學」和「相對論」吧？

進入 2023 年，量子訊息科學（Quantum Information Science）或量子計算（Quantum Computing）有著迷人的發展。在結合了電腦的技術之後，甚或形成了量子優勢（Quantum advantage）或量子至上（Quantum supremacy）的態勢。

《近代物理》一版倏忽已經十年了。二版作了部分的修訂，主要歸功於長庚大學的同學以及熱心的讀者。當然，對於書中所有的錯誤，我自己要負起絕對的責任。

倪澤恩

長庚大學　電子工程學系／光電工程研究所

癸卯年驚蟄後二日於長庚醫護新村

第 4 章　量子力學的基本原理　　　141

第一章

近代物理的基本架構

1.1 近代物理的發軔

對科學稍微有基礎的人都知道「絕對溫度」（Absolute temperature）的單位是 Kelvin，其實，Kelvin 並不是人名，而是著名的英國數學家物理學家 William Thomson 的爵位名稱 Lord Kelvin，我們也許可以從這裡開始談近代物理的發軔。

1884 年 William Thomson 在美國的 Johns Hopkins University 發表了一系列的演說，稱爲 Baltimore lectures。1900 年，他在 Dynamical Theory of Heat and Light 一書中，發表了一篇名爲「Nineteenth-Century Clouds」的文章，也就是後來大家所熟知的「烏雲說」。文中用了「Dark clouds」的字眼，暗示物理科學中只剩下 Michelson-Morley 實驗（Michelson-Morley experiment）和黑體輻射（Black body radiation）「兩個小問題」尚未解決，殊不知「第一個小問題」引出了相對論（Theory of relativity）；「第二個小問題」引出了量子論（Quantum theory）。這兩個理論搖撼了古典物理嚴謹的華廈，但是，也可以說，是 William Thomson 解救了整個物理學。

本書將把近代物理分成兩個部份，分別是相對論及量子論。基本上，兩者是可以分開研讀的，也就是雖然我們把相對論安排在前面，但是，其實是可以跳過相對論，直接學習量子論的。

在進入近代物理之前，我們先簡單的把古典物理的發展歷史說明一下，並列出一些和近代物理有比較直接關係的數學特殊函數（Special functions）和方程式。

1.2　近代物理之前

　　由於在許多文獻都可以查閱得到古典物理的發展過程，所以我們無意在此作冗長的陳述，只有簡單的列出一些在 1900 年普遍已經知道的現象。要注意的是古典物理有一些限制，諸如要求質點的速度要遠小於光速；物體的大小必須遠小於分子、原子的大小。

　　古典物理的中心思想就是符合 Galileo 轉換（Galilean transformation，G.T）或是滿足 Galileo 不變性（Galilean invariance）的 Newton 定律（Newton's law）

$$\vec{F} = m\frac{d^2\vec{r}}{dt^2} \, , \tag{1.1}$$

其中 $\vec{F}$ 為作用力；m 為質點的質量；$\vec{r}$ 為質點的位移向量；t 為時間，而 Galilean 轉換會在第二章做說明。

　　除了以 Isaac Newton 為代表所提出的古典力學之外，最受重視的應屬 James Clerk Maxwell 所建立的所謂 Maxwell 方程式（Maxwell's equations），

即
$$\begin{cases} \nabla \times \vec{\mathscr{E}} = -\dfrac{\partial \vec{\mathscr{B}}}{\partial t} \\[2mm] \nabla \times \vec{\mathscr{H}} = \vec{\mathscr{J}} + \dfrac{\partial \vec{\mathscr{D}}}{\partial t} \\[2mm] \nabla \cdot \vec{\mathscr{D}} = \rho \\[2mm] \nabla \cdot \vec{\mathscr{B}} = 0 \end{cases} \tag{1.2}$$

且 Lorentz 力（Lorentz force）為 $\vec{\mathscr{F}} = q\,(\vec{\mathscr{E}} + \vec{v} \times \vec{\mathscr{B}})$，其中 $\vec{\mathscr{E}}$ 為電場強度（Electric field intensity）；$\vec{\mathscr{B}}$ 為磁通密度（Magnetic flux density）；$\vec{\mathscr{H}}$ 為磁場強度（Magnetic field intensity）；$\vec{\mathscr{J}}$ 為電流密度（Current density）；$\vec{\mathscr{D}}$ 為電通密度（Electric flux density）；ρ 為電荷密度（Charge density）；$\vec{v}$ 為電荷 q 的運動速度；ε_o 為真空介電常數（Vacuum dielectric constant）或絕對電容率（Absolute permittivity）；$\vec{\mathscr{P}}$ 為電極化強度（Polarization）；μ_o 為絕對磁導率（Absolute permeability）；$\vec{\mathscr{M}}$ 為磁極化強度（Magnetization）。

電場強度 $\vec{\mathscr{E}}$ 和電通密度 $\vec{\mathscr{D}}$ 的關係為

$$
\begin{aligned}
\vec{\mathscr{D}} &= \varepsilon_o \vec{\mathscr{E}} + \vec{\mathscr{P}} \\
&= \varepsilon_o \vec{\mathscr{E}} + \varepsilon_o \chi_e \vec{\mathscr{E}} \\
&= \varepsilon_o (1 + \chi_e) \vec{\mathscr{E}} \\
&= \varepsilon_o \varepsilon_r \vec{\mathscr{E}} \\
&= \varepsilon \vec{\mathscr{E}} ,
\end{aligned}
\tag{1.3}
$$

其中 ε_r 為相對介電常數（Relative dielectric constant）或相對電容率（Relative permittivity）；χ_e 為電極化率（Electric susceptibility）。

磁場強度 $\vec{\mathscr{H}}$ 和磁通密度 $\vec{\mathscr{B}}$ 的關係為

$$
\begin{aligned}
\vec{\mathscr{B}} &= \mu_o \vec{\mathscr{H}} + \vec{\mathscr{M}} \\
&= \mu_o \vec{\mathscr{H}} + \mu_o \chi_m \vec{\mathscr{H}}
\end{aligned}
$$

$$= \mu_o (1 + \chi_m) \overrightarrow{\mathscr{H}}$$

$$= \mu_o \mu_r \overrightarrow{\mathscr{H}}$$

$$= \mu \overrightarrow{\mathscr{H}} \, , \tag{1.4}$$

其中 μ_r 為相對磁導率（Relative permeability）；χ_m 為磁化率（Magnetic susceptibility）。

此外，在熱力學方面有四個定律，分別簡述如下：

熱力學第零定律（Zeroth law of thermodynamics）：如果第一個系統和第二個系統達到熱平衡狀態（Thermal equilibrium）；第二個系統和第三個系統達到熱平衡狀態，則第一個系統和第三個系統也是熱平衡狀態。

熱力學第一定律（First law of thermodynamics）：一個封閉系統的內能（Internal energy）變化等於系統所受的熱（Heat）和系統被作功（Work done）的總和。

熱力學第二定律（Second law of thermodynamics）：熱不能自然的由一個溫度比較低的地方流到一個溫度比較高的地方。

熱力學第三定律（Third law of thermodynamics）：當一個系統的溫度趨向絕對零度時，系統的熵（Entropy）會達到極小值。

雖然 1900 年之前古典力學已經建立的非常精緻了，可是科學家還是發現有一些觀察現象是不符合古典力學的，諸如：氣體放電 $\dfrac{e}{m_e}$ 的荷質比、天然放射性元素，β^- 衰變，X 射線（X-ray）、黑體輻射、氫原子不連續光譜、固體比熱、…、等等。這些種種問題的解決之道，可以簡單的敘述如下：

[1]　如果質點的速度極高和光速相當，則必需考慮相對論效應。

[2] 如果物體的大小和分子、原子的大小相當，則必需考慮量子效應，如果質點的速度又和光速相當，則量子效應加上相對論效應就可以採用量子場論（Quantum field theory）作分析。

1.3 近代物理的學習

以本書的內容而言，主要分成兩大部分：相對論與量子論。如前所述，在學習上，可以說兩者是互相獨立的理論，也就是兩者可以分開研讀，或者說相對論沒學好也不會影響量子論的學習；即便相對論學好了，量子論還是一個全新的理論。為什麼要作如此塊狀的切割呢？因為在教學與學習的經驗上，如果先介紹了相對論，則往往因為相對論的抽象概念導致學習興趣的下降，對於緊接著的量子論也放棄了，殊不知其實量子論是一個全新的開始。

對於相對論，我們也許可以抱持著輕鬆一點的心態，「就算日常生活接觸不著，不妨當作科幻小說來看」。因此，在本書中只安排了一章的篇幅，很簡單的把一些主要的結果做介紹。

從 1900 年開始，Max Karl Ernst Ludwig Planck 成功的提出黑體輻射現象的量子假設，接著為了支持量子假設，於是分別有了「能量量子化」與「動量量子化」的 Einstein 光電效應（Photoelectric effect）與 Compton 效應（Compton effect）。

「看起來」量子是存在的，如果量子是真實存在的，那麼還有其他的現象支持嗎？氫原子光譜的不連續現象恰好適時的用來承接量子論重要的下一棒，Niels Henrik David Bohr 提出的「駐波論」解釋了這個現象。Franck-Hertz 實驗（Franck-Hertz experiment）更是「直接觀察」到「能階」的存在。

　　如果波動具有粒子性，那麼粒子會具有波動性嗎？Louis-Victor-Pierre-Raymond de Broglie 在他的博士論文中提出了「物質波」（Matter waves）的想法，他認為物質應該同時具有粒子和波動兩種性質。接著 Werner Karl Heisenberg 由矩陣運算的不可交換性（Non-commute）提出了測不準原理（Uncertainty principle）。

　　量子理論到了 Erwin Rudolf Josef Alexander Schrödinger 提出了 Schrödinger 方程式（Schrödinger's equation）之後，我們就必須以全然不同於古典物理的觀點與方法來看待宇宙萬物了。

1.4　近代物理常用的特殊函數

　　第二章相對論所用的數學方法與技巧，基本上除了基本的代數運算之外，就是線性代數。然而因為量子論需要求解波動方程式（Wave equations），所以需要解微分方程式，當然如同在電動力學（Electrodynamics）中所遇到的問題一樣，會有許多的特殊函數（Special functions）或多項式，

　　量子力學中的 Schrödinger 方程式包含二個主要的部份：粒子所具有的動能以及粒子所在的位能。對於動能的分解似乎比較簡單，稍微複雜一點的運算就是，分成質量中心座標與相對座標；但是對於位能的分解就需要一些技巧，把粒子所看見的位能代入微分方程式之後，再化成特殊函數所對應的微分方程式的形式。在幾個重要問題上，當這些位能型式代入

Schrödinger 方程式之後，大概都可以直接的或經過適當轉換，化成我們所熟知的微分方程式。又因為這些微分方程式的解是已知的，所以使得 Schrödinger 方程式的求解過程變得相對簡單。

量子力學的幾個常用的特殊函數有 Hermite 多項式（Hermite polynomials）、Laguerre 多項式（Laguerre polynomials）、Legendre 多項式（Legendre polynomials）、球諧函數（Spherical harmonics）、Bessel 函數（Bessel function）、Neumann 函數（Neumann functions）、Hankel 函數（Hankel functions）、Airy 函數（Airy functions）、Gamma 函數（Gamma functions）、

如表1-1所示，我們列出了一些重要數學函數位能，以及其 Schrödinger 方程式所對應滿足的微分方程式的議題。

表 1-1・數學函數及其量子力學問題

Functions	Quantum Mechanics
Hermite	Harmonic Oscillation
Legendre	Central Force: Angular Part
Laguerre	Central Force: Radical Part
Bessel	Sherical Quantum Well
Airy	Triangular Quantum Well

以下我們簡單的介紹這些函數的一些基本特性。

1.4.1 Hermite 多項式

當粒子處於簡諧振盪位能（Harmonic oscillator potential）中的

Schrödinger 方程式之解，就是滿足微分方程式的 Hermite 多項式。不同階數的 Hermite 多項式都是由生成函數（Generating function）$G(\xi, s)$ 所產生的，

$$G(\xi, s) = e^{\xi^2 - (s - \xi)^2}$$

$$= e^{-s^2 + 2s\xi}$$

$$= \sum_{n=0}^{\infty} \frac{H_n(\xi)s^n}{n!} , \qquad (1.5)$$

將上式左右二側對 ξ 微分，

$$\frac{\partial G(\xi, s)}{\partial \xi} = 2se^{-s^2 + 2s\xi}$$

$$= 2s \sum_{n=0}^{\infty} \frac{H_n(\xi)s^n}{n!}$$

$$= \sum_{n=0}^{\infty} \frac{s^n}{n!} \frac{\partial H_n(\xi)}{\partial \xi} 。 \qquad (1.6)$$

對於 s 次冪相同的係數部份，可得

$$H_n' (\xi) = 2nH_{n-1}(\xi) 。 \qquad (1.7)$$

從另一方面來看，將 $G(\xi, s)$ 對 s 微分一次，

得 $$\frac{\partial G(\xi, s)}{\partial s} = (-2s + 2\xi) e^{-s^2 + 2s\xi}$$

$$= \sum_{n=0} \frac{(-2s+2\xi)\,s^n}{n!} H_n(\xi)$$

$$= \sum_{n=0} \frac{s^{n-1}}{(n-1)!} H_n(\xi) \, \circ \tag{1.8}$$

比較 s 次冪相同的部分，可得

$$H_{n+1}(\xi) = 2\xi H_n(\xi) - 2nH_{n-1}(\xi) \, \circ \tag{1.9}$$

再將（1.9）對 ξ 微分一次，可得

$$H'_{n+1}(\xi) = 2H_n(\xi) + 2\xi H'_n(\xi) - 2nH'_{n-1}(\xi) \, \circ \tag{1.10}$$

由（1.7）可得， $$H''_n(\xi) = 2nH'_{n-1}(\xi) \tag{1.11}$$

代入（1.9）得 Hermite 方程式為

$$H''_n(\xi) - 2\xi H'_n(\xi) + 2nH_n(\xi) = 0 \, \circ \tag{1.12}$$

接著，我們要找出 Hermite 多項式的具體形式。

如果我們對（1.5）分別作 n 次的 s 微分及作 n 次的 ξ 微分，且令 $s = 0$，可得

$$H_n(\xi) = \frac{\partial^n G(\xi,s)}{\partial s^n}\bigg|_{s=0}$$

$$= \frac{\partial^n}{\partial s^n} \sum_{n=0}^{\infty} \frac{H_n(\xi)}{n!} s^n \bigg|_{s=0}$$

$$= e^{\xi^2} \frac{\partial^n}{\partial s^n} e^{-(s-\xi)^2}$$

$$= (-1)^n e^{\xi^2} \frac{\partial^n}{\partial \xi^n} e^{-(s-\xi)^2}$$

$$\stackrel{s=0}{\equiv} (-1)^n e^{\xi^2} \frac{\partial^n}{\partial \xi^n} e^{-\xi^2} , \qquad (1.13)$$

即
$$H_n(\xi) = (-1)^n e^{\xi^2} \frac{\partial^n}{\partial \xi^n} e^{-\xi^2} 。 \qquad (1.14)$$

所以我們可以寫出

$$H_0(\xi) = 1 ; \qquad (1.15)$$

$$H_1(\xi) = 2\xi ; \qquad (1.16)$$

$$H_2(\xi) = 4\xi^2 - 2 ; \qquad (1.17)$$

$$H_3(\xi) = 8\xi^3 - 12\xi 。 \qquad (1.18)$$

1.4.2 Laguerre 多項式、Legendre 多項式和球諧函數

在自然科學中,例如:重力場(Gravity field)和 Coulomb 場(Coulomb field),都是屬於 Laguerre 多項式、Legendre 多項式和球諧函數的問題。用 Laguerre 多項式、Legendre 多項式和球諧函數來討論氫原子的球對稱位能(Spherically symmetric potential)就是其中的代表。

用球座標(Spherical coordinate)表示球對稱位能,可將球對稱位能分解表示為

$$V(r, \theta, \phi) = R(r)\, \Theta(\theta)\, \Phi(\phi)$$

$$= R(r)Y(\theta, \phi)\,, \qquad (1.19)$$

其中 $R(r)$ 是徑向（Radical）部分，函數的形式爲 Laguerre 多項式；$\Theta(\theta)$ 是角度（Angular）部分，函數的形式爲 Legendre 多項式；$\Phi(\phi)$ 是方位角（Azimuthal）部分，而 $Y(\theta, \phi) = \Theta(\theta)\, \Phi(\phi)$ 稱爲球諧函數，以下分別說明之。

1.4.2.1 Laguerre 多項式

量子力學中有一種重要的中心力場問題，例如，電子在 Coulomb 場中的運動行爲。Schrödinger 方程式中的徑向部分的解就是 Laguerre 多項式。

Laguerre 多項式的一般型式（Generalized Laguerre polynomials）可表示爲 L_n^m，而當 $m = 0$ 時，即 L_n，就是我們常看到的 Laguerre 多項式。

一般型式的 Laguerre 多項式 L_n^m 和 Laguerre 多項式 L_n 的定義爲

$$L_n^0 \equiv L_n = e^z \frac{d^n}{dz^n}(e^{-z}z^n)\,; \qquad (1.20)$$

$$L_n^m = (-1)^m \frac{d^m}{dz^m} L_{n+m}^0\,, \qquad (1.21)$$

其中，$m, n = 0, 1, 2, 3, \cdots$。

Laguerre 多項式所滿足的微分方程式爲

$$\left[z \frac{d^2}{dz^2} + (m + 1 - z)\frac{d}{dz} + n \right] L_n^m = 0\,. \qquad (1.22)$$

Laguerre 多項式的正交歸一（Orthonormality）的關係為

$$\int_0^\infty e^{-z} z^m L_n^m L_k^m dz = \frac{[(n+m)!]^3}{n!} \delta_{nk} \text{。} \qquad (1.23)$$

1.4.2.2 Legendre 多項式

Legendre 多項式和副 Legendre 多項式（Associated Legendre polynomials）都是球對稱位能（Spherically symmetric potential）的 Schrödinger 方程式的解，諸如：單電子原子、多電子原子的問題多屬於這個範疇。

Legendre 多項式為

$$P_l(u) = \frac{1}{2^l l!} \frac{d^l}{du^l} (u^2 - 1)^l \text{，} \qquad (1.24)$$

其中 $l = 0, 1, 2, 3...$。

而副 Legendre 多項式 $P_l^m(u)$ 為

$$P_l^m(u) = (1 - u^2)^{\frac{m}{2}} \frac{d^m}{du^m} P_l(u) \text{，} \qquad (1.25)$$

其中 $l, m = 0, 1, 2, 3...$，且 $u = \cos\theta$。

Legendre 多項式所滿足的微分方程式為

$$\frac{1}{\sin\theta} \frac{d}{d\theta} (\sin\theta \frac{dP_l}{d\theta}) + l(l+1) P_l = 0 \text{；} \qquad (1.26)$$

而副 Legendre 多項式所滿足的微分方程式則爲

$$\frac{1}{\sin\theta}\frac{d}{d\theta}(\sin\theta\frac{dP_l^m}{d\theta})+\left[l(l+1)-\frac{m^2}{\sin^2\theta}\right]P_l^m=0 \,\text{。}$$ (1.27)

Legendre 多項式的的歸一化關係爲

$$\int_{-1}^{+1}\left[P_l(u)^2\right]du=\frac{2}{2l+1} \,\text{;}$$ (1.28)

而副 Legendre 多項式的歸一化（Normalization）關係則爲

$$\int_{-1}^{+1}\left[P_l^m(u)\right]^2du=\frac{2}{2l+1}\frac{(l+m)!}{(l-m)!} \,\text{。}$$ (1.29)

我們列出幾個 Legendre 多項式如下：

$$P_0=1 \,\text{;}$$ (1.30)

$$P_1=u \,\text{;}$$ (1.31)

$$P_2=\frac{1}{2}(3u^2-3u) \,\text{;}$$ (1.32)

$$P_3=\frac{1}{2}(5u^2-3u) \,\text{;}$$ (1.33)

$$P_4=\frac{1}{8}(35u^4-30u^2+3) \,\text{。}$$ (1.34)

1.4.2.3 球諧函數

　　球諧函數就是在球對稱位能中的粒子的Schrödinger方程式之角度分量的完整解。球諧函數結合了 Legendre 多項式和方位角，定義如下：

$$Y_l^m(\theta, \phi) = (-1)^m \left[\frac{2l+1}{4\pi} \frac{(l-m)!}{(l+m)!} \right]^{\frac{1}{2}} P_l^m(\cos\theta) e^{im\phi} ; \qquad (1.35)$$

$$Y_l^{-m}(\theta, \phi) = (-1)^m \left[Y_l^m(\theta, \phi) \right]^* , \qquad (1.36)$$

其中 $l = 0, 1, 2, \cdots$ 且 $m = -l, -l+1, -l+2, \cdots, l-2, l-1, l$。

　　球諧函數滿足的微分方程式為

$$\left[\frac{1}{\sin\theta} \frac{\partial}{\partial\theta} \left(\sin\theta \frac{\partial}{\partial\theta} \right) + \frac{1}{\sin^2\theta} \frac{\partial^2}{\partial\phi^2} + l(l+1) \right] Y_l^m(\theta, \phi) = 0 。 \quad (1.37)$$

　　我們列出幾個球諧函數如下：

$$Y_0^0 = \frac{1}{\sqrt{4\pi}} ; \qquad (1.38)$$

$$Y_1^0 = \sqrt{\frac{3}{4\pi}} \cos\theta ; \qquad (1.39)$$

$$Y_2^0 = \sqrt{\frac{5}{16\pi}} (3\cos^2\theta - 1) ; \qquad (1.40)$$

$$Y_3^0 = \sqrt{\frac{7}{16\pi}} (5\cos^2\theta - 3\cos\theta) ; \qquad (1.41)$$

$$Y_1^1 = -\sqrt{\frac{3}{8\pi}} \sin\theta\, e^{i\phi} ; \qquad (1.42)$$

$$Y_2^1 = -\sqrt{\frac{15}{8\pi}} \sin\theta \cos\theta\, e^{i\phi} ; \qquad (1.43)$$

$$Y_3^1 = -\sqrt{\frac{21}{64\pi}} \sin\theta \, (5\cos^2\theta - 1)e^{i\phi} \circ \tag{1.44}$$

1.4.3 Bessel 函數

我們可以在 Schrödinger 方程式的一些重要的型式中找到 Bessel 函數的應用，例如：球型位能阱（Spherical potential well）中的粒子行為。此外，Bessel 函數在討論散射理論（Scattering theory）時，也常常被作為展開平面波的基底（Basis）。

第一類的 Bessel 函數（First kind Bessel function）$J_n(z)$ 滿足的微分方程式為

$$\left[\frac{d^2}{dz^2} + \frac{1}{z}\frac{d}{dz} + \left(1 - \frac{n^2}{z^2}\right) \right] J_n(z) = 0 , \tag{1.45}$$

其中 $n = 0, 1, 2, 3, \cdots$。

且

$$J_n(z) = \sum_{k=0}^{\infty} \frac{(-1)^k \left(\frac{z}{2}\right)^{n+2k}}{k!(k+n)!} ; \tag{1.46}$$

$$J_{-n}(z) = (-1)^n J_n(z) \circ \tag{1.47}$$

在圓柱座標（Cylindrical coordinate）中，求解波動方程式常常會用到 Bessel 函數，例如：光波在光波導或光纖中的傳遞行為，球態 Bessel 函數（Spherical Bessel functions）則常常被用來求解 Schrödinger 方程式，球態 Bessel 函數所滿足的微分方程式為

$$\left[\frac{d^2}{d\rho^2} + \frac{1}{\rho}\frac{d}{d\rho} + 1 - \frac{l(l+1)}{\rho^2} \right] f_l(\rho) = 0 \, , \qquad (1.48)$$

如果微分方程式在原點的解是常規的（Regular），

則 $\qquad f_l(\rho) = j_l(\rho)$。 $\qquad\qquad (1.49)$

如果微分方程式在原點的解是非常規的（Irregular），

則 $\qquad f_l(\rho) = n_l(\rho)$ 或 $h_l^+(\rho)$， $\qquad\qquad (1.50)$

其中 $j_l(\rho)$ 為球態 Bessel 函數；$n_l(\rho)$ 為 Neumann 函數；$h_l^+(\rho)$ 為第一類 Hankel 函數（First kind Hankel functions）；$h_l^-(\rho)$ 為第二類 Hankel 函數（Second kind Hankel functions）。

幾個球態 Bessel 函數和 Neumann 函數為

$$j_0 = \frac{\sin(\rho)}{\rho} \, ; \qquad\qquad (1.51)$$

$$j_1 = \frac{\sin(\rho)}{\rho^2} - \frac{\cos(\rho)}{\rho} \, ; \qquad\qquad (1.52)$$

$$n_0 = \frac{\cos(\rho)}{\rho} \, ; \qquad\qquad (1.53)$$

$$n_1 = \frac{\cos(\rho)}{\rho^2} + \frac{\sin(\rho)}{\rho} \, 。 \qquad\qquad (1.54)$$

此外，如前所述，Bessel 函數也常常用來展開平面波，

即
$$e^{ikz} = \sum_{l=0}^{\infty} (2l+1)(i)^l j_l \,(kr)\, P_l(\cos\theta) \text{，} \tag{1.55}$$

其中 $z = r\cos\theta$。

或
$$e^{i\vec{k}\cdot\vec{r}} = 4\pi \sum_{l=0}^{\infty} \sum_{m=-l}^{+l} (i)^l j_l \,(kr)[Y_l^m \,(\theta_k,\,\theta_k)]^* \, Y_l^m \,(\theta_r,\,\theta_r) \text{，} \tag{1-56}$$

其中$(\theta_k,\,\theta_k)$為向量$\vec{k}$的極座標角（Polar angles），$(\theta_r,\,\theta_r)$為向量$\vec{r}$的極座標角。

1.4.4 Airy 函數

在討論粒子在三角形量子井（Triangular quantum well）的行為時，我們會用 Airy 函數來表示。

Airy 函數滿足的微分方程式為

$$\frac{\partial^2\Phi(\xi)}{\partial\xi^2} - \xi = 0 \text{，} \tag{1.57}$$

其中
$$\Phi\,(\xi) = \frac{1}{\sqrt{\pi}} \int_0^{\infty} \cos\left(\frac{u^3}{3} + \xi u\right) du \text{。} \tag{1.58}$$

要注意$\Phi\,(\xi)$尚未歸一化，Airy 函數的近似解析型式為：

若 $\xi > 0$，則
$$\Phi\,(\xi) \sim \frac{1}{2}(\xi)^{\frac{-1}{4}} \, e^{-\frac{2}{3}\xi^{\frac{3}{2}}} \text{；} \tag{1.59}$$

若 $\xi < 0$，則 $\qquad \Phi(\xi) \sim (-\xi)^{\frac{-1}{4}} \sin\left[\frac{2}{3}(-\xi)^{\frac{-3}{2}} + \frac{\pi}{4}\right]$。 $\qquad$ (1.60)

1.4.5 Gamma 函數

雖然 Gamma 函數並非是 Schrödinger 方程式的解，但是在許多應用問題上非常有用，Gamma 函數的定義爲

$$\Gamma(z) = \int_0^\infty e^{-t} t^{z-1} dt， \qquad\qquad (1.61)$$

其中 z 的實數部分是正的，即 Re $(z) > 0$。

有一些常用的關係爲

$$\Gamma(z+1) = z\Gamma(z)； \qquad\qquad (1.62)$$

$$\Gamma(z)\Gamma(z-1) = \frac{\pi}{\sin(\pi z)}。 \qquad\qquad (1.63)$$

若 n 爲正整數，

則 $\qquad \Gamma(n+1) = n!； \qquad\qquad\qquad (1.64)$

$$\Gamma\left(n+\frac{1}{2}\right) = \frac{(2n-1)(2n-3)(2n-5)\cdots 3 \cdot 1}{2^n}\sqrt{\pi}。 \qquad (1.65)$$

1.5 近代物理的哲學

圖 1.1・實驗觀察與理論假設

　　量子論對於理工學院的各科系來說不僅是觀念或是計算都是必要的能力。我們可以依著年代，琢磨一下就可以建立出一個近代物理發展的流程「實驗觀察⇄提出理論」，即「實驗觀察→提出理論→作實驗證實理論→新的實驗觀察→提出新的理論→作實驗證實理論→新的實驗觀察→提出新的理論⋯」，如圖 1.1 所示，除了在揭櫫「實驗觀察」與「理論假設」的關係之外，還強調了一個非常重要的學習科學的哲學，那就是所有人類發展的科學大柢而言是所謂的「實證科學」，簡單來說就是「眼見為憑」，也就是新提出的理論如果要被承認，一定要和實驗觀察的結果吻合才可以。

　　這個實證科學的觀念與作法，在 Schrödinger 方程式的使用上十分的明顯。當我們學了基本的量子力學之後，再研讀原子分子物理、固態物理、

雷射物理、半導體物理、…等等綜合性的科學，幾乎會發現在闡述一個新現象時，大概都要一段冗長的數學的過程，推導出一個新型式的 Hamiltonian，這個新型式的 Hamiltonian 甚至還會冠上人名。冠上人名的參數、模型或理論當然是爲了表彰學者對科學的貢獻，但是爲什麼要把原來只不過是簡單的動能加位能的形式分解成一個可能比較複雜的型式呢？大多是因爲這樣才可以用當時有的儀器設備量測觀察，如圖 1.2 所示，換言之，當儀器設備更新時，分解成的型式可能又不相同了，如圖 1.3 所示。

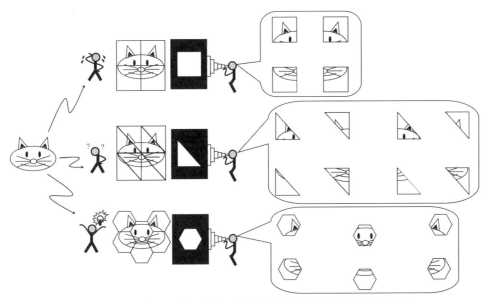

圖 1.2．理論分解的型式不同，觀察的儀器設備就要不同

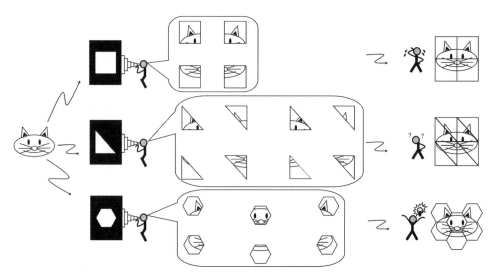

圖 1.3・觀察的儀器設備不同，理論分解的型式就要不同

1.6　習題

1-1　在近代物理或量子物理中，經常會用到積分的運算，其中有許多典型的積分關係都源自於 $\int_{-\infty}^{+\infty} e^{-ax^2} dx = \sqrt{\dfrac{\pi}{a}}$。由此積分關係 $\int_{-\infty}^{+\infty} e^{-ax^2} dx = \sqrt{\dfrac{\pi}{a}}$ 可得 $\int_{0}^{\infty} e^{-ax^2} dx = \dfrac{1}{2}\sqrt{\dfrac{\pi}{a}}$。更進一步還可以得到 $\int_{-\infty}^{+\infty} x^2 e^{-kx^2} dx = -\dfrac{d}{dk} \int_{-\infty}^{\infty} e^{-kx^2} dx = \dfrac{\sqrt{\pi}}{2k^{3/2}}$。也可以發現一個遞迴關係 $I_n \triangleq \int_{0}^{\infty} x^n e^{-ax^2} dx = \left(\dfrac{n-1}{2a}\right) I_{n-2}$，所以 $\int_{0}^{\infty} x^{2n} e^{-ax^2} dx = \dfrac{1 \cdot 3 \cdot 5 \cdots (2n-1)}{2^{n+1} a^n} \sqrt{\dfrac{\pi}{a}}$。

[1]　請試把在 (x, y) 平面上的積分轉換到極座標（Polar coordinate）(r, ϕ) 平面上做積分，証明這個積分關係。

[2]　請試以 Laplace 轉換（Laplace transform）証明這個積分關
係。

1-2　Dirac δ 函數（Dirac δ-function）又稱為單位脈衝函數（Unit im-
pulse function）定義為

$$\delta(x) = \begin{cases} \infty, \text{ as } x = 0 \\ 0, \text{ as } x = 0 \end{cases} ; \text{ 且 } \int_{-\infty}^{+\infty} \delta(x)\, dx = 1 \text{ 。}$$

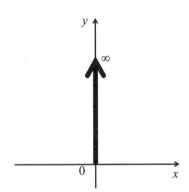

試証明以下的性質或關係。

[1]　$\int f(x)\, \delta(x-a)\, dx = f(a)$ 。

[2]　$\delta(ax) = \dfrac{1}{|a|}\, \delta(x)$ 。

[3]　$\delta(x) = \delta(-x)$ 。

[4]　$x\delta(x) = 0$ 。

[5]　$\displaystyle\int_{-\infty}^{+\infty} f(x)\, \delta'(x)\, dx = -f'(0)$ ，其中 $\delta'(x) = \dfrac{d\delta(x)}{dx}$ 且 $f'(x) = \dfrac{df(x)}{dx}$ 。

[6] 若單位步階函數$\Theta(x)$（Unit step function）和 Dirac δ 函數 $\delta(x)$ 的關係為 $\int_{-\infty}^{x}\delta(u)du=\Theta(x)=\begin{cases}0, & \text{if } x<0\\ 1, & \text{if } x>0\end{cases}$，則

$$\frac{d\Theta(x)}{dx}=\delta(x)。$$

[7] $\delta(t)=\dfrac{1}{2\pi}\int_{-\infty}^{+\infty}e^{i\omega t}\,d\omega。$

[8] $\delta(x)=\dfrac{1}{2L}\sum_{m=-\infty}^{+\infty}e^{im\pi x/L}。$

1-3

[1] 試証 $\displaystyle\int_{0}^{\infty}\frac{e^{-x}x^{\frac{1}{2}}}{1-e^{-\alpha}x^{-x}}dx=\sum_{0}^{\infty}e^{-na}\int_{0}^{\infty}x^{\frac{1}{2}}e^{-(n+1)x}\,dx。$

[2] 試証 $\displaystyle\int_{0}^{\infty}x^{\frac{1}{2}}e^{-(n+1)x}\,dx=\frac{\sqrt{\pi}}{2(n+1)^{3/2}}。$

[3] 若 Γ 函數的定義為 $\Gamma(n+1)\triangleq\int_{0}^{\infty}x^{n}e^{-x}dx$，則試求 $\Gamma\left(\dfrac{3}{2}\right)=\dfrac{\sqrt{\pi}}{2}。$

1-4 試將這些函數作 Fourier 轉換。

[1]

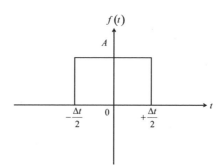

$$f(t) = \begin{cases} A, & -\dfrac{\Delta t}{2} \le t \le +\dfrac{\Delta t}{2} \\ 0, & elsewhere \end{cases} 。$$

[2]

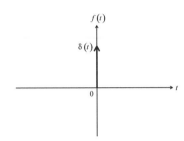

$$\delta(t) = \begin{cases} 1, & t = 0 \\ 0, & elsewhere \end{cases} 。$$

[3]

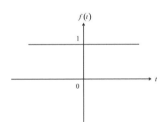

$$f(t) = 1 。$$

[4]

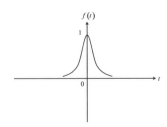

$$f(t) = e^{-at^2} \text{ 且 } a > 0 。$$

第二章

基礎相對論

　　許多人都可以把「相對論」三個字朗朗上口，甚至於還可以煞有其事的說出個道理，對於茶餘飯後的科學普及談話還可以，但是對於理工科系的近代物理的學科而言，就必須要言之有據了。所謂的「言之有據」當然是指數學描述，所以在本章中，主要的是要說明相對論的幾個關鍵性的數學表示式，並且用矩陣的方式描述出來。

　　我們先由古典力學（Classical mechanics）的 Galileo 轉換開始介紹，後來發現同屬古典物理的 Maxwell 方程式並不符合 Galileo 轉換，其中雖然有 Ether（乙太，Luminiferous Ether 或 Aether 的簡稱）的說法，但是被否定了。接著 Albert Einstein 提出相對性原理（Principle of relativity）和一致性原理（Principle of constancy）的兩個假設，建立了相對論，簡單來說就是建立了時間和空間的 Lorentz 轉換（Lorentz transformation），以及動力學的相對理論（Relativistic mechanics），當然，包含了相對論能量（Relativistic energy）和四維動量（4-dimensional momentum）。

　　在介紹 Einstein 的相對論當中，我們也引入了 Minkowski 空間（Minkowski space）的說明。

2.1　古典力學與 Galileo 轉換

　　古典力學或 Newton 力學（Newton mechanics）是建立在二階微分方程式（Second-order differential equation）的基礎上的，

$$\vec{F} = m\frac{d^2\vec{r}}{dt^2}。 \tag{2.1}$$

這個二階微分方程式，如果再加上 2 個初始條件（Initial conditions），例如在時間 t_0 時的位置 $\vec{r}(t_0) = \vec{r}_0$ 和速度 $\vec{v}(t_0) = \vec{v}_0$，就被認為可以完整的描述粒子的所有行為特性。

古典力學的相對性原理和日常生活的慣性系經驗是一致的，也就是在慣性系內所獲得的物理定律形式都是一樣的。然而什麼是慣性系呢？其實慣性系就是作等速直線運動的座標系，例如：我們所在的地球 K 和火車 K' 上，因為地球太大了，我們認為地球 K 是靜止的，或者火車是直線前進的，所以這些都可以視為是慣性系。在本章中，基本上，只要是靜止的或是觀察者所在的慣性系，我們就以 K 標示；如果是相對於觀察者作等速直線運動的慣性系，我們就以 K' 標示。

現在有兩個慣性系，即慣性座標 K 和慣性座標 K'，慣性座標 K 是靜止的；而慣性座標 K' 是以相對於慣性座標 K 的等速度 v 向 x 正向作運動，如圖 2.1 所示，我們可以用 Galileo 轉換來看兩個慣性座標 K 和 K' 之間的位移和時間的關係，

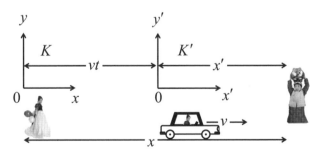

圖 2.1．兩個慣性系作相對運動

$$x' = x - vt \; ; \tag{2.2}$$

$$y' = y \; ; \tag{2.3}$$

$$z' = z \; ; \tag{2.4}$$

$$t' = t \; , \tag{2.5}$$

其中(x', y', z', t')是慣性系 K' 中的座標；(x, y, z, t)是慣性系 K 中的座標。

這四個關係式如果以矩陣表示則為

$$\begin{bmatrix} x' \\ y' \\ z' \\ t' \end{bmatrix} = \begin{bmatrix} 1 & 0 & 0 & -v \\ 0 & 1 & 0 & 0 \\ 0 & 0 & 1 & 0 \\ 0 & 0 & 0 & 1 \end{bmatrix} = \begin{bmatrix} x \\ y \\ z \\ t \end{bmatrix} \; 。 \tag{2.6}$$

由位置對時間的微分關係，可以得到在不同的慣性系中速度或動量的關係為

$$\frac{dx'}{dt'} = \frac{dx}{dt} - v \; ; \tag{2.7}$$

$$\frac{dy'}{dt'} = \frac{dy}{dt} \; ; \tag{2.8}$$

$$\frac{dz'}{dt'} = \frac{dz}{dt} \; 。 \tag{2.9}$$

更進一步，再作一次微分運算，可以得到在不同的慣性系中加速度或力量的關係為，

$$\frac{d^2x'}{dt'^2} = \frac{d^2x}{dt^2} \; ; \tag{2.10}$$

$$\frac{d^2y'}{dt'^2} = \frac{d^2y}{dt^2} \; ; \tag{2.11}$$

$$\frac{d^2z'}{dt'^2} = \frac{d^2z}{dt^2} \, \circ \tag{2.12}$$

所以在慣性座標 K 的力量的形式為 $\vec{F} = m\dfrac{d^2\vec{r}}{dt^2}$；在慣性座標 K' 的力量的形式亦為 $\vec{F} = m\dfrac{d^2\vec{r}'}{dt^2}$，即在二個不同的慣性座標系內測得的力的形式是相同的，都是二階微分方程式，也都符合 Newton 力學。

　　古典力學的架構是建立在這個二階微分方程式上的，所以只要不符合二階微分方程式的論述就被認為是錯誤的，就會被認為是需要修正的。

2.2　古典物理的迷思

電磁學是屬於古典物理的範疇，在真空中的 Maxwell 方程式為

$$\begin{cases} \nabla \times \vec{\mathscr{E}} = -\dfrac{\partial \vec{\mathscr{B}}}{\partial t} \\[2mm] \nabla \times \vec{\mathscr{H}} = \vec{\mathscr{J}} + \dfrac{\partial \vec{\mathscr{D}}}{\partial t} \, , \\[2mm] \nabla \cdot \vec{\mathscr{D}} = \rho \\[2mm] \nabla \cdot \vec{\mathscr{B}} = 0 \end{cases} \tag{2.13}$$

其中 $\mathscr{E}$ 為電場強度；$\vec{\mathscr{B}}$ 為磁通密度；$\mathscr{H}$ 為磁場強度；$\vec{\mathscr{J}}$ 為電流密度；$\vec{\mathscr{D}}$ 為電通密度；ρ 為電荷密度。如前所述，Maxwell 方程式就不符合 Galileo 轉換。

Maxwell 方程式違反了 Galileo 轉換的不變性（Galilean invariant），到底是 Maxwell 方程式錯誤？抑或是古典力學要修正？當然我們現在已經有了後知之明，知道是要修正古典力學。此外，因爲在十九世紀末就已經知道 Maxwell 方程式是可以用來描述光波特性的，所以其實爲了解決 Maxwell 方程式無法符合 Galileo 轉換的問題，正暗示著相對論的即將出現。

因爲由古典物理所得的經驗是，波動的傳遞需要靠介質，所以當時的物理學者就假設光波的傳遞也需要一種稱爲 Ether 的介質。而 Ether 充斥在宇宙間，光波在 Ether 的座標系（Ether frame）內所測得的速度爲 $c \equiv 3 \times 10^8$ m/sec，但是，Ether 是隨著物體運動的呢？抑或是靜止不動的呢？有兩派主要的學說，一是拖曳說（Ether drag hypothesis）；一是放射學說（Emission theory）。簡單而言，拖曳說是假設 Ether 座標系是依附在所有有限質量的物體上的，也就是認爲 Ether 是隨著物體運動的，雖然可以用 Michelson-Morley 實驗（Michelson-Morley experiment）來說明，但是被星光差所否定；放射學說是認爲光速與光源的速度有關，也就是認爲 Ether 是靜止不動的，但是被 de Sitter 的雙星運動所否定。

綜合以上的論述與觀察結果，二派學說都被否定了，無論是假設 Ether 靜止或被拖曳，都無法同時解釋星光差的觀察、de Sitter 的雙星運動以及 Michelson-Morley 實驗的結果。讓我們知道，除非光速與光源速度無關，也就是只有在靜止的慣性座標或運動的慣性座標 K' 內測得的光速都是 c，如圖 2.2 所示，才可以同時滿足所有的觀察結果。

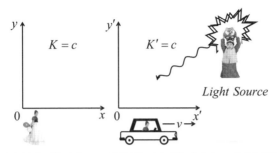

圖 2.2．在靜止的慣性座標 K 或運動的慣性座標 K' 內測得的光速均為 c

　　於是 Henri Poincare 建議要捨棄 Ether 學說，同時也普遍的產生了一些想法：「或許所有物理定律應該是要滿足 Lorentz 轉換（Lorentz transformation）而非滿足 Galileo 轉換」；「Maxwell 方程式是對的，而 Newton 力學需要被修正」。

　　這些描述提到了三個實驗，我們簡單的介紹一下這三個實驗。

[1] 星光差

　　在地球上觀察遠處的星光，依據古典理論或 Ether 是靜止不動的說法，即放射學說，如圖 2.3 所示，白天測得的光速比黑夜測得的光速快，或者，季節不同測得的光速應該也會有所不同，但是實際上所測得的光速都是相同的，所以光速與觀察者的速度無關。

圖 2.3．在地球上觀察遠處的星光

[2] de Sitter 觀測雙星運動。

Willem de Sitter 觀察一個雙星運動，如圖 2.4 所示，根據古典物理或 Ether 是靜止不動的說法，即放射學說，觀察者觀測由子星球 A 發出的光，其速度應較子星球 B 發出的光速度為快，但事實不然！所以光速與光源速度無關。

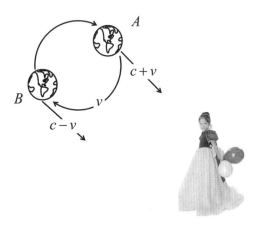

圖 2.4．觀察雙星運動

[3] Michelson-Morley 實驗

因為原來我們是在「Ether 為靜止」假設條件下進行分析，但是被 Michelson-Morley 實驗結果否定了「Ether 為靜止」的說法。Michelson-Morley 實驗可以用「拖曳說」來解釋。

如圖 2.5 所示為 Michelson-Morley 實驗裝置，圖中表示光源是靜止的，而且地球以 v 的速度在運動，若假設 Ether 是靜止的，則被透鏡 M 部份反射到反射面鏡 M_1 再反射回到透鏡 M 的時間標示為 t_1，即 $t_1 : M - M_1 - M$；被透鏡 M 部份穿透到反射面鏡 M_2 再反射回到透鏡 M 的時間標示為 t_2，即 $t_2 : M - M_2 - M$。

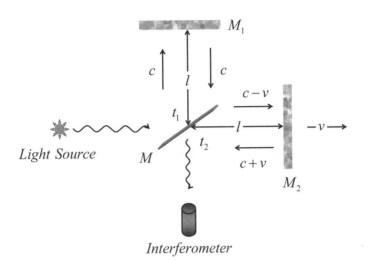

圖 2.5．Michelson-Morley 實驗

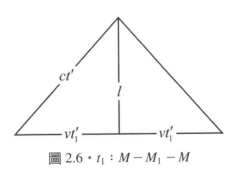

圖 2.6．$t_1 : M - M_1 - M$

$t_1 : M - M_1 - M$，如圖 2.6 所示，因為地球以 v 的速度在運動，而 Ether 是靜止的，所以

$$(ct'_1)^2 = t^2 + (vt'_1)^2 ， \tag{2.14}$$

則　　　　$$t'_1 = \frac{l}{c\sqrt{1 - v^2/c^2}} 。 \tag{2.15}$$

一去一回後，

則 $\qquad t_1 = 2t_1' = \dfrac{2l}{c\sqrt{1 - v^2/c^2}} = \dfrac{2l}{c}(1 - v^2/c^2)^{\frac{1}{2}} \cong \dfrac{2l}{c}\left(1 + \dfrac{v^2}{2c^2}\right)。 \qquad (2.16)$

$t_2 : M - M_2 - M$，如圖 2.5 所示，因為 Ether 是靜止的，

所以
$$
\begin{aligned}
t_2 &= \frac{l}{c - v} + \frac{l}{c + v} \\
&= \frac{2lc}{c^2 - v^2} \\
&= \frac{2l}{c}\left(\frac{1}{1 - \dfrac{v^2}{c^2}}\right) \\
&= \frac{2l}{c}\left(1 - \frac{v^2}{c^2}\right)^{-1}, \qquad (2.17)
\end{aligned}
$$

若地球移動的速度 v 遠小於光速 c，即 $v \ll c$，

則 $\qquad\qquad\qquad t_2 \cong \dfrac{2l}{c}\left(1 + \dfrac{v^2}{c^2}\right)。 \qquad\qquad (2.18)$

綜合以上的結果可得

$$
\Delta t = t_2 - t_1 = \frac{2l}{c}\left(1 + \frac{v^2}{c^2}\right) - \frac{2l}{c}\left(1 + \frac{v^2}{2c^2}\right) = \frac{l}{c}\frac{v^2}{c^2} = \frac{l}{c}\beta^2,
$$
$$(2.19)$$

其中 $\beta \equiv \dfrac{v}{c}$。

於是反射面鏡 M_1 及反射面鏡 M_2 回到透鏡 M 的兩束光的相位差（Phase difference），也就是光程差（Optical path difference）δ 為

$$\delta = \omega \Delta t = 2\pi v \frac{l}{c} \beta^2 \text{。} \tag{2.20}$$

如果本實驗有光程差將產生光干涉的條紋，則表示 Ether 是靜止的，但是，因爲實驗結果看不到干涉現象或干涉漂移，所以表示沒有因爲地球的速度造成這兩束光的相位差或其變化，所以否定了原來的 Ether 靜止假設，而認爲 Ether 被地球拖著走，即「拖曳說」，所以測得的光速永遠爲 c，或者認爲物體長度在沿運動方向皆會縮短 $\sqrt{1-\frac{v^2}{c^2}}$ 倍，也就是如果原來的長度是 l，運動之後長度變爲 $l\sqrt{1-\frac{v^2}{c^2}}$。

2.3　Lorentz 轉換

Einstein 在建立相對論時，所作的兩個假設：相對性原理和一致性原理，分別簡述如下。

[1]　保留相對性原理，所有物理定律要滿足 Lorentz 轉換。

[2]　由實驗結果得光速和座標速度無關，光速永遠都保持定值爲 $c = 3 \times 10^8$ m/s。

以下我們將在相對性原理和一致性原理的前提下，分別介紹時間和空間的 Lorentz 轉換。時間的 Lorentz 轉換主要是說明時間的同時性（Simultaneity）和時間的同步性（Synchronization）；空間的 Lorentz 轉換主要是說明 Lorentz 縮減（Lorentz contraction）。

2.3.1 時間的 Lorentz 轉換

時間的 Lorentz 轉換是在分析有相對運動的兩個慣性座標 K 和 K' 中所進行時間量測必須的考慮，我們會發現在運動的慣性系的時鐘走的比較慢（Slow），而且走得晚（Late），時鐘走的快慢就是時間的同時性；時鐘走的早晚就是時間的同步性。

[1.1] 時間的同時性

若觀察者和光源的距離為 l，而且光源以速度 v 前進，則我們將藉由比較兩個慣性座標 K 和 K' 所測得的時間，以求得時間的同時性。

首先，在靜止座標 K 中進行觀察，而光源以速度 v 前進，如圖 2.7 所示，則所測時間 Δt 和光源速度 v、距離 l 的關係為

$$(c\Delta t)^2 = l^2 + (v\Delta t)^2 \ 。 \tag{2.21}$$

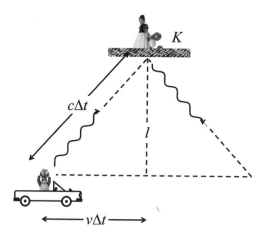

圖 2.7・在靜止座標中觀察運動的光源

如果觀察者所在的慣性座標 K' 運動速度 v 和光源的速度 v 相同，即大小相同、方向也相同，如圖 2.8 所示，則所測時間 $\Delta t'$ 和距離 l 的關係為

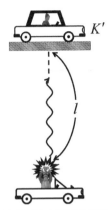

圖 2.8 ・觀察者所在的慣性座標運動速度和光源的速度相同

$$\Delta t' = \frac{l}{c} 。 \qquad (2.22)$$

綜合以上兩個慣性座標 K 和 K' 的結果，

所以 $\qquad (c\Delta t)^2 = l^2 + (v\Delta t)^2 = (c\Delta t')^2 + v^2\Delta t^2 ， \qquad (2.23)$

可得靜止座標 K 所測時間 Δt、運動中的慣性座標 K' 所測時間 $\Delta t'$ 和光源速度 v 的關係為

$$\Delta t = \frac{\Delta t'}{\sqrt{1 - \dfrac{v^2}{c^2}}} 。 \qquad (2.24)$$

很明顯的，因為慣性座標 K' 的速度 v 小於光速 c，即 $\sqrt{1-\dfrac{v^2}{c^2}}<1$，則靜止座標 K 所測時間 Δt 會大於運動中的慣性座標 K' 所測時間 $\Delta t'$，所以結論為運動中的時鐘比較「慢」，這就是所謂的「時間膨脹」的現象。

[1.2] 時間的同步性

時間的同步性的意思很簡單，就是兩個時鐘的計時是同步的嗎？相對論告訴我們在運動中的慣性系時鐘比較晚，所謂的「比較晚」可以簡單的舉例說明，我們都知道可以用看到閃電與聽到雷聲之間的時間差距來估算發生打雷的地點距離我們多遠，所以我們可以約定一旦看到閃電就按下碼表開始計時直到聽到雷聲為止，但是有的人按下碼表的「反應早」；有的人按下碼表的「反應晚」，也就是並不是所有的人或所有參與計時的碼表都是同步被按下開始計時的。

我們可以先以直觀的方式大致先理解一下這個現象，稍後的分析計算的過程則將採用不同的方式作說明。

我們很容易可以理解，因為靜止在路上的觀察者認為在車子上的觀察者是迎向光源的，所以靜止在路上的觀察者認為在車子上的觀察者和光源的距離比較短，然而在車子上的觀察者認為她自己和光源的距離不因為在車上而有改變，所以靜止在路上的觀察者測得的時間就會比在車子上的觀察者測得的時間短，如圖 2.9 所示，其物理意義就是運動中的時鐘計時得比較「晚」。

接著，我們要做計算分析，如圖 2.10 所示，為了計算方便，我們把靜止觀察者的位置設在中點，即原點 0，於相距觀察者前後 $\dfrac{L}{2}$ 處，在 A 處有一個計時器 C_A，在 B 處有一個計時器 C_B，則在 A 處發出的光子到達觀察者的時間 t_1 可由 $\dfrac{L}{2}=ct_1$ 求得；在 B 處發出的光子到達觀察者的時間 t_2 可由

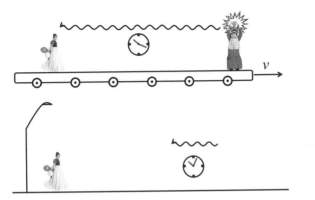

圖 2.9・靜止在路上的觀察者測得的時間會比在車子上的觀察者測得的時間短

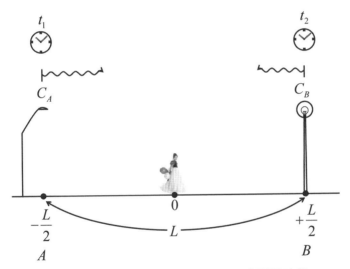

圖 2.10　靜止的觀察者計算分析時間同步性

$\dfrac{L}{2} = ct_2$ 求得，兩個時間的差異 Δt 為 $\Delta t = t_1 - t_2 = \dfrac{L}{2c} - \dfrac{L}{2c} = 0$。

當觀察者由原點 0 開始以速度 v 前進，如圖 2.11 所示，在觀察者前後相距 $\dfrac{L}{2}$ 處的光源被偵測到的時間是不同的，在 A 處發出的光子到達觀察者的時間 t_1' 可由 $\dfrac{L'}{2} + vt_1' = ct_1'$ 求得為 $t_1' = \dfrac{L'}{2(c - v)}$；在 B 處發出的光子到達觀察

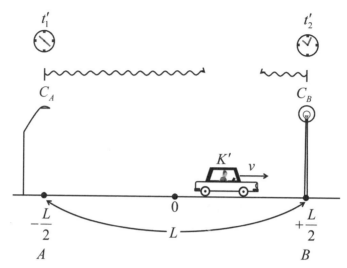

圖 2.11・時間同步性的計算分析，觀察者是運動的

者的時間 t'_2 可由 $\dfrac{L'}{2} - vt'_1 = ct'_2$ 求得爲 $t'_2 = \dfrac{L'}{2(c+v)}$，兩個時間的差異 Δt 爲

$\Delta t' = t'_1 - t'_2 = \dfrac{L'2v}{2(c-v)(c+v)} = \dfrac{Lv/c^2}{\sqrt{1-\beta^2}}$，其中 $L' = L$; $\beta = \dfrac{v}{c}$。

在 B 處計時器 C_B 所測得的時間領先在 A 處計時器 C_A 所測得的時間 $\dfrac{Lv/c^2}{\sqrt{1-\beta^2}}$ 和相對速度 v、距離 L 成正比，即相距 L 的 A、B 二點，觀察者以速度 v 前進時；靜止的時鐘和觀察者的時鐘非同步，也就是說運動中的時鐘比較「晚」，我們不用「慢」的字眼，因爲「時鐘走得慢」是描述「時間膨脹」的現象。

2.3.2 空間的 Lorentz 轉換

對於空間的 Lorentz 轉換，我們依量度方向相對於慣性座標運動方向

的不同，將分成兩個部份作分析：[1] 量度方向與運動方向垂直；[2] 量度方向與運動方向平行。其結果分別為：若量度方向與慣性座標運動方向垂直，則運動中的慣性座標所測得的長度和靜止的慣性座標所測得的長度相同；若量度方向與慣性座標運動方向平行，則運動中的慣性座標所測得的長度比靜止的慣性座標所測得的長度短。

[2.1] 量度方向與慣性座標運動方向垂直之長度

　　令 K、K' 為二個不同的慣性座標，且由靜止的慣性座標 K 測得的長度為 $\overline{AB}$：由運動的慣性座標 K' 測得的長度為 $\overline{A'B'}$，若假設觀察者看到的長度比較短。如圖 2.12 所示，所以在靜止的慣性座標 K 的觀察者認為 $\overline{AB}$ 比 $\overline{A'B'}$ 短，即 $\overline{AB} < \overline{A'B'}$，而在運動的慣性座標 K' 的觀察者認為 $\overline{A'B'}$ 比 $\overline{AB}$ 短，即 $\overline{A'B'} < \overline{AB}$。

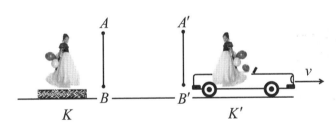

圖 2.12・量度方向與慣性座標運動方向垂直之長度

　　綜合以上兩個互相矛盾的觀察，依據三一律（Trichotomy law），所以結論應該是和觀察者運度方向垂直所得的長度不受慣性座標的速度的影響，即 $\overline{AB} = \overline{A'B'}$。

[2.2] 量度方向與慣性座標運動方向平行之長度

　　令 K、K' 為二個不同的慣性座標，而且被量測的長度之方向與慣性座標運動方向平行。如圖 2.13 所示，則由靜止的慣性座標 K 測得的長度為 $\overline{AB}$：由運動的慣性座標 K' 測得的長度為 $\overline{A'B'}$。

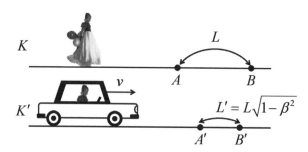

圖 2.13・量度方向與慣性座標運動方向平行之長度

以速度 v 的運動之座標 K' 測得的長度為

$$L' = v\Delta t'$$
$$= v\Delta t\sqrt{1-\beta^2} = L\sqrt{1-\beta^2} \,, \qquad (2.25)$$

其中 $\Delta t'$ 為運動中的慣性座標 K' 所測時間；$\beta = \dfrac{v}{c}$。

很明顯的，因為慣性座標 K' 的速度 v 小於光速 c，即 $\sqrt{1-\dfrac{v^2}{c^2}} < 1$，則靜止的慣性座標 K 所測得的長度 L 會大於運動中的慣性座標 K' 所測得的長度 L'，所以可得的結論為運動中的長度比較短，這個結果就稱為 Lorentz 縮減（Lorentz contraction）。

2.3.3 Lorentz 轉換的矩陣表示

在三度空間(x, y, z)與時間 t 的空間 Lorentz 轉換與時間 Lorentz 轉換，如圖 2.14 所示，綜合以上分析的結果可寫為

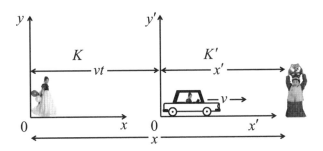

圖 2.14・在三度空間與時間的空間與時間 Lorentz 轉換

$$x = vt + x'\sqrt{1 - \beta^2} \; ; \tag{2.26}$$

$$y = y' \; ; \tag{2.27}$$

$$z = z' \; ; \tag{2.28}$$

$$t = \frac{t'}{\sqrt{1 - \beta^2}} + \frac{vx'/c^2}{\sqrt{1 - \beta^2}} \; , \tag{2.29}$$

其中第一項的 $\dfrac{t'}{\sqrt{1 - \beta^2}}$ 表示時間膨脹；第二項的 $\dfrac{vx'/c^2}{\sqrt{1 - \beta^2}}$ 表示同步性；而 v

為慣性座標 K 和運動中的慣性座標 K' 的相對速度；$\beta = \dfrac{v}{c}$。

　　若由靜止的慣性座標 K 的觀察者測量運動中的慣性座標 K'，則為

$$x' = \frac{x - vt}{\sqrt{1 - \beta^2}} \; ; \tag{2.30}$$

$$y' = y \; ; \tag{2.31}$$

$$z' = z \; ; \tag{2.32}$$

$$t' = \frac{t - vx/c^2}{\sqrt{1 - \beta^2}} \; , \tag{2.33}$$

運動中的慣性座標 K' 的觀察者測量靜止的慣性座標 K，則為

$$x = \frac{x' + vt'}{\sqrt{1 - \beta^2}} \; ; \tag{2.34}$$

$$y' = y \; ; \tag{2.35}$$

$$z' = z \; ; \tag{2.36}$$

$$t = \frac{t' + vx'/c^2}{\sqrt{1 - \beta^2}} \; , \tag{2.37}$$

其中 $\beta = \dfrac{v}{c}$。

很明顯的，當 $\beta \ll 1$ 時，也就是在兩個慣性座標的相對速度 v 遠小於光速 c 的情況下，即 $v \ll c$，則 $\sqrt{1 - \beta^2} \cong 1$，則 Lorentz 轉換退化變成 Galileo 轉換，或者相對論的結果就回到了古典力學的結果，

即

$$\begin{cases} x' = \dfrac{x - vt}{\sqrt{1 - \beta^2}} \underset{v \ll c}{\cong} x - vt \\[3mm] y' \underset{v \ll c}{\cong} y \\[3mm] z' \underset{v \ll c}{\cong} z \\[3mm] t' = \dfrac{t - vx/c^2}{\sqrt{1 - \beta^2}} \underset{v \ll c}{\cong} t \end{cases} , \tag{2.38}$$

或

$$\begin{cases} x = \dfrac{x' + vt'}{\sqrt{1 - \beta^2}} \underset{v \ll c}{\cong} x' - vt' \\[3mm] y \underset{v \ll c}{\cong} y' \\[3mm] z \underset{v \ll c}{\cong} z' \\[3mm] t = \dfrac{t' + vx'/c^2}{\sqrt{1 - \beta^2}} \underset{v \ll c}{\cong} t' \end{cases} 。 \tag{2.39}$$

我們可以用矩陣表示（Matrix representation）來寫出 Lorentz 轉換，

$$
\begin{bmatrix} x' \\ y' \\ z' \\ ict' \end{bmatrix} = \begin{bmatrix} \gamma & 0 & 0 & i\gamma\beta \\ 0 & 1 & 0 & 0 \\ 0 & 0 & 1 & 0 \\ -i\gamma\beta & 0 & 0 & \gamma \end{bmatrix} \begin{bmatrix} x \\ y \\ z \\ ict \end{bmatrix},
\tag{2.40}
$$

其中 $\gamma \equiv \dfrac{1}{\sqrt{1-\beta^2}}$ 稱為 Lorentz 因子（Lorentz factor）；且 $\beta \equiv \dfrac{v}{c}$；$v$ 為兩個慣性座標的相對速度。

如果要精簡一點的表示，矩陣表示也可以為寫成

$$
\mathbb{X}'_\mu = \mathbb{L}\mathbb{X}_\mu ;
\tag{2.41}
$$

或　　　　　$$\mathbb{X}_\mu = \mathbb{L}^{-1}\mathbb{X}'_\mu ,\tag{2.42}$$

而　　　　　$$\mathbb{L}^T = \mathbb{L}^{-1} ,\tag{2.43}$$

其中　　$$\mathbb{X}'_\mu = \begin{bmatrix} x' \\ y' \\ z' \\ ict' \end{bmatrix} ; \quad \mathbb{L} = \begin{bmatrix} \gamma & 0 & 0 & i\gamma\beta \\ 0 & 1 & 0 & 0 \\ 0 & 0 & 1 & 0 \\ -i\gamma\beta & 0 & 0 & \gamma \end{bmatrix} ; \quad \mathbb{X}_\mu = \begin{bmatrix} x \\ y \\ z \\ ict \end{bmatrix} 。$$

依據這個線性的關係，如果現在有三個不同的慣性座標 K_1、K_2 以及 K_3，如圖 2.15 所示，若要求慣性座標 K_2 相對慣性座標 K_1 的關係，即在慣性系 K_1 的觀察者看慣性座標 K_2，則為

$$
\mathbb{X}'_\mu = \mathbb{L}_1\mathbb{X}_\mu ,
\tag{2.44}
$$

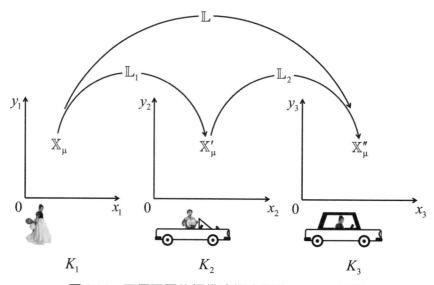

圖 2.15・三個不同的慣性座標之間的 Lorentz 轉換

若要求慣性座標 K_3 相對慣性座標 K_2，即在慣性座標 K_2 的觀察者看慣性座標 K_3，則爲

$$\mathbb{X}''_\mu = \mathbb{L}_2 \mathbb{X}'_\mu \, , \qquad (2.45)$$

則慣性座標 K_3 相對於慣性座標 K_1 之 Lorentz 轉換爲

$$
\begin{aligned}
\mathbb{X}''_\mu &= \mathbb{L}_2 \mathbb{X}'_\mu \\
&= \mathbb{L}_2 \mathbb{L}_1 \mathbb{X}_\mu \\
&= \mathbb{L} \mathbb{X}_\mu \, , \qquad (2.46)
\end{aligned}
$$

所以可得　　　$\mathbb{L} = \mathbb{L}_2 \mathbb{L}_1$ 。 $\qquad (2.47)$

2.4　Minkowski 空間

就時空觀點而言，自然現象是四度空間，每一事件的發生需要 4 個變數(x, y, z, t)來描述，Einstein 相對論告訴我們所有的物理定律均要符合 Lorentz 不變性。1907 年 Hermann Minkowski 用四維的空間和時間的觀點賦予 Lorentz 轉換一個幾何表象，稱為四度空間。

但是在古典力學的 Euclid 空間（Euclidean space）中，由時間和空間的關係，$x' = x - vt$；$y' = y$；$z' = z$；$t' = t$，可看出在 Euclid 空間中，雖然三度空間長度經過轉動變換之後不會改變，

即
$$L^2 = x^2 + y^2 + z^2 = x'^2 + y'^2 + z'^2 = L'^2 \text{。} \tag{2.47}$$

然而因為 x 和 t 分不開，所以當我們考慮時間維度時，就會不符合 Lorentz 轉換不變性，則必須要以 Minskowski 空間作修正，在 Minkowski 空間中所測得的長度經 Lorentz 轉換之後的長度可以保持一個定值，因為在 Minskowski 空間中的長度定義為 $x^2 + y^2 + z^2 - c^2 t^2$，又稱為真長度（Proper length），我們可以證明這個真長度經過 Lorentz 轉換後亦不改變，

即
$$x^2 + y^2 + z^2 - c^2 t^2 = x'^2 + y'^2 + z'^2 - c^2 t'^2 \text{。} \tag{2.48}$$

由
$$\mathbb{X}_\mu^T = [x \quad y \quad z \quad ict] \text{，} \tag{2.49}$$

所以
$$\mathbb{X}_\mu = \begin{bmatrix} x \\ y \\ z \\ ict \end{bmatrix} \text{，} \tag{2.50}$$

則	$\mathbb{X}_\mu^T \mathbb{X}_\mu = \mathbb{X}_\mu'^T \mathbb{X}_\mu'$,	(2.51)
且	$\mathbb{X}_\mu' = \mathbb{L}\mathbb{X}_\mu$,	(2.52)
又	$\mathbb{L}^T = \mathbb{L}^{-1}$,	(2.53)
所以	$\mathbb{X}_\mu'^T \mathbb{X}_\mu' = (\mathbb{L}\mathbb{X}_\mu)^T \mathbb{L}\mathbb{X}_\mu$	
	$= \mathbb{X}_\mu^T \mathbb{L}^T \mathbb{L}\mathbb{X}_\mu$	
	$= \mathbb{X}_\mu^T \mathbb{X}_\mu$,	(2.54)
即	$\mathbb{X}_\mu^T \mathbb{X}_\mu = \mathbb{X}_\mu'^T \mathbb{X}_\mu'$,	(2.55)
或	$x^2 + y^2 + z^2 - c^2t^2 = x'^2 + y'^2 + z'^2 - c^2t'^2$ 。得証。	(2.56)

Minskowski 空間可以畫成空間-時間圖（Space time diagram），或是一個光錐（Light cone），如圖 2.16 所示，我們把空間-時間圖分成三個部份：類空間（Space-like）區域、類時間（Time-like）區域、類光（Light-like）軸線。在類空間區域中，訊號傳遞比光速還快；在類時間區域中，訊號傳遞比光速慢；在類光軸線上，即在 $x - ct = 0$ 和 $x + ct = 0$ 上，所有的慣性座標皆以光速 c 前進。

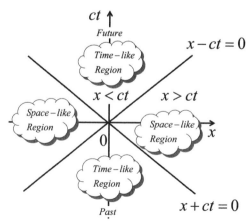

圖 2.16・空間-時間圖

類時間區域就是眞實的世界（Real world），在類時間區域上的點 p $(x$　y　z　$ict)$被稱爲世界點（World point）也就是現在我們處的世界所發生的一切事情。

我們可以簡單的列出一些定義在Minskowski空間中和波函數相關的運算關係，比較值得注意的是內積（Inner product）的運算，因爲在Minskowski 空間中，沒有捲積（Curl）或外積（Outer product）的運算。

若定義 $X_\mu \equiv [x$　y　z　$ict]$，則 $X_\mu X_\mu = x^2 + y^2 + z^2 - c^2 t^2$，

且定義　　　　$\nabla_\mu \equiv \left[\vec{\nabla}, \dfrac{\partial}{ic\partial t} \right] = \left[\dfrac{\partial}{\partial x}\hat{i} \quad \dfrac{\partial}{\partial y}\hat{j} \quad \dfrac{\partial}{\partial z}\hat{k} \quad \dfrac{\partial}{ic\partial t} \right]$。　　（2.57）

所以如果　　　$a_\mu \equiv [a_x \quad a_y \quad a_z \quad ia_t]$；$b_\mu \equiv [b_x \quad b_y \quad b_z \quad ib_t]$，　　（2.58）

則 $a_\mu b_\mu \equiv a_x b_x + a_y b_y + a_z b_z - a_t b_t t^2$ 是滿足 Lorentz 轉換不變性的。

且　　　　　$\nabla_\mu \cdot a_\mu \equiv \dfrac{\partial a_x}{\partial x} + \dfrac{\partial a_y}{\partial y} + \dfrac{\partial a_z}{\partial z} + \dfrac{\partial a_t}{\partial t}$；　　（2.59）

　　　　　　$\square = \nabla_\mu \nabla_\mu \equiv \dfrac{\partial^2 a_x}{\partial x^2} + \dfrac{\partial^2 a_y}{\partial y^2} + \dfrac{\partial^2 a_z}{\partial z^2} + \dfrac{\partial^2 a_t}{\partial t^2}$。　　（2.60）

爲了和原來所熟知的空間向量幾何運算做比較，我們可以列出在(x, y, z)空間的定義，看看其中的差異，

若　　　　　$\vec{a} = a_x \hat{i} + a_y \hat{j} + a_z \hat{k}$，　　（2.61）

則　　　　　$\nabla \cdot \vec{a} \equiv \dfrac{\partial a_x}{\partial x} + \dfrac{\partial a_y}{\partial y} + \dfrac{\partial a_z}{\partial z}$；　　（2.62）

且　　　　　$\square \vec{a} = \nabla^2 \vec{a} \equiv \dfrac{\partial^2 a_x}{\partial x^2} + \dfrac{\partial^2 a_y}{\partial y^2} + \dfrac{\partial^2 a_z}{\partial z^2}$。　　（2.63）

運算符號說明之後，我們可以引入空間、時間、速度以及動量的相對論表示式。

若　　　　　　$\vec{s} = [x \quad y \quad z \quad ict]$，　　　　　　　　　　（2.64）

則因為　　　　$d\vec{s} = [dx \quad dy \quad dz \quad icdt]$，　　　　　　　（2.65）

所以　　　　　$(ds)^2 = c^2 (dt)^2 - [(dx)^2 + (dy)^2 + (dz)^2]$

$$= c^2 (dt)^2 \left[1 - \frac{(dx)^2 + (dy)^2 + (dz)^2}{c^2(dt)^2} \right]$$

$$= c^2 (dt)^2 \left[1 - \frac{v^2}{c^2} \right]，\qquad (2.66)$$

可得　　　　　$|ds| = cdt \sqrt{1 - \dfrac{v^2}{c^2}} = cd\tau$，　　　　　（2.67）

則 $d\tau = dt \sqrt{1 - \dfrac{v^2}{c^2}} = dt\sqrt{1 - \beta^2}$ 稱為運動中的時間，稱為真時間（Proper time）。

四維速度（4-dimension velocity）v_μ 可由 $d\vec{s} = [dx \quad dy \quad dz \quad icdt]$ 定義為

$$v_\mu \equiv \frac{ds}{d\tau} = \left[\frac{dx}{d\tau} \quad \frac{dy}{d\tau} \quad \frac{dz}{d\tau} \quad ic\frac{dt}{d\tau} \right]$$

$$= \left[\frac{v_x}{\sqrt{1-\beta^2}} \quad \frac{v_y}{\sqrt{1-\beta^2}} \quad \frac{v_z}{\sqrt{1-\beta^2}} \quad \frac{ic}{\sqrt{1-\beta^2}} \right]。 \quad (2.68)$$

其中 $\tau \equiv \displaystyle\int \frac{dt}{\gamma} = \int \sqrt{1-\beta^2}\, dt$ 或 $\dfrac{dt}{d\tau} = \dfrac{1}{\sqrt{1-\beta^2}}$。

於是可得四維動量（4-dimension momentum）p_μ 為

$$p_\mu = \left[\frac{m_0 v_x}{\sqrt{1-\beta^2}} \quad \frac{m_0 v_y}{\sqrt{1-\beta^2}} \quad \frac{m_0 v_z}{\sqrt{1-\beta^2}} \quad \frac{im_0 c}{\sqrt{1-\beta^2}} \right], \qquad (2.69)$$

其中 m_0 為靜止質量（Rest mass）。

2.5 相對論動力學

在確立了相對論中的空間與時間的關係之後，如同之後要介紹的量子論一樣，我們就要進一步分析動量和能量的關係，或者應該精確一點的說是要討論四維動量和相對論能量的關係，但是，首要之務是先討論相對論速度及相對論質量。

2.5.1 速度的 Lorentz 轉換

由空間和時間的 Lorentz 轉換，

$$x' = \gamma(x - vt); \qquad (2.70)$$

$$y' = y; \qquad (2.71)$$

$$z' = z; \qquad (2.72)$$

$$t' = \gamma(t - vx/c^2), \qquad (2.73)$$

其中 Lorentz 因子 $\gamma = \dfrac{1}{\sqrt{1-\beta^2}} = \dfrac{1}{\sqrt{1-\dfrac{v^2}{c^2}}}$ ；v 表示慣性座標間的相對速度，

則令
$$v_x = \frac{dx}{dt} \; ; \; v_y = \frac{dy}{dt} \; ; \; v_z = \frac{dz}{dt} \; ; \; \frac{dt'}{dt} = \gamma\left(1 - \frac{vv_x}{c_2}\right) , \qquad (2.74)$$

所以可得速度的 Lorentz 轉換關係，也可以說是在慣性座標 K' 測得粒子的速度 (v'_x, v'_y, v'_z) 為

$$v'_x = \frac{dx'}{dt'} = \frac{dx'}{dt}\frac{1}{\dfrac{dt'}{dt}} = \frac{\gamma(v_x - v)}{\gamma\left(1 - \dfrac{vv_x}{c^2}\right)} = \frac{v_x - v}{1 - \dfrac{vv_x}{c^2}} \; ; \qquad (2.75)$$

$$v'_y = \frac{dy'}{dt'} = \frac{dy'}{dt}\frac{1}{\dfrac{dt'}{dt}} = \frac{v_y\sqrt{1 - \beta^2}}{1 - \dfrac{vv_x}{c^2}} \; ; \qquad (2.76)$$

$$v'_z = \frac{dz'}{dt'} = \frac{v_z\sqrt{1 - \beta^2}}{1 - \dfrac{vv_x}{c^2}} \; , \qquad (2.77)$$

其中 v'_x 是在慣性座標 K' 內測得粒子在 x 方向的運動速度；v_x 是在慣性座標 K 內測得粒子在 x 方向的運動速度；v 是慣性座標 K' 與慣性座標 K 的相對速度，即慣性座標 K' 的速度。

2.5.2 質量的 Lorentz 轉換

在物理世界裡長度、時間、質量為最基本的量度，在不同的慣性座標 K、K' 中，長度、時間必須滿足 Lorentz 轉換，則質量也應該要滿足 Lorentz 轉換。

我們先把結果寫出來，再作說明。若慣性座標 K' 相對慣性座標 K 作速度 v 運動，即 v 為兩個慣性座標的相對速度，且在慣性座標 K' 中測得的質

量爲 $m(v)$；在慣性座標 K 中測得的質量爲 m_0，

即
$$m(v) = \frac{m_0}{\sqrt{1 - \beta^2}} , \qquad\qquad (2.78)$$

其中 $\beta = \dfrac{v}{c}$。

以下的說明可以具體想像是有一個人站在路邊扔球，另一個人則在行進的公車上扔球，藉由在路邊的人觀察這兩個球碰撞的過程而得到質量的 Lorentz 轉換。顯然，站在路邊的人是在慣性座標 K 中，以速度 v 扔球；而行進的公車則是慣性座標 K'，而且爲了計算方便，我們把慣性座標 K' 的運動速度假設爲 v，在公車上的人也以速度 v 扔球，如圖 2.17 所示。

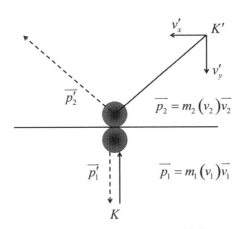

圖 2.17・質量的 Lorentz 轉換

接下來的討論的大前提有兩個，第一個是無論在慣性座標 K 或是在慣性座標 K' 中，y 方向的動量一定要守恆；第二個是我們將以慣性座標 K 作爲觀察者進行分析。

由於我們將以慣性座標 K 作爲觀察者進行分析，所以所有的速度都將化成右上角沒有一撇的符號，

即 $$m(0)\vec{v_1} = m(\vec{v})\vec{v_2} , \qquad (2.79)$$

其中 $m(0) = m_0$ 爲靜止的慣性座標 K 所測得的質量；$|\vec{v_1}| = \sqrt{v_{1,x}^2 + v_{1,y}^2} = \sqrt{0^2 + v^2} = v$ 爲靜止的慣性座標 K 所測得的速度；$m(\vec{v})$ 爲靜止的慣性座標 K 所測得以速度爲 $\vec{v}$ 運動的慣性座標 K' 所擲出的球的質量；$|\vec{v_2}| = \sqrt{v_{2,x}^2 + v_{2,y}^2} = \sqrt{v^2 + (v\sqrt{1-\beta^2})^2}$ 爲靜止的慣性座標 K 所測得由運動的慣性座標 K' 擲出的球的速度。

雖然對於在運動慣性座標 K' 中的觀察者並沒有 x 方向的速度，

即 $$v'_{2,x} = 0 , \qquad (2.80)$$

但是對於靜止的慣性座標 K 的觀察者而言，所測得的 x 方向的速度 $v_{2,x}$ 可由

$$v'_{2,x} = 0 = \frac{v_{2,x} - v}{1 - \dfrac{v v_{2,x}}{c}} \qquad (2.81)$$

求得，

所以 $$v_{2,x} = v , \qquad (2.82)$$

而且這個速度關係式 $\vec{v_2}$ 表示在運動慣性座標 K' 中的觀察者所測得的 y 方向擲出速度爲 v，但是對於靜止的慣性座標 K 的觀察者而言，y 方向的擲出速

度則為 $v_{2,y} = v\sqrt{1-\beta^2}$。

由於動量守恆律，所以 y 方向動量必須守恆，

所以因為　　　$m(0)v_{1,y} = m(\vec{v})v_{2,y}$，　　　　　　　　　　（2.83）

則　　　　　　$m_0 v_{1,y} = m(\vec{v})v_{2,y}$，　　　　　　　　　　（2.84）

即　　　　　　$m_0 v = m(\vec{v})v\sqrt{1-\beta^2}$，　　　　　　　　　（2.85）

所以　　　　　$m(0) = m(v)\sqrt{1-\beta^2}$，　　　　　　　　　　（2.86）

可得　　　　　$m(v) = \dfrac{m_0}{\sqrt{1-\beta^2}}$。　　　　　　　　　　（2.87）

這個關係表示了運動中的質量 $m(v)$ 比靜止的質量 m_0 較大，即 $m(v) > m_0$。

2.5.3 相對論能量

作用在粒子的總能量或作用在粒子全部的功（Total work done）實際上就是粒子的動能 T（Kinetic energy），即動能等於功率對時間的積分，而且因為考慮相對論效應，所以動能 T 不再是 $\dfrac{1}{2}mv^2$，而是

$$T = \int_0^v \vec{F} \cdot \vec{v}\,dt，\tag{2.88}$$

且　　　　　　$\vec{p} = m\vec{v} = \dfrac{m_0\vec{v}}{\sqrt{1-\beta^2}}$；　　　　　　　　　（2.89）

$$\vec{F} = \frac{d\vec{p}}{dt} = \frac{d}{dt}\frac{m_0\vec{v}}{\sqrt{1-\beta^2}}。\tag{2.90}$$

因爲 $\vec{F} \cdot \vec{v}$ 爲功率，所以我們把動能 T 的形式改寫爲

$$
\begin{aligned}
T &= \int_0^v \vec{F} \cdot \vec{v} dt \\
&= \int_0^v \frac{dp}{dt} v dt \\
&= \int_0^v v dp \\
&= vp \Big|_0^v - \int_0^v \frac{m_0 v}{\sqrt{1-\beta^2}} dv \\
&= \frac{m_0 v^2}{\sqrt{1-\beta^2}} + m_0 c^2 \sqrt{1-\beta^2} - m_0 c^2 \\
&= \frac{m_0 c^2}{\sqrt{1-\beta^2}} - m_0 c^2 \\
&= mc^2 - m_0 c^2 \text{。}
\end{aligned}
\tag{2.91}
$$

上面的結果用到兩個運算過程：

[1]　令 $K = \sqrt{1-\beta^2}$，　　　　　　　　　　　　　　(2.92)

則 $\int_0^v \frac{m_0 v}{\sqrt{1-\beta^2}} dv = \int_0^{\sqrt{1-\beta^2}} (-m_0 c^2) dK = -m_0 c^2 (1-\beta^2) + m_0 c^2$ 。　(2.93)

[2]　$\dfrac{m_0 v^2}{\sqrt{1-\beta^2}} + m_0 c^2 \sqrt{1-\beta^2} = m_0 c^2 \left(\dfrac{\dfrac{v^2}{c^2} + 1 - \dfrac{v^2}{c^2}}{\sqrt{1-\beta^2}} \right) = \dfrac{m_0 c^2}{\sqrt{1-\beta^2}}$ 。　(2.94)

此外，當慣性系統的速度 v 趨近於零或遠小於光速 c 時，則動能 T 爲零，

即 $\qquad T = m_0 c^2 - m_0 c^2 = 0$。 $\hfill (2.95)$

且 $\qquad \dfrac{m_0 c^2}{\sqrt{1 - \beta^2}} \cong m_0 c^2$ ， $\hfill (2.96)$

其中 $m_0 c^2$ 稱為靜止質量的能量（Rest mass energy）或靜止能量（Rest energy）。

由動能 $T = mc^2 - m_0 c^2$ 的結果，

可得 $\qquad mc^2 = T + m_0 c^2$ ， $\hfill (2.97)$

其中 mc^2 為相對論能量；T 為動能；$m_0 c^2$ 為靜止質量的能量或簡稱靜止能量。

所以我們得到的結論是「相對論能量等於動能加上靜止能量」。

2.5.4 四維動量和相對論能量的關係

在古典力學中，動量 p 和能量 E 的關係為 $E = \dfrac{p^2}{2m}$，如今考慮相對論效應，所以四維動量和相對論能量的關係也和古典力學不同。

相對論的四維動量為
$$
\begin{aligned}
p_\mu &= \left[\vec{p} \quad \dfrac{i m_0 c}{\sqrt{1 - \beta^2}} \right] \\
&= \left[\dfrac{m_0 \vec{v}}{\sqrt{1 - \beta^2}} \quad \dfrac{i m_0 c}{\sqrt{1 - \beta^2}} \right] \\
&= \left[\vec{p} \quad \dfrac{iE}{c} \right] ,
\end{aligned}
\qquad (2.98)
$$

其中 $E = mc^2 = \dfrac{m_0 c^2}{\sqrt{1-\beta^2}}$; $\beta = \dfrac{v}{c}$ 。

因為
$$p_\mu^2 = p_\mu p_\mu$$

$$= p^2 - \frac{E^2}{c^2}$$

$$= \left(\frac{m_0 \vec{v}}{\sqrt{1-\beta^2}}\right)^2 - \left(\frac{m_0 c}{\sqrt{1-\beta^2}}\right)^2$$

$$= \frac{m_0^2}{1-\beta^2}(v^2 - c^2)$$

$$= \frac{m_0^2 c_2}{1 - \dfrac{v^2}{c^2}}\left(\frac{v^2}{c^2} - 1\right)$$

$$= -m_0^2 c^2 , \tag{2.99}$$

即 p_μ^2 是一個常數,如前所述,若任一物理量平方後,為一常數,則我們就稱此物理量滿足 Lorentz 轉換不變性(Lorentzian transformation invariant),所以 p_μ 滿足 Lorentz 轉換不變性。

此外,由於 $p_\mu^2 = -m_0^2 c^2 = p^2 - \dfrac{E^2}{c^2}$,所以可得四維動量和相對論能量的

關係為 $\qquad E^2 = p^2 c^2 + m_0^2 c^4$ 。 $\tag{2.100}$

但是如果粒子的靜止質量為 0,諸如:光子(Photon)、Neutrino、v 粒子、μ 粒子、τ 粒子、…等等,則因為靜止質量 $m_0 = 0$,

所以 $\qquad\qquad\qquad\qquad p^2 - \dfrac{E^2}{c^2} = -m_0^2 c^2 = 0 ,\qquad\tag{2.101}$

則四維動量和相對論能量的關係為 $\quad \dfrac{E}{c} = p ,\qquad\tag{2.102}$

而四維動量則可表示為 $\qquad\qquad p_\mu = (\vec{p}, i|\vec{p}|) 。\qquad\tag{2.103}$

我們會在最後一節討論有關粒子靜止質量爲零的特性。

2.5.5 四維動量的 Lorentz 轉換

因爲慣性座標 K 的四維動量爲 $p_\mu = \left(\vec{p}, \dfrac{iE}{c}\right)$；慣性座標 K' 的四維動量爲 $p_\mu = \left(\vec{p}', \dfrac{iE'}{c}\right)$，則不同慣性座標 K' 的四維動量轉換關係爲，

$$p'_\mu = L p_\mu，\tag{2.104}$$

若我們想要以矩陣表示，

則由

$$p'_\mu = \begin{bmatrix} p'_x \\ p'_y \\ p'_z \\ \dfrac{iE'}{c} \end{bmatrix}；\tag{2.105}$$

$$L = \begin{bmatrix} r & 1 & 0 & i\gamma\beta \\ 0 & 1 & 0 & 0 \\ 0 & 0 & 1 & 0 \\ -i\gamma\beta & 0 & 0 & \gamma \end{bmatrix}；\tag{2.106}$$

$$p_\mu = \begin{bmatrix} p_x \\ p_y \\ p_z \\ \dfrac{iE}{c} \end{bmatrix}，\tag{2.107}$$

所以四維動量轉換關係爲

$$\begin{bmatrix} p'_x \\ p'_y \\ p'_z \\ \dfrac{iE'}{c} \end{bmatrix} = \begin{bmatrix} r & 1 & 0 & i\gamma\beta \\ 0 & 1 & 0 & 0 \\ 0 & 0 & 1 & 0 \\ -i\gamma\beta & 0 & 0 & \gamma \end{bmatrix} \begin{bmatrix} p_x \\ p_y \\ p_z \\ \dfrac{iE}{c} \end{bmatrix}, \tag{2.108}$$

其中 Lorentz 因子 $\gamma = \dfrac{1}{\sqrt{1-\beta^2}}$。

所以矩陣中各分量的關係爲

$$p'_x = \frac{p_x - Ev/c^2}{\sqrt{1-\beta^2}} \; ; \tag{2.109}$$

$$p'_y = p_y \; ; \tag{2.110}$$

$$p'_z = p_x \; ; \tag{2.111}$$

$$E' = \frac{E - vp_x}{\sqrt{1-\beta^2}} \, , \tag{2.112}$$

且 $\qquad p'^2_\mu = p^2_\mu = -m_0^2 c^2$。 $\tag{2.113}$

2.5.6 光子的靜止質量爲零

一般而言，以相對論運算處理有關問題的法則大概的步驟爲[1]列出能量與動量的守恆式；[2]移項；[3]平方整理。例如在下一章要介紹的Compton 效應（Compton effect），就是以相對論說明電磁波有粒子性的重要證據。現在我們要討論的則是一個定理：「若粒子靜止質量 m_0 爲零，則粒子的速度 v 必然是以光速 c 前進；若粒子以光速 c 前進，則粒子的靜止質量 m_0 必然爲零」，即 $m_0 = 0 \Leftrightarrow v = c$。

首先我們要知道，若光波的頻率為 v 且波長為 λ，則由下一章的量子理論可知光子的能量 $E = hv$；光子的動量 $p = h/\lambda$，且因為光波電磁波是以光速 c 前進的，所以可得 $\dfrac{E}{p} = \lambda v = v = c$ 或 $E = pv$。

接著我們要先證明第一部份：「若粒子靜止質量 m_0 為零，則粒子的速度 v 必然是以光速 c 前進」，即 $m_0 = 0 \Rightarrow v = c$，證明如下：

如果靜止質量 $m_0 = 0$，則由相對論能量 E 和相對論動量 p 之間的關係可知，

$$E^2 = p^2 c^2 + m_0^2 c^4 = p^2 c^2。 \tag{2.114}$$

則由上述的量子理論 $E = pv$，即 $(pv)^2 = p^2 c^2$，可證得 $v = c$。

第二部份「若粒子以光速前進，則粒子的靜止質量 m_0 必然為零」，即 $v = c \Rightarrow m_0 = 0$，證明如下：

如果粒子的速度 v 為 $v = c$，且由相對論可知其質量 m 為 $m = \dfrac{m_0}{\sqrt{1 - \dfrac{v^2}{c^2}}}$，所以當速度 v 等於或趨近於光速 c 時，即 $v \to c \Rightarrow m \to \infty$，則質量 m 會趨近於無限大或等於零，但是質量無限大是不符合物理現象的，所以靜止質量 m_0 應該為零，即 $m_0 = 0$。

2.6 習題

2-1 在 Einstein 的時空模型（Space-time model）包含了四個座標，其中三個是空間座標（Space coordinate）x_1、x_2、x_3；一個是時間座標（Time coordinate）x_4，所以我們可以用向量空間（Vector space）R^4 來表示空間和時間，在向量空間 R^4 中的每一個元素（Element）被稱為是一個事件（Event），每一個事件在空間中有一個位置 x_1、x_2、x_3 而且在時間 x_4 發生。

Hermann Minkowski 對於狹義相對論或特殊相對論（Special relativity）給了幾何的解釋，稱為 Minkowski 幾何（Minkowski geometry）。

若 $\mathbb{X} = (x_1, x_2, x_3, x_4)$ 和 $\mathbb{Y} = (y_1, y_2, y_3, y_4)$ 是 R^4 上任意兩個元素，則 $\mathbb{X}$ 和 $\mathbb{Y}$ 的二個最基本的關係存在有：

(a) 正交關係

由 $\langle \mathbb{X}, \mathbb{Y} \rangle = -x_1 y_1 - x_2 y_2 - x_3 y_3 + x_4 y_4$，則 $\|x\| \equiv \sqrt{|\langle \mathbb{X}, \mathbb{Y} \rangle|}$。

若 $\langle \mathbb{X}, \mathbb{Y} \rangle = 0$，則 $\mathbb{X}$ 和 $\mathbb{Y}$ 是正交的。

(b) 距離關係

若 $d(\mathbb{X}, \mathbb{Y})$ 表示 $\mathbb{X}$ 和 $\mathbb{Y}$ 之間的距離，則

$d(\mathbb{X}, \mathbb{Y}) = \|\mathbb{X} - \mathbb{Y}\|$

$= \sqrt{|-(x_1 - y_1)^2 - (x_2 - y_2)^2 - (x_3 - y_3)^2 + (x_4 - y_4)^2|}$。

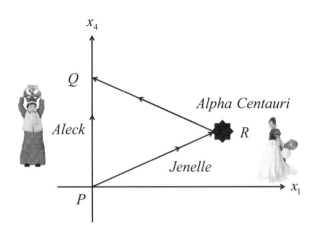

若已知 Alpha Centauri 距離地球有 4 光年（Light-year）標示在時空圖（Space-time diagram）的 R 點，如圖所示。

現在有一對雙胞胎 Aleck 和 Jenelle，甫出生，Aleck 就留在地球上 P 點，同時，Jenelle 由 P 點搭火箭以 0.8 倍的光速前往 Alpha Centauri，再以 0.8 倍的光速回到地球，而後兩人相聚在時空圖的 Q 點，試求

[1]　Aleck 和 Jenelle 二人重逢時，Aleck 幾歲？

[2]　P 點和 R 點的距離。

[3]　R 點和 Q 點的距離。

[4]　Aleck 和 Jenelle 二人重逢時，Jenelle 幾歲？

2-2　電動力學（Electrodynamics）是屬於古典物理的，經過了相對論的修正之後，就變的更完備，以下我們將以光子為例，簡單的說明電動力學的相對性理論。

因為光子是沒有靜止質量的，即 $m_0 = 0$，則四維動量為

$$p_\mu = \left(\vec{p}, i\frac{E}{c}\right) = \left(\hbar\vec{k}, i\frac{\hbar\omega}{c}\right)$$ ；且四維波向量為 $k_\mu = \left(\vec{k}, i\frac{\omega}{c}\right)$ ；

而 $k_\mu^2 = |\vec{k}|^2 - \dfrac{\omega^2}{c^2}$ 。

現在我們考慮兩個情況的光子 Doppler 效應（Doppler effect）。

假設光波行進的方向為 x 方向，則

(a) 若座標 K' 是沿著光波行進的方向平行移動，即座標 K' 前進的

方向為 x 方向，則四維波向量 $k_\mu = \left(\vec{k}, i\frac{\omega}{c}\right)$ 經過 Lorentz 轉換之

後為，

$$
\begin{bmatrix} k' \\ 0 \\ 0 \\ i\dfrac{\omega'}{c} \end{bmatrix} = \begin{bmatrix} \gamma & 0 & 0 & i\gamma\beta \\ 0 & 1 & 0 & 0 \\ 0 & 0 & 1 & 0 \\ -i\gamma\beta & 0 & 0 & \gamma \end{bmatrix} \begin{bmatrix} k \\ 0 \\ 0 \\ i\dfrac{\omega}{c} \end{bmatrix} ,
$$

其中 $\gamma = \sqrt{\dfrac{1-v/c}{1+v/c}}$ ；要注意座標 K 和座標 K' 的相對運動方向，

若同向，則為 $+c$ ；若反向，則為 $-c$ 。

觀察頻率改變的情形，

即 $\dfrac{\omega'}{c} = \dfrac{\omega}{c}\sqrt{\dfrac{1-v/c}{1+v/c}}$ ，則 $\omega' = \omega\sqrt{\dfrac{1-v/c}{1+v/c}}$ ，

所以可得 $v' = v\sqrt{\dfrac{1-v/c}{1+v/c}}$ ；且 $\lambda' = \lambda\sqrt{\dfrac{1+v/c}{1-v/c}}$ ，

其中 $\omega = kc = \dfrac{2\pi}{\lambda}c = \dfrac{2\pi}{\lambda}\lambda v = 2\pi v$ 。

因為座標 K 和座標 K' 的運動方向是平行的，所以如果是同方

向運動，則光波長 λ 變長，頻率 v 變小；如果是反方向運動，

則光波長 λ 變短，頻率 v 變大。

(b) 若座標 K' 是以垂直於光波前進的方向移動，即座標 K' 前進的

方向為 y 方向，則四維波向量 $k_\mu = \left(\vec{k}, i\frac{\omega}{c}\right)$ 經過 Lorentz 轉換之

後為，

$$
\begin{bmatrix} 0 \\ k' \\ 0 \\ i\dfrac{\omega}{c} \end{bmatrix} = \begin{bmatrix} \gamma & 0 & 0 & i\gamma\beta \\ 0 & 1 & 0 & 0 \\ 0 & 0 & 1 & 0 \\ -i\gamma\beta & 0 & 0 & \gamma \end{bmatrix} \begin{bmatrix} 0 \\ k \\ 0 \\ i\dfrac{\omega}{c} \end{bmatrix} 。
$$

由 $\omega' = \dfrac{\omega}{\sqrt{1-\beta^2}}$，則 $v' = \dfrac{v}{\sqrt{1-\beta^2}}$；且 $\lambda' = \lambda\sqrt{1-\beta^2}$，所以光的

頻率 v 變大，波長 λ 變短。

如果現在有一雙電子對（Electron pair）發生碰撞之後，分開成

二道 γ 光（γ ray），示意為 $e^+ + e^- \rightarrow \gamma + \gamma$，

則試問

[1] 在靜止的座標 K 中，測得碰撞之後 γ 光的頻率 ω 和波長 λ，
    分別為何？

[2] 以速度 v 移動的座標 K' 中，測得碰撞之後 γ 光的頻率 ω'_1 和
    ω'_2，分別為何？

2-3 在原子分子物理或雷射物理中，有兩個很基本的光譜線寬的機制
分類，一種是均勻展寬（Homogeneous broadening）；一種是非
均勻展寬（Inhomogeneous broadening）或稱為 Doppler 展寬
（Doppler broadening）。均勻展寬是 Lorentz 函數（Lorentzian
function）；非均勻展寬是 Gauss 函數（Gaussian function），其
中非均勻展寬的機制是考慮相對論的結果。

試說明由 Maxwell-Boltzmann 分佈（Maxwell-Boltzmann distribu-
tion），藉著 Doppler 效應（Doppler effect）轉變成 Gauss 分佈。

2-4 試由自由粒子的相對論 Hamiltonian（Relativistic Hamiltonian）導出 Klein-Gordon 相對論方程式（Klein-Gordon relativistic equation）$\left(\nabla^2 - \dfrac{1}{c^2}\dfrac{\partial^2}{\partial t^2}\right)\psi(\vec{r},t) = \dfrac{m_0^2 c^2}{\hbar^2}\psi(\vec{r},t)$，其中 $\nabla^2 = \dfrac{\partial^2}{\partial x^2} + \dfrac{\partial^2}{\partial y^2} + \dfrac{\partial^2}{\partial z^2}$，

並以協變形式（Covariant form），即 $\square\,\psi(x_v) = \dfrac{m_0^2 c^2}{\hbar^2}\psi(x_v)$，表示之。

其中 $\square = \dfrac{\partial^2}{\partial x_1^2} + \dfrac{\partial^2}{\partial x_2^2} + \dfrac{\partial^2}{\partial x_3^2} + \dfrac{\partial^2}{\partial x_4^2} = \dfrac{\partial}{\partial x_v}\dfrac{\partial}{\partial x_v} = \partial_v\partial_v$，且 $\partial_v = \dfrac{\partial}{\partial x_v}$；

$v = 1, 2, 3, 4$，$x_1 = x$；$x_2 = y$；$x_3 = z$；$x_4 = ict$。

2-5 試由 Schrödinger 方程式導出 Dirac 相對論方程式（Dirac relativistic equation）$i\hbar\dfrac{\partial}{\partial t}\psi(\vec{r},t) = (-i\hbar c\vec{\alpha}\cdot\nabla + \beta m_0 c^2)\psi(\vec{r},t)$，其中

$\nabla = \hat{x}\dfrac{\partial}{\partial x} + \hat{y}\dfrac{\partial}{\partial y} + \hat{z}\dfrac{\partial}{\partial z}$；$\vec{\alpha} = \hat{x}\alpha_x + \hat{y}\alpha_y + \hat{z}\alpha_z = \begin{bmatrix} 0 & \vec{\sigma} \\ \vec{\sigma} & 0 \end{bmatrix}$；$\vec{\sigma} = \hat{x}\sigma_x + \hat{y}\sigma_y + \hat{z}\sigma_z$；

或 $\alpha_x = \begin{bmatrix} 0 & \sigma_x \\ \sigma_x & 0 \end{bmatrix}$、$\alpha_y = \begin{bmatrix} 0 & \sigma_y \\ \sigma_y & 0 \end{bmatrix}$、$\alpha_z = \begin{bmatrix} 0 & \sigma_z \\ \sigma_z & 0 \end{bmatrix}$，而 $\sigma_x = \begin{bmatrix} 0 & 1 \\ 1 & 0 \end{bmatrix}$、

$\sigma_y = \begin{bmatrix} 0 & -i \\ i & 0 \end{bmatrix}$、$\sigma_z = \begin{bmatrix} 1 & 0 \\ 0 & -1 \end{bmatrix}$；$\beta = \begin{bmatrix} I & 0 \\ 0 & -I \end{bmatrix} = \begin{bmatrix} 1 & 0 & 0 & 0 \\ 0 & 1 & 0 & 0 \\ 0 & 0 & -1 & 0 \\ 0 & 0 & 0 & -1 \end{bmatrix}$、

$I = \begin{bmatrix} 1 & 0 \\ 0 & 1 \end{bmatrix}$，並以協變形式或 γ 矩陣形式（γ-matrix form），即

$\left(\gamma_\mu\dfrac{\partial}{\partial x_\mu} + m_0\dfrac{c}{\hbar}\right)\psi(x_\mu) = 0$，表示之，其中 x_μ 為 $x_1 = x$；$x_2 = y$；$x_3 = z$；

$x_4 = ict$　而 $\mu = 1$，　2，　3，　4，且 $\gamma_1 = -i\beta\alpha_x = \begin{bmatrix} 0 & -i\sigma_x \\ i\sigma_x & 0 \end{bmatrix}$；

$$\gamma_2 = -i\beta\alpha_y = \begin{bmatrix} 0 & -i\sigma_y \\ i\sigma_y & 0 \end{bmatrix} ; \quad \gamma_3 = -i\beta\alpha_z = \begin{bmatrix} 0 & -i\sigma_z \\ i\sigma_z & 0 \end{bmatrix} ; \quad \gamma_4 = \beta = \begin{bmatrix} I & 0 \\ 0 & -I \end{bmatrix} 。$$

2-6　試說明自由電子無法吸收光子，也無法輻射出光子。

第三章

古典量子理論

　　一般所謂的古典量子理論是指 Erwin Rudolf Josef Alexander Schrödinger 在提出 Schrödinger 方程式（ Schrödinger equation ）之前的量子理論都稱之為古典量子理論（Classical quantum theory）或稱為老量子理論（Old quantum theory）。古典量子理論的發軔，就是 Max Karl Ernst Ludwig Planck 對黑體輻射的論述。

　　這一章我們將從黑體輻射（Blackbody radiation）開始討論，在說明伊始，要先知道，在眾多學者提出各種理論解釋黑體輻射現象之前，就已經有了經過大量實驗觀察所得的兩個實証定律，即 Stefan-Boltzmann 定律（Stefan-Boltzmann's law）和 Wien 定律（Wien's law）。基於第一章的「實證科學」哲學精神，所有提出的黑體輻射相關理論都必須和這兩個定律吻合。

　　我們的論述主要的當然是以 Planck 的量子假設（Planck hypothesis）作為主軸，除了說明 Planck 的量子理論是如何和 Stefan-Boltzmann 定律、Wien 定律吻合之外，還要指出 Rayleigh-Jeans 定律（Rayleigh-Jeans' law）的問題所在。其實 Planck 假設和 Rayleigh-Jeans 定律主要的差異就在於求平均能量的前提不同：Planck 假設的能量是量子的；而 Rayleigh-Jeans 定律認為能量是連續的。

　　如果 Planck 的量子理論是正確，那麼應該還存在著更多的證據。和古典力學的粒子一樣，所謂「量子」就必須要具有確定的能量和確定的動量，Einstein 的光電效應（Einstein photoelectric effect）證實了量子化的能量；Compton 效應（Compton effect）證實了量子化的動量，有了這兩個證據，我們就可以說波動的確具有粒子性。

　　但是粒子會具有波動性嗎？經過 Clinton Davisson 和 Lester Germer 的電子繞射實驗以及 Louis de Broglie 的物質波（Matter wave）理論之後，也

證明了粒子的確具有波動性。

　　顯然，波動性與粒子性是所有現象的一體兩面，即波動與粒子的二象性（Wave-particle duality），或者對於嫻熟於古典物理我們來說，要特別強調「波動的粒子性」以及「粒子的波動性」的存在。如果「量子」是眞實存在的，那麼應該還要有其他的現象支持，Niels Henrik David Bohr 提出的「駐波論」成功的解釋了氫原子光譜的不連續現象，恰足以適時的承接了量子論重要的下一棒，Franck-Hertz 實驗更直接觀察到 Bohr 理論所述的能階存在。

　　此外，我們還會介紹兩個原理（Principles）：一致性原理（Correspondence principle）和測不準原理（Uncertainty principle）。一致性原理是爲了說明在量子數很大的情況下，量子物理的結果與古典物理的結果是相同的；而測不準原理則是量子現象特有的性質，下一章會再對測不準原理，做進一步的說明。

　　本章的最後會把 Schrödinger 方程式簡單的介紹出來，並說明 Schrödinger 方程式的性質與物理意義。我們基本上採用了所謂 Copenhagen 學派的解釋（Copenhagen interpretation），也就是 Bohr 所主張的機率論，雖然 Einstein 和 Schrödinger 並不贊成這樣的論述。進一步相關的討論，業已超出本書的範疇了，在此不作論述。

3.1　Planck 的量子論

　　近代物理的肇始無疑的是 Planck 量子論，所以我們首先把 Planck 的立論揭示出來，再開始黑體輻射的相關介紹。

　　Planck 在看到黑體輻射的光譜與數學函數的吻合關係之後，反推數學函數的結果，作了能量量子化的假設，即 Planck 假設（Planck postulate），也就是 Planck 假設能量是不連續的。Planck 假設的內容是「任何物理系統的特性，若其座標爲時間的正弦函數，即簡諧振盪（Simple harmonic oscillations），則其總能量僅有的型式爲 $E = nh\nu = n\hbar\omega$，其中 $n = 1, 2, 3, \cdots$；Planck 常數（Planck constant）是一個放諸四海皆準的「宇宙常數」（Universal constant）$h = 6.626 \times 10^{-34}$ Joule·s」。Planck 量子論中所提的座標可以是彈簧伸長量、鐘擺的角度、波動的振幅、…，這些都是時間的正弦函數，而且都作一維簡諧振盪，所以依 Planck 假設來說都是可以量子化的。

3.1.1 黑體輻射

　　黑體輻射或熱輻射（Thermal radiation）應該是介紹近代物理或量子理論的第一課題，但是「什麼是黑體（Blackbody）？」這個問題通常會造成初學者很大的困擾。

　　在介紹什麼是黑體之前，我們先簡單的作一些相關背景說明。首先，要知道黑體輻射的現象及其理論雖然已經超過了一百年，但是由黑體輻射所衍生出來的技術和儀器設備一直到今日還在發展及使用中，上至天文的研究，下至礦層的探勘及工業的生產、自然科學和國防民生都有黑體輻射的形跡，所以瞭解黑體輻射是很有必要的。然而什麼是「黑體」？什麼又是「黑體輻射」？簡單扼要的回答是：所謂的「黑體」就是會吸收所有照射在物體上的電磁波或光的物體；所謂「黑體輻射」就是物體特性所呈現的輻射。既然黑體輻射是物體所呈現的輻射，所以木塊就有木塊的黑體輻射、鐵塊就有鐵塊的黑體輻射、冰塊就有冰塊的黑體輻射、…，每一種物

質都有自己的黑體輻射。以上的論述，大概順理成章，沒有太大的問題，但容易混淆的是「黑體」是意指黑色的物體嗎？黑色的木塊？黑色的鐵塊？黑色的冰塊？當然不是的，再重複一次，黑體的「黑」所意指的是會吸收所有打在上面的光，而不是黑顏色的「黑」！設想有一個漆成白顏色的木塊，在陽光下當然我們看到或偵測到的木塊是呈現白色的，但是當我們用黃光打在木塊上，我們將偵測到木塊呈黃色；當我們用紅光打在木塊上，我們將偵測到木塊呈紅色；…，也就是說我們所偵測到的輻射光會隨著入射光而改變，但因為木塊的本質並沒有改變，所以這些黃光和紅光並無法代表木塊的本質，代表木塊的本質的輻射應該是不能隨著入射光的改變而改變的。

如圖 3.1 所示，我們所偵測到的光包含了兩個部分，一部分是散射光或反射光；一部分是木塊光或黑體輻射。很顯然的，只有木塊光才會呈現木塊本身的特性，也就是我們「不要」去看反射光，也就是所有的反射光都必須被隔離，只留下木塊光，換一種角度來說，如果所有的光都被吸收

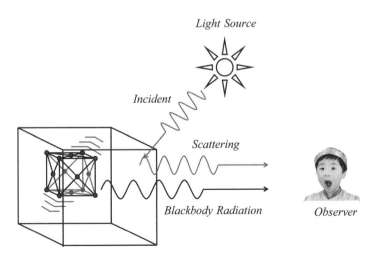

圖 3.1・偵測到的光包含散射光和黑體輻射

了，就沒有散射光的產生，沒有散射光到我們的眼睛，當然就是「黑黑的」，於是我們稱為能表現木塊特性的輻射為黑體輻射。

經過了以上簡要的說明之後，我們可以定義「黑體」是可以完全吸收光的物體，真實世界中，當然沒有完美的黑體，而是灰體（Grey body），我們可以查表得知欲量測的對象和完美黑體之間輻射率（Emissivity）的比值之後，代入熱輻射理論，或代入 Stefan-Boltzmann 定律及或 Wien 定律之後，就可以獲得準確的訊息。但是，依據黑體的定義，我們可以知道在空腔（Cavity）表面所開的一個小孔洞，因為可以完全吸收所有的入射光或電磁波，如圖 3.2 所示，所以這個空腔的小孔洞就具有黑體輻射的特性。

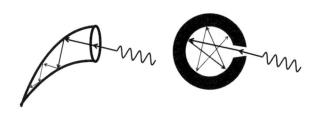

Blackbody

圖 3.2・空腔的小孔洞是黑體

現在我們要證明黑體的光譜分佈與空腔的光譜分佈相同。

因為物體溫度大於 0K 時，物體會輻射出電磁波，如果假設黑體的光譜分布 $E_{Blackbody}(\lambda)$ 和空腔的光譜分布 $E_{Cavity}(\lambda)$ 不同，波長 λ_1 的黑體能量 $E_{Blackbody}(\lambda)$ 是大於空腔能量 $E_{Cavity}(\lambda)$ 的，如圖 3.3 所示，即 $E_{Blackbody}(\lambda_1) > E_{Cavity}(\lambda_1)$。

若在黑體和空腔之間以濾波器（Filter）牽引，如圖 3.4 所示，濾波器的作用是在同一溫度下僅允許波長 λ_1 的能量通過。

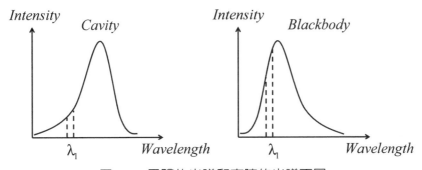

圖 3.3・黑體的光譜和空腔的光譜不同

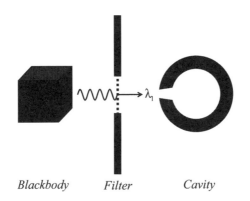

圖 3.4・黑體和空腔之間有濾波器牽引

　　因為波長 λ_1 的黑體能量 $E_{Blackbody}(\lambda_1)$ 大於空腔能量 $E_{Cavity}(\lambda_1)$，所以能量將由黑體源源不斷地輸送至空腔。但是，根據熱力學第二定律：當溫度 T 固定時，輸入的能量 E_{Input} 和輸出的能量 E_{Output} 的淨能量為零，即 $E_{Input} + E_{Output} = 0$，於是，此假設違反了熱力學第二定律，換言之，所以黑體光譜分佈和空腔光譜分佈相同。

3.1.2 黑體輻射實驗定律

　　基於「實證科學」的要義，Planck 量子論通過了 Stefan-Boltzmann 定律和 Wien 定律的驗證。因為這兩個定律都是實驗所得，所以任何解釋黑體輻射的理論都必須得符合實驗的定律。簡單扼要的說，如果我們量測出圖 3.5 所示的黑體輻射光譜，則 Stefan-Boltzmann 定律可以計算出物體每單位面積每秒輻射的總能量；Wien 定律可以計算出物體的發射光譜的峰值（Peak）波長。說明如下。

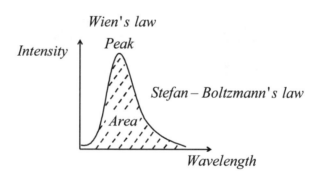

圖 3.5・Stefan-Boltzmann 定律可以得到總能量；Wien 定律可以得到波長峰值

[1] Stefan-Boltzmann 定律

　　Stefan-Boltzmann 定律又稱為 Stefan 定律（Stefan's law）Stefan 定律或稱 Stefan T^4 定律（Stefan T^4 law），

$$E = \sigma T^4 , \qquad (3.1)$$

其中 E 為每單位面積每秒輻射的總能量，如圖 3.6 示黑體輻射光譜之面積；由實驗得常數 σ 為 0.567×10^4 erg/cm²K⁴s。

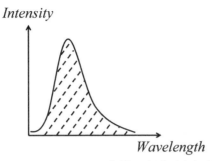

圖 3.6・Stefan-Boltzmann 定律可得輻射光譜之面積

[2] Wien 定律

　　因為物體的發射光譜是隨著溫度變化的，如圖 3.7 所示，在不同溫度下的光譜峰值波長就不相同，溫度 T_1 時的光譜峰值波長為 λ_1；溫度 T_2 時的光譜峰值波長為 λ_2，而 Wien 定律定出了溫度 T 和光譜峰值波長 λ_{Max} 的關係為：

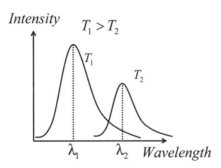

圖 3.7・發射光譜隨溫度變化

[2.1]　峰值波長 λ_{Max} 和溫度成反比，即 $\lambda_{Max} \propto \dfrac{1}{T}$。溫度越高，波長越短；溫度越低，波長越長。

[2.2]　溫度和其所對應的峰值波長的乘積是一個定值，即 $\lambda_1 T_1 = \lambda_2 T_2$。

3.1.3 電磁輻射理論

依據電磁輻射理論，每單位體積內所含電磁波的能量 ρ 為

$$\rho = \rho(\lambda)\, d\lambda$$
$$= n(\lambda)\, \langle E \rangle\, d\lambda = n(v)\, \langle E \rangle\, dv \text{，} \qquad (3.2)$$

其中 $\rho(\lambda)$ 為介於波長 λ 和 $\lambda + d\lambda$ 之間的能量密度（Density of energy）；$n(\lambda)d\lambda$ 和 $n(v)dv$ 為狀態密度（Density of state 或 Density of mode）或單位體積內的自由度；$\langle E \rangle$ 為達熱平衡時每個自由度（State or mode）的平均總能量。

現在我們只要求出狀態密度 $n(\lambda)d\lambda$ 和平均總能量 $\langle E \rangle$ 就可以得到物體單位體積所幅射出電磁波的能量 ρ 了。

3.1.3.1 狀態密度

現在我們要求出狀態密度 $n(\lambda)\,d\lambda$，即波長介於 λ 與 $\lambda + d\lambda$ 之間的單位體積電磁波振動數（Density of state）。

依據 Maxwell 方程式，金屬導體內部的電場一定為零，即電磁波形成了駐波。如圖 3.8 所示，對體積 $V = L_x L_y L_z$ 之金屬長方體而言，內部的電場為 $\mathscr{E}(x) = \mathscr{E}_{x0} \sin(k_x x)$、$\mathscr{E}(y) = \mathscr{E}_{y0} \sin(k_y y)$、$\mathscr{E}(z) = \mathscr{E}_{z0} \sin(k_z z)$，所以形成駐波的條件為 $\mathscr{E}(0) = 0$，且 $\mathscr{E}(L) = 0$，則 $\begin{cases} k_x L_x = n_x \pi \\ k_y L_y = n_y \pi \\ k_z L_z = n_z \pi \end{cases}$，且其中的量子數 n_x、n_y、n_z 都要是正整數，即 $n_x, n_y, n_z > 0$。

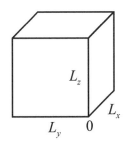

圖 3.8・金屬導體中的電磁波形成駐波

因為 $$d^3k = dk_xdk_ydk_z = \frac{\pi^3}{L_xL_yL_z}dn_xdn_ydn_z = \frac{\pi^3}{V}d^3n \text{ ,} \qquad (3.3)$$

又 $n(\lambda)d\lambda$ 為單位體積波長介於 λ 和 $\lambda+d\lambda$ 之間的狀態密度,

所以 $$n(\lambda)d\lambda = \frac{1}{8V}d^3n \underset{d^3k=\frac{\pi^3}{V}d^3n}{=} \frac{1}{8V}\frac{V}{\pi^3}d^3k = \frac{d^3k}{8\pi^3} \text{ ,} \qquad (3.4)$$

其中 d^3n 表示對三度空間積分;$\frac{1}{8}$ 表示因為量子數 n_x、n_y、n_z 都要是正整數,所以在整個狀態空間上只佔了八分之一的卦限(Octant),即如上所述 $n_x, n_y, n_z > 0$;$V = L_xL_yL_z$ 為體積。

則狀態密度 $n(\lambda)d\lambda$ 為

$$n(\lambda)d\lambda = \frac{d^3k}{8\pi^3} = \frac{d^3k}{(2\pi)^3} = \frac{4\pi k^2 dk}{(2\pi)^3} \text{ 。} \qquad (3.5)$$

又 $c = \lambda v$ 且 $k = \frac{2\pi}{\lambda}$ 為波數(Wave number)或波向量(Wave vector),

所以可得頻率介於 v 與 $v+dv$ 之間的狀態密度表示式為

$$n(\lambda)d\lambda = \frac{4\pi}{\lambda^4}\,d\lambda = \frac{4\pi v^2}{c^3}\,dv = n(v)dv \text{。} \tag{3.6}$$

上式意味著，從波長空間得到的狀態密度$n(\lambda)d\lambda$和從頻率空間得到的狀態密度$n(v)dv$是相同的。

再考慮電磁波有左右旋兩種偏極化，所以波長介於λ與$\lambda+d\lambda$之間的狀態密度$n(\lambda)d\lambda$為

$$n(\lambda)d\lambda = \frac{8\pi}{\lambda^4}\,d\lambda \text{；} \tag{3.7}$$

或者換一種表示方法，頻率介於v與$v+dv$之間的狀態密度$n(v)dv$為

$$n(v)dv = \frac{8\pi v^2}{c^3}\,dv \text{。} \tag{3.8}$$

此外，我們再補充一點有關狀態密度的說明，其實狀態密度就是表示單位體積內狀態數，因為波數或波向量$k=\dfrac{2\pi}{L}$含有 1 個狀態，所以單位波向Δk量含有$\dfrac{L}{2\pi}$個狀態，則狀態密度$D(\lambda)$為

$$D(\lambda) = n(\lambda)d\lambda = \frac{\left(\dfrac{L}{2\pi}dk\right)^3}{V} = \frac{d^3k}{(2\pi)^3} = \frac{4\pi k^2 dk}{(2\pi)^3} \text{。} \tag{3.9}$$

此外，上式出現了一個關係$d^3k = 4\pi k^2 dk$。這個關係式其實就是一個在k空間（k-space）的圓球體積，對球體的表面積$4\pi k^2$進行積分，如圖 3.9 所

示，即 $4\pi k^2$，其中 k 為圓球半徑，即可得球體的體積 d^3k。

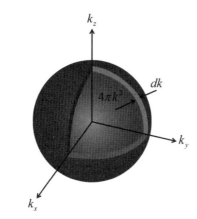

圖 3.9・圓球半徑為 k 的圓球體積

3.1.3.2 總平均能量

Rayleigh-Jeans 定律是解釋黑體輻射現象的古典理論，但是，並不符合 Stefan-Boltzmann 定律和 Wien 定律，而且，根據觀察結果可知光譜原來是非連續的，但是 Rayleigh-Jeans 定律卻導出連續光譜，所以 Rayleigh-Jeans 定律必須修正，當然現在我們知道是以 Planck 量子論修正之，而其中的關鍵在於能量是量子的；而非連續的，且量子化能量的平均值和連續能量的平均值是不同的。以下我們來看看兩者的差異。

3.1.3.2.1 Boltzmann 分布定律

無論是要求古典的或量子的統計平均能量，都必須知道能量分布的 Boltzmann 定律（Boltzmann distribution law）為「系統在溫度 T K 達到熱平衡時，有 N_2 個粒子具有能量 E_2，有 N_1 個粒子具有能量 E_1，如圖 3.10 所示，則 $\dfrac{N_2}{N_1} = e^{-\frac{\Delta E}{k_B T}}$，其中 $\Delta E = E_2 - E_1$；k_B 為 Boltzmann 常數（Boltzmann constant）$k_B = 1.381 \times 10^{-23}$ Joule/K。」。

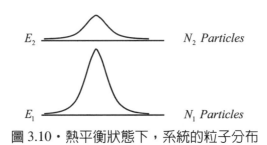

E_2 _____ N_2 _Particles_

E_1 _____ N_1 _Particles_

圖 3.10・熱平衡狀態下，系統的粒子分布

3.1.3.2.2 古典統計平均能量

古典統計之平均能量爲

$$\langle E \rangle = \frac{\int_0^\infty E e^{-\frac{E}{k_B T}} dE}{\int_0^\infty e^{-\frac{E}{k_B T}} dE} \,, \tag{3.10}$$

其中分子部分的計算要利用分部積分的技巧 $\int u\,dv = uv - \int v\,du$。

令 $\qquad \begin{cases} u = E, du = dE \\ v = -k_B T e^{-\frac{E}{k_B T}}, \ dv = e^{-\frac{E}{k_B T}} dE \end{cases}$, $\qquad$ (3.11)

可得 $\quad \int_0^\infty E e^{-\frac{E}{k_B T}} dE = k_B T e^{-\frac{E}{k_B T}} E \Big|_0^\infty + k_B T \int_0^\infty e^{-\frac{E}{k_B T}} dE = (k_B T)^2$; $\quad$ (3.12)

分母部分爲 $\qquad\qquad\qquad \int_0^\infty e^{-\frac{E}{k_B T}} dE = k_B T \,,$ $\qquad$ (3.13)

所以，可得古典統計之平均能量 $\langle E \rangle$ 爲

$$\langle E \rangle = k_B T \text{。} \tag{3.14}$$

3.1.3.2.3 量子統計的平均能量

現在可以 Planck 的量子假設求得平均能量 $\langle E \rangle$。

在溫度為 $T\mathrm{K}$ 時，依據 Planck 的量子假設，一維簡諧震盪的能量為 $E_n = nh\nu$；而由 Boltzmann 定律可知其能量分佈（Energy distribution）或能量量子化的粒子出現機率如圖 3.11 所示。

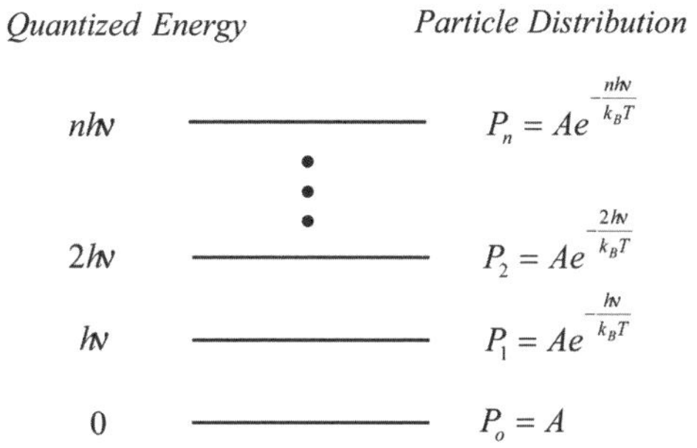

Quantized Energy　　　　　　Particle Distribution

$$n h\nu \quad \text{———————} \quad P_n = A e^{-\frac{nh\nu}{k_B T}}$$

$$\vdots$$

$$2 h\nu \quad \text{———————} \quad P_2 = A e^{-\frac{2h\nu}{k_B T}}$$

$$h\nu \quad \text{———————} \quad P_1 = A e^{-\frac{h\nu}{k_B T}}$$

$$0 \quad \text{———————} \quad P_o = A$$

圖 3.11 · 能量量子化粒子出現的機率

所以平均能量 $\langle E \rangle$ 為

$$\langle E \rangle = \frac{E_{total}}{N_{total}}$$

$$= \frac{\sum\limits_{n=0}^{\infty} E_n P_n}{\sum\limits_{n=0}^{\infty} P_n}$$

$$= \frac{N_0 h\nu (0 + x + 2x^2 + \cdots)}{N_0 (1 + x + x^2 + \cdots)}, \tag{3.15}$$

其中 $x = e^{\frac{-h\nu}{k_B T}}$；$E_{total}$ 為系統的總能量；N_{total} 為系統的總粒子數；E_n 為系統中的能態的能量；P_n 為系統中處於能態 E_n 的粒子數。

令 $\qquad S = 1 + x + x^2 + \cdots = \dfrac{1}{1-x}$, $\hfill (3.16)$

則 $\qquad S' = \dfrac{d}{dx} S = \dfrac{1}{(1-x)^2} = 0 + 1 + 2x + 3x^2 + \cdots$, $\hfill (3.17)$

則 $\qquad xS' = x + 2x^2 + 3x^3 + \cdots = \dfrac{x}{(1-x)^2}$, $\hfill (3.18)$

所以平均能量 $\langle E \rangle$ 爲

$$\langle E \rangle = \frac{hv\,xS'}{S} = \frac{hvx}{1-x} = \frac{hv}{x^{-1}-1} = \frac{hv}{e^{\frac{hv}{k_B T}} - 1} \, 。 \qquad (3.19)$$

如果量子化能量 E 可表示爲 $E = nhv$，則平均的量子化能量爲 $\langle E \rangle = \langle n \rangle\, hv$，所以具有能量 hv 的粒子的平均數量 $\langle n \rangle$ 爲

$$\langle n \rangle = \frac{1}{e^{\frac{hv}{k_B T}} - 1} \, 。 \qquad (3.20)$$

如果 Planck 的量子化假設是對的，爲什麼古典物理沒有觀察到能量是一個一個的呢？我們可以看到在高溫的情況下，即 $T \to \infty$，由 $e^{\frac{hv}{k_B T}} = 1 + \dfrac{1}{1!} \dfrac{hv}{k_B T} + \dfrac{1}{2!} \left(\dfrac{hv}{k_B T} \right)^2 + \dfrac{1}{3!} \left(\dfrac{hv}{k_B T} \right)^3 + \cdots$，可得 $\bar{n} = \langle n \rangle \cong \dfrac{k_B T}{hv}$，則平均能量 $\langle E \rangle = \bar{n}hv = k_B T$ 就會退化成古典物理的結果，這就是一致性原理，稍後在 Bohr 模型會再說明一次。

我們再重覆一次 Planck 定理的二個主要的結論：

[1] $\quad \langle E \rangle = \dfrac{hv}{e^{\frac{hv}{k_B T}} - 1}$ 爲平均的量子化能量。

[2]　　$\langle n \rangle = \dfrac{1}{e^{\frac{hv}{k_B T}} - 1}$ 為溫度 T K 達到熱平衡時，能量為 hv 的光子數目。這

也是 Bose-Einstein 統計（Bose-Einstein statistics）的結果，在第八章

將再作介紹。

3.1.4 古典和量子模型的結果

現在已經知道狀態密度 $n(\lambda)d\lambda$ 和平均能量 $\langle E \rangle$ 的表示式了，其中

平均能量 $\langle E \rangle$ 有古典的表示式和量子的表示式，只要代入狀態密度

$n(\lambda)d\lambda = \dfrac{8\pi}{\lambda^4}d\lambda$ 以及古典的平均能量表示式 $\langle E \rangle = k_B T$ 就可以得到物體單位

體積所幅射出電磁波的古典能量 ρ 表示式，即 Rayleigh-Jeans 定律；而只要

代入狀態密度 $n(\lambda)d\lambda = \dfrac{8\pi}{\lambda^4}d\lambda$ 以及量子的平均能量表示式 $\langle E \rangle = \dfrac{hv}{e^{\frac{hv}{k_B T}} - 1}$ 就

可以得到物體單位體積所幅射出電磁波的量子化能量 ρ 表示式，即 Planck

定律。

3.1.4.1 Rayleigh-Jeans 定律和實驗結果的比較

由電磁理論可知物體單位體積所幅射出電磁波的能量 ρ 為

$$\rho(\lambda)d\lambda = n(\lambda) \langle E \rangle d\lambda$$

$$= \frac{8\pi}{\lambda^4} k_B T d\lambda，\tag{3.21}$$

或　　　　$$\rho(v)dv = n(v) \langle E \rangle dv$$

$$= \frac{8\pi v^2}{c^3} k_B T dv。\tag{3.22}$$

這就是描述黑體輻射的 Rayleigh-Jeans 定律,但是 Rayleigh-Jeans 定律的正確性必須要通過實際觀察的驗證。

Rayleigh-Jeans 定律和兩個實驗定律的比較。

[1] Rayleigh-Jeans 定律和 Stefan-Boltzmann 定律比較

因為 $\rho = \int_0^\infty \rho(v)dv = \int_0^\infty \frac{8\pi v^2}{c^3} k_B T dv = \infty$,意謂著能量發散了,所以 Rayleigh-Jeans 定律與 Stefan-Boltzmann 定律不吻合。

[2] Rayleigh-Jeans 定律和 Wien 定律比較

因為要求峰值波長 λ_{Max},所以作微分 $\frac{d\rho(\lambda)}{d\lambda} = \frac{-32\pi k_B T}{\lambda^5}$,顯然峰值波長 λ_{Max} 不存在,則 Rayleigh-Jeans 定律與 Wien 定律並不吻合。

實際上,Rayleigh-Jeans 定律僅在長波長或低頻時才符合實驗觀察所得之光譜,如圖 3.12 所示,短波長或高頻時的發散現象就是所謂的紫外線災難(Ultraviolet catastrophe)。

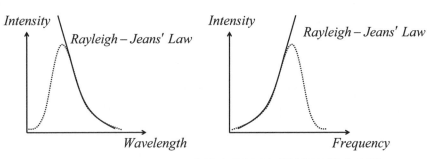

圖 3.12・Rayleigh-Jeans 定律在長波長或低頻時符合光譜

3.1.4.2 Planck 的假設和實驗結果的比較

由 Planck 定律,代入量子化的平均能量 $\langle E \rangle = \dfrac{hv}{e^{\frac{hv}{k_B T}} - 1}$,則空腔的頻譜分佈 $\rho(v)dv$ 或 $\rho(\lambda)d\lambda$ 為

$$\rho(v)dv = \frac{8\pi h v^3}{c^3 \left(e^{\frac{hv}{k_B T}} - 1\right)} dv \text{,} \qquad (3.23)$$

或

$$\rho(\lambda)d\lambda = \frac{8\pi hc}{\lambda^5 \left(e^{\frac{hc}{k_B T\lambda}} - 1\right)} d\lambda \text{。} \qquad (3.24)$$

[1] Planck 定律和 Stefan-Boltzmann 定律比較

物體單位體積所幅射出電磁波的能量 ρ 為

$$\rho = \int_0^\infty \rho(v)dv = \int_0^\infty \frac{8\pi h v^3}{c^3 \left(e^{\frac{hv}{k_B T}} - 1\right)} dv \text{。} \qquad (3.25)$$

令

$$x = \frac{hv}{k_B T} \text{,}$$

則

$$\rho = \frac{8\pi (k_B T)^4}{c^3 h^3} \int_0^\infty \frac{x^3}{e^x - 1} dx$$

$$= \frac{8\pi^5 (k_B T)^4}{c^3 h^3}$$

$$= \frac{8\pi^5 k_B^4}{15 c^3 h^3} T^4 \text{。} \qquad (3.26)$$

上面的計算中，用了積分結果

$$\int_0^\infty \frac{x^3}{e^x - 1} dx = \frac{\pi^4}{15} \text{,} \qquad (3.27)$$

即

$$\rho = \sigma T^4 \text{,} \qquad (3.28)$$

其中 $\sigma = \frac{8\pi^5 k_B^4}{15 c^3 h^3}$ 。

這個計算結果和實際的 Stefan 常數（Stefan constant）差了一個因子 $\frac{c}{4}$，即實際的 Stefan 常數為 $\sigma = \frac{c}{4} \frac{8\pi^5 k_B^4}{15 c^3 h^3} = \frac{2\pi^5 k_B^4}{15 c^3 h^3}$ 。

所以 Planck 定律與 Stefan-Boltzmann 定律吻合。

[2] Planck 定律和 Wien 定律比較

作微分求峰值波長 λ_{Max}，

則
$$\frac{d\rho(\lambda)}{d\lambda} = 0 = 8\pi hc\left[\frac{-5}{\lambda^6\left(e^{\frac{hc}{k_B T\lambda}} - 1\right)} + \frac{\frac{hc}{k_B T\lambda^2}}{\lambda^5\left(e^{\frac{hc}{k_B T\lambda}} - 1\right)^2}\right]\text{。} \tag{3.29}$$

令
$$x = \frac{hc}{k_B T\lambda}\text{，} \tag{3.30}$$

則
$$\frac{d\rho(\lambda)}{d\lambda} = \frac{8\pi hc}{\lambda^6\left(e^{\frac{hc}{k_B T\lambda}} - 1\right)}\left[-5 + \frac{x}{e^x - 1}\right] = 0\text{。} \tag{3.31}$$

圖解或數值解可得
$$x \cong 4.96\text{，} \tag{3.32}$$

則
$$\lambda_{Max}T \cong \frac{hc}{4.96\text{K}} = 0.2884 \text{ cm} \cdot \text{K}\text{。}$$

所以 Planck 定律與 Wien 定律吻合。

3.2　波動與粒子的二象性

Planck 量子論成功的解釋了黑體輻射的問題，接下來我們要從兩個互為表裡的面向，即波動的粒子性和粒子的波動性，繼續發展量子力學。

但是要如何確定粒子性？如何確定波動性呢？其實可以從古典物理的觀點來談，簡單的說，要判斷波動是否具有粒子性，就看看波動有沒有發生碰撞的現象；要判斷粒子是否具有波動性，就看看粒子有沒有發生繞射的現象。

3.2.1 波動的粒子性

如果 Planck 是對的，如果波動現象真的具有粒子的特性，則波動的行為就必須像古典粒子一樣，滿足發生碰撞之後的能量守恆定律與動量守恆定律。Einstein 光電效應證實了能量守恆的部份；Compton 效應證實了動量守恆的部份。

3.2.1.1 Einstein 光電效應

Einstein 提出光子（Photon）的說法解釋了 1887 年 Heinrich Hertz 所做之光電效應的三個主要的觀察結果。

光電效應是以紫外線（Ultraviolet）打在鹼金屬板上，被激發出的光電子被陰極（Cathode）收集之後，可測得光電流（Photocurrent），實驗裝置如圖 3.13 所示。

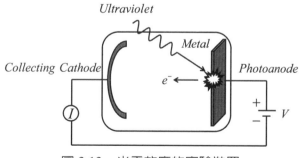

圖 3.13・光電效應的實驗裝置

我們直接以 Einstein 的光子論敘述出光電效應的三個主要的結果。

[1]　光電流 I 的大小與某一個固定波長的輻射線的強度 Nhv 成正比，即 $I \propto Nhv$，如圖 3.14 所示。

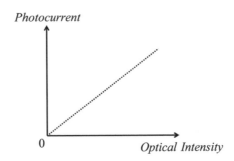

圖 3.14．光電流與輻射線的強度成正比

[2]　當入射光的波長 λ 是固定的，如果阻擋的電壓（Retarded voltage）V 超過臨界電位時，光電流爲零，即 $I=0$，而當被激發的光電子的能量 hv 足以克服阻擋的電位能 qV 時，則光電子就具有動能 E_k，並且逸至陰極板上，形成光電流；若提高阻擋的電壓 V，光電子的能量無法克服阻擋的電位能 qV，則光電流爲零，即 $I=0$。

以數學型式表示光電子的能量 hv、阻擋的電位能 qV 和光電子的動能 E_k 的關係爲

$$E_k = hv - qV，\tag{3.33}$$

其中 $q = 1.6 \times 10^{-19}\,\text{Coul}$，

則當阻擋的電壓提高到截止電壓（Cutoff voltage）V_0，使阻擋的電位能恰等於激發的光電子的能量，即 $qV_0 = hv$，則光電子的動能爲零，即 $E_k = 0$，於是光電流爲零。

我們可以有兩種觀察的方式來表示這個現象，一個是固定入射光的強度，改變入射光的頻率；一個是固定入射光的頻率，改變入射光的強度，如圖 3.15 所示，很顯然的，當入射光的強度固定，則光電流的飽和值並不

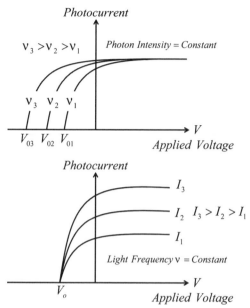

圖 3.15．光電流、外加電壓、入射光的頻率、入射光的強度之間的飽和與臨界
　　　電壓的關係

隨入射光的頻率而改變，而且入射光的頻率越高，則截止電壓也越高，但
是當入射光的頻率低於某一個值時，無論入射光的強度如何增加也都不會
有光電流產生。當入射光的頻率固定，則截止電壓並不隨入射光的頻率而
改變，而且入射光的強度越強，光電流的飽和值也越大。

[3]　如果我們採用不同金屬材料，即功函數（Work function）W 的不同金
　　　屬材料，來觀測光電子的動能 E_k 與阻擋的電壓 V 的關係，則光電子
　　　的動能 E_k 與阻擋的電壓 V 將呈相同斜率的正比例直線關係，即
　　　$E_k = hv - W$，如圖 3.16 所示。

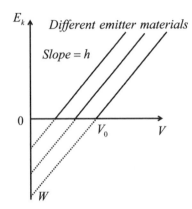

圖 3.16．不同金屬材料之光電子的動能與電壓的關係

　　接著我們來看看古典物理是如何分析的。古典電磁波理論主張輻射能分佈在波前（Wavefront），所以入射光的能量和振幅的平方成正比，光的能量和入射光強度有關與頻率無關。這樣的論述僅可解釋光電效應的圖 3.13 現象，但是無法解釋圖 3.15 和圖 3.16 的現象，而且所有實驗的結果顯示光電子之最大能量與入射光之強度無關，而與頻率有關，所以古典理論與實驗不符，即古典電磁理論解釋光電效應失敗。

　　1905 年 Einstein 提出光量子理論（Einstein photon theory）解釋光電效應，也就是輻射能量並不是均勻的分佈於波前（Wave front），而是集中在光量子或光子，且光子能量為 $E = h\nu = \hbar\omega$。所以，如前所述，激發的光電子的能量 $h\nu$、阻擋的電位能 qV 和光電子動能 E_k 之間的關係可以表示為 $E_k = h\nu - qV$，光強度 $\mathbb{I}$ 可以表示為 $\mathbb{I} = Nh\nu = N\hbar\omega$，其中 N 為光子數。如果再考慮材料的功函數 W，則為 $E_k = h\nu - W = h\nu - qV$，且 $W = qV_0$，其中 V_0 為臨界電壓。

　　所以光電實驗的結果證明電磁波具有量子化的能量，量子化的電磁波就是光子，所以如果入射光頻率 ν 太低，則能量 $h\nu$ 不足使光電子克服功函

數 W 而脫離材料產生光電流。當我們增強光波其實是增加光子的數量 N，由於光電子數 N 增加導致光電流增大，所以光波強度與光電流成正比。再者，光電子動能 E_k 與光強度無關；但是和光頻率 v 有關，即 $E_k = hv - W$。

3.2.1.2 Compton 效應

1923 Arthur Compton 以一束波長爲 λ 之單色 X 光照射在石墨晶體，利用晶體散射以分析各角度 θ 之 X 光譜，如圖 3.17 所示。

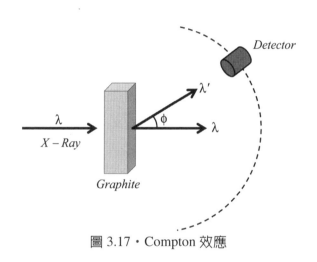

圖 3.17・Compton 效應

因爲入射的光子波長 λ，能量和動量均已知，在碰撞之後，被撞及的電子不知去向，唯有散射的光子會偏向打在螢光幕上，散射角度 θ 以及散射的光子的波長 λ' 是可測的。Compton 實驗結果示意如圖 3.18。

Compton 效應的証明需要用到第二章所介紹的相對論的四維動量以及相對論能量，而以相對論處理有關的問題法則大致爲：列出守恆式；移項；平方整理。

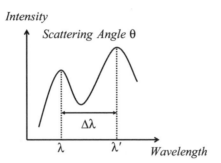

圖 3.18・Compton 散射實驗結果

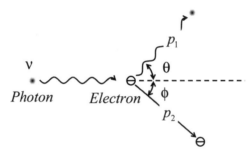

圖 3.19・光子和電子碰撞過程的能量和動量

　　因爲要從能量守恆和動量守恆來分析碰撞過程，如圖 3.19 所示，所以先把碰撞前後的光子的能量和光子的動量以及電子的能量和電子的動量列出來。

碰撞前光子的狀態爲

$$\underline{p}_r = \left[\begin{array}{cccc} \dfrac{h}{\lambda} & 0 & 0 & \dfrac{iE}{c} \end{array} \right] \; ; \qquad (3.34)$$

碰撞前電子的狀態爲

$$\underline{p}_e = \left[\begin{array}{cccc} 0 & 0 & 0 & im_0c \end{array} \right] , \qquad (3.35)$$

碰撞後光子的狀態爲

$$\underline{p}'_r = \left[\begin{array}{cccc} p_1 \cos\theta & p_1 \sin\theta & 0 & \dfrac{iE'}{c} \end{array} \right] \; ; \qquad (3.36)$$

碰撞後電子的狀態爲

$$\underline{p}'_e = \left[\begin{array}{cccc} p_2 \cos\phi & p_2 \sin\phi & 0 & i\gamma m_0c \end{array} \right] , \qquad (3.37)$$

其中碰撞前光子的能量爲 $E = h\nu$；光子的動量爲 h/λ；碰撞後光子的能量爲 $E' = h\nu'$；光子的動量爲 p_1；電子的動量爲 $p_2 = p$；$\gamma = \dfrac{1}{\sqrt{1-\beta^2}}$；$\beta = \dfrac{v}{c}$。

因為動量守恆定律可得 $\quad\quad\quad p_r + p_e = \underline{p'_r} + \underline{p'_e}$ ， $\quad\quad\quad$ （3.38）

其中動量的水平方向分量守恆，

即 $\quad\quad\quad \dfrac{hv}{c} + 0 = \dfrac{hv'}{c}\cos\theta + p\cos\phi$ ； $\quad\quad\quad$ （3.39）

且動量的垂直方向分量守恆，

即 $\quad\quad\quad 0 + 0 = \dfrac{hv'}{c}\sin\theta - p\sin\phi$ 。 $\quad\quad\quad$ （3.40）

由能量守恆定律可知光子損失的能量 $h(v-v')$ 等於電子獲得的能量 $\sqrt{m_0^2 c^4 + p^2 c^2} - m_0 c^2$ ，

即 $\quad\quad \sqrt{m_0^2 c^4 + p^2 c^2} - m_0 c^2 = h(v-v')$ ， $\quad\quad$ （3.41）

則 $\quad\quad m_0^2 c^4 + p^2 c^2 = [h(v-v') + m_0 c^2]^2$ ， $\quad\quad$ （3.42）

展開得 $\quad m_0^2 c^4 + p^2 c^2 = h^2(v-v')^2 + m_0^2 c^4 + 2m_0 c^2 h(v-v')$ ， $\quad$ （3.43）

移項 $\quad\quad 2m_0 c^2 h(v-v') = p^2 c^2 - h^2(v-v')^2$ 。 $\quad\quad$ （3.44）

因為 $\quad\quad \begin{cases} pc\cos\phi = hv - hv'\cos\theta \\ pc\sin\phi = hv'\sin\theta \end{cases}$ ， $\quad\quad$ （3.45）

則 $\quad\quad p^2 c^2 = (pc\cos\phi)^2 + (pc\sin\phi)^2$

$\quad\quad\quad\quad = (hv - hv'\cos\theta)^2 + (hv'\sin\theta)^2$ ， $\quad\quad$ （3.46）

代入得 $\quad 2m_0 c^2(hv - hv') = (hv - hv'\cos\theta)^2 + (hv'\sin\theta)^2 - (hv - hv')^2$ ，

$\quad\quad\quad\quad\quad\quad\quad\quad\quad\quad\quad\quad\quad\quad\quad\quad\quad\quad\quad$ （3.47）

則 $\quad\quad 2m_0 c^2(hv - hv') = h^2 v^2 + h^2 v'^2 - 2hv\,hv'\cos\phi - (hv - hv')^2$

$$= 2hv\,hv'(1 - \cos\theta)\,, \tag{3.48}$$

則 $\qquad 2m_0c^2\,(hv - hv') = 2hv\,hv'(1 - \cos\theta)\,。 \tag{3.49}$

兩側同除 $2h^2c^2$ 可得

$$\frac{m_0c}{h}\left(\frac{v}{c} - \frac{v'}{c}\right) = \frac{v}{c}\,\frac{v'}{c}\,(1 - \cos\theta)\,, \tag{3.50}$$

如果以波長表示，

則爲 $\qquad \dfrac{m_0c}{h}\left(\dfrac{1}{\lambda} - \dfrac{1}{\lambda'}\right) = \dfrac{1 - \cos\theta}{\lambda\lambda'}\,, \tag{3.51}$

可得 Compton 波長公式

$$\lambda' - \lambda = \frac{h}{m_0c}(1 - \cos\theta) = \lambda_c(1 - \cos\theta)\,, \tag{3.52}$$

其中 $\lambda_c \equiv \dfrac{h}{m_0c}$ 就是所謂的 Compton 波長（Compton wavelength）。

　　若把電子的質量代入 $m_0 = 9.1 \times 10^{-31}$ kg，則 $\dfrac{h}{m_0c} \cong 0.0242\text{Å}$ 爲電子的 Compton 波長（Compton wavelength），所以波長變化量 $\Delta\lambda$ 爲

$$\Delta\lambda = \lambda' - \lambda = \frac{h}{m_0c}(1 - \cos\theta) = 0.0242(1 - \cos\theta)\text{Å}\,。 \tag{3.53}$$

　　因爲 $-1 \le \cos\theta \le 1$，所以 $\Delta\lambda = \lambda' - \lambda > 0$，表示發生散射以後，光子的波長變長 $\lambda' > \lambda$；光子的動量變小；光子的能量變小。這些現象都和古典力

學的粒子行爲特性一樣。因爲波是不會碰撞的，只有粒子才會碰撞，所以光波或電磁波是具有粒子性的，光波或電磁波量子化的粒子被稱爲光子。

3.2.2 粒子的波動性

粒子的波動性奠基於物質波原理的提出，以及由電子的繞射現象所證實。

3.2.2.1 de Broglie 物質波

1924 年 de Broglie 對波動和粒子間的基本關係做了兩個假設，或稱爲物質波的假設：

[1]　若粒子動量爲 $p = \dfrac{m_0 v}{\sqrt{1 - \beta^2}}$，則物質波長爲 $\lambda = \dfrac{h}{p}$，其中 h 爲 Planck 常數。

[2]　若物質波波長爲 λ，則其所具有的動量爲 $p = \dfrac{h}{\lambda}$；能量爲 $E = h\nu$，其中 h 爲 Planck 常數。

我們可以在物質波假設之下，透過下一節要介紹的 Bohr 量子化條件，可算出兩種特殊位能形式的量子化能量，這兩個能量量子化的結果和求解 Schrödinger 方程式的能量量子化結果是相同的。

第一種位能形式是中心力場（Central force field）。以氫原子爲例，電子繞行原子核，其物質波在半徑爲 r 的圓形軌道上，根據 Bohr 角動量量子化條件，下一節會介紹，

$$|\vec{L}| = |\vec{r} \times \vec{p}| = rp = n\hbar，$$

(3.54)

其中 $\vec{L}$ 為角動量。

則因為由 de Broglie 提出的物質波假設可知 $p = \dfrac{h}{\lambda}$ ，

所以 $\qquad r\dfrac{h}{\lambda} = n\hbar = n\dfrac{h}{2\pi}$ ， $\qquad\qquad$ (3.55)

可得形成駐波（Standing wave）的結果，如圖 3.20 所示，

$$2\pi r = n\lambda \text{。} \qquad\qquad (3.56)$$

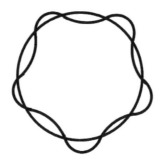

圖 3.20．在圓形軌道上，形成駐波

此外，其所對應的量子化能量 E_n 為

$$E_n = -\frac{p^2}{2m} = -\frac{me^4}{2\hbar^2}\frac{1}{n^2} \text{。} \qquad\qquad (3.57)$$

很顯然的，在中心力場中，隨著量子數的增加，相鄰能階之間的能量差異越小，如圖 3.21 所示，即 $E_n \propto \dfrac{1}{n^2}$ ，和 Bohr 模型及求解具有中心力場位

能（Central force potential）的 Schrödinger 方程式的結果相同。

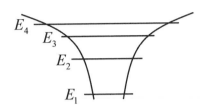

圖 3.21・在中心力場位能中的量子化能量

我們會在下一節的內容介紹上式的相關觀念及計算細節。

　　第二種位能形式是無限位能阱（Infinite potential well）。若無限位能阱的寬度爲 a，則根據 Bohr 量子化條件，可得物質波在無限位能阱內形成駐波之條件爲

$$a = n\frac{\lambda}{2} \text{。} \tag{3.58}$$

由 de Broglie 提出的物質波假設可知物質波的波長 λ 爲 $\lambda = \dfrac{h}{p}$，

則　　　　　　$$p = \frac{h}{\lambda} = \frac{nh}{2a} = \frac{n\pi\hbar}{a} \text{，} \tag{3.59}$$

可得對應的量子化能量 E_n 爲

$$E_n = \frac{p^2}{2m} = \frac{n^2\pi^2\hbar^2}{2ma^2} \text{。} \tag{3.60}$$

很顯然的，無限位能阱中，隨著量子數的增加，相鄰能階之間的能量差異越大，如圖 3.22 所示，即 $E_n \propto n^2$，和第四章結果相同。

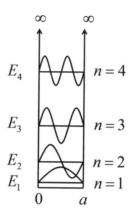

圖 3.22・無限位能阱中量子化的能量

以上的兩個典型的位能形式，其量子化的能量 E_n 有隨著量子數的增加，相鄰能階之間的能量差異越小的，如中心力場；也有隨著量子數的增加，相鄰能階之間的能量差異越大的，如無限位能阱。有沒有一種位能形式，其量子化的能量 E_n 是當量子數有變化，無論是增加或減少，相鄰能階之間的能量都是固定的呢？答案是：有的！例如：諧振位能中的量子化的能量 E_n。稍後會在第四章介紹。

3.2.2.2 電子繞射現象

1927 年 Clinton Davisson 和 Lester Germer 將電子打在鎳單晶上，如圖 3.19 所示，發現有繞射現象。同年，George Paget Thomson 使用快速電子入射或穿透鋁箔亦發現繞射條紋，證實電子有物質波的性質，後續又證實了質子、中子、原子和分子亦均具波動性。

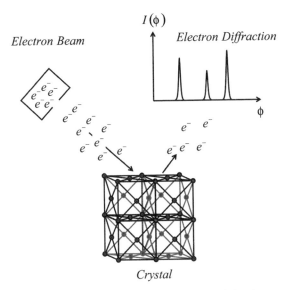

圖 3.23 · 電子打在鎳單晶產生繞射現象

如上所述，當一束已知能量 E 的電子入射至金屬單晶上，在 Bragg 平面（Bragg planes）之間因為粒子的波動性而產生繞射，繞射角度 ϕ 和觀察的散射角度 θ 定義如圖 3.24 所示。

由實驗可得，當 $\theta = 50°$ 時，強度 $I(\theta)$ 最大，則由 Bragg 定律（Bragg's law），即 $2d\sin\phi = \lambda$，其中 $d = 0.91Å$ 為晶格常數（Lattice constant）；$\phi = \dfrac{180 - 50}{2} = 65°$ 為繞射角（Diffraction angle），代入可得 $\lambda = 1.65Å$。

因為電子的動量為 $p = \sqrt{2m_e E}$ 是我們在實驗上可以控制的，其中 m_e 為電子的質量，則根據 de Broglie 所提出的物質波理論可得電子的物質波的波長 λ 為 $\lambda = \dfrac{h}{p} = 1.67Å$ 與實驗相符合，也就證實了粒子運動具有波動性質。

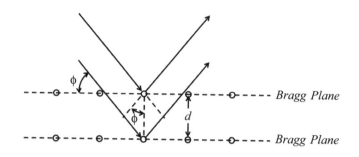

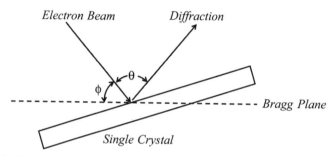

圖 3.24・在金屬單晶 Bragg 平面上，電子的繞射角度 ϕ 和散射角度 θ 的關係

3.3 Bohr 氫原子模型

在討論 Planck 黑體輻射以及其相關賡續的量子論述與實驗之後，我們可以藉由解決存在於原子的二大難題：「原子的不連續光譜」、「原子的穩定性問題」來拓展量子物理。

其實許多科學家為了瞭解太陽光譜，所以早已從最簡單的氫原子開始研究原子結構及其光譜。在 Bohr 提出其劃時代理論之前，物理學家業已知道：「原子係由電子和同數的正電荷組成」、「原子質量大部集中很小的區域，直徑為 1 Fermi 為 10^{-13} cm」。Rutherford 提出了一些想法，即所謂的原子行星模型，假設原子結構就像太陽系一樣，原子中的電子以原子核

為中心，作行星軌道繞行，則電子會作向心加速度運動，如果依據古典電磁理論，帶電粒子必將輻射電磁波，並釋放能量，經過簡單的估算結果，約在 10^{-12} 秒內，電子最後一定會墮落在原子核上，而且還是連續光譜，但是事實必非如此，電子並沒有墮落在原子核上，光譜也是不連續的，所以 Rutherford 的模型不正確，無法解釋原子穩定性問題和光譜的不連續性。

1913 年，Niels Bohr 在拜訪了他的老師 Rutherford 之後，仔細的觀察氫原子光譜的 Balmer 線系（Balmer series），作了二個假設：「穩定狀態的假設」及「頻率條件的假設」，成功的解決了上述的原子的二大難題。

當然，依據「實證科學」的哲學精神，Bohr 理論的成功是建立在諸多光譜的實驗証明，甚至於在 1914 年所發表的 Franck-Hertz 實驗更是直接的觀察「能階」的存在，雖然，稍後在第四章、第五章和第六章我們會知道所謂的「能階」或軌道（Orbits）都是不存在的，依據 Schrödinger 方程式的結果，應該是「軌域」（Orbitals）。

此外，Bohr 也作了模型的修正，包含：考慮原子核質量之後所產生的精細結構常數，以及提出聯結古典物理與量子物理的一致性原理。

3.3.1 Bohr 的氫原子模型

Niels Bohr 為解釋原子的二大難題：原子的不穩定性，不連續性光譜，作了二個假設：

[1] 穩定狀態的假設：若電子以半徑為 $\vec{r}$ 的圓形軌道繞原子核轉動，且電子的動量為 $\vec{p}$，其角動量 $\vec{L} = \vec{r} \times \vec{p}$ 必須滿足下列條件：

$$|\vec{L}| = |\vec{r} \times \vec{p}| = rmv = n\frac{h}{2\pi} = n\hbar \text{,} \tag{3.61}$$

其中 $n = 1, 2, 3, \cdots$；h 為 Planck 常數。

Bohr 模型認為電子在離原子核有特定距離的地方形成穩定的駐波。圍繞原子核運行的電子根據軌道的大小形成駐波。電子波的波長整數倍必須等於一個圓形軌道（Orbit）的圓周長，如圖 3.25 所示。

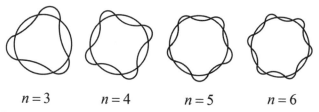

$$n = 3 \qquad n = 4 \qquad n = 5 \qquad n = 6$$

圖 3.25・電子波的波長整數倍等於一個軌道的圓周長

[2]　頻率條件的假設：當原子從某一穩定狀態 E_m 改變為另一穩定狀態 E_n 時，是靠吸收或輻射來完成的，如圖 3.26 所示，

則　　　$E_m - E_n = h\nu_{mn}$。

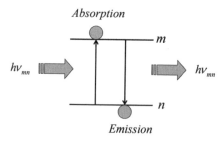

圖 3.26・原子是藉由吸收或輻射的過程來改變狀態

Bohr 假設原子核質量是無限大的且帶有正電荷 Ze，其中 Z 為原子序，電子的質量為 m，在軌道半徑為 r_n 的軌道 n 上，以速度 v_n 繞著原子核作等速率圓周運動，如圖 3.27 所示。

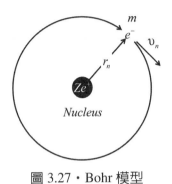

圖 3.27・Bohr 模型

因為 Coulomb 力提供向心力，

則
$$\frac{mv_n^2}{r_n} = Z\frac{e^2}{r_n^2} \; ; \tag{3.62}$$

且由 Bohr 穩定狀態的假設所得之量子化條件為，

$$mv_n r_n = n\hbar \; 。 \tag{3.63}$$

Bohr 模型提出，只有波長在圓形軌道上，形成駐波頻率或能量的電子波才能存在，如圖 3.26 所示。圖中左邊的電子波在圓形軌道上形成駐波，因此代表一個「允許的」軌道，而右邊的電子波無法在圓形軌道上形成駐波，因此「不是一個允許的」軌道。

Allowed   *Not Allowed*

圖 3.26．可形成駐波，軌道就存在；無法形成駐波，軌道就無法存在

由 $r_n^2 v_n^2 = \dfrac{Ze^2 r_n}{m}$ ，且 $r_n^2 v_n^2 = \dfrac{n^2 \hbar^2}{m^2}$ ，即 $\dfrac{Ze^2 r_n}{m} = \dfrac{n^2 \hbar^2}{m^2}$ ，所以量子化軌道半徑 r_n

為

$$r_n = \frac{\hbar^2 n^2}{me^2 Z} = \frac{\hbar^2}{me^2 Z} n^2 \, , \qquad\qquad (3.64)$$

其中 n 為軌道量子數。

在穩定態 n 時，電子的量子化總能量 E_n 為

$$
\begin{aligned}
E_n &= \frac{1}{2} m v_n^2 - \frac{Ze^2}{r_n} \underset{\frac{1}{2}mv_n^2 = \frac{1}{2}\frac{Ze^2}{r_n}}{=} \frac{1}{2} \frac{Ze^2}{r_n} - \frac{Ze^2}{r_n} \\
&= -\frac{Ze^2}{2r_n} \\
&= -\frac{mZ^2 e^4}{2\hbar^2 n^2} \\
&= -\frac{mZ^2 e^4}{2\hbar^2} \frac{1}{n^2} \, , \qquad\qquad (3.65)
\end{aligned}
$$

其中要注意正負符號，負號表示電子是束縛態。

電子繞著原子核作等速率圓周運動的速度 v_n 被量子化為

$$v_n = \frac{Ze^2}{\hbar} \frac{1}{n} = \frac{Z\alpha c}{n} , \tag{3.66}$$

其中 $\alpha = \dfrac{e^2}{\hbar c} \cong \dfrac{1}{137}$ 爲精細結構常數（Fine structure constant）。

又由 Bohr 頻率條件的假設可知，由能態 E_m 躍遷到能態 E_n 會輻射出頻率爲 v_{mn} 的光子，

即 $\qquad E_n - E_m = h v_{nm} , \tag{3.67}$

所以頻率 v_{nm} 爲 $\qquad v_{nm} = \dfrac{mZ^2 e^4}{4\pi\hbar^3 n^2}\left(\dfrac{1}{n^2} - \dfrac{1}{m^2}\right) = cR_\infty\left(\dfrac{1}{n^2} - \dfrac{1}{m^2}\right) ; \tag{3.68}$

或 $\qquad \dfrac{1}{\lambda} = R_\infty\left(\dfrac{1}{n^2} - \dfrac{1}{m^2}\right) , \tag{3.69}$

其中光速 c 和波長 λ、頻率 v_{nm} 的關係爲 $c = \lambda v_{nm}$；在原子序爲 1，即氫原子 $Z=1$，且原子核質量爲無限大的條件下，$R_\infty = \dfrac{mZ^2 e^4}{4\pi\hbar^3 c} = 1.105 \times 10^5 \text{cm}^{-1}$ 稱爲 Rydberg 常數。

上式（3.68）或（3.69）也被稱爲 Rydberg 方程式（Rydberg equation），雖然，還是需要再作修正，但是基本上，由 Rydberg 方程式所得的數值結果與光譜實驗值已經相當接近了。

由 Bohr 的理論，我們可以得到一些基本的原子物理量表示式及其數值，列出如下。

第一軌道半徑 r_0 也稱爲 Bohr 半徑（Bohr radius）r_B 爲，

$$r_0 = \frac{\hbar^2}{me^2} = \frac{1}{\alpha}\frac{2\pi\hbar}{mc} \cong 0.53\text{Å} ,$$

其中 $\alpha = \dfrac{e^2}{\hbar c} \cong \dfrac{1}{137}$ 爲精細結構常數,是用於修正 Rydberg 常數的,而 Bohr 原子理論無法解釋光譜的精細結構,有關精細結構常數,我們會在第六章再提一次。

基態能量(Ground state)E_0 爲 $E_0 = -\dfrac{me^4}{2\hbar^2} = -13.6\,\text{e.V.}$。

$$(3.70)$$

第一軌道電子速度 v_0 爲 $v_0 = \dfrac{\hbar}{mr_0} = 2.2 \times 10^8\,\text{cm/sec}$。

$$(3.71)$$

第一軌道電子轉動頻率 v_0 爲 $v_0 = \dfrac{v_0}{2\pi r_0} = 6.6 \times 10^{15}\,\text{sec}^{-1}$。

$$(3.72)$$

Compton 波長 λ_c 爲 $\lambda_c = \dfrac{h}{mc}$,則 $\dfrac{2\pi\hbar}{mc} = 0.0242\,\text{Å}/2\pi$。 $\quad(3.73)$

Rydberg 常數 R_∞ 爲 $R_\infty = \dfrac{me^4}{4\pi\hbar^3 c} = \dfrac{13.6}{hc} = 1.105 \times 10^5\,\text{sec}^{-1}$。

$$(3.74)$$

3.3.2 一致性原理

通常在發展一個新的理論時,總要把新的理論和既有的理論作比較,我們會想:「如果這個新的理論是對的,那麼新的理論和舊的理論之間的關係爲何?爲什麼以前沒有發現?」。現在我們要問「如果 Bohr 的理論是對的,那麼 Bohr 的理論和古典等速率圓周運動之間的關係爲何?爲什麼以前沒有發現?」。

1923 年 Bohr 所發表的「一致性原理」回答了這個問題。一致性原理告訴我們：當量子數很大時，則量子論的結果會回到古典物理的結果。在 Planck 以量子論解釋黑體輻射時，就已經驗證了一次。說明如下。

從古典物理的觀點可知：電子以 ω 之角頻率繞原子核運動，則輻射電磁波之角頻率亦為 ω，

即 $$m_e \frac{v^2}{r} = \frac{e^2}{r^2} \; ; \tag{3.75}$$

且 $$v = r\omega = r2\pi v_{Classtical} , \tag{3.76}$$

或 $$v_{Classtical} = \frac{v}{2\pi r} \tag{3.77}$$

其中 v 為電子的軌道速度；r 為電子繞原子核的軌道半徑；$v_{Classtical}$ 為電子軌道轉動頻率；m_e 為電子的質量。

則由 $v^2 = \dfrac{e^2}{mr}$，可得電子的軌道速度 v 為

$$v = \frac{e}{(m_e r)^{1/2}} , \tag{3.78}$$

則將（3.78）代入（3.77）可得古典物理之電子軌道轉動頻率或輻射電磁波頻率 $v_{Classtical}$ 為

$$v_{Classtical} = \frac{e}{2\pi m_e^{1/2} r^{3/2}} = \frac{m_e e^4}{2\pi \hbar^3 n^3} 。 \tag{3.79}$$

從量子物理的觀點，如前所述，可知量子化軌道半徑 r_n 為

$$r_n = \frac{\hbar^2}{m_e e^2} \frac{n^2}{Z} \underset{Z=1}{=} \frac{\hbar^2}{m_e e^2} n^2 \; ; \tag{3.80}$$

量子化能量 E_n 爲

$$E_n = \frac{m_e e^4}{2\hbar^2} \frac{Z^2}{n^2} \underset{Z=1}{=} \frac{m_e e^4}{2\hbar^2} \frac{1}{n^2} \; , \tag{3.81}$$

其中 Z 爲原子序。

所以由能態 E_m 躍遷到能態 E_n，則輻射出的光子頻率 v_{nm} 爲

$$v_{nm} = \frac{m_e e^4}{4\pi\hbar^3} \left(\frac{1}{n^2} - \frac{1}{m^2} \right) \circ \tag{3.82}$$

令 $m = n+1$，則 $v_{nn+1} = \frac{m_e e^4}{4\pi\hbar^3} \left[\frac{2n+1}{n^2(n+1)^2} \right]$，當量子數 n 很大時，即 $n \to \infty$，則 Bohr 理論所得之輻射電磁波頻率 v_{Bohr} 爲

$$
\begin{aligned}
v_{Bohr} &= v_{nn+1} \\
&= \frac{m_e e^4}{4\pi\hbar^3} \left[\frac{2n+1}{n^2(n+1)^2} \right] \\
&\underset{n \to \infty}{\cong} \frac{m_e e^4}{2\pi\hbar^3} \frac{1}{n^3} \\
&= v_{Classical} \circ
\end{aligned}
\tag{3.83}
$$

比較古典力學和 Bohr 量子論的結果，可知當量子數 n 很大時，量子化的結果將會退化到古典理論。

3.3.3 Bohr 理論之改進

在發展駐波論之初，Bohr 假設原子核質量為無限大，所以產生一點點誤差，如果考慮原子核質量是有限的，則所有 Bohr 理論中的質量都應以約化質量（Reduceol mass）$\mu = \dfrac{m_e M_p}{m_e + M_p}$ 取代之，其中 m_e 為電子的質量；為 M_p 原子核的質量。

在修正之前，我們先把基於兩個 Bohr 基本假設所得到的氫原子量子化軌道半徑 r_n 及氫原子量子化能量 E_n 延伸到類氫原子（Hydrogen-like atoms），也就是原子核含有一個以上的質子，而電子還是只有一個，即 $Z \geq 1$，例如氦離子（He^+），

所以量子化軌道半徑 r_n 為

$$r_n = n^2 \frac{r_0}{Z} = 0.53 \frac{n^2}{Z} \text{Å} , \tag{3.84}$$

量子化能量 E_n 為

$$E_n = -\frac{me^4}{2\hbar^2} \frac{Z^2}{n^2} = -13.6 \frac{Z^2}{n^2} \text{e.V.} 。 \tag{3.85}$$

在考慮原子核質量 M_p 以後，由 $M_p = 1836\, m_e$，其中 M_p 為原子核質量；m_e 為電子質量，所以

量子化軌道半徑 r_n 為

$$r_n = \frac{\hbar^2}{\mu e^2} \frac{n^2}{Z} ; \tag{3.86}$$

量子化總能量 E_n 為

$$E_n = -\frac{\mu e^4}{2\hbar^2} \frac{Z}{n^2} ; \tag{3.87}$$

量子化軌道速度 v_n 為

$$v_n = \frac{Ze^2}{n\hbar} ; \tag{3.88}$$

Rydberg 常數 R 為 $R = 1.097 \times 10^5 \text{ cm}^{-1}$ 。 \qquad (3.89)

量子化軌道半徑 r_n 和量子化能量 E_n 大約修正了 $\dfrac{1}{1840}$，即量子化量子化半徑 r_n 增加；量子化能量 E_n 的絕對值增加，量子化速度 v_n 不變，而尚未修正之 Rydberg 常數 R_∞ 爲 $1.105 \times 10^5\ cm^{-1}$，但是經過約化質量 μ 修正之後爲 $R = \dfrac{\mu Z^2 e^4}{\hbar^2} = R_\infty \dfrac{\mu}{m_e} = R_\infty \left(1 + \dfrac{m_e}{M_p}\right)^{-1}$，即經過精細結構常數修正後的 Rydberg 常數 R 爲 $R = \left(1 - \dfrac{1}{137}\right) R_\infty = 1.097 \times 10^5\ cm^{-1}$。

3.3.4 有關 Bohr 原子模型的實驗

因爲 Bohr 已經將原子假設成穩定，所以 Bohr 原子模型當然就無法說明原子穩定性的現象，嚴格說來，這樣的理論是嚴謹的物理學者所不太樂見的，但是 Bohr 的駐波論普遍得到了光譜學的支持。因爲在 Bohr 之前，雖然不瞭解不連續光譜的原因，但是透過大量的實驗數據已經建立起很多的經驗公式，如圖 3.27 所示，1885 年 Balmer 提出 $\dfrac{1}{\lambda} = R\left(\dfrac{1}{2^2} - \dfrac{1}{n^2}\right)$，其中 $n = 3, 4, 5, \cdots$，稱爲 Balmer 線系（Balmer series），屬於近紫外光及可見光範圍；1906 年 Lyman 提出 $\dfrac{1}{\lambda} = R\left(\dfrac{1}{1^2} - \dfrac{1}{n^2}\right)$，稱爲 Lyman 線系（Lyman series），其中 $n = 2, 3, 4, \cdots$，屬於紫外光範圍；1908 年 Paschen 提出 $\dfrac{1}{\lambda} = R\left(\dfrac{1}{3^2} - \dfrac{1}{n^2}\right)$，其中 $n = 4, 5, 6, \cdots$，稱爲 Paschen 線系（Paschen series），屬於紅外光範圍，其中 $R = 1.097 \times 10^5\ cm^{-1}$ 就是 Rydberg 常數。在 Bohr 之後，還有 1922 年 Brackett 線系（Brackett series）以及 1924 年 Pfund 線系（Pfund series）…等等一系列氫原子的不連續光譜觀察結果都符合 Bohr 原子的模型。

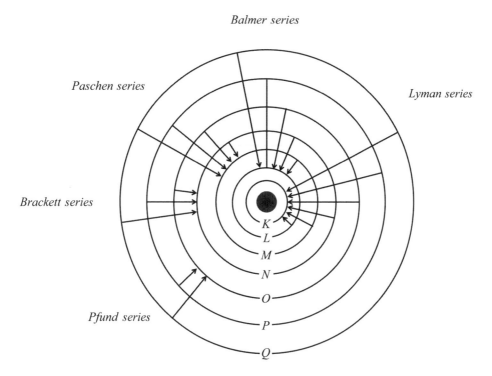

圖 3.27．氫原子的不連續光譜

同時，1913 年 Moseley 的 X 射線光譜實驗發現所有元素的 X 射線其 K_a 光譜線的頻率 ν 都滿足關係式 $\nu = R\ (Z - \sigma)^2 \dfrac{3}{4} = R\ (Z - \sigma)^2 \left(1 - \dfrac{1}{2^2}\right)$，其中 $R = 1.97 \times 10^5\,\mathrm{cm}^{-1}$ 為 Rydberg 常數；且 σ 是一個常數，等於 1 或 2。除了支持 Bohr 的理論之外，還確定了原子核電荷數 Z 與原子序的關係，即原子核電荷數即為原子序。

支持 Bohr 理論重要的代表性實驗是 1914 年的 Franck-Hertz 實驗，如圖 3.28 所示，結果直接證實 Bohr 理論的不連續能態，觀察到量子化的電子能量。

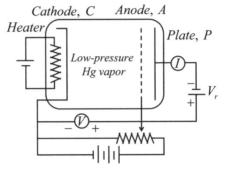

圖 3.28・Franck-Hertz 實驗裝置

　　James Franck 和 Gustav Ludwig Hertz 在石英管內填充低壓汞（Mercury，Hg）蒸氣，低壓是為了確保電子與汞原子之間只有一次碰撞。當熱電子（Thermal electrons）由熱絲（Heater）放射出來，經陰極 C，被加速電位 V 加速到達陽極 A。其中有若干電子由 A 上之孔穿過，假設穿過 A 之電子動能足以克制 P 和 A 之間的阻擋電位（Retarding potential）V_r，部分電子可達到 P 板測量電流與電壓之關係如圖 3.29 所示，基本上，電流與電壓是呈正比例的關係，但是當電位為 4.9V 時，電流突然下降，這表示具有 4.9e.V.能量的熱電子被汞原子所吸收，而 4.9e.V.恰恰為汞原子的第一激發態（First excited state）。

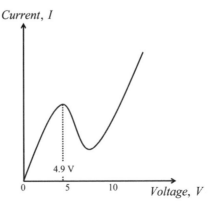

圖 3.29・熱電子能量在 4.9e.V 時，被 Hg 所吸收

3.4 Schrödinger 方程式

目前爲止，古典量子理論發展得雖然還算順利，但是還是有幾個無法克服的困難：諸如：Bohr 理論無法解釋或計算光譜強度；Bohr 理論無法處理外圍電子數超過一個以上的原子；Bohr 理論無法處理非週期性運動的問題，如散射態；Bohr 理論無法說明爲什麼有能階？Bohr 理論無法解釋光譜的 Zeeman 效應（Zeeman effect）。

這些疑問看似繁雜沒有頭緒且互不相關，但是其實所有的問題都可因 Schrödinger 方程式的發展而獲得解答。我們會在以後的幾章陸續作介紹，這一節先列出 Schrödinger 方程式的幾個基本特性： Schrödinger 方程式不是實數的方程式； Schrödinger 方程式是線性的偏微分方程式（Linear partial differential equation）； Schrödinger 方程式的解 $\psi(\vec{r}, t)$ 是可以描述粒子行爲的； Schrödinger 方程式和方程式的解都是複數的（Complex），即複數方程式與複數解。

Schrödinger 以連續方程式相關的觀念來解釋自己所建立的 Schrödinger 方程式以及 Schrödinger 方程式所解出的波函數 $\psi(\vec{r}, t)$，然而 Schrödinger 的解釋主要的困難在於無法解釋「電子增胖」的現象，所以現在一般而言，還是採取 Max Born 對波函數的機率解釋，也就是 Copenhagen 學派的解釋。其實，Heisenberg 測不準原理（Heisenberg uncertainty principle）也提供了有利於機率解釋的根據，測不準原理的主要結論爲

$$\begin{cases} \Delta x \Delta p_x \geq \hbar/2 \\ \Delta y \Delta p_y \geq \hbar/2 \\ \Delta z \Delta p_z \geq \hbar/2 \\ \Delta E \Delta t \geq \hbar/2 \end{cases} \quad \text{。} \tag{3.90}$$

其中 Δx、Δy、Δz 為位置的不準度；Δp_x、Δp_y、Δp_z 為動量的不準度；

ΔE 為能量的不準度；Δt 為時間的不準度；$\hbar = \dfrac{h}{2\pi}$ 為 Planck 常數；

3.4.1 Schrödinger 方程式的導入

我們已知行進波 $\psi(x, t)$ 支配著粒子的運動行為，Schrödinger 方程式正是用來描述行進波行為的方程式。若假設粒子行為的頻譜分佈為 $g(k)$，則波函數（Wave function）$\psi(x, t)$ 為 $\psi(x, t) = \int_{-\infty}^{\infty} dk\, g(k) e^{i(kx - \omega t)}$，且由 Einstein 和 de Broglie 的理論可知量子的能量為 $E = \hbar\omega$；量子的動量為 $\vec{p} = \hbar\vec{k}$，所以波函數 $\psi(x, t)$ 可表示為

$$\psi(x, t) = \int_{-\infty}^{\infty} dk\, g(k) e^{i(kx - \omega t)} \int_{-\infty}^{\infty} dp\, g(p) e^{\frac{i(px - Et)}{\hbar}} \, 。 \qquad (3.91)$$

經過歸一化（Normalized）以後，則波函數 $\psi(x, t)$ 為

$$\psi(x, t) = \int_{-\infty}^{\infty} \frac{dp}{(2\pi\hbar)^{\frac{1}{2}}} g(p) e^{\frac{i(px - Et)}{\hbar}} \, , \qquad (3.92)$$

其中一維歸一化因子（Normalization factor）為 $\dfrac{1}{(2\pi\hbar)^{\frac{1}{2}}}$；三維歸一化因子

則為 $\dfrac{1}{(2\pi\hbar)^{\frac{3}{2}}}$。

現在要找出以 $\psi(x, t)$ 為解之方程式。因為對自由電子而言，只有動能；

沒有位能，即自由電子總能量為 $E = \dfrac{p^2}{2m}$，

所以
$$i\hbar \frac{\partial}{\partial t} \psi(x,t) = i\hbar \frac{\partial}{\partial t} \int_{-\infty}^{\infty} \frac{dp}{(2\pi\hbar)^{\frac{1}{2}}} g(p) e^{\frac{i(px-Et)}{\hbar}}$$

$$= \int_{-\infty}^{\infty} \frac{dp}{(2\pi\hbar)^{\frac{1}{2}}} g(p) E e^{\frac{i(px-Et)}{\hbar}}$$

$$= \int_{-\infty}^{\infty} \frac{dp}{(2\pi\hbar)^{\frac{1}{2}}} g(p) \frac{p^2}{2m} e^{\frac{i(px-Et)}{\hbar}}$$

$$= -\frac{\hbar^2}{2m} \frac{d^2}{dx^2} \int_{-\infty}^{\infty} \frac{dp}{(2\pi\hbar)^{\frac{1}{2}}} g(p) e^{\frac{i(px-Et)}{\hbar}}$$

$$= -\frac{\hbar^2}{2m} \frac{d^2}{dx^2} \psi(x,t) , \tag{3.93}$$

即自由電子的波動方程式為

$$i\hbar \frac{\partial}{\partial t} \psi(x,t) = -\frac{\hbar^2}{2m} \frac{d^2}{dx^2} \psi(x,t) 。 \tag{3.94}$$

再把位能考慮進來，則總能量等於動能加位能，即 $E = \dfrac{p^2}{2m} + V(\vec{r},t)$，所以波動方程式為，

$$i\hbar \frac{\partial}{\partial t} \psi(x,t) = i\hbar \frac{\partial}{\partial t} \int_{-\infty}^{\infty} \frac{dp}{(2\pi\hbar)^{\frac{1}{2}}} g(p) e^{\frac{i(px-Et)}{\hbar}}$$

$$= \int_{-\infty}^{\infty} \frac{dp}{(2\pi\hbar)^{\frac{1}{2}}} g(p) E e^{\frac{i(px-Et)}{\hbar}}$$

$$= \int_{-\infty}^{\infty} \frac{dp}{(2\pi\hbar)^{\frac{1}{2}}} g(p) \left[\frac{p^2}{2m} + V(r) \right] e^{\frac{i(px - Et)}{\hbar}}$$

$$= -\frac{\hbar^2}{2m} \frac{d^2}{dx^2} \psi(x, t) + V(r, t) \psi(x, t) \text{，} \quad (3.95)$$

即 $$\quad i\hbar \frac{\partial}{\partial t} \psi(x, t) = \left[-\frac{\hbar^2}{2m} \nabla^2 + V(r, t) \right] \psi(x, t) \text{。} \quad (3.96)$$

所以我們可以簡單的得到時間相依的三維 Schrödinger 方程式為

$$i\hbar \frac{\partial}{\partial t} \psi(\vec{r}, t) = \left[-\frac{\hbar^2}{2m} \nabla^2 + V(\vec{r}, t) \right] \psi(\vec{r}, t) \text{。} \quad (3.97)$$

如果這個波動處於穩定狀態（Steady state，Stationary），即波函數的位置和時間無關，此時能量確定為 E，則時間相依的 Schrödinger 方程式的一維波函數解可以表示成 $\psi(x, t) = \phi(x) e^{\frac{-iEt}{\hbar}}$，

所以 $$\quad i\hbar \frac{\partial}{\partial t} \psi(x, t) = E\phi(x) e^{\frac{-iEt}{\hbar}}$$

$$= \left[-\frac{\hbar^2}{2m} \frac{d^2}{dx^2} + V(x) \right] \phi(x) e^{\frac{-iEt}{\hbar}} \text{，} \quad (3.98)$$

則 $$\quad \left[-\frac{\hbar^2}{2m} \frac{d^2}{dx^2} + V(x) \right] \phi(x) = E\phi(x) \text{，} \quad (3.99)$$

其中 $\phi(x)$ 為本徵函數；E 為本徵能量。

所以時間獨立的 Schrödinger 方程式為

$$\left[-\frac{\hbar^2}{2m} \nabla^2 + V(\vec{r}) \right] \phi(\vec{r}) = E\phi(\vec{r}) \text{。} \quad (3.100)$$

3.4.2 波函數的意義

量子理論在建立了 Schrödinger 方程式之後，所解出的波函數 $\psi(\vec{r}, t)$ 代表什麼意義呢？ Schrödinger 依循著古典物理的連續概念作出解釋；Max Born 則採取機率波的說法。當然各有所據，各有所失。我們簡單說明 Schrödinger 的解釋與 Born 的解釋如下。

Schrödinger 以連續方程式（Continuity equation），即 $\dfrac{\partial \rho}{\partial t} = \nabla \cdot \vec{J} = 0$，其中 $\rho = |\psi(x, t)|^2 = \psi^*(x, t)\,\psi(x, t)$；$\vec{J} = \dfrac{-i\hbar}{2m}\left(\psi^* \dfrac{d}{dx}\psi - \psi \dfrac{d}{dx}\psi^*\right)$，解釋 Schrödinger 方程式。

Schrödinger 的推導過程是由

$$\begin{cases} i\hbar \dfrac{\partial}{\partial t}\psi = \left(-\dfrac{\hbar^2}{2m}\dfrac{d^2}{dx^2} + V\right)\psi \\[2mm] -i\hbar \dfrac{\partial}{\partial t}\psi^* = \left(-\dfrac{\hbar^2}{2m}\dfrac{d^2}{dx^2} + V\right)\psi^* \end{cases}, \tag{3.101}$$

對兩側分別同乘 ψ^* 和 ψ，

可得
$$\begin{cases} \psi^*\left[i\hbar \dfrac{\partial}{\partial t}\psi\right] = \psi^*\left[-\dfrac{\hbar^2}{2m}\dfrac{d^2}{dx^2} + V\right]\psi \\[2mm] \psi\left[-i\hbar \dfrac{\partial}{\partial t}\psi^*\right] = \psi\left[-\dfrac{\hbar^2}{2m}\dfrac{d^2}{dx^2} + V\right]\psi^* \end{cases}, \tag{3.102}$$

則
$$i\hbar\psi^* \dfrac{\partial}{\partial t}\psi = -\dfrac{\hbar^2}{2m}\psi^* \dfrac{d^2}{dx^2}\psi + \psi^* V\psi \ ; \tag{3.103}$$

且
$$-i\hbar\psi \dfrac{\partial}{\partial t}\psi^* = -\dfrac{\hbar^2}{2m}\psi \dfrac{d^2}{dx^2}\psi^* + \psi V\psi^* , \tag{3.104}$$

相減得
$$i\hbar\left(\psi^* \dfrac{\partial}{\partial t}\psi + \psi \dfrac{\partial}{\partial t}\psi^*\right) = -\dfrac{\hbar^2}{2m}\left(\psi^* \dfrac{d^2}{dx^2}\psi - \psi \dfrac{d^2}{dx^2}\psi^*\right), \tag{3.105}$$

則 $\qquad i\hbar \dfrac{\partial}{\partial t}\psi^*\psi = -\dfrac{\hbar^2}{2m}\dfrac{d}{dx}\left(\psi^*\dfrac{d\psi}{dx} - \psi\dfrac{d}{dx}\psi^*\right)$, $\qquad$ （3.106）

得 $\qquad \dfrac{\partial}{\partial t}\psi^*\psi = \dfrac{i\hbar}{2m}\dfrac{d}{dx}\left(\psi^*\dfrac{d}{dx}\psi - \psi\dfrac{d}{dx}\psi^*\right)$ 。 $\qquad$ （3.107）

令 $\qquad \begin{cases} \rho = \psi^*\psi \\ \vec{\mathscr{J}} = \dfrac{-i\hbar}{2m}\left(\psi^*\dfrac{d}{dx}\psi - \psi\dfrac{d}{dx}\psi^*\right) \end{cases}$, $\qquad$ （3.108）

所以可以把（3.107）寫成連續方程式的形式，

即 $\qquad \dfrac{\partial\rho}{\partial t} + \nabla \cdot \vec{\mathscr{J}} = \dfrac{\partial}{\partial t}(\psi^*\psi) + \nabla \cdot \dfrac{i\hbar}{2m}\left(\psi^*\dfrac{d}{dx}\psi - \psi\dfrac{d}{dx}\psi^*\right) = 0$,

$$（3.109）$$

上式中的第一項 $\dfrac{\partial\rho}{\partial t}$ 表示隨時間增加的內含量；上式中的第二項 $\nabla \cdot \vec{\mathscr{J}}$ 表示是以垂直於表面的方向向外散逸的量。

所以 Schrödinger 方程式滿足下列三項假設：

[1] $\quad E = \hbar\omega = \dfrac{p^2}{2m} + V(r)$ 不是相對性能量，但為量子化能量。

[2] $\quad$ 動量為 $|\vec{p}| = \dfrac{h}{\lambda} = |\hbar\vec{k}|$ ；能量為 $E = h\nu = \hbar\omega$ 。

[3] $\quad \psi(x, t)$ 為線性函數，主要原因是要滿足疊加原理（Superposition principle），使兩個波動函數相加產生干射現象，符合實驗結果。如果有兩個波 ψ_1 和 ψ_2 重疊在一起 $|\psi_1 + \psi_2|^2$ ，其結果必非單純的強度相加而是產生了干射現象，即 $|\psi_1 + \psi_2|^2 = |\psi_1|^2 + |\psi_2|^2 + 2\psi_1\psi_2$ ，其中的 $2\psi_1\psi_2$ 就是干射現象；而 $|\psi_1|^2$ 和 $|\psi_2|^2$ 則分別是兩個波的強度。

但是，Schrödinger 的說法有一些困擾，最直接的就是電子增胖的預期現象與實驗不符。若將 $|\psi|^2$ 解釋成電子的電荷密度，如稍後的 3.4.3.3 所述，

電子膨脹的寬度爲 $\Delta x \sim \sqrt{\alpha}\left(1+\dfrac{\beta^2 t^2}{\alpha^2}\right)^{\frac{1}{2}}$，即波包的寬度隨時間的增加而增大，而實驗上沒有觀察到這個現象，所以此 $|\psi|^2$ 解釋成電荷密度是錯誤的。

1927 年 Max Born 以機率的觀念來解釋波函數，Born 認爲 $|\psi|^2$ 代表機率密度，$\psi^*\psi = |\psi|^2$ 是機率分布；$|\psi(r, t)|^2$ 是在時間 t 在 x 的小區域空間中，發現電子的機率；$\psi(x, t)$ 爲機率振幅，而 Schrödinger 所推導得到的 $\overrightarrow{J} = \dfrac{-i\hbar}{2m}(\psi^*\nabla\psi - \psi\nabla\psi^*)$ 則爲機率流（Probability flux）。

3.4.3 測不準原理

Werner Heisenberg 所提出的測不準原理，簡單來說就是「動量和位置無法同時確定」；「能量和時間無法同時確定」。我們會在第四章再作詳細的說明，現在則介紹在 Schrödinger 方程式發展之初，爲了解釋 Schrödinger 方程式以及波函數的物理意義，所提出的幾個問題。

我們首先說明一個測不準原理的意想實驗，如圖 3.30 所示，電子由電子槍發射出來之後，經過一個雙狹縫，如果我們把狹縫 1 擋住，則電子將通過狹縫 2，成像爲 P_2；如果我們把狹縫 2 擋住，則電子將通過狹縫 1，成像爲 P_1；如果我們把狹縫 1 和狹縫 2 都打開，則電子將通過雙狹縫，成像爲 P_{12}，而我們無法分辨 P_{12} 是由通過狹縫 1 的電子構成的呢？還是通過狹縫 2 的電子構成的呢？

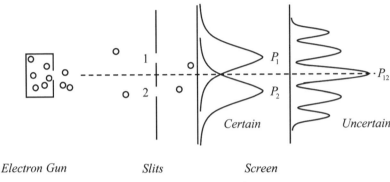

圖 3.30・測不準原理的意想實驗

　　由此意想實驗得知 $P_{12} \neq P_1 + P_2$，測不準原理的解釋是我們無法設計一個裝置，同時測量電子位置而不破壞干射現象，即電子的位置和線性動量無法在同一時刻內同時確定。

　　為了說明測不準原理，我們必須先瞭解 Fourier 轉換（Fourier transformation）。作 Fourier 轉換的物理意義是將動量空間（Momentum space）轉換至位置空間（Position space 或 Real space），即將在動量空間所測得的物理量轉換至真實空間的物理量。

　　若 $g(k)$ 表示頻率分布函數，其中 $k = \dfrac{2\pi}{\lambda}$ 為波數（Wave number），則其 Fourier 轉換為位置分布函數 $f(x) = \int\limits_{-\infty}^{+\infty} dk\, g(k) e^{ikx}$；而位置分布函數的反 Fourier 轉換（Anti-Fourier transform）則為頻率分布函數 $g(k) = \int_{-\infty}^{\infty} dx\, f(x) e^{-ikx}$。當然，也可以反過來定義，即若 $f(x)$ 表示位置分布函數，則其 Fourier 轉換為頻率分布函數 $g(k) = \int_{-\infty}^{\infty} dx\, f(x) e^{ikx}$；而頻率分布函數的反 Fourier 轉換（Anti-Fourier transform）則為位置分布函數 $f(x) = \int\limits_{-\infty}^{+\infty} dk\, g(k) e^{-ikx}$。無論如何，頻率分布函數 $g(k)$ 和位置分布函數 $f(x)$ 之

間存在著 Fourier 轉換的關係，如圖 3.31 所示。

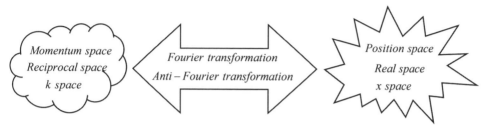

圖 3.31・頻率分布函數和位置分布函數的 Fourier 轉換關係

在 Fourier 轉換中有四個轉換關係式比較特別的，如表 3-1 所示，如果是平面波，則 Fourier 轉換之後爲 Dirac δ 函數；如果是 Dirac δ 函數，則 Fourier 轉換之後爲平面波；如果是 Gauss 函數，則 Fourier 轉換之後仍爲 Gauss 函數；如果是 sech (x) 函數，則 Fourier 轉換之後仍爲 sech (x) 函數。由這四個轉換關係可以感覺到如果在一個空間中的分布是無限大的，則在轉換後的另一個空間分布是完全確定的；反之，如果在一個空間中的分布是完全確定的，則在轉換後的另一個空間分布是無限大的，列表如表 3-1。

以下我們藉由 Fourier 轉換，由動量空間的分布 $g(k)$ 和位置空間的分布 $f(x)$ 分析：位置的不準度和動量的不準度的乘積；電子在自由空間的運動；電子的增胖現象（Spreading wave packet）。

表 3-1　四個 Fourier 轉換關係

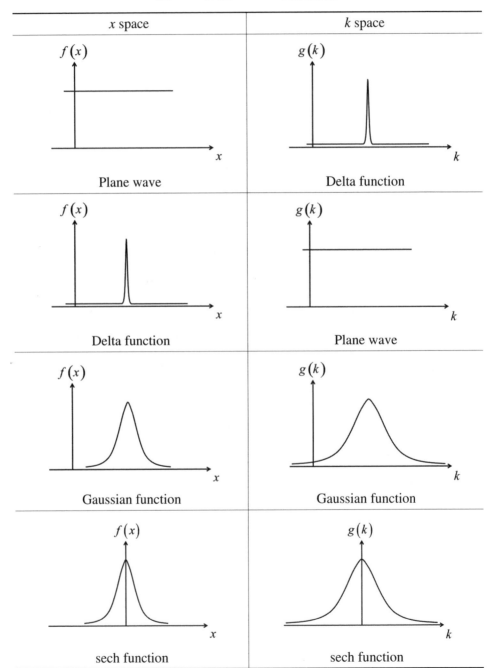

3.4.3.1 位置的不準度和動量的不準度的乘積

假設動量空間的分布 $g(k)$ 爲 Gaussian 分布（Gaussian distribution 或 Normal distribution），如圖 3.32 所示，即 $g(k) = e^{-\alpha(k-k_0)^2}$，其中 α 代表動量空間分布 $g(k)$ 的範圍大小，α 越大表示動量空間分布 $g(k)$ 越大；α 越小表示動量空間分布 $g(k)$ 越小。

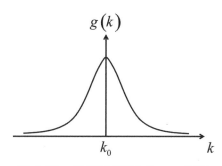

圖 3.32・動量空間的 Gauss 分布

動量空間分布 $g(k)$ 經過 Fourier 轉換之後可得位置空間的分布 $f(x)$ 爲，

$$f(x) = \int_{-\infty}^{\infty} dk\, e^{-\alpha(k-k_0)^2}\, e^{ikx} \text{ 。} \tag{3.110}$$

令 $k' = k - k_0$，

則
$$f(x) = e^{ik_0 x} \int_{-\infty}^{\infty} dk'\, e^{-\alpha\left(k'^2 - \frac{ik'x}{\alpha}\right)} = \sqrt{\frac{\pi}{\alpha}}\, e^{ik_0 x} e^{-\left(\frac{x^2}{4\alpha}\right)} \text{ 。} \tag{3.111}$$

其中
$$\int_{-\infty}^{\infty} dx\, e^{-ax^2 + ibx} = \sqrt{\frac{\pi}{a}}\, e^{-\frac{b^2}{4a}} \text{ 。} \tag{3.112}$$

所以在動量空間呈 Gauss 分布 $g(k) = e^{-\alpha(k-k_0)^2}$ 的情況下，波的振幅爲

$f(x) = \sqrt{\dfrac{\pi}{\alpha}}\, e^{ik_0 x} e^{-\left(\frac{x^2}{4\alpha}\right)}$，則強度為 $I(x) = |f(x)|^2 = \dfrac{\pi}{\alpha} e^{-\frac{x^2}{2\alpha}}$，如圖 3.33 所示，也

是呈 Gauss 分布。

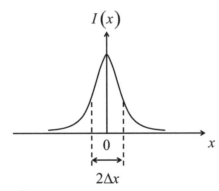

圖 3.33・動量空間呈 Gauss 分布的波，強度也是呈 Gauss 分布

當 $x \cong \sqrt{2\alpha}$ 時，則強度減少為 e^{-1}，即 $I(\sqrt{2\alpha}) = I(0)e^{-1}$；當 $\Delta k = k - k_0 \cong \dfrac{1}{\sqrt{\alpha}}$

時，$g\left(\dfrac{1}{\sqrt{\alpha}}\right)$ 減為 e^{-1}，即位置的不準度 Δx 或強度 $I(x)$ 的寬度為 $\Delta x \cong \sqrt{2\alpha}$；

而動量的不準度則可由 $\Delta k \cong \dfrac{1}{\sqrt{\alpha}}$ 且 $p = \hbar x$，則得 $\Delta p = \dfrac{h}{\sqrt{\alpha}}$。

所以 $\qquad \Delta x \Delta p = \sqrt{2}\hbar$， $\qquad\qquad\qquad\qquad$ (3.113)

或 $\qquad\quad \Delta x \Delta k = \sqrt{2}$。 $\qquad\qquad\qquad\qquad$ (3.114)

即位置的不準度 Δx 和動量的不準度 Δp 的乘積是等於一個常數。

　　進一步分析可知若波的空間分佈 Δx 愈大，即 α 愈大，則頻率分佈愈集
中，即 Δk 值愈小；若波的空間分佈 Δx 愈小，即愈 α 小，則頻率分佈愈分
散，即 Δk 值愈大，也就是 Δx 和 Δk 或 Δx 和 Δp 不可能同時變大或同時變

小。位置的不準度 Δx 和動量的不準度 Δp 的乘積是等於或大於一個常數。即 $\Delta x \Delta k \geq \sqrt{2}$ 或 $\Delta x \Delta p \geq \sqrt{2}\,\hbar$。

3.4.3.2 電子在自由空間的運動

如果電子在自由空間運動，因為只有動能；沒有位能，所以電子的動能 $\dfrac{\hbar^2 k^2}{2m}$ 是確定的，換言之，我們可以假設頻譜分布函數 $g(k)$ 是一個方形的（Square）分布，如圖 3.34 所示，電子的波向量 k 是固定的，即 $\Delta k = 0$，且表示自由電子在空間運動的行進波表示式為 $e^{i(kx-\omega t)}$。

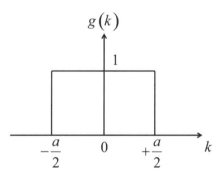

圖 3.34・頻譜函數是方形的分布

電子在頻譜空間分布 $g(k)$ 經過 Fourier 轉換之後可得電子在位置空間的分布 $f(x)$，如圖 3.35 所示為

$$f(x) = \int_{-\infty}^{\infty} dk\, g(x) e^{i(kx-\omega t)} = e^{-i\omega t} \int_{-\frac{a}{2}}^{+\frac{a}{2}} e^{ikx} dk = e^{-i\omega t} \frac{1}{ix} e^{ikx}\Big|_{-a/2}^{+a/2}$$

$$= \frac{1}{ix} e^{-i\omega t} \left(e^{i\frac{a}{2}x} - e^{-i\frac{a}{2}x} \right) = \frac{1}{ix} e^{-i\omega t} i 2\sin\left(\frac{a}{2}x\right)$$

$$= \frac{2}{x} \sin\left(\frac{ax}{2}\right) e^{-i\omega t} \text{。} \tag{3.115}$$

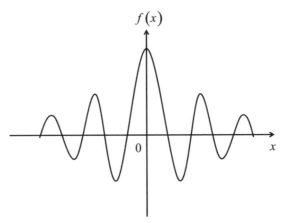

圖 3.35・時間固定的電子在位置空間的分布

所以我們可以找到電子的位置 $I(x)$ 是在

$$I(x) = |f(x)|^2 = \frac{4}{x^2} \sin^2\left(\frac{ax}{2}\right) \text{。} \tag{3.116}$$

由這個結果可知：如果動量十分確定或量測得很準，即 $\Delta k \to 0$ 或 $\Delta p \to 0$，則位置就完全無法確定，也就是位置不準度 Δx 是無限大的，即 $\Delta x \to \infty$。

3.4.3.3 電子的增胖現象

假設電子的頻譜分布為 Gauss 分布 $g(k) = e^{-\alpha(k-k_0)^2}$，如圖 3.36 所示，經過 Fourier 轉換之後可得電子在位置空間的分布 $f(x)$，

即 $$f(x) = \int_{-\infty}^{\infty} dk g(k) e^{i(kx - \omega t)} \text{。} \tag{3.117}$$

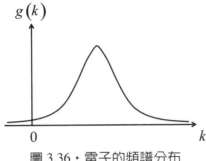

圖 3.36．電子的頻譜分布

由色散關係或者把頻率 $\omega(k)$ 對波向量 k 作 Taylor 展開得

$$\omega(k) = \omega(k_0) + \frac{d\omega}{dk}\bigg|_{k_0}(k-k_0) + \frac{d^2\omega}{dk^2}\bigg|_{k_0}\frac{(k-k_0)^2}{2} + \cdots , \quad (3.118)$$

則

$$f(x) = \int_{-\infty}^{\infty} dk\, e^{-\alpha(k-k_0)^2} e^{i\left\{kx - \left[\omega_0 + \frac{d\omega}{dk}(k-k_0) + \frac{d\omega^2}{dt^2}\frac{(k-k_0)^2}{2}\right]t\right\}}$$

$$= e^{i(k_0 x - \omega_0 t)}\int_{-\infty}^{\infty} dk'\, e^{-(\alpha+i\beta t)k'^2 + i(x-v_g t)k'}$$

$$= e^{i(k_0 x - \omega_0 t)}\sqrt{\frac{\pi}{\alpha+i\beta t}}\, e^{-\frac{(x-v_g t)^2}{4(\alpha+i\beta t)}} , \quad (3.119)$$

其中作了變數轉換 $\beta = \frac{1}{2}\frac{d\omega^2}{dk^2}$; $v_g = \frac{d\omega}{dk}$ 稱為群速（Group velocity）; $k' = k - k_0$;

且用了一個積分關係 $\int_{-\infty}^{\infty} dx\, e^{-ax^2 + ibx} = \sqrt{\frac{\pi}{a}}\, e^{-\frac{b^2}{4a}}$ 。

所以可得 $I(t)$ 為

$$I(t) = |f(x)^2| = \frac{\pi}{\alpha^2 + \beta^2 t^2}\, e^{-\frac{\alpha(x-v_g t)^2}{2(\alpha^2+\beta^2 t^2)}}$$

$$= \frac{\pi}{\alpha^2 + \beta^2 t^2} e^{\frac{(x-v_g t)^2}{2\left(\alpha + \frac{\beta^2 t^2}{\alpha}\right)}} = \frac{\pi}{\alpha^2 + \beta^2 t^2} e^{\frac{(x-v_g t)^2}{2\Delta x^2}} 。 \quad (3.120)$$

若 v_g 很小，即 $v_g \cong 0$，當 $t=0$ 時，$I(t)$ 的半高寬（Full-width at half maximum，FWHM）為 $\Delta x \cong \sqrt{a}$；當 $t=t$ 時，$I(t)$ 的半高寬為 $\Delta x = \sqrt{\alpha + \dfrac{\beta^2 t^2}{\alpha}} = \sqrt{a}\sqrt{1 + \dfrac{\beta^2 t^2}{\alpha^2}}$。

如果依據 Schrödinger 所說的，波函數代表電子所在的位置，則電子位置的不準度 Δx 會隨時間 t 的增加而增加，即 $\Delta x \cong \sqrt{a}\left(1 + \dfrac{\beta^2 t^2}{\alpha^2}\right)^{\frac{1}{2}}$，如圖 3.37 所示，換言之，電子的大小將會隨時間而增胖？顯然並沒有觀察到電子增胖的現象，所以波函數應該另作解釋，於是 Max Born 才會以機率的觀念來解釋波函數。

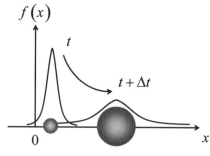

圖 3.37・電子隨時間而增胖

3.5　習題

3-1　試証明空腔輻射（Cavity radiation）的能量流率（Energy flux rate）$M_\lambda(T)$ 和能量密度（Energy density）$u_\lambda(T)$ 的關係為 $M_\lambda(T) = \dfrac{1}{4}cu_\lambda(T)$。

3-2　若 $f(\varepsilon) = \sum\limits_{n=0}^{\infty} e^{-\frac{n\varepsilon}{k_B T}}$ ，則試以 $\dfrac{df(\varepsilon)}{d\varepsilon}$ 表示 $g(\varepsilon) = \sum\limits_{n=1}^{\infty} n\varepsilon e^{-\frac{n\varepsilon}{k_B T}}$ ，且

$$g(\varepsilon) = \frac{\varepsilon e^{-\frac{\varepsilon}{k_B T}}}{\left(1 - e^{-\frac{\varepsilon}{k_B T}}\right)^2} \text{。}$$

3-3　狀態密度的概念在科學研究分析上，佔有非常重要的地位，因為所有的狀態改變只要涉及能量變化，就不可能毫無止境的持續進行，也就是說，無論是初始態（Initial state）或最終態（Final state）的狀態數目都是有限的，其限制的條件之一就是狀態密度。其實，狀態密度是一個能量的函數，其定義為單位體積中具有這個能量的狀態有多少數目。一般常見的決定狀態密度的因素或影響狀態密度的因素有粒子自由度、色散關係、外場干擾…等等。課文中在討論黑體輻射的問題時，就提到了狀態密度，其實，當粒子或準粒子的自由度（Freedom）受到限制時，因為粒子的被侷限性將造成特殊的能量函數關係，所以導致系統結構與能量特殊的關係。一般說來，和材料結構系統相關的，有四種典型的狀態密度：[1]塊狀結構（Bulk）：因為粒子的運動沒有受限，所以具有三維自由度（Three-dimensional freedom）；[2]量子井結構（Quantum well）：因為粒子的運動在一度空間中受限，所以具有二維自由度（Two-dimensional freedom）；[3]量子線結構（Quantum wire）：因為粒子的運動在二度空間中受限，所以具有一維自由度（One-dimensional freedom）；[4]量子點結構（Quantum dot）：因為粒子的運動在三度空間中全都受限，所

以具有零維自由度（Zero-dimensional freedom）。

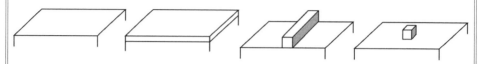

粒子有三維、二維、一維、零維自由度的結構

我們把結構、狀態密度與能量的關係列表如下，

Structures		$N(E)$ v.s. E	Schematic
Bulk		$N(E) \propto \sqrt{E}$	
Quantum Well		$N(E) \propto E^0$	
Quantum Wire		$N(E) \propto \dfrac{1}{\sqrt{E}}$	
Quantum Dot		$N(E) \propto \delta(E)$	

因為半導體科技的發展，所以三維、二維、一維、零維粒子自由度的結構已經被運用在各種元件設計中，這些結構分別也被稱為

塊狀系統（Bulk system）、量子井系統（Quantum well system）、量子線系統（Quantum wire system）、量子點系統（Quantum dot system），如圖所示，我們把四種結構的狀態密度結果綜合在一起。

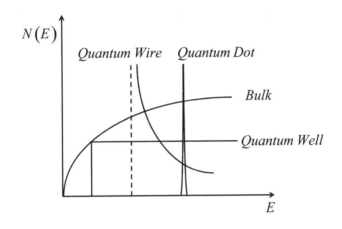

要討論狀態密度和粒子自由度的相依性，基本上可以有兩種方式：由低侷限性至高侷限性或由高侷限性至低侷限性，第一種方式是由狀態密度的定義，從零維自由度的 δ 函數（δ-function）開始，藉由每一次積分的運算來增加一個自由維度，過程中可以幾乎不需要有太多的物理意義考慮在內；第二種方式是以一般我們比較熟悉的三維自由度結構為物理基礎，依相似的步驟可得二維和一維的結果，但是零維自由度的函數結果，還是得以狀態密度的定義來求得。

試以課文中所介紹的方法為物理基礎，由塊狀系統開始，依相似的步驟求得量子井系統、量子線系統和量子點系統的狀態密度。

3-4 請簡述[1]如何證明波動具有粒子性。[2]如何證明粒子具有波動性。

3-5 在十九世紀末晶格比熱（Lattice specific heat）的現象和黑體輻射的現象一樣難解，請試就古典或量子的觀點，分別說明：

[1] Dulong-Petit 定律（Dulong-Petit law）。

[2] Einstein 比熱理論（Einstein's theory of specific heat）。

[3] Debye 比熱理論（Debye's theory of specific heat）。

[4] 綜合以上所討論的結果，試簡要的說明三種不同的比熱對溫度的變化關係。

3-6 Yukawa（湯川秀樹）所提出的介子論中提到原子核內以交換介子能量以束縛各粒子。試以測不準原理求介子的能量。

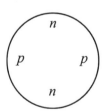

3-7 由熱統計學的能量均分定理可知，當系統在 T K 時系統處於熱平衡狀態時，每個狀態之平均動能為 $\frac{1}{2}k_B T$，其中 Boltzmann 常數

$k_B = 1.38 \times 10^{-23}$ Joule/K。若簡諧振子的振幅為 $x = A \sin(\omega t)$；其中 $\omega^2 = \dfrac{k}{m}$ 且 $T = \dfrac{2\pi}{\omega}$，則試說明簡諧振子的平均總動能等於 2 倍的平均動能。

3-8 在課文中，有時我們會說波動方程式的解是波函數；有時我們會說波動方程式的解是本徵函數，試簡單的說明波函數和本徵函數的差別。

3-9 Schrödinger 基於兩項理論，即連續方程式（Continuity equation）和電荷守恆（Conservation of charge），對於他自己所提出的 Schrödinger 方程式，作出了解釋。

[1] 試由 Maxwell 方程式推導出連續方程式，即 $\dfrac{\partial \rho}{\partial t} + \nabla \cdot \vec{J} = 0$，其中 ρ 為電荷密度（Charge density）；$\vec{J}$ 為電流密度（Current density）。

[2] 請簡述連續方程式的涵義。

[3] 試推導電荷守恆，即 $\dfrac{d}{dt} \int_{-\infty}^{\infty} \psi^* \psi \, dV = 0$，其中 $\psi(x, t)$ 為電荷密度（Charge density）。

3-10 試由 $\Delta x p \geq \hbar/2$ 的關係，簡單的求得能量與時間的測不準的關係 $\Delta E \Delta t \geq \hbar/2$。

3-11 若在 $-a \leq x \leq a$ 的範圍內，粒子在位置空間中的本徵函數可以表示為 $\psi(x) = \dfrac{1}{\sqrt{a}}$，則試求在動量空間中的本徵函數的表示為 $\phi(p) = \sqrt{\dfrac{2a}{\pi\hbar}} \sin\left(\dfrac{pa}{\hbar}\right)$。

3-12 在量子理論發展的初期，除了課文中所介紹的 Bohr 理論之外還有很多和量子相關的理論，其中 Bohr-Sommerfeld 量子化規則（Bohr-Sommerfeld quantization rules）所提出的量子化條件為：「任何物理系統中，若座標對時間有週期性，則該座標必有一個量子化條件」。以數學表示則為：若座標具有 $q(t) = q(t+T)$，其中 T 為時間週期，則 $\oint p_q \, dq = n_q h$，其中 $\oint$ 為環積分運算；p_q 是與座標 q 對應之動量；n_q 為正整數。

[1] 說明 Planck 量子論符合 Bohr-Sommerfeld 量子化規則。

[2] 說明 Bohr 假設原子穩定的條件為 $|\vec{L}| = |\vec{r} \times \vec{p}| = |rm\vec{v}| = \dfrac{nh}{2\pi}$，其實是 Bohr-Sommerfeld 量子化規則的特例。

[3] 試將轉動慣量為 $\vec{I}$ 之物體能量量子化。

[4] 若質量為之粒子在兩面牆壁之間以動量 $\vec{p} = m\vec{v}$ 作彈性碰撞，其量子化的能量。

[5] 若質量為 m 之粒子做橢圓運動，其量子化的能量。

[6] 若質量為 m 之粒子自高度為 l 處自由落下，並假設與地面完全碰撞，其量子化的能量。

[7]　若類氫原子（Hydrogen-like atom）在長寬高為 a、b、c 之硬箱子內作自由運動，其量子化的能量。

3-13　如果需要作量子化的處理，則基本上可以有三種常用的量子化表現方式：[1]能量 E 和動量 $\vec{p}$ 被確定。[2]矩陣的可對角化。[3]化成生成算符和湮滅算符。試說明之。

3-14　請比較群速度 $v_{Group} = \dfrac{d\omega}{dk}$ 和相速度（Phase velocity）$v_{Phase} = \dfrac{\omega}{k}$ 的差異。

3-15　如果我們定義三個有關波動現象的速度量：平面波的相速度（The phase velocity of a plane wave）$\vec{v}_p = \dfrac{\omega}{|\vec{k}|}\vec{S}$；波包的群速度（The group velocity of a wave packet）$\vec{v}_g = \nabla_{\vec{k}}\,\omega\,(\vec{k})$；能量流的速度（The velocity of energy flow）$\vec{v}_e = \dfrac{\vec{S}}{U}$，其中 $\vec{S}$ 為 Poynting 向量（Poynting vector）或能量流（Energy flow），即 $\vec{S} = \vec{\mathscr{E}} \times \vec{\mathscr{H}}$，

單位為 $\dfrac{\text{Joule}}{\text{m}^2 \cdot \text{S}}$；$U$ 為能量密度（Energy density）$U = \dfrac{1}{2}(\vec{\mathscr{E}} \cdot \vec{\mathscr{D}} + \vec{\mathscr{B}} \cdot \vec{\mathscr{H}})$，單位為 $\dfrac{\text{Joule}}{\text{m}^3}$。

電磁理論告訴我們，波包（Wave packet）的群速等於傳遞能量的速度，即 $\vec{v}_g = \vec{v}_e$，請證明這個說法。

第四章

量子力學的基本原理

　　量子力學的原理（Principles of quantum mechanics）其實是延伸討論在第三章已經提到的 Schrödinger 方程式，這一章我們將說明量子力學的基本性質及量子力學幾個重要的定理，並舉例求解幾個特殊位能（Special potentials）的 Schrödinger 方程式，更針對三個比較典型的位能形式：無限位能井（Infinite potential well）、Coulomb 位能（Coulomb potential）或中心力場（Central force field）、簡諧振盪子（Simple harmonic oscillator），求解量子化的能量形式及特性介紹，最後再以 MASER（Microwave Amplification by Stimulation Emission of Radiation）為例，介紹二階系統（Two-state system）的量子化能態躍遷過程。

　　然而在求解波函數（Wave function）之前，要先介紹 Dirac 符號（Dirac notation），以及對於初學者較為抽象的量子力學算符（Operators）與狀態向量（State vectors）的 Hilbert 空間（Hilbert space），當然還要對第三章曾提到「解救了」量子力學的 Heisenberg 測不準原理（Heisenberg uncertainty principle）作進一步的闡述。

　　此外在處理簡諧振盪子的問題時，我們會引入階梯算符（Ladder operator），包含上昇算符（Raising operator）或稱為生成算符（Creation operator）以及下降算符（Lowering operator）或稱為湮滅算符（Annihilation operator）。雖然階梯算符有別於我們所熟知的算符，階梯算符並沒有可觀察的物理量與之對應，但是在處理量子化相關的議題時，卻提供了許多非常特別的觀點。此外，這也是第二種量子化（second quantization）方法的基礎。

4.1　Schrödinger 方程式

Schrödinger 首先發現量子力學的正確定律，建立了 Schrödinger 方程式，以描述粒子在各處被發現的「機率」，雖然 Schrödinger 和 Einstein 都不認同 Copenhagen 學派的機率解釋。

我們先簡單的敘述幾個基本的內容。基本上，Schrödinger 方程式可以分成兩大類：

[1]　與時間相依的 Schrödinger 方程式（Time dependent Schrödinger's equation）為

$$\hat{H}\psi\,(\vec{r},\,t) = i\hbar\frac{\partial}{\partial t}\,\psi\,(\vec{r},\,t)\,, \qquad (4.1)$$

其中 $\psi\,(\vec{r},\,t)$ 為波函數。

[2]　與時間獨立的 Schrödinger 方程式（Time independent Schrödinger's equation），也就是穩定狀態的 Schrödinger 方程式（Stationary Schrödinger's equation）為

$$\hat{H}\phi\,(\vec{r}) = E\phi\,(\vec{r})\,, \qquad (4.2)$$

或　　$$\left[\frac{-\hbar^2}{2m}\nabla^2 + V(\vec{r})\right]\phi\,(\vec{r}) = E\phi\,(\vec{r})\,, \qquad (4.3)$$

其中 $\phi(\vec{r})$ 為本徵函數（Eigenfunction），且和波函數的關係為 $\psi\,(\vec{r},\,t) = \phi(\vec{r})\,e^{i\omega t}$；$E$ 為能量本徵值（Energy eigenvalue）或本徵能量（Eigenenergy），也就是穩定狀態時的能量。

以上兩個 Schrödinger 方程式中的 $\hat{H}$ 稱爲能量算符（Energy operator）或 Hamiltonian，如表 4-1 所示，定義如下：

與時間相依的 Hamiltonian $\hat{H}$ 爲， $\qquad \hat{H} \triangleq i\hbar\dfrac{\partial}{\partial t}$ $\qquad\qquad$ （4.4）

與時間獨立的 Hamiltonian $\hat{H}$ 爲， $\qquad \hat{H} \triangleq -\dfrac{\hbar^2}{2m}\nabla^2 + V(\vec{r})$ $\qquad$ （4.5）

表 4-1・Schrödinger 方程式與波函數、本徵函數

Schrödinger equation	Time-dependent	Time-independent
Hamiltonian	$\hat{H} \triangleq i\hbar\dfrac{\partial}{\partial t}$	$\hat{H} \triangleq -\dfrac{\hbar^2}{2m}\nabla^2 + V(\vec{r})$
Wave function/Eigenfunction	$\hat{H}\psi(\vec{r}, t) = i\hbar\dfrac{\partial}{\partial t}\psi(\vec{r}, t)$	$\hat{H}\phi(\vec{r}) = E\phi(\vec{r})$
Wavefunction	$\psi(\vec{r}, t) = \phi(\vec{r})\,e^{i\omega t}$	

我們將會在 4.4 節說明算符的意義。

4.2　量子力學的波函數

如果想要比較清楚瞭解量子力學是如何建構波函數的，其實，首先必須要知道 4.5 節所介紹的 Hilbert 空間的概念，但是，爲了說明的方便，在這一節我們先跳過 Hilbert 空間，而直接把 $\psi(\vec{r}, t)$ 波函數的基本性質介紹出來。

我們採用了 Max Born 的說法，所以量子力學的波函數 $\psi(\vec{r}, t)$ 的意義是

機率振幅，而 $\int|\psi\,(\vec{r},\,t)|^2 d^3\vec{r}$ 則是機率，表示粒子在時間 t；在 $d^3\vec{r}$ 區域被發現的機率。一旦掌握了波函數，就可以掌握粒子的所有行為。

因為我們採用了機率的論述方式，所以就要應用統計學的兩個結果來規範波函數：

[1]　歸一化的條件（Normalized condition）

$$\langle \psi\,(\vec{r},\,t)|\psi\,(\vec{r},\,t)\rangle = \int_{-\infty}^{\infty} d^3\vec{r}\,\psi^*\,(\vec{r},\,t)\psi\,(\vec{r},\,t) = 1\,, \qquad (4.6)$$

因為對所有的空間積分機率為 1，所以波函數 $\psi\,(\vec{r},\,t)$ 歸一化為

$$\psi\,(\vec{r},\,t) = \frac{\phi(\vec{r},\,t)}{|\,\langle\phi(\vec{r},\,t)\,|\,\phi(\vec{r},\,t)\rangle\,|^{\frac{1}{2}}} = \frac{\phi(\vec{r},\,t)}{\left(|\,\int dV\phi(\vec{r},\,t)^*\,\phi(\vec{r},\,t)\,|^{\frac{1}{2}}\right)}\,, $$

$$(4.7)$$

其中 $\phi\,(\vec{r},\,t)$ 是歸一化之前的波函數。

[2]　在 $|\psi(r,t)|^2$ 的機率分佈下，物理量具有不確定的觀測值，這是因為 Heisenberg 測不準原理所致。

量子力學顯示，我們只能測量或觀察到物理量的期望值，

即　　　$\text{Prob}\,(\vec{r})d^3\vec{r} = |\psi\,(\vec{r})|^2 d^3\vec{r}\,, \qquad (4.8)$

其中 Prob $(\vec{r})$ 為機率。

則物理量 A 的觀測平均值為

$$\langle A\rangle = \langle\psi\,(\vec{r})|\hat{A}|\psi\,(\vec{r})\rangle \triangleq \int d^3\vec{r}\,\psi^*(\vec{r})\hat{A}\,\psi\,(\vec{r})\,, \qquad (4.9)$$

其中 $\hat{A}$ 爲對應於物理量 A 的算符（Operator）。有關量子力學中算符的意義，會在 4.4 節再作說明。

4.3 Dirac 符號

雖然，學習量子力學或求解 Schrödinger 方程式不一定要用 Dirac 符號，但是，Dirac 符號在日後處理量子力學的運算上，提供了相當大的便利與簡捷，所以值得花一點時間去熟悉這套符號系統。

首先，要介紹 Dirac 發明且通用於量子力學的縮寫符號的表示，即 Dirac 符號。Dirac 符號提供了一個簡單的方式來表示量子力學中的方程式及其相關的量子運算表示。在介紹這套符號系統之前，如表 4-2 所示，我們列了一些一般常用的表示方式與 Dirac 符號的對照。

表 4-2・Dirac 符號的對照關係

Original Notation	Dirac Notation
$\Omega\phi_\mu(r) = \omega_\mu\phi_\mu(r)$	$\Omega|\mu\rangle = \omega_\mu|\mu\rangle$
$\phi_\mu(r) = \sum_k \omega_{\mu k} u_k(r)$	$|\mu\rangle = |k\rangle\langle k|\mu\rangle$
$\omega_{k\mu} = \int u_k^*(r) v_\mu(r) d^3r$	$\langle k|\mu\rangle = \langle k|r\rangle\langle r|\mu\rangle$
$H_{kl} = \int u_k^*(r)\hat{H}v_l(r)d^3r = E_k\delta_{kl}$	$\langle k|\hat{H}|l\rangle = E_k\langle k|l\rangle$

4.3.1 Dirac 符號說明

首先，讓我們臆測一下 Dirac 原始的想法，在中學時期所學的期望值（Expectation value）通常是以 $\langle E \rangle$ 來表示的，在量子力學中，期望值或平均值是由波函數計算而得的，也就是說，我們會一直需要作波函數相關的積分運算，或至少在計算紙上不斷的重複寫著積分符號，於是 Dirac 可能因此將這樣的數學積分運算，作了如下的定義：

$$\langle A \rangle = \int\limits_{-\infty}^{+\infty} \psi^*(\vec{r})\,\hat{A}\,\psi(\vec{r})\,d\vec{r} \equiv \langle \psi | \hat{A} | \psi \rangle \, 。 \tag{4.10}$$

Dirac 並將 $\langle \; \rangle$ 的英文字 Bracket，分成左右二個狀態向量，分別稱狀態向量 $|\psi\rangle$ 為 Ket 向量（Ket vector）；稱狀態向量 $\langle\psi|$ 為 Bra 向量（Bra vector）。在瞭解 4.5 節的 Hilbert 空間之後，我們對於什麼是 Ket 向量和 Bra 向量，會有更清晰的感覺。

以下是 Dirac 符號的一些基本說明，稍後會再作仔細的介紹。

[1] $|1\rangle$、$|2\rangle$、$|3\rangle$…表示基底向量（Basis vector）。

$$因為 \quad |i\rangle = \begin{bmatrix} 0 \\ 0 \\ \vdots \\ 0 \\ 1 \\ 0 \\ 0 \end{bmatrix}, \tag{4.11}$$

則 $\qquad \langle i | = |i\rangle^* = \begin{bmatrix} \vdots \\ 0 \\ 1 \\ 0 \\ \vdots \\ 0 \end{bmatrix}^* = \begin{bmatrix} 0 & \cdots & 0 & 1 & 0 & \cdots & 0 \end{bmatrix}$。 $\qquad$ （4.12）

所以 $\quad |i\rangle\langle i| = \begin{bmatrix} 0 \\ \vdots \\ 0 \\ \underset{i^{th}\,Row}{1} \\ 0 \\ \vdots \\ 0 \end{bmatrix}\begin{bmatrix} 0 \\ \vdots \\ 0 \\ \underset{i^{th}\,Row}{1} \\ 0 \\ \vdots \\ 0 \end{bmatrix}^* = \begin{bmatrix} 0 \\ \vdots \\ 0 \\ \underset{i^{th}\,Row}{1} \\ 0 \\ \vdots \\ 0 \end{bmatrix}\begin{bmatrix} 0 & \cdots & 0 & \underset{i^{th}\,Column}{1} & 0 & \cdots & 0 \end{bmatrix}$

$= \begin{bmatrix} 0 & \cdots & 0 & 0 & 0 & \cdots & 0 \\ \vdots & \ddots & \vdots & \vdots & \vdots & \cdots & \vdots \\ 0 & \cdots & 0 & 0 & 0 & \cdots & 0 \\ 0 & \cdots & 0 & \underset{i^{th}\,Row,\,i_{th}\,Column}{1} & 0 & \cdots & 0 \\ 0 & \cdots & 0 & 0 & 0 & \cdots & 0 \\ \vdots & \cdots & \vdots & \vdots & \vdots & \ddots & \vdots \\ 0 & \cdots & 0 & 0 & 0 & \cdots & 0 \end{bmatrix}$。 $\qquad$ （4.13）

而 $\quad \sum_{i=1}^{n} |i\rangle\langle i| = \begin{bmatrix} 1 & 0 & 0 & 0 & 0 & \cdots & 0 \\ 0 & 0 & \vdots & \vdots & \vdots & \cdots & \vdots \\ 0 & \cdots & \ddots & 0 & 0 & \cdots & 0 \\ 0 & \cdots & 0 & 0 & 0 & \cdots & 0 \\ 0 & \cdots & 0 & 0 & 0 & \cdots & 0 \\ \vdots & \cdots & \vdots & \vdots & \vdots & \ddots & \vdots \\ 0 & \cdots & 0 & 0 & 0 & \cdots & 0 \end{bmatrix} + \begin{bmatrix} 0 & 0 & 0 & 0 & 0 & \cdots & 0 \\ 0 & 1 & 0 & \cdots & 0 & \cdots & \vdots \\ 0 & 0 & 0 & 0 & 0 & \cdots & 0 \\ 0 & \cdots & 0 & \ddots & 0 & \cdots & 0 \\ 0 & \cdots & 0 & 0 & 0 & \cdots & 0 \\ \vdots & \cdots & \vdots & \vdots & \vdots & \ddots & \vdots \\ 0 & \cdots & 0 & 0 & 0 & \cdots & 0 \end{bmatrix}$

$$+\cdots+\begin{bmatrix} 0 & 0 & 0 & 0 & 0 & \cdots & 0 \\ 0 & \ddots & 0 & \cdots & 0 & \cdots & \vdots \\ 0 & 0 & 0 & 0 & 0 & \cdots & 0 \\ 0 & \cdots & 0 & \ddots & 0 & \cdots & 0 \\ 0 & \cdots & 0 & 0 & 0 & \cdots & 0 \\ \vdots & \cdots & \vdots & \vdots & \vdots & 0 & 0 \\ 0 & \cdots & 0 & 0 & 0 & 0 & 1 \end{bmatrix}$$

$$=\begin{bmatrix} 1 & \cdots & 0 & 0 & 0 & \cdots & 0 \\ \vdots & \ddots & \vdots & \vdots & \vdots & \cdots & \vdots \\ 0 & \cdots & 1 & 0 & 0 & \cdots & 0 \\ 0 & \cdots & 0 & 1 & 0 & \cdots & 0 \\ 0 & \cdots & 0 & 0 & 1 & \cdots & 0 \\ \vdots & \cdots & \vdots & \vdots & \vdots & \ddots & \vdots \\ 0 & \cdots & 0 & 0 & 0 & \cdots & 1 \end{bmatrix}=\amalg_{(n\times n)}, \qquad (4.14)$$

其中 $\amalg_{(n\times n)}$ 爲 $(n\times n)$ 的單位矩陣。$\sum\limits_{i=1}^{n}|i\rangle\langle i|=\amalg_{(n\times n)}$ 表示基底的完備性。(Completeness)。

[2] $|\psi\rangle$ 可以表示狀態（State）或狀態向量（State vector）。

[3] $\hat{A}$ 表示可觀察物理量的算符（Observable operator），是 Hermitian。

[4] $\hat{H}$ 表示能量算符（Energy operator），又稱爲 Hamiltonian。假設有一個物理系統，能階分別爲 E_0、E_1、E_2、$\cdots$，所對應之狀態分別爲 $|\psi_0\rangle$、$|\psi_1\rangle$、$|\psi_2\rangle$、$\cdots$，則 $\hat{H}|\psi_i\rangle=E_i|\psi_i\rangle$ 或 $\hat{H}|n\rangle=E_n|n\rangle$，其中 E_n 爲能量本徵值或本徵能量；$|\psi_n\rangle$ 爲本徵狀態（Eigenstate），且歸一化條件爲 $\langle n|n\rangle=\int dx\psi^*(x)\psi(x)=1$。

4.3.2 算符的矩陣表示

若以矩陣的形式來表示狀態向量或操作算符，則 Ket 向量為行向量（Column vector）；Bra 向量為列向量（Row vector）；操作算符（Operators）為方陣（Square matrix）。

4.3.2.1 狀態向量的矩陣表示

讓我們來看看如何以一組基底（Basis）$\{|\phi_1\rangle, |\phi_2\rangle, |\phi_3\rangle, \cdots\}$或簡寫為$\{|\phi_n\rangle\}$來表示向量$|\psi\rangle$。

因為基底的完備性，所以我們可以把任一狀態向量$|\psi\rangle$展開為

$$
\begin{aligned}
|\psi\rangle &= I|\psi\rangle \\
&= \left(\sum_{n=1}^{\infty} |\phi_n\rangle\langle\phi_n|\right)|\psi\rangle \\
&= \sum_{n=1}^{\infty} |\phi_n\rangle\langle\phi_n|\psi\rangle \\
&= \sum_{n=1}^{\infty} |\phi_n\rangle a_n \\
&= \sum_{n=1}^{\infty} a_n|\phi_n\rangle \quad ,
\end{aligned}
\tag{4.15}
$$

其中係數$a_n = \langle\phi_n|\psi\rangle$表示向量$|\psi\rangle$投影在$|\phi_n\rangle$的映射量，也就是向量$|\psi\rangle$沿著基底$|\phi_n\rangle$的分量為$a_n$，當然$a_n$是一個複數。

於是在基底$\{|\phi_n\rangle\}$中，ket 向量$|\psi\rangle$被表示為分別沿著$|\phi_1\rangle$、$|\phi_2\rangle$、$|\phi_3\rangle$、$\cdots$，的一組分量a_1、a_2、a_3、$\cdots$，的集合，意即 ket 向量$\psi\rangle$是基底$|\phi_1\rangle$、$|\phi_2\rangle$、$|\phi_3\rangle$、$\cdots$的線性組合，而a_1、a_2、a_3、$\cdots$則為線性組合的係數。

所以 Ket 向量$|\psi\rangle$可以表示成一個行向量，

即
$$|\psi\rangle \rightarrow \begin{bmatrix} \langle\phi_1|\psi\rangle \\ \langle\phi_2|\psi\rangle \\ \langle\phi_3|\psi\rangle \\ \vdots \end{bmatrix} = \begin{bmatrix} a_1 \\ a_2 \\ a_3 \\ \vdots \end{bmatrix},$$
（4.16）

同理，Bra 向量$\langle\psi|$就可以表示成一個列向量，

即
$$\langle\psi| \rightarrow [\langle\psi|\phi_1\rangle \quad \langle\psi|\phi_2\rangle \quad \langle\psi|\phi_3\rangle \quad \cdots] = [a_1^* \quad a_2^* \quad a_3^* \quad \cdots]。$$
（4.17）

4.3.2.2 操作算符的矩陣表示

對於任何一個線性算符合$\hat{A}$，都可以藉由基底的完備性（Completeness）或封閉性（Closure relation）來表示，

即
$$\hat{A} = \left(\sum_{n=1}^{\infty} |\phi_n\rangle\langle\phi_n|\right) \hat{A} \left(\sum_{m=1}^{\infty} |\phi_m\rangle\langle\phi_m|\right)$$

$$= \sum_{n=1}^{\infty} \sum_{m=1}^{\infty} |\phi_n\rangle\langle\phi_n|\hat{A}|\phi_m\rangle\langle\phi_m|$$

$$= \sum_{n=1}^{\infty} \sum_{m=1}^{\infty} |\phi_n\rangle A_{nm}\langle\phi_m|$$

$$= \sum_{n=1}^{\infty} \sum_{m=1}^{\infty} A_{nm}|\phi_n\rangle\langle\phi_m|,$$
（4.18）

其中A_{nm}為算符$\hat{A}$的矩陣元素，所以在基底$\{|\phi_n\rangle\}$中，算符$\hat{A}$可以表示成一個方陣（Square matrix）A，

$$
\text{即} \qquad A = \begin{bmatrix} A_{11} & A_{12} & A_{13} & \cdots \\ A_{21} & A_{22} & A_{23} & \cdots \\ A_{31} & A_{32} & A_{33} & \cdots \\ \vdots & \vdots & \vdots & \cdots \end{bmatrix}。 \qquad\qquad (4.19)
$$

有關完備性或封閉性會在 4.4.2 節說明。

4.3.3 基底變換

對於量子力學的數學基礎，毫無疑問的基函數（Basic functions）是非常重要的觀念。基函數就好像語言文字的字母一樣，當我們把字母排列組合成文字之後，就可以表達或傳遞訊息。所以當我們把基函數適當的做不同權重的組合之後，就可以作為描述粒子的波函數或本徵函數，這就是前面介紹 Dirac 符號中所提到的。當然基函數的選擇並非唯一的，即便基函數必須滿足或遵守某些關鍵性的條件要求，我們可以還是可以大膽的說基函數的種類和個數是無限多種的。但是，有沒有一種最佳選擇呢？因為我們所選擇的基函數是為了求解 Schrödinger 方程式，所以當這組基函數所包含的函數個數，對於求解 Schrödinger 方程式是最少的，我們就會認為這是一組最佳選擇。

在求解 Schrödinger 方程式的各種方法中，矩陣方法或線性代數是很常見的方法之一，所以在上一節的內容，我們介紹了狀態向量和操作算符的矩陣表示，但是，因為基函數的選擇有很多，當基函數一旦改變了，狀態向量和操作算符的矩陣表示也會隨之改變，現在我們來簡單說明線性代數中基底的變換（Change of basis）或是基函數的變換的方法

假設 $\vec{x}$ 是一個狀態向量，這個狀態向量 $\vec{x}$ 就像幾何學裡的向量一樣，不會因為採用了什麼樣的基底（Basis）或座標系統而改變，

即
$$\vec{x} = \sum_i \alpha_i \vec{\mu}_i$$
$$= \sum_j \beta_i \vec{w}_j$$
$$= \cdots , \tag{4.20}$$

其中 $\vec{\mu}_j$、$\vec{w}_j$ 分別代表不同的基底或座標系統，可以參考圖 4.1。

如果我們引入一組基底 $\vec{e}_i$，其中 $i = 1, 2, 3, \cdots, N$，到我們的 N 維向量空間中，則我們可以把向量 $\vec{x}$ 表示為

$$\vec{x} = x_1 \vec{e}_1 + x_2 \vec{e}_2 + \cdots + x_N \vec{e}_N$$
$$= \vec{e}_1 x_1 + \vec{e}_2 x_2 + \cdots + \vec{e}_N x_N$$
$$= [\vec{e}_1 \quad \vec{e}_2 \quad \cdots \quad \vec{e}_N] \begin{bmatrix} x_1 \\ x_2 \\ \vdots \\ x_N \end{bmatrix} , \tag{4.21}$$

也就是說我們可以用一個行矩陣（Column matrix）$\begin{bmatrix} x_1 \\ x_2 \\ \vdots \\ x_N \end{bmatrix} = [x_1 \quad x_2 \quad \cdots \quad x_N]^T$ 來表示向量 $\vec{x}$，而且很顯然的，這是一個線性組合的係數構成的。

我們現在來看看這個行矩陣的每一個向或分量是如何隨著基底變換做變化的。

當引入另外一個新的基底 $\vec{e_j'}$，其中 $j = 1, 2, 3, \cdots, N$，這組新的基底 $\vec{e_j'}$ 和舊的基底 $\vec{e_i}$，其中 $j = 1, 2, 3, \cdots, N$ 之間的關係為

$$\vec{e_j'} = \sum_{i=1}^{N} S_{ij}\vec{e_i} = \sum_{i=1}^{N} \vec{e_i}S_{ij} \, 。 \tag{4.22}$$

上式中，新的基底 $\vec{e_j'}$ 被舊的基底 $\vec{e_1}$、$\vec{e_2}$、$\cdots$、$\vec{e_N}$ 展開後的第 i 個分量是係數 S_{ij}。

為了避免下標符號的混淆，我們再以矩陣形式寫出新的基底 $\vec{e_j'}$ 和舊的基底之間的轉換關係，

$$即 \begin{bmatrix} \vec{e_1'} & \vec{e_2'} & \cdots & \vec{e_N'} \end{bmatrix} = \begin{bmatrix} \vec{e_1} & \vec{e_2} & \cdots & \vec{e_N} \end{bmatrix} \begin{bmatrix} S_{11} & S_{12} & \cdots & S_{1k} & \cdots & S_{1N} \\ S_{21} & S_{22} & \cdots & S_{2k} & \cdots & S_{2N} \\ \vdots & \vdots & \cdots & \vdots & \cdots & \vdots \\ \vdots & \vdots & \cdots & \vdots & \cdots & \vdots \\ \vdots & \vdots & \cdots & \vdots & \cdots & \vdots \\ S_{N1} & S_{N2} & \cdots & S_{Nk} & \cdots & S_{NN} \end{bmatrix} \, 。 \tag{4.23}$$

很明顯的，對於任一個新基底 $\vec{e_k'}$，S_{k1} 就是 $\vec{e_k'}$ 相對於舊基底 $\vec{e_1}$、$\vec{e_2}$、$\cdots$、$\vec{e_N}$ 的第一個分量；S_{k2} 就是相對於舊基底 $\vec{e_1}$、$\vec{e_2}$、$\cdots$、$\vec{e_N}$ 的第二個分量；$\cdots$。

所以對於任意一個向量 $\vec{x}$ 可以展開成為

$$\vec{x} = \sum_{i=1}^{N} \vec{e_i} x_i = \sum_{j=1}^{N} \vec{e_j'} x_{jj}'$$

$$= \sum_{j=1}^{N} \left(\sum_{i=1}^{N} \vec{e_i} S_{ij} \right) x_{jj}'$$

$$= \sum_{i=1}^{N} \vec{e_i} \left(\sum_{j=1}^{N} S_{ij} x_j' \right) , \tag{4.24}$$

則向量 $\vec{x}$ 在新舊二個基底或座標系統中的分量 x_j' 和 x_i 之間，有以下的變換關係

$$x_i = \sum_{j=1}^{N} S_{ij} x_j' , \tag{4.25}$$

若以矩陣型式表示，則為

$$\mathbb{X} = \mathbb{S}\mathbb{X}' , \tag{4.26}$$

其中 $\mathbb{S}$ 就是關係著基底變換的矩陣稱為轉換矩陣（Transformation matrix）。

　　再者，因為 $\vec{e_1'}$、$\vec{e_2'}$、$\cdots$、$\vec{e_N'}$ 是線性獨立的，所以我們可以找到 $\mathbb{S}$ 的逆矩陣 $\mathbb{S}^{-1}$，則上式二側乘上 $\mathbb{S}^{-1}$ 得

$$\mathbb{S}^{-1}\mathbb{X} = \mathbb{S}^{-1}\mathbb{S}\mathbb{X}' = \mathbb{X}' , \tag{4.27}$$

即　　　　　$\mathbb{X}' = \mathbb{S}^{-1}\mathbb{X} 。 \tag{4.28}$

這就是向量 $\vec{x}$ 在新基底的每一個分量和舊基底的每一個分量之間的關係。

其實比較 $\mathbb{X} = \mathbb{S}\mathbb{X}'$ 和 $\mathbb{X}' = \mathbb{S}^{-1}\mathbb{X}$ 二個關係可以發現對於給定一個向量 $\vec{x}$，無論是在什麼基底空間中，向量 $\vec{x}$ 都是保持不變的。改變的是向量 $\vec{x}$ 在不同空間中的投影分量如圖 4.1 所示。

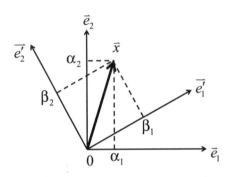

圖 4.1・向量 $\vec{x}$ 在不同的基底空間的投影分量

這樣的轉換運算可以應用在量子力學中的本徵狀態函數在不同基底之間的轉換。相似的道理，我們也可以找到線性算符在不同基底之間的轉換關係。

若有一個算符方程式 $\vec{y} = \hat{A}\vec{x}$，當然其中的基底是獨立的，則如前所述，我們可以把新舊基底各分量的相互關係分別寫成矩陣方程式，

即 $\qquad \mathbb{Y} = \mathbb{A}\mathbb{X}$ ； $\qquad\qquad\qquad\qquad\qquad$ (4.29)

$\qquad\qquad \mathbb{Y}' = \mathbb{A}'\mathbb{X}'$， $\qquad\qquad\qquad\qquad\quad$ (4.30)

其中 $\mathbb{A}$ 和 $\mathbb{A}'$ 分別代表在不同基底下算符 $\hat{A}$ 的矩陣表示。

又因為新基底和舊基底之間的轉換關係為

$$\mathbb{X} = \mathbb{S}\mathbb{X}' \; ; \tag{4.31}$$

$$\mathbb{Y} = \mathbb{S}\mathbb{Y}' \; , \tag{4.32}$$

代入得　　　$\mathbb{S}\mathbb{Y}' = \mathbb{A}\mathbb{S}\mathbb{X}' \; , \tag{4.33}$

得　　　　　$\mathbb{Y}' = \mathbb{S}^{-1}\mathbb{A}\mathbb{S}\mathbb{X}' \; , \tag{4.34}$

又　　　　　$\mathbb{Y}' = \mathbb{A}'\mathbb{X}' \; 。 \tag{4.35}$

所以原來線性算符 $\hat{A}$ 的矩陣表示 $\mathbb{A}$ 在新舊基底之間的轉換關係就是一個相似轉換（Similarity transformation），

即　　　　　$\mathbb{A}' = \mathbb{S}^{-1}\mathbb{A}\mathbb{S} \; 。 \tag{4.36}$

顯然，我們可以藉由相似轉換把算符的矩陣表示變換成方便計算分析的型式，對於一個給定的方陣（Square matrix）$\mathbb{A}$，我們可以將 $\hat{A}$ 視爲是在一個特定基底 $\vec{e}_i$ 的一個線性算符，則由 $\mathbb{A}' = \mathbb{S}^{-1}\mathbb{A}\mathbb{S}$ 的矩陣關係可以認爲算符 $\hat{A}$ 還是保持不變，但是，如前所述，因爲基底變成 $\vec{e}_j'$，而新舊基底之間的轉換關係爲

$$\begin{aligned}
\vec{e}_j' &= \sum_i \vec{e}_i S_{ij} \\
&= \sum_i S_{ij} \vec{e}_i \; 。
\end{aligned} \tag{4.37}$$

所以由於線性算符 $\hat{A}$ 的特性不會隨基底的改變而改變，於是對應於不同基底的不同算符矩陣表示 $\mathbb{A}$ 和 $\mathbb{A}'$ 會有一些共同的特性，列舉如下。

[1]　若 $\mathbb{A}$ 爲單位矩陣（Unit matrix），則 $\mathbb{A}'$ 也是單位矩陣，

即　　$\mathbb{A}' = \mathbb{S}^{-1}\mathbb{A}\mathbb{S}$

$\qquad = \mathbb{S}^{-1}\mathbb{I}\mathbb{S}$

$\qquad = \mathbb{S}^{-1}\mathbb{S}$

$\qquad = \mathbb{I} ,$ 　　　　　　　　　　　　　　　　（4.38）

其中 $\mathbb{I}$ 為單位矩陣。

[2]　　$\mathbb{A}$ 和 $\mathbb{A}'$ 的行列式值（Determinant）是相同的，

即　　$|\mathbb{A}'| = |\mathbb{S}^{-1}\mathbb{A}\mathbb{S}|$

$\qquad = |\mathbb{S}^{-1}||\mathbb{A}||\mathbb{S}|$

$\qquad = |\mathbb{A}||\mathbb{S}^{-1}||\mathbb{S}|$

$\qquad = |\mathbb{A}||\mathbb{S}^{-1}\mathbb{S}|$

$\qquad = |\mathbb{A}| .$ 　　　　　　　　　　　　　　（4.39）

[3]　　$\mathbb{A}$ 的特徵行列式（Characteristic determinant）和 $\mathbb{A}'$ 的特徵行列式是相同的；$\mathbb{A}$ 的特徵值和 $\mathbb{A}'$ 的特徵值也是相同的。

即　　$|\mathbb{A}' - \lambda\mathbb{I}| = |\mathbb{S}^{-1}\mathbb{A}\mathbb{S} - \lambda\mathbb{I}|$

$\qquad = |\mathbb{S}^{-1}(\mathbb{A} - \lambda\mathbb{I})\mathbb{S}|$

$\qquad = |\mathbb{S}^{-1}||\mathbb{S}||\mathbb{A} - \lambda\mathbb{I}|$

$\qquad = ||\mathbb{A} - \lambda\mathbb{I}| .$ 　　　　　　　　　（4.40）

[4]　　$\mathbb{A}$ 和 $\mathbb{A}'$ 的跡（Trace）或特徵值（Character）是相同的，

即　　　$\text{Tr}\,\mathbb{A}' = \sum_i A'_{ii}$

$$= \sum_i \sum_j \sum_k (S^{-1})_{ij} A_{jk} S_{ki}$$

$$= \sum_i \sum_j \sum_k S_{ki} (S^{-1})_{ij} A_{jk}$$

$$= \sum_j \sum_k S_{ki} A_{jk}$$

$$= \sum_j A_{jj}$$

$$= \text{Tr}\,\mathbb{A}\,\text{。} \tag{4.41}$$

[5]　如果 $\mathbb{S}$ 是么正矩陣（Unitary matrix），即 $\mathbb{S}^{+}\mathbb{S}=\mathbb{I}$，其中 $\mathbb{S}^{+}$ 為 $\mathbb{S}$ 的轉置（Transpose）且共軛的結果，則二個不同的算符矩陣表示 $\mathbb{A}$ 和 $\mathbb{A}'$ 之間的相似轉換就是么正轉換或酉轉換（Unitary transformation），

即　　　$\mathbb{A}' = \mathbb{S}^{-1}\mathbb{A}\mathbb{S}$

$$= \mathbb{S}^{+}\mathbb{A}\mathbb{S}\,\text{。} \tag{4.42}$$

因為如果原來的基底是正交歸一的（Orthonormal）則經過么正轉換之後的新的基底也會是正交歸一，

即　　　$\left\langle \vec{e_i'} \middle| \vec{e_j'} \right\rangle = \left\langle \sum_k \vec{e_k} S_{ki} \middle| \sum_r \vec{e_r} S_{rj} \right\rangle$

$$= \sum_k S_{ki}^* \sum_r S_{kj} \left\langle \vec{e_k} \middle| \vec{e_r} \right\rangle$$

$$= \sum_k S_{ki}^* \sum_r S_{rj} S_{kr}$$

$$= \sum_k S_{ki}^* S_{kj}$$

$$= (\mathbb{S}^+\mathbb{S})_{ij}$$

$$= \delta_{ij} \, \text{。} \qquad\qquad (4.43)$$

對於么正轉換一般的相似轉換還有二個特性：

[5.1] 若 $\mathbb{A}$ 為 Hermitian，則 $\mathbb{A}'$ 也是 Hermitian；若 $\mathbb{A}$ 為 Anti-Hermitian，則 $\mathbb{A}'$ 也是 Anti-Hermitian，即 $\mathbb{A}^+ = \pm \mathbb{A}$，其中等號右側的「+」表示 Hermitian；「−」表示 Anti-Hermitian，

則 $\qquad (\mathbb{A}')^+ = (\mathbb{S}^+\mathbb{A}\mathbb{S})^+$

$$= \mathbb{S}^+\mathbb{A}^+\mathbb{S}$$

$$= \pm\, \mathbb{S}^+\mathbb{A}\mathbb{S}$$

$$= \pm\, \mathbb{A}' \, \text{。} \qquad\qquad (4.44)$$

[5.2] 若 $\mathbb{A}$ 是么正的，則 $\mathbb{A}'$ 也是么正的

即 $\qquad (\mathbb{A}')^+\mathbb{A}' = (\mathbb{S}^+\mathbb{A}\mathbb{S})^+\,(\mathbb{S}^+\mathbb{A}\mathbb{S})$

$$= \mathbb{S}^+\mathbb{A}^+\mathbb{S}\mathbb{S}^+\mathbb{A}\mathbb{S}$$

$$= \mathbb{S}^+\mathbb{A}^+\mathbb{A}\mathbb{S}$$

$$= \mathbb{S}^+\, \mathbb{I}\, \mathbb{S}$$

$$= \mathbb{S}^+\, \mathbb{S}$$

$$= \mathbb{I} \, \text{。} \qquad\qquad (4.45)$$

4.4　**量子力學的算符與狀態向量**

如前所述，在量子力學裡，我們使用了狀態向量的觀念來討論這個世界，如果以 Dirac 符號$|\psi\rangle$表示物理狀態的抽象符號，則將這個物理狀態稍加變動或操作（Operation）$\hat{A}$之後，諸如：轉動$\overrightarrow{\mathscr{D}}$、外加電場$\overrightarrow{\mathscr{E}}$、外加磁場$\overrightarrow{\mathscr{B}}$、或等待$\mathscr{T}$的時間、…等等，會得到另一狀態$|\phi\rangle$，以上的敘述用數學型式表示則為$\hat{A}|\psi\rangle = a|\psi\rangle = |\phi\rangle$，即對狀態向量$|\psi\rangle$做$\hat{A}$的運算或操作，則會變成另一狀態$|\phi\rangle$，其中$a$代表對應於算符$\hat{A}$的本徵值，示意如圖 4.2。

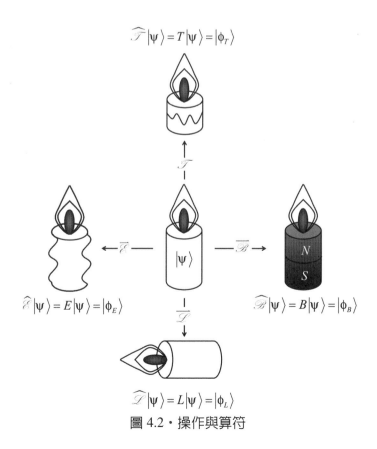

圖 4.2．操作與算符

　　算符的概念很容易理解，如圖 4.3 所示，如果我們想知道貓的顏色，就必須用眼睛看，

圖 4.3・操作算符的概念

即　　　　　眼看|貓〉＝顏色|貓〉；　　　　　　　　　　　　　　（4.46）

如果我們想知道貓的形狀，就必須用手摸，

即　　　　　手摸|貓〉＝形狀|貓〉；　　　　　　　　　　　　　　（4.47）

如果我們想知道貓的聲音，就必須用耳朵聽，

即　　　　　耳聽|貓〉＝聲音|貓〉；　　　　　　　　　　　　　　（4.48）

如果我們想知道貓的味道，就必須用鼻子嗅，

即　　　　　　鼻嗅|貓〉=味道|貓〉；　　　　　　　　　　　　　（4.49）

要知道不同的特性，就必須用不同的算符進行操作，求出對應的本徵值。

　　對於一個粒子，物質或系統，我們常常要量測觀察一些物理量諸如:位置，動量，能量，以量子力學的語彙來說，就是求出它們的期望值，而在求期望值的過程中，需要藉由算符的方法，也就是說，位置 x 有位置的算符 $\hat{x}$；動量有動量的算符 $\hat{p}$；能量 E 有能量的算符 $\hat{H}$；…。將這些算符「作用」或「操作」在本徵函數（Eigen function）$|\psi\rangle$ 上，會產生一個對應的本徵值，

即　　　　　　$\hat{x}|\psi\rangle = x|\psi\rangle$ ；　　　　　　　　　　　　（4.50）

　　　　　　　$\hat{p}|\psi\rangle = p|\psi\rangle$ ；　　　　　　　　　　　　（4.51）

　　　　　　　$\hat{H}|\psi\rangle = E|\psi\rangle$ 。　　　　　　　　　　　　（4.52）

　　以下我們將用一個平面波 $e^{i(\omega t - kx)}$ 的本徵狀態，即 $|\psi\rangle = e^{i(\omega t - kx)}$，簡單的介紹位置算符（Position operator）$\hat{x}$ 和動量算符（Momentum operator）$\hat{p}$ 的形式。

　　位置算符 $\hat{x}$ 很直觀的可以表示為

　　　　　　　$\hat{x}|\psi\rangle = x|\psi\rangle$ ；　　　　　　　　　　　　（4.53）

動量算符 $\hat{p}$ 可以藉由對空間的一次微分得到，

即
$$\frac{\partial}{\partial x}|\psi\rangle = \frac{\partial}{\partial x}e^{i(kx-\omega t)}$$

$$= \frac{\partial}{\partial x}e^{\frac{i}{\hbar}(\hbar kx-\hbar\omega t)}$$

$$= \frac{\partial}{\partial x}e^{\frac{i}{\hbar}(px-Et)}$$

$$= \frac{i}{\hbar}pe^{\frac{i}{\hbar}(px-Et)}$$

$$= \frac{i}{\hbar}p|\Psi\rangle \quad, \tag{4.54}$$

則
$$\frac{\hbar}{i}\frac{\partial}{\partial x}|\Psi\rangle = p|\Psi\rangle \quad, \tag{4.55}$$

所以動量算符為
$$\hat{p} \equiv \frac{\hbar}{i}\frac{\partial}{\partial x} \quad 。 \tag{4.56}$$

能量算符又稱為 Hamiltonian，可以分成[1]和時間相依的 Hamiltonian（Time-dependent Hamiltonian）；[2]和時間不相依的 Hamiltonian（Time-independent Hamiltonian）。分別說明如下：

[1] 和時間相依的 Hamiltonian 可以對時間作一次微分，

即
$$\frac{\partial}{\partial t}|\psi\rangle = \frac{\partial}{\partial t}e^{\frac{i}{\hbar}(px-Et)}$$

$$= \frac{-i}{\hbar}Ee^{\frac{i}{\hbar}(px-Et)}$$

$$= \frac{-i}{\hbar}E|\psi\rangle \quad, \tag{4.57}$$

可得
$$i\hbar\frac{\partial}{\partial t}|\psi\rangle = E|\psi\rangle \quad 。 \tag{4.58}$$

或者可以表示為

$$\hat{H}|\psi\rangle = i\hbar \frac{\partial}{\partial t}|\psi\rangle \quad , \tag{4.59}$$

即 Hamiltonian 為 $\quad \hat{H} = i\hbar \dfrac{\partial}{\partial t}$ 。 (4.60)

[2] 和時間不相依的 Hamiltonian 可以對空間作二次微分，

即
$$\begin{aligned}
\frac{\partial^2}{\partial x^2}|\psi\rangle &= \frac{\partial^2}{\partial x^2} e^{\frac{i}{\hbar}(px - Et)} \\
&= \frac{-1}{\hbar^2} p^2 e^{\frac{i}{\hbar}(px - Et)} \\
&= \frac{-1}{\hbar^2} p^2 |\psi\rangle \quad ,
\end{aligned} \tag{4.61}$$

則
$$-\hbar^2 \frac{\partial^2}{\partial x^2}|\psi\rangle = p^2 |\psi\rangle \quad , \tag{4.62}$$

可得
$$\frac{-\hbar^2}{2m} \frac{\partial^2}{\partial x^2}|\psi\rangle = \frac{p^2}{2m}|\psi\rangle \quad 。 \tag{4.63}$$

又因為總能量是包含動能 $\dfrac{p^2}{2m}$ 和位能 V 的，

即
$$E = \frac{p^2}{2m} + V = \frac{-\hbar^2}{2m} \frac{\partial^2}{\partial x^2} + V , \tag{4.64}$$

所以
$$\frac{-\hbar^2}{2m} \frac{\partial^2}{\partial x^2}|\Psi\rangle = (E - V)|\Psi\rangle \quad , \tag{4.65}$$

則
$$\left[\frac{-\hbar^2}{2m} \frac{\partial^2}{\partial x^2} + V\right]|\Psi\rangle = E|\Psi\rangle \quad , \tag{4.66}$$

即
$$\hat{H}|\Psi\rangle = E|\Psi\rangle \quad , \tag{4.67}$$

其中 $\hat{H} = \dfrac{-\hbar^2}{2m} \dfrac{\partial^2}{\partial x^2} + V$ 。

本節除了要說明量子力學的三項原理之外，還將介紹量子力學算符與本徵狀態的三個基本性質及幾個重要的定理。

4.4.1 量子力學的三項原理

接著我們可以藉由假想有一個實驗系統，如圖 4.4 所示，來說明量子力學的三項原理。

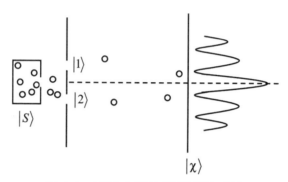

圖 4.4・量子力學的假想實驗系統

[1] 量子力學第一項原理：

由粒子源$|S\rangle$到達$\langle\chi|$的機率振幅可以表示為$\langle\chi|S\rangle$；粒子由$|S\rangle$離開到達$\langle\chi|$的機率為$\langle\chi|S\rangle$的平方，即$|\langle\chi|S\rangle|^2$。

[2] 量子力學第二項原理：

當一個粒子可由兩條不同路徑到達同一個狀態時，其總振幅是分別考慮二路徑的振幅之和，

即
$$\langle\chi|S\rangle = \phi_1 + \phi_2 = \langle\chi|S\rangle_{slit1} + \langle\chi|S\rangle_{slit2}$$
$$= \langle\chi|1\rangle\langle1|S\rangle + \langle\chi|2\rangle\langle2|S\rangle \quad , \qquad (4.68)$$

而機率為
$$|\phi|^2 = |\langle\chi|S\rangle|^2 = |\phi_1|^2 + |\phi_2|^2 + 2|\phi_1||\phi_2|\cos\theta \quad , \qquad (4.69)$$

其中 $2|\phi_1||\phi_2|\cos\theta$ 為干射項。

如果有 n 個狹縫則為

$$\langle\chi|S\rangle = \langle\chi|1\rangle\langle1|S\rangle + \langle\chi|2\rangle\langle2|S\rangle + \cdots = \sum_{i=1}^{n} \langle\chi|i\rangle\langle i|S\rangle \ 。$$

$$(4.70)$$

[3] 量子力學第三項原理：

從狀態 $|S\rangle$ 到達狀態 $|\chi\rangle$ 的振幅是由狀態 $|\chi\rangle$ 到 $|S\rangle$ 的共軛複數，

即 $\qquad \langle\chi|S\rangle = \langle S|\chi\rangle^{*} ,$ $\qquad\qquad\qquad\qquad$ (4.71)

而機率為 $\qquad \langle\chi|S\rangle^{*}\langle\chi|S\rangle = \langle S|\chi\rangle\langle\chi|S\rangle = |\langle\chi|S\rangle|^{2} \ 。$ $\qquad$ (4.72)

4.4.2 量子力學的三個基本性質

現在我們說明三個有關本徵狀態的基本性質。

[1] 量子力學基本性質一：正交性（Orthogonality）：本徵狀態（Eigenstate）具有正交性質。

Hermitian 算符的本徵狀態函數互相正交（Orthogonal），

即若 $\qquad \hat{H}|i\rangle = E_i|i\rangle ,$ $\qquad\qquad\qquad\qquad\qquad$ (4.73)

則 $\qquad \langle i|j\rangle = \delta_{ij} ,$ $\qquad\qquad\qquad\qquad\qquad\qquad$ (4.74)

其中 δ_{ij} 為 Dirac 函數（Dirac function），定義如下

$$\delta_{ij} = \begin{cases} 1, \ \text{當} \ i = j \\ 0, \ \text{當} \ i \neq j \end{cases}, \tag{4.75}$$

即　　$\langle i | i \rangle = \langle j | j \rangle = 1$ ， $\qquad\qquad$ (4.76)

且　　$\langle i | j \rangle = 0$ 。 $\qquad\qquad$ (4.77)

證明如下。

假設　　$\begin{cases} \hat{H} | i \rangle = E_i | i \rangle \\ \hat{H} | j \rangle = E_j | j \rangle \end{cases}$ ， $\qquad\qquad$ (4.78)

則由　　$\langle i | \hat{H} | j \rangle = E_j \langle i | j \rangle = E_i \langle i | j \rangle$ ， $\qquad$ (4.79)

若 $i = j$ ，則　　$\langle i | j \rangle = \langle i | i \rangle = 1$ ； $\qquad$ (4.80)

若 $i \neq j$ ，則　　$\langle i | j \rangle = 0$ 。 $\qquad\qquad$ (4.81)

[2]　量子力學基本性質二：歸一性（Normalization）：波函數與其共軛函數乘積對全空間積分結果為 1，

即　　$\langle \psi(\vec{r}) | \psi(\vec{r}) \rangle = \int d^3\vec{r} \, \psi^*(\vec{r}) \psi(\vec{r}) = 1$ 。 $\qquad$ (4.82)

[3]　量子力學基本性質三：封閉性或完備性：若 $|i\rangle$ 為本徵狀態，

則　　$\sum_i | i \rangle \langle i | = 1$ 。 $\qquad\qquad$ (4.83)

　　本徵狀態的封閉性質對於量子力學的計算提供了很多的便利性，以下我們在列舉說明幾個關於本徵狀態的封閉性質的不同表示。

[3.1]　因爲　　$C_i = \langle i | \psi \rangle$　，　　　　　　　　　　　　　　　　　　（4.84）

　　　　所以　　$|\psi\rangle = \sum_i |i\rangle C_i = \sum_i |i\rangle\langle i|\psi\rangle$　，　　　　　　（4.85）

　　　　則　　　$\langle \phi | \psi \rangle = \sum_i \langle \phi | i \rangle\langle i | \psi \rangle$　，　　　　　　　（4.86）

　　　　即　　　$\sum_i |i\rangle\langle i| = 1$。　　　　　　　　　　　　　　　　　（4.87）

[3.2]　若在關係式 $\sum_i |i\rangle\langle i| = 1$ 的等號左右兩側「都用 $\langle\phi|$ 與 $|\psi\rangle$ 去夾」，

　　　　則　　　$\langle \phi | \psi \rangle = \sum_i \langle \phi | i \rangle\langle i | \psi \rangle$。　　　　　　　（4.88）

[3.3]　在 $\langle \phi | \psi \rangle$ 中，可以任意置入 $\sum_i |i\rangle\langle i| = 1$ 的關係式，

　　　　即　　　$\langle \phi | \psi \rangle = \langle \phi | \sum_i |i\rangle\langle i| |\psi \rangle$

　　　　　　　　　　　$= \sum_i \langle \phi | i \rangle\langle i | \psi \rangle$

　　　　　　　　　　　$= \sum_j \sum_i \langle \phi | j \rangle\langle j | i \rangle\langle i | \psi \rangle$

　　　　　　　　　　　$\vdots$。　　　　　　　　　　　　　　　　　（4.89）

4.4.3 幾個量子力學狀態向量的重要定理

　　以下我們簡單的說明，量子力學中，有關狀態向量的六個重要定理。

[1]　　狀態向量的定理一：若 $|\psi\rangle = \sum_i C_i |i\rangle$ ，則 $C_k = \langle k | \psi \rangle$。　（4.90）

　　　　因爲　　$|\psi\rangle = \sum_i C_i |i\rangle$ ，　　　　　　　　　　　　　（4.91）

所以　　$\langle k|\psi\rangle = \sum_i C_i \langle k|i\rangle = \sum_i C_i \delta_{ki} = C_k$，　　　　　　（4.92）

其中 $C_k = \langle k|\psi\rangle$ 為機率振幅，表示狀態向量 $|\psi\rangle$ 處於狀態向量 $|k\rangle$ 的機率振幅，所以狀態向量 $|\psi\rangle$ 處於狀態向量 $|k\rangle$ 的機率 P_k 為

$$P_k = |C_k|^2 = |\langle k|\psi\rangle|^2 \text{。}$$　　　　　　（4.93）

若已知波函數為 $|\psi\rangle = C_1|1\rangle + C_2|2\rangle$，則平均能量 $\langle E\rangle$ 可以「用波函數 $|\psi\rangle$ 及其共軛函數 $\langle\psi|$ 去夾」而得，

即　　$\langle E\rangle = \langle\psi|\hat{H}|\psi\rangle$

$= (C_1^*\langle 1| + C_2^*\langle 2|)(C_1 E_1|1\rangle + C_2 E_2|2\rangle)$

$= C_1^* C_1 E_1\langle 1|1\rangle + C_1^* C_2 E_2\langle 1|2\rangle + C_2^* C_1 E_1\langle 2|1\rangle + C_2^* C_2 E_2\langle 2|2\rangle$

$= |C_1|^2 E_1 + |C_2|^2 E_2$，　　　　　　（4.94）

所以期望值為　　　　$\langle E\rangle = |C_1|^2 E_1 + |C_2|^2 E_2 \text{。}$　　　（4.95）

[2]　狀態向量的定理二：一個可觀測的物理量 A 必有一微分運算符（Differential operator）$\hat{A}$ 與之對應。

由座標算符（Coordinate operator）　$\hat{x}|\psi\rangle = x|\psi\rangle$，　　　（4.96）

則可觀測到位置的平均值為　　　$\langle x\rangle = \langle\psi|\hat{x}|\psi\rangle$；　　　（4.97）

由動量算符（Momentum operator）　$\hat{p}|\psi\rangle = \dfrac{\hbar}{i}\nabla|\psi\rangle$，　　（4.98）

則可觀測到動量的平均值為　　　$\langle p\rangle = \langle\psi|\hat{p}|\psi\rangle$；　　　（4.99）

由能量算符（Energy operator）$\hat{H}|\psi\rangle = \left[\dfrac{-\hbar^2}{2m}\nabla^2 + V(r)\right]|\psi\rangle$ ，　（4.100）

則可觀測到能量的平均值爲 $\qquad\qquad \langle E\rangle = \langle\psi|\hat{H}|\psi\rangle$ 。　（4.101）

[3]　狀態向量的定理三：量子力學裡，任何狀態向量$|\psi\rangle$，都可用本徵態$|i\rangle$之線性組合構成。

由　　　$|\psi\rangle = \sum\limits_{i} C_i|i\rangle$ ，　　　　　　　　　　　（4.102）

則　　　$\langle\psi| = |\psi\rangle^* = \sum\limits_{i} C_i^*\langle i|$ ，　　　　　　　　（4.103）

其中 C_i 爲複數。

如果對狀態向量$|\psi\rangle$施以$\hat{A}$的操作，

則　　　$|\phi\rangle = \hat{A}|\psi\rangle = \sum\limits_{i} C_i\hat{A}|i\rangle$ 。　　　　　　　（4.104）

再進一步來看，

若　　$\langle k|\phi\rangle = \langle k|\hat{A}|\psi\rangle = \sum\limits_{i} C_i\langle k|\hat{A}|i\rangle = \sum\limits_{i} A_{ki} C_i$ ，　　　（4.105）

則可得算符$\hat{A}$的矩陣表示爲　　$A_{ki} \triangleq \langle k|\hat{A}|i\rangle$ 。

[4]　狀態向量的定理四：可觀測物理量所對應的算符必爲Hermitian或自伴的（Self-adjoint），即 $\langle i|\hat{A}|j\rangle^* = \langle j|\hat{A}^\dagger|i\rangle$ ，其中 $\hat{A} = \hat{A}^\dagger$ 。（4.106）Hermitian 矩陣（Hermitian matrix）的定義是矩陣的元素之間有 $A_{ij}^* = A_{ji}$ 的關係，

即 $\begin{bmatrix} a_{11} & a_{12} \\ a_{21} & a_{22} \end{bmatrix} = \begin{bmatrix} a_{11}^* & a_{21}^* \\ a_{12}^* & a_{22}^* \end{bmatrix}$。 　(4.107)

證明如下。

若假設 $\langle \psi | \hat{A} | \psi \rangle = \sum_i \sum_j \langle i | \hat{A} | j \rangle C_i^* C_j$， 　(4.108)

所以 $\langle \psi | \hat{A} | \psi \rangle^* = \sum_i \sum_j \langle i | \hat{A} | j \rangle^* C_i C_j^*$， 　(4.109)

又因為 $\langle \psi | \hat{A} | \psi \rangle = \sum_j \sum_i \langle j | \hat{A} | i \rangle C_j^* C_i$， 　(4.110)

所以 $\langle j | \hat{A} | i \rangle = \langle i | \hat{A} | j \rangle^*$， 　(4.111)

則 $A_{ji} = A_{ij}^*$， 　(4.112)

即 $\hat{A} = \hat{A}^\dagger$。得證。 　(4.113)

[5] 狀態向量的定理五：可觀測的物理量必為實數，就是因為 $\langle A \rangle = \langle \psi | \hat{A} | \psi \rangle = \langle \psi | A | \psi \rangle^*$，所以 $\langle A \rangle$ 為實數。

這個定理可以用另外一種方式敘述：「Hermitian 的本徵值必為實數」。也就是如果 $\hat{A} | \psi \rangle = \lambda | \psi \rangle$，則 λ 為實數。

說明如下。

因為可觀測的物理量（Physical observables），必有一 Hermitian 算符與之對應，則其本徵值為實數。

假設 $\hat{A} | \psi \rangle = \lambda | \psi \rangle$， 　(4.114)

則 $\langle \psi | \hat{A} | \psi \rangle = \lambda \langle \psi | \psi \rangle = \lambda$， 　(4.115)

所以 $\langle \psi | \hat{A}^* = \lambda^* \langle \psi |$， 　(4.116)

則　　　　$\langle \psi | \hat{A}^\dagger | \psi \rangle = \lambda^* \langle \psi | \psi \rangle = \lambda^*$ 。　　　　　　(4.117)

由　　　　$\hat{A} = \hat{A}^\dagger$,　　　　　　　　　　　(4.118)

則　　　　$\langle \psi | \hat{A} | \psi \rangle - \langle \psi | \hat{A}^\dagger | \psi \rangle = \langle \psi | \hat{A} - \hat{A}^\dagger | \psi \rangle = \lambda - \lambda^* = 0$,　(4.119)

所以　　$\lambda = \lambda^*$,　　　　　　　　　　　(4.120)

即 λ 爲實數。得證。

此外，其實我們也可以利用「Hermitian 矩陣的本徵值爲實數」的定理，也可以得到狀態向量定理四。證明如下。

假設　　　　$\langle \psi | \hat{A} | \psi \rangle = q$,　　　　　　　　(4.121)

則　　　　$\langle \psi | \hat{A} | \psi \rangle^* = \langle \psi | \hat{A}^\dagger | \psi \rangle = q^*$ 。　　　(4.122)

由 q 爲實數，則 $q = q^*$,

所以　　$\langle \psi | \hat{A} | \psi \rangle - \langle \psi | \hat{A}^\dagger | \psi \rangle = \langle \psi | \hat{A} - \hat{A}^\dagger | \psi \rangle = q - q^* = 0$,　(4.123)

得　　　$\hat{A} = \hat{A}^\dagger$ 。得証。　　　　　　　　　(4.124)

[6]　狀態向量的定理六：在位置空間（Coordinate space）對此物理量作期望值等於在動量空間（Momentum space）中的期望值，

即　　　$\langle A \rangle = \langle \psi(\vec{r}, t) | \hat{A} | \psi(\vec{r}, t) \rangle = \langle \phi(\vec{p}, t) | \hat{A} | \phi(\vec{p}, t) \rangle$,　(4.125)

其中 $\psi(\vec{r}, t) = \int \dfrac{d^3 \vec{p}}{(2\pi\hbar)^{\frac{3}{2}}} \phi(\vec{p}, t) e^{i\frac{\vec{p} \cdot \vec{r}}{\hbar}}$ 。

證明如下。

由 $\langle A \rangle = \int d^3 \vec{r} \, \psi^*(\vec{r}, t) A \psi(\vec{r}, t)$

$$= \int d^3 \vec{r} \frac{d^3 \vec{p}}{(2\pi\hbar)^{\frac{3}{2}}} \frac{d^3 \vec{p}'}{(2\pi\hbar)^{\frac{3}{2}}} \phi(\vec{p}, t) \hat{A} \phi(\vec{p}', t) e^{i \frac{(\vec{p}' - \vec{p}) \cdot \vec{r}}{\hbar}} , \quad (4.126)$$

且 $\delta(\vec{p}' - \vec{p}) \triangleq \int \frac{d^3 \vec{r}}{(2\pi\hbar)^{\frac{3}{2}}} e^{i(\vec{p}' - \vec{p}) \cdot \frac{\vec{r}}{\hbar}} , \quad (4.127)$

因為 $\langle A \rangle = \int d^3 \vec{p} \, d^3 \vec{p}' \phi^*(\vec{p}) \hat{A} \phi(\vec{p}') \delta(\vec{p}' - \vec{p})$

$$= \int d^3 \vec{p} \phi^*(\vec{p}) \hat{A} \phi(\vec{p}) = \langle \phi(\vec{p}) | \hat{A} | \phi(\vec{p}) \rangle \quad , \text{得證。}$$

$$(4.128)$$

所以如果在位置表示（Coordinate representation 或 Position representation 或 $\vec{r}$-representation）下，波函數為 $\langle \vec{r} | \psi \rangle = \psi(\vec{r})$，則機率為 $|\psi(\vec{r})|^2$；如果在動量表示（Momentum representation 或 $\vec{p}$-representation）下，波函數為 $\langle \vec{p} | \psi \rangle = \psi(\vec{p})$，則機率為 $|\psi(\vec{p})|^2$，由定理六可得 $|\psi(\vec{r})|^2 = |\psi(\vec{p})|^2$。

4.4.4 Schrödinger 方程式的矩陣型式

Schrödinger 方程式本來是二次偏微分方程式，但是也可以寫成矩陣形式，所以量子力學也被稱為矩陣力學（Matrix mechanics）。

由 $i\hbar \frac{\partial}{\partial t} | \psi \rangle = \hat{H} | \psi \rangle \quad , \quad (4.129)$

$$i\hbar \frac{\partial}{\partial t} \langle i | \psi \rangle = \langle i | \hat{H} | \psi \rangle$$

$$= \sum_k \langle i H | k \rangle C_k$$

$$= \sum_k H_{ik} C_k \text{ ,} \tag{4.130}$$

所以 $\qquad i\hbar \dfrac{\partial}{\partial t} C_i = \sum_k H_{ik} C_k \text{ ,} \tag{4.131}$

則 Schrödinger 方程式可以表示爲

$$i\hbar \frac{\partial}{\partial t} \begin{bmatrix} C_1 \\ C_2 \\ C_3 \end{bmatrix} = \begin{bmatrix} H_{11} & H_{12} & H_{13} \\ H_{21} & H_{22} & H_{23} \\ H_{31} & H_{32} & H_{33} \end{bmatrix} \begin{bmatrix} C_1 \\ C_2 \\ C_3 \end{bmatrix} \text{。} \tag{4.132}$$

若要對這種形式的 Schrödinger 方程式求解，必須先知道矩陣 H_{ij} 才能求出。

4.5　Hilbert 空間

基本上，量子力學是建立在 Hilbert 空間（Hilbert space）上的。然而什麼是 Hilbert 空間呢？

在量子力學系統中，我們可以用一個波函數來描述單一粒子的狀態（State），但是當系統越來越複雜，就有更複雜的狀態必須描述，一般而言，任何的量子力學的狀態都可以簡單的用一串數字來表示，這一串數字可以寫成一個向量（Vector），這個向量也被稱爲狀態向量（State vector）而量子力學的算符也就可以寫成一個矩陣，所以向量空間（Vector space）

和線性代數（Linear algebra）的觀念和計算在量子力學中，經常被拿出來討論。

　　以下我們將嘗試著一步一步的建立 Hilbert 空間的基本概念，雖然篇幅不大，但是透過這裡的說明應該可以對於 Hilbert 空間相關的各種定義與性質都有基本的理解。爲了瞭解波函數和狀態向量的關係我們可以先簡單的說明一下函數和向量的關係。

　　首先，我們可以將函數視爲向量的一種特殊型式。一個函數本質上就是把一組數字映射到另一組數字。這個基礎概念可以包含多變量函數，如圖 4.5 所示。

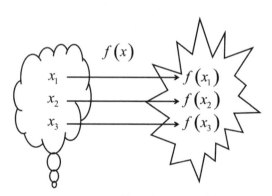

圖 4.5．函數的本質是映射

依據這樣的概念，我們可以把這些函數值列出來成爲一個向量，如圖 4.6 所示。這個向量當然就可以用 Dirac 符號來表示。

　　簡單來說，由這些向量所構成的向量空間就是 Hilbert 空間，又因爲這個向量中的「數字」還包含了複數，所以在 Hilbert 空間中和 Euclid 空間中的代數運算關係，最重要且最關鍵的「小差別」就在於內積的運算。

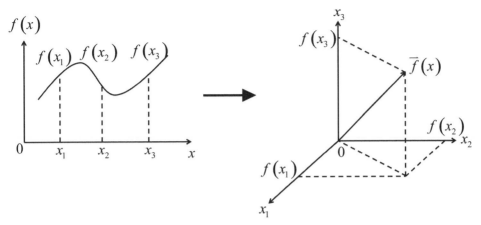

圖 4.6・函數與向量的關係

在 Euclid 空間中的 $\vec{a}$ 和 $\vec{b}$ 向量內積關係為：

$$\vec{a} \cdot \vec{b} = \vec{b} \cdot \vec{a} \text{。} \tag{4.133}$$

在 Hilbert 空間中的 $|f\rangle$ 和 $|g\rangle$ 向量內積關係為：

$$\langle g|f \rangle = \langle f|g \rangle^{*} \text{，} \tag{4.134}$$

以下就是 Euclid 空間和 Hilbert 空間的幾個運算規則。

[1]　交換律（Commutation）

在 Euclid 空間為　　　$\vec{a} + \vec{b} = \vec{b} + \vec{a}$；　　　　(4.135)

在 Hilbert 空間為　　　$|f\rangle + |g\rangle = |g\rangle + |f\rangle$　。　　　(4.136)

[2]　結合律（Association）

在 Euclid 空間為　　$\vec{a} + (\vec{b} + \vec{c}) = (\vec{a} + \vec{b}) + \vec{c}$ ；　　　　　　　（4.137）

在 Hilbert 空間為　　$|f\rangle + (|g\rangle + |h\rangle) = (|f\rangle + |g\rangle) + |h\rangle$ 。　（4.138）

[3]　線性關係

在 Euclid 空間為　　$c\,(\vec{a} + \vec{b}) = c\vec{a} + c\vec{b}$ ；　　　　　　　　（4.139）

在 Hilbert 空間為　　$c(|f\rangle + |g\rangle) = c|f\rangle + c|g\rangle$ ，　　　　　（4.140）

或

在 Euclid 空間為　　$\vec{a} \cdot (c\vec{b}) = c\,(\vec{a} \cdot \vec{b})$ ；　　　　　　　　（4.141）

在 Hilbert 空間為　　$\langle f|cg\rangle = c\,\langle f|g\rangle$ 。　　　　　　　（4.142）

[4]　疊加關係（Superposition）

在 Euclid 空間為　　$\vec{a} \cdot (\vec{b} + \vec{c}) = \vec{a} \cdot \vec{b} + \vec{a} \cdot \vec{c}$ ；　　　　　（4.143）

在 Hilbert 空間為　　$\langle f|(|g\rangle + |h\rangle) = \langle f|g\rangle + \langle f|h\rangle$ 。　（4.144）

[5]　範數（Norm）

所謂範數就是在幾何空間或 Euclid 空間（Euclidean space）中的長度（Length）或數論中的絕對值，即$|\vec{a}|^2 = \vec{a} \cdot \vec{a}$，但是在 Hilbert 空間中，則為$|f|^2 = \langle f|f\rangle$ 。

於是 Cauchy-Schwarz 不等式（Cauchy-Schwarz inequality）

在 Euclid 空間為 $\qquad |\vec{a} \cdot \vec{b}| \le |\vec{a}|^2 |\vec{b}|^2$; $\qquad\qquad$ （4.145）

在 Hilbert 空間為 $\qquad |\langle f|g\rangle|^2 \le \langle f|f\rangle\langle g|g\rangle$ 。 $\qquad$ （4.146）

三角不等式（Triangle inequality）

在 Euclid 空間為 $\qquad |\vec{a}+\vec{b}| \le |\vec{a}|+|\vec{b}|$; $\qquad\qquad$ （4.147）

在 Hilbert 空間為 $\sqrt{\langle f+g|f+g\rangle} \le \sqrt{\langle f|f\rangle} + \sqrt{\langle g|g\rangle}$ 。 （4.148）

綜合這些結果，如列表 4-3 所示。

表 4-3・Euclid 空間中和 Hilbert 空間中的代數運算關係

	Euclidean Space	Hilbert Space
Inner Product	$\vec{a} \cdot \vec{b} = \vec{b} \cdot \vec{a}$	$\langle g|f\rangle = \langle g|f\rangle^*$
Commutation	$\vec{a}+\vec{b}=\vec{b}+\vec{a}$	$|f\rangle + |g\rangle = |g\rangle + |f\rangle$
Association	$\vec{a} + (\vec{b}+\vec{c}) = (\vec{a}+\vec{b})+\vec{c}$	$|f\rangle + (|g\rangle + |h\rangle) = (|f\rangle + |g\rangle) + |h\rangle$
Linearity	$c(\vec{a}+\vec{b}) = c\vec{a}+c\vec{b}$	$c(|f\rangle + |g\rangle) = c|f\rangle + c|g'\rangle$
	$\vec{a} \cdot (c\vec{b}) = c(\vec{a} \cdot \vec{b})$	$\langle f|cg\rangle = c\langle f|g\rangle$
Superposition	$\vec{a} \cdot (\vec{b}+\vec{c}) = \vec{a} \cdot \vec{b} + \vec{a} \cdot \vec{c}$	$\langle f|(|g\rangle + |h\rangle) = \langle f|g\rangle + \langle f|h\rangle$
Norm	$|\vec{a}|^2 = \vec{a} \cdot \vec{a}$	$|f|^2 = \langle f|f\rangle$
Cauchy-Schwarz Inequality	$|\vec{a} \cdot \vec{b}| \le |\vec{a}|^2|\vec{b}|^2$	$|\langle f|g\rangle|^2 \le \langle f|f\rangle\langle g|g\rangle$
Triangle Inequality	$|\vec{a}+\vec{b}| \le |\vec{a}|+|\vec{b}|$	$\sqrt{\langle f+g|f+g\rangle} \le \sqrt{\langle f|f\rangle} + \sqrt{\langle g|g\rangle}$

4.6 Heisenberg 測不準原理

Heisenberg 所提出的測不準原理是支撐整個量子力學的最重要的支柱之一，在本節中，我們將作一個簡單的證明，並說明這個原理和 Cauchy-Schwarz 不等式的同義關係，最後還要介紹交換子（Commutator）的定義及其相關應用。

4.6.1 Heisenberg 測不準原理的證明

依機率學中標準差（Standard deviation）的定義，我們可得

$$
\begin{aligned}
(\Delta x)^2 &= \langle (x - \langle x \rangle)^2 \rangle \\
&= \langle x^2 - 2x \langle x \rangle + \langle x \rangle^2 \rangle \quad ,
\end{aligned}
\tag{4.149}
$$

因為 $\langle x \rangle$ 是一個常數，

所以　　　　$(\Delta x)^2 = \langle x^2 \rangle - \langle x \rangle^2 ,$　　　　　　　　　　　（4.150）

同理，　　　$(\Delta p)^2 = \langle p^2 \rangle - \langle p \rangle^2 ,$　　　　　　　　　　　（4.151）

則Heisenberg測不準原理告訴我們，可以從$[\hat{x}, \hat{p}] = i\hbar$ 的關係，得到 $\Delta x \Delta p \geq \dfrac{\hbar}{2}$，以下證明之。

假設$(\hat{Q} + i\lambda\hat{P})|\psi\rangle = k|\psi\rangle$，其中 $\hat{Q}$ 和 $\hat{P}$ 為算符；k 為本徵值；且 k 和 λ 都是實數。

因為
$$\langle \psi | k^2 | \psi \rangle = \langle \psi | (\hat{Q} - i\lambda\hat{P})(\hat{Q} + i\lambda\hat{P}) | \psi \rangle$$
$$= \langle \psi | \hat{Q}^2 | \psi \rangle + \langle \psi | i\lambda \, (\hat{Q}\hat{P} - \hat{P}\hat{Q}) | \psi \rangle + \lambda^2 \, \langle \psi | \hat{P}^2 | \psi \rangle \; ,$$

$$(4.152)$$

又
$$\langle \psi | k^2 | \psi \rangle = \langle k^2 \rangle \geq 0 \; , \tag{4.153}$$

所以
$$\lambda^2 \langle P^2 \rangle + \lambda \, \langle i[\hat{Q}, \, \hat{P}] \rangle + \langle Q^2 \rangle \geq 0 \; , \tag{4.154}$$

則
$$\left| \langle [\hat{Q}, \, \hat{P}] \rangle \right|^2 - 4\langle P^2 \rangle\langle Q^2 \rangle \leq 0 \; , \tag{4.155}$$

得
$$\langle P^2 \rangle\langle Q^2 \rangle \geq \frac{1}{4} \left| \langle [\hat{Q}, \, \hat{P}] \rangle \right|^2 \; 。 \tag{4.156}$$

假設與物理量 Δx 和 Δp 相對應的算符分別為 $\hat{Q}$ 和 $\hat{P}$ ，

即
$$\hat{Q} \rightarrow \Delta x \triangleq x - \langle x \rangle \; \; ; \tag{4.157}$$

$$\hat{P} \rightarrow \Delta p \triangleq p - \langle p \rangle \; \; , \tag{4.158}$$

或者可視為 Δx 及 Δp 分別是 $\hat{Q}$ 及 $\hat{P}$ 的本徵值，

即
$$\hat{P} | \psi \rangle = \Delta p | \psi \rangle \; \; ; \tag{4.159}$$

$$\hat{Q} | \psi \rangle = \Delta x | \psi \rangle \; \; , \tag{4.160}$$

又
$$[\hat{Q}, \, \hat{P}] = [\hat{x} - \langle x \rangle \, , \, \hat{p} - \langle p \rangle \,] = [\hat{x}, \, \hat{p}] = i\hbar \; , \tag{4.161}$$

則
$$\langle Q^2 \rangle\langle P^2 \rangle = \langle \psi | Q^2 | \psi \rangle\langle \psi | P^2 | \psi \rangle = (\Delta x)^2 (\Delta p)^2 \geq \frac{\hbar^2}{4} \; ,$$

$$(4.162)$$

得
$$\Delta x \Delta p \geq \frac{\hbar}{2} \; 。 \tag{4.163}$$

我們可以擴充這個結果，

若 $\qquad [\hat{A}, \hat{B}] = iC$, $\hspace{4cm}$ (4.164)

則 $\qquad \Delta A \Delta B \geq \dfrac{C}{2}$。 $\hspace{4cm}$ (4.165)

4.6.2 Cauchy Schwarz 不等式

Heisenberg 測不準原理還可以表示成另一種形式,

$$\langle \psi | \psi \rangle \langle \phi | \phi \rangle \geq | \langle \psi | \phi \rangle |^2 。 \hspace{3cm} (4.166)$$

這種形式也被稱爲「Cauchy Schwarz 不等式」。證明如下。

令 $|\xi\rangle = |\psi\rangle + \lambda|\phi\rangle$,其中 λ 爲複數,

所以 $\qquad \langle \xi | \xi \rangle = (\langle \psi | + \lambda^* \langle \phi |)(|\psi\rangle + \lambda|\phi\rangle))$

$$= \langle \psi | \psi \rangle + \lambda^* \langle \phi | \psi \rangle + \lambda \langle \psi | \phi \rangle + |\lambda|^2 \langle \phi | \phi \rangle \geq 0 ,$$

$$(4.167)$$

爲配合所求,故令 $\quad \lambda = -\dfrac{\langle \phi | \psi \rangle}{\langle \phi | \phi \rangle} \quad$ 及 $\quad \lambda^* = -\dfrac{\langle \psi | \phi \rangle}{\langle \phi | \phi \rangle}$,

所以 $\qquad \langle \psi | \psi \rangle \langle \phi | \phi \rangle \geq |\langle \psi | \phi \rangle|^2$,得證。 $\hspace{2cm}$ (4.168)

我們可以把這個不等式和一般中學所學的結合起來。

設
$$|\psi\rangle = a_1|\psi_1\rangle + a_2|\psi_2\rangle + a_3|\psi_3\rangle = a_1\begin{bmatrix}1\\0\\0\end{bmatrix} + a_2\begin{bmatrix}0\\1\\0\end{bmatrix} + a_3\begin{bmatrix}0\\0\\1\end{bmatrix} ;$$

$$(4.169)$$

且
$$|\phi\rangle = b_1|\phi_1\rangle + b_2|\phi_2\rangle + b_3|\phi_3\rangle = b_1\begin{bmatrix}1\\0\\0\end{bmatrix} + b_2\begin{bmatrix}0\\1\\0\end{bmatrix} + b_3\begin{bmatrix}0\\0\\1\end{bmatrix} ,$$

$$(4.170)$$

所以
$$\langle\psi|\psi\rangle = \begin{bmatrix}a_1 & 0 & 0\end{bmatrix}\begin{bmatrix}a_1\\0\\0\end{bmatrix} + \begin{bmatrix}0 & a_2 & 0\end{bmatrix}\begin{bmatrix}0\\a_2\\0\end{bmatrix} + \begin{bmatrix}0 & 0 & a_3\end{bmatrix}\begin{bmatrix}0\\0\\a_3\end{bmatrix}$$

$$= a_1^2 + a_2^2 + a_3^2 , \qquad\qquad (4.171)$$

同理
$$\langle\phi|\phi\rangle = b_1^2 + b_2^2 + b_3^2 , \qquad\qquad (4.172)$$

而
$$\langle\psi|\phi\rangle = a_1b_1 + a_2b_2 + a_3b_3 , \qquad\qquad (4.173)$$

得
$$\langle\psi|\psi\rangle\langle\phi|\phi\rangle = (a_1^2 + a_2^2 + a_3^2)(b_1^2 + b_2^2 + b_3^2) \geq a_1b_1 + a_2b_2 + a_3b_3$$

$$= |\langle\psi|\phi\rangle|^2 \text{。} \qquad\qquad (4.174)$$

所以 Heisenberg 測不準原理和 Cauchy Schwarz 不等式是同義的。

4.6.3 有關 Heisenberg 測不準原理的應用

首先說明交換子的定義：算符 $\hat{A}$ 和算符 $\hat{B}$ 的交換子的定義符號爲

$$[\hat{A}, \hat{B}] \triangleq \hat{A}\hat{B} - \hat{B}\hat{A} \text{。} \qquad\qquad (4.175)$$

當然也有反交換子（Anticommutator），定義爲 $\{\hat{A}, \hat{B}\} = \hat{A}\hat{B} + \hat{B}\hat{A}$，但是超

出本書所設定的範圍了。

根據這個定義，所以產生出兩個交換子的定理如下：

交換子的定理一：$[\hat{A}\hat{B}, \hat{C}] = \hat{A}[\hat{B}, \hat{C}] + [\hat{A}, \hat{C}]\hat{B}$。 （4.176）

證明： $[\hat{A}\hat{B}, \hat{C}] = \hat{A}\hat{B}\hat{C} - \hat{C}\hat{A}\hat{B}$

$$= \hat{A}\hat{B}\hat{C} - \hat{A}\hat{C}\hat{B} + \hat{A}\hat{C}\hat{B} + \hat{C}\hat{A}\hat{B}$$

$$= \hat{A}[\hat{B}\hat{C} - \hat{C}\hat{B}] + [\hat{A}\hat{C} - \hat{C}\hat{A}]\hat{B}$$

$$= \hat{A}[\hat{B}, \hat{C}] + [\hat{A}, \hat{C}]\hat{B}。$$ （4.177）

交換子的定理二：$[\hat{A}^n, \hat{B}] = \hat{A}[\hat{A}^{n-1}, \hat{B}] + [\hat{A}, \hat{B}]A^{n-1}$。 （4.178）

證明： $[\hat{A}^n, \hat{B}] = \hat{A}^n\hat{B} - \hat{B}^n\hat{A}$

$$= \hat{A}^n\hat{B} - \hat{A}^{n-1}\hat{B}\hat{A} + \hat{A}^{n-1}\hat{B}\hat{A} - \hat{B}\hat{A}^n$$

$$= \hat{A}^{n-1}(\hat{A}\hat{B} - \hat{B}\hat{A}) + (\hat{A}^{n-1}\hat{B} - \hat{B}\hat{A}^{n-1})\hat{A}$$

$$= \hat{A}^{n-1}[\hat{A}, \hat{B}] + [\hat{A}^{n-1}, \hat{B}]\hat{A}。$$ （4.179）

現在我們可以用交換子解釋 Heisenberg 測不準原理。

若 $[\hat{A}, \hat{B}] = 0$，則 $\hat{A}\hat{B} = \hat{B}\hat{A}$ 表示 $\hat{A}$ 和 $\hat{B}$ 可對易交換，其物理意義為 $\hat{A}, \hat{B}$ 二物理量可以同時測量；反之，當交換子的值不為零，即 $[\hat{A}, \hat{B}] \neq 0$，則 $\hat{A}\hat{B} \neq \hat{B}\hat{A}$ 表示 $\hat{A}$ 和 $\hat{B}$ 不可對易交換，例如：由 $[\hat{x}, \hat{p}] = i\hbar$，則其物理意義為位置 x 和動量 p 無法同時測量；由 $[H, t] = i\hbar$，則其物理意義為能量 H 和時間 t 無法同時測量，說明如下。

[1] 證明位置 x 和動量 p 無法同時量測。

由 $\hat{p}\hat{x}|\psi\rangle = \dfrac{\hbar}{i}\dfrac{d}{dx}x|\psi\rangle$

$$= \dfrac{\hbar}{i}|\psi\rangle + x\dfrac{\hbar}{i}\dfrac{d}{dx}|\psi\rangle$$

$$= \frac{\hbar}{i}|\psi\rangle + \hat{x}\hat{p}|\psi\rangle \quad , \tag{4.180}$$

因為　　$[\hat{A}, \hat{B}] \triangleq \hat{A}\hat{B} - \hat{B}\hat{A}$ ， $\tag{4.181}$

所以　　$\hat{x}\hat{p}|\psi\rangle - \hat{p}\hat{x}|\psi\rangle = [\hat{x}, \hat{p}]|\psi\rangle = i\hbar|\psi\rangle$ ， $\tag{4.182}$

則　　$\langle\psi|[\hat{x}, \hat{p}]|\psi\rangle = i\hbar\langle\psi|\psi\rangle = i\hbar$ ， $\tag{4.183}$

可得　　$[\hat{x}, \hat{p}] = i\hbar I$ ， $\tag{4.184}$

其中 I 表示單位矩陣，

則　　$\Delta x \Delta p \geq \dfrac{\hbar}{2}$ ， $\tag{4.185}$

其物理意義為「$\hat{x}$ 和 $\hat{p}$ 兩者不可同時量度」。

[2]　證明能量 H 和時間 t 無法同時量測。

由　　$\hat{H}\hat{t}|\psi\rangle = i\hbar\dfrac{\partial}{\partial t}t|\psi\rangle$

$\qquad\qquad = i\hbar|\psi\rangle + ti\hbar\dfrac{\partial}{\partial t}|\psi\rangle$

$\qquad\qquad = i\hbar|\psi\rangle + \hat{t}\hat{H}|\psi\rangle \quad , \tag{4.186}$

所以　　$[\hat{H}, \hat{t}] = i\hbar$ ， $\tag{4.187}$

則　　$\Delta H \Delta t \geq \dfrac{\hbar}{2}$ 。 $\tag{4.188}$

[3]　能量 H 和動量 p 無法同時測量。

$$[\hat{H}, \hat{p}] = \hat{H}\hat{p} - \hat{p}\hat{H}$$

$$= \left[\frac{p^2}{2m} + V(r), p\right]$$

$$= \left[\frac{\widehat{p}^2}{2m}, \widehat{p} \right] + [\widehat{V}(r), \widehat{p}]$$

$$= 0 + [\widehat{V}(r), \widehat{p}] \, , \tag{4.189}$$

因為 $\quad [\hat{r}, \widehat{p}] = i\hbar \, , \tag{4.190}$

所以 $\quad [\widehat{H}, \widehat{p}] = [\widehat{V}(r), \widehat{p}] \neq 0 \, 。 \tag{4.191}$

[4] 能量 H 和位置 x 無法同時量測。

$$[\widehat{H}, \hat{x}]|\psi\rangle = \left[\frac{-\hbar^2}{2m} \frac{d^2}{dx^2} + \widehat{V}(r), \hat{x} \right]|\psi\rangle$$

$$= \frac{-\hbar^2}{2m} \left[\frac{d^2}{dx^2} x|\psi\rangle - x\frac{d^2}{dx^2}|\psi\rangle \right] \, , 因為 \, [\widehat{V}(r), \hat{x}] = 0 \, ,$$

$$= \frac{-\hbar^2}{2m} \left[\frac{d}{dx}|\psi\rangle + \frac{d}{dx}|\psi\rangle + x\frac{d^2}{dx^2}|\psi\rangle - x\frac{d^2}{dx^2}|\psi\rangle \right]$$

$$= \frac{-\hbar^2}{2m} \frac{d}{dx}|\psi\rangle$$

$$= \frac{\hbar}{im}\widehat{p}|\psi\rangle \neq 0 \, 。 \tag{4.192}$$

[5] 位置函數 $f(x)$ 和動量 p 無法同時測量。

由 $\quad [\widehat{f}(x), \widehat{p}]|\psi\rangle = \widehat{f}(x)\frac{\hbar}{i}\frac{d}{dx}|\psi\rangle - \frac{\hbar}{i}\frac{d}{dx}f(x)|\psi\rangle$

$$= \widehat{f}(x)\widehat{p}|\psi\rangle - \frac{\hbar}{i}f'(x)|\psi\rangle - f(x)p|\psi\rangle$$

$$= i\hbar f'(x)|\psi\rangle \, , \tag{4.193}$$

所以 $\quad [\widehat{f}(x), \widehat{p}] = i\hbar f'(x) \neq 0 \, 。 \tag{4.194}$

4.7 特殊位能的 Schrödinger 方程式

　　當 Schrödinger 建立了 Schrödinger 方程式之後，接下來 Schrödinger 發表了幾篇論文來「教」大家如何使用這個無與倫比的 Schrödinger 方程式。這一節，我們將引用 Schrödinger 所發表的兩篇論文中的例子作爲說明，最好能把 Schrödinger 的原論文找出來看，一定會有全然不同的感受。

　　在數學上，求解 Schrödinger 方程式基本上是隸屬微分方程式的邊界值問題（Boundary-value problems），但是，爲了能使焦點能集中在量子化的結果，而非解題的過程，所以我們也把解題的步驟「量子化」了。步驟如下。

[1]　定出區域。因爲位能的形式是特殊的，所以才可以劃分區域。一般而言，同一個區域的位能 V 是保持不變的。

[2]　寫出每一個區域的 Schrödinger 方程式。因爲每一個區域的位能都不同，所以每一個區域的 Schrödinger 方程式就可能不同。

[3]　寫出每一個區域的 Schrödinger 方程式的解。因爲粒子的能量和位能的大小關係不同，所以 Schrödinger 方程式的解也不同。

　　基本上，特殊位能的 Schrödinger 方程式的解有二種基本型態：束縛態（Bound states）和散射態（Scattering states），說明如下：

　　由一維的 Schrödinger 方程式爲 $-\dfrac{\hbar^2}{2m}\dfrac{d^2\phi}{dx^2}+V\phi=E\phi$，其中 ϕ 爲本徵函數；V 爲位能；E 爲粒子的能量；m 爲粒子的質量；$\hbar$ 爲 Planck 常數。移項整理後爲 $\dfrac{d^2\phi}{dx^2}+\dfrac{2m}{\hbar^2}(E-V)\phi=0$。

　　令 $k^2=\left|\dfrac{2m}{\hbar^2}(E-V)\right|$，所以 Schrödinger 方程式爲 $\dfrac{d^2\phi}{dx^2}+k^2\phi=0$，則

[3.1] 若本徵函數 $\phi(x)$ 呈束縛態，例如：粒子陷入位能阱中，則本徵函數 $\phi(x)$ 可設為 $\phi(x) = A\cos(kx) + B\sin(kx)$，這是一個駐波（Standing wave）的型態。

[3.2] 若本徵函數 $\phi(x)$ 呈散射態，且若粒子的能量 E 大於位能 V，即 $E-V>0$，例如：粒子沿著位能飛行，則本徵函數 $\phi(x)$ 可設為 $\phi(x) = Ae^{ikx}$，這是一個行進波（Traveling wave）的型態；若粒子的能量 E 小於位能 V，即 $E-V<0$，例如：粒子穿透入位能障，則本徵函數 $\phi(x)$ 可設為 $\phi(x) = Ae^{-kx}$，其中的負號表示衰減，這是一個衰減波（Attenuation wave）的型態。

[4] 邊界條件。因為穩定狀態的 Schrödinger 方程式是一個在位置空間的二次偏微分方程式，所以如果我們知道在位置空間中的某一個位置上的波函數的數值以及波函數的一次微分的數值，則這個二次偏微分方程式就一定是可以被積分的，也就是 Schrödinger 方程式就一定可以找出解答。當然，這裡有兩個非常重要的條件。第一個條件是在位置空間中的每一個點，波函數都必須只有單一個數值（Single valued）而且是有限的（Finite）。這個將確保波函數是唯一的（Unique）、是有限的、是連續的（Continuous），如果我們賦予波函數的意義是機率波，則這個條件就更清楚了：機率是唯一的、機率是有限的、機率是連續的。第二個條件是是在位置空間中的每一個點，波函數的梯度是連續的這個條件將確保機率流是連續的。

我們可以將求解 Schrödinger 方程式的邊界條件簡單的再細分成以下三種情況。

[4.1] 一般的邊界條件：如果位能在邊界位置 x_0 是有限的不連續，則本徵函數 $\phi(x_0)$ 和其一次微分 $\phi'(x_0)$ 在 x_0 處必須要連續，即 $\phi(x_0)$ 和 $\phi'(x_0)$

在邊界是連續的函數，

即 $\quad \phi_I(x_0) = \phi_{II}(x_0)$ ；   （4.195）

且 $\quad \dfrac{1}{m_I^*} \dfrac{\partial}{\partial x} \phi_I(x_0) = \dfrac{1}{m_{II}^*} \dfrac{\partial}{\partial x} \phi_{II}(x_0)$ ，   （4.196）

其中 $\phi_I(x_0)$ 和 $\phi_{II}(x_0)$ 為分別為粒子在邊界兩側 I 和 II 的本徵函數；m_I^* 和 m_{II}^* 為分別為粒子在邊界兩側 I 和 II 的等效質量。

[4.2] 束縛狀態邊界條件：如果粒子的能量遠小於位能，或者說得極端一點，位能是無限大的或是無限高的或是無限深的，則在邊界 x_0 處的本徵函數 $\phi(x_0)$ 為零，

即 $\quad \phi(x_0) = 0$ 。   （4.197）

[4.3] 週期性邊界條件：在有一些週期性位能的情況下，例如晶體的週期性位能就是最有代表性的，本徵函數 $\phi(x)$ 也會是週期性的，

即 $\quad \phi(x+L) = \phi(x)$ ，   （4.198）

其中 L 為本徵函數的空間週期。

[5] 把波函數歸一化（Normalization）。因為是機率振幅，所以需要對波函數歸一化。對於初學者特別要小心，在考試的時候，這個歸一化的步驟最容易被忘記。

以下我們將基本上依循這五個步驟，說明幾個特殊位能的 Schrödinger

方程式的「解」，包含：三維無限高位能（Infinite potential）、步階位能（Step potential）、位能障（Barrier potential）、方井位能（Square well potential）。實際上，可以求出 Schrödinger 方程式的解析解（Analytical solutions）的位能形式非常有限，以下只有三維無限深位能的 Schrödinger 方程式可以求出波函數，其餘的位能形式就只求到能量方程式（Energy equations），用數值解表示了。

4.7.1 三維無限高位能

若粒子的能量為 E 陷在邊長 L 的立方體中，其位能為 $V(x,y,z) = \begin{cases} 0, 0 \le x,y,z \le L \\ \infty, otherwise \end{cases}$，如圖 4.7 所示，則我們可以求出量子化的能量 E_n 以及本徵函數的解析解 $\psi(x,y,z)$。

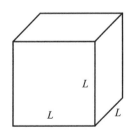

圖 4.7．三維無限高位能

因為粒子的能量 E_n、位能 $V(x,y,z)$ 以及本徵函數 $\psi(x,y,z)$ 中的 x、y、z 三個變數可以分離，即 $E_n = E_x + E_y + E_z$、$V(x,y,z) = V(x) + V(y) + V(z)$ 和 $\psi(x,y,z) = \psi(x)\psi(y)\psi(z)$，所以我們先分析一維的量子化的能量 E_x 以及本徵函數 $\psi(x)$，再延伸到三維的情況。

在一維無限高位能阱中粒子的能量爲 E_x 和本徵函數爲 $\psi(x)$，且位能 $V(x)$ 爲 $V(x) = \begin{cases} 0, 0 \le x \le L \\ \infty, otherwise \end{cases}$，如圖 4.8 所示。

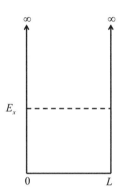

圖 4.8・粒子在一維無限高位能阱

由 Schrödinger 方程式爲 $-\dfrac{\hbar^2}{2m}\dfrac{d^2\psi(x)}{dx^2} + V(x)\,\psi(x) = E_x\psi(x)$， （4.199）

代入 $V(x) = 0$，

則 　　　　　$\dfrac{d^2\psi(x)}{dx^2} + \dfrac{2mE_x}{\hbar^2}\psi(x) = 0$。 （4.200）

令 $k_x^2 = \dfrac{2mE_x}{\hbar^2}$，且因爲粒子陷入位能中，則本徵函數 $\psi(x)$ 爲束縛態，所以可設爲

$$\psi(x) = A\sin(k_x x) + B\cos(k_x x)。$$ （4.201）

由邊界條件可得

由 $\qquad \psi(0) = A\sin(k_x 0) + B\cos(k_x 0) = B = 0 = 0$，則 $B = 0$ ；$\qquad$（4.202）

由 $\qquad \psi(L) = A\sin(k_x L) = 0$，則 $k_x = \dfrac{n_x \pi}{L}$ 。

所以本徵函數 $\psi(x)$ 為 $\quad \psi(x) = A\sin(k_x x) = A\sin\left(\dfrac{n_x \pi}{L}x\right)$，$\qquad$（4.203）

則因歸一化的條件 $\quad \langle \psi(x)|\psi(x)\rangle = \int_0^L A^2 \sin^2\left(\dfrac{n_x \pi}{L}x\right)dx$

$$\underset{\sin^2\theta = \frac{1}{2}(1-\cos 2\theta)}{=} \frac{A^2}{2}\int_0^L \left[1 - \cos\left(\frac{2n_x \pi}{L}x\right)\right]dx$$

$$= \frac{A^2}{2}\left[x - \frac{L}{2n_x\pi}\sin\left(\frac{2n_x \pi}{L}x\right)\right]\Bigg|_0^L$$

$$= \frac{A^2}{2}\left\{L - \frac{L}{2n_x\pi}\left[\sin\left(\frac{2n_x \pi}{L}x\right) - \sin\left(\frac{2n_x \pi}{L}0\right)\right]\right\}$$

$$= \frac{A^2 L}{2} = 1 \qquad （4.204）$$

可得歸一化常數 $\qquad A = \sqrt{\dfrac{2}{L}}$ 。$\qquad$（4.205）

綜合以上的結果，則一維 x 方向的量子化的能量 E_x 為

$$E_x = \frac{\hbar^2}{2m}k_x^2 = \frac{1}{2m}\left(\frac{\hbar\pi}{L}\right)^2 n_x^2 ，\qquad （4.206）$$

其中 $n_x = 1, 2, 3, \cdots$ 為量子數。和第三章的結果相同。

本徵函數 $\psi(x)$ 為

$$\psi(x) = \sqrt{\frac{2}{L}} \sin\left(\frac{n_x \pi}{L} x\right), \tag{4.207}$$

其中 $\sqrt{\frac{2}{L}}$ 是歸一化的結果。

現在要把一維的結果直接推廣到三維的情況，如前所述，粒子的能量 E_n 爲 $E_n = E_x + E_y + E_z$；位能 $V(x, y, z)$ 爲 $V(x, y, z) = V(x) + V(y) + V(z)$；本徵函數 $\psi(x, y, z)$ 爲 $\psi(x, y, z) = \psi(x)\psi(y)\psi(z)$。

所以 Schrödinger 方程式可以表示爲

$$\nabla^2 \psi(x, y, z) + \frac{2m}{\hbar^2}[E - V(x, y, z)]\psi(x, y, z) = 0, \tag{4.208}$$

或
$$\left(\frac{\partial^2}{\partial x^2} + \frac{\partial^2}{\partial y^2} + \frac{\partial^2}{\partial z^2}\right)\psi(x, y, z) + \frac{2m}{\hbar^2}[E - V(x, y, z)]\psi(x, y, z) = 0,$$
$$\tag{4.209}$$

則沿 x、y、z 軸的本徵函數分別爲

$$\begin{cases} \dfrac{d^2\psi(x)}{dx^2} + \dfrac{2m}{\hbar^2}[E_x - V(x)]\psi(x) = 0 \\[2mm] \dfrac{d^2\psi(y)}{dy^2} + \dfrac{2m}{\hbar^2}[E_y - V(y)]\psi(y) = 0, \\[2mm] \dfrac{d^2\psi(z)}{dz^2} + \dfrac{2m}{\hbar^2}[E_z - V(z)]\psi(z) = 0 \end{cases} \tag{4.210}$$

則粒子的 x、y、z 三個本徵能量的分量分別爲 $E_x = \dfrac{1}{2m}\left(\dfrac{\pi\hbar}{L}\right)^2 n_x^2$；$E_y = \dfrac{1}{2m}\left(\dfrac{\pi\hbar}{L}\right)^2 n_y^2$；$E_z = \dfrac{1}{2m}\left(\dfrac{\pi\hbar}{L}\right)^2 n_z^2$；本徵函數的 x、y、z 三個分量分別爲

$$\psi(x) = \sqrt{\frac{2}{L}} \sin\left(\frac{n_x \pi x}{L}\right) \; ; \; \psi(y) = \sqrt{\frac{2}{L}} \sin\left(\frac{n_y \pi y}{L}\right) \; ; \; \psi(z) = \sqrt{\frac{2}{L}} \sin\left(\frac{n_z \pi z}{L}\right) 。$$

所以量子化能量爲　　$E_n = E_x + E_y + E_z = \dfrac{\hbar^2}{2m}\left(\dfrac{\pi}{L}\right)^2 (n_x^2 + n_y^2 + n_z^2)$ ，　　（4.211）

歸一化的本徵函數爲

$$\psi(x, y, z) = \psi(x)\psi(y)\psi(z) = \left(\frac{2}{L}\right)^{\frac{3}{2}} \sin\left(\frac{n_x \pi x}{L}\right) \sin\left(\frac{n_y \pi y}{L}\right) \sin\left(\frac{n_z \pi z}{L}\right) ,$$

（4.212）

其中 $n_x, n_y, n_z = 1, 2, 3, \cdots$。

4.7.2 步階位能

如果有一個步階位能的形式爲 $V(x) = \begin{cases} 0, & as\, x \le 0 \\ V_0, & as\, x > 0 \end{cases}$，如圖 4.9 所示，當能量爲 E 的粒子由左側入射進來，則因爲粒子的能量 E 相對於步階位能 V_0 的大小不同，所以量子過程也不同，我們將分成兩個部份作分析。

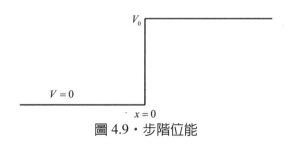

圖 4.9・步階位能

4.7.2.1 粒子的能量小於步階位能

若粒子的能量 E 小於步階位能 V_0，即 $E < V_0$，則我們可以把位能分成兩個區域：Region I 和 Region II，如圖 4.10 所示。

Region I 的位能為零，即 $V(x) = 0$，所以 Schrödinger 方程式可寫為

$$\frac{d^2 \psi_I(x)}{dx^2} + \frac{2mE}{\hbar^2} \psi_I(x) = 0 ，\tag{4.213}$$

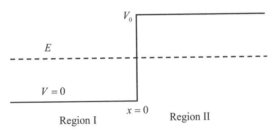

圖 4.10・粒子的能量小於步階位能

其中 $\psi_I(x)$ 為 Region I 的本徵函數。

令 $k^2 = \dfrac{2mE}{\hbar^2}$，則因為在一個 de Broglie 波長距離中，位能 $V(x)$ 有一個突然的變化，所以會產生反射的量子效應；或者也可以說，只要波數（Wave number）不同，就會有反射現象；或者更簡單的說，只要有界面，就會有反射現象。所以，Region I 的本徵函數 $\psi_I(x)$ 是由入射的散射態 $\psi_{入射}(x) = e^{ikx}$ 和反射的散射態 $\psi_{反射}(x) = Re^{-ikx}$ 所構成的，

即　　　　$\psi_I(x) = \psi_{入射}(x) + \psi_{反射}(x) = e^{ikx} + Re^{-ikx} ，\tag{4.214}$

其中反射的散射態 $\psi_{反射}(x) = Re^{-ikx}$ 的指數部分的負號是因為反射波的方向

和入射方向相反。

Region II 的位能為 V_0，即 $V(x) = V_0$，所以 Schrödinger 方程式可寫為

$$\frac{d^2 \psi_{II}(x)}{dx^2} + \frac{2m}{\hbar^2}(E - V_0)\psi_{II}(x) = 0 , \tag{4.215}$$

其中 $\psi_{II}(x)$ 為 Region II 的本徵函數。

令 $q^2 = \frac{2m}{\hbar^2}(V_0 - E)$，則 Region II 的本徵函數 $\psi_{II}(x)$ 應該是由 Region I 穿透過來的散射波 $\psi_{透射}(x) = Te^{-qx}$ 以及發生在 Region II 和宇宙邊緣的界面上的反射波 $\psi_{反射}(x)$ 所構成的，顯然基本上，因為這個透射波 $\psi_{透射}(x) = Te^{-qx}$ 一直向右前進，沒有再遇到界面，或者，在宇宙邊緣發生反射之後，再回來的波是趨近於零的，即 $\psi_{反射}(x) \cong 0$，所以 Region II 的本徵函數 $\psi_{II}(x)$ 只有一項 $\psi_{透射}(x) = Te^{-qx}$，

即 $$\psi_{II}(x) = \psi_{透射}(x) = Te^{-qx} , \tag{4.216}$$

其中指數部分的負號是因為粒子的能量 E 小於步階位能 V_0，所以是一個衰減波。

由邊界條件，在 $\psi(0)$ 連續且在 $\psi'(0)$ 連續，

即 $$\psi_I(0) = 1 + R = \psi_{II}(0) = T ; \tag{4.217}$$

且 $$\frac{d}{dx}\psi_I(0) = ik(1 - R) = \frac{d}{dx}\psi_{II}(0) = -qT , \tag{4.218}$$

則可解得 $$R = \frac{k - iq}{k + iq} ; \tag{4.219}$$

$$T = \frac{2k}{k + iq} 。 \tag{4.220}$$

在古典力學裡當粒子總能量 E 大於位能 V_0，粒子不反射，但在量子力學裡，粒子有反射的現象。在古典力學中，若粒子總能 E 小於位能 V_0，則不可能在 $x>0$ 區域找到粒子，但是由於測不準原理能量的不準度 $\Delta E \cong V_0 - E$，所以我們不能再說粒子的總能 E 一定小於位能 V_0，所以當 x 增加時，還有找到粒子的機率。

4.7.2.2 粒子的能量大於步階位能

若粒子的能量 E 大於步階位能 V_0，即 $E > V_0$，則我們可以把位能分成兩個區域：Region I 和 Region II，如圖 4.11 所示。

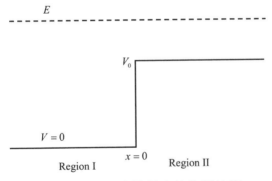

圖 4.11・粒子的能量大於步階位能

Region I 的位能為零，即 $V(x)=0$，所以 Schrödinger 方程式可寫為

$$\frac{d^2\psi_I(x)}{dx^2} + \frac{2mE}{\hbar^2}\psi_I(x) = 0 ，\tag{4.221}$$

其中 $\psi_I(x)$ 為 Region I 的本徵函數。

令 $k^2 = \dfrac{2mE}{\hbar^2}$，如 4.7.2.1 所述，因為在一個 de Broglie 波長距離中，位

能 $V(x)$ 有一個突然的變化,所以會產生反射的量子效應;或者也可以說,只要波數不同,就會有反射現象;或者更簡單的說,在量子力學中,即使粒子總能量 E 大於位能 V_0,只要有界面,就還是會有反射現象。所以,Region I 的本徵函數 $\psi_I(x)$ 是由入射的散射態 $\psi_{入射}(x) = e^{ikx}$ 和反射的散射態 $\psi_{反射}(x) = Re^{-ikx}$ 所構成的,

即 $$\psi_I(x) = \psi_{入射}(x) + \psi_{反射}(x) = e^{ikx} + Re^{-ikx} ,\qquad (4.222)$$

其中反射的散射態 $\psi_{反射}(x) = Re^{-ikx}$ 的指數部分的負號是因為反射波的方向和入射方向相反。

Region II 的位能為 V_0,即 $V(x) = V_0$,所以 Schrödinger 方程式可寫為

$$\frac{d^2\psi_{II}(x)}{dx^2} + \frac{2m}{\hbar^2}(E - V_0)\psi_{II}(x) = 0 ,\qquad (4.223)$$

其中 $\psi_{II}(x)$ 為 Region II 的本徵函數。

令 $q^2 = \dfrac{2m}{\hbar^2}(E - V_0)$,則因為粒子的能量 E 大於步階位能 V_0,所以由 Region I 穿透過來的散射波 $\psi_{透射}(x)$ 是一個行進波 Te^{iqx},且如 4.7.2.1 所述,Region II 的本徵函數 $\psi_{II}(x)$ 應該是由 Region I 穿透過來的散射波 $\psi_{透射}(x) = Te^{iqx}$ 以及發生在 Region II 和宇宙邊緣的界面上的反射波 $\psi_{反射}(x)$ 所構成的,顯然基本上,因為這個透射波 $\psi_{透射}(x) = Te^{iqx}$ 一直向右前進,沒有再遇到界面,或者,在宇宙邊緣發生反射之後,再回來的波是趨近於零的,即 $\psi_{反射}(x) \cong 0$,所以 Region II 的本徵函數 $\psi_{II}(x)$ 只有一項 $\psi_{透射}(x) = Te^{iqx}$,

即 $\qquad \psi_{II}(x) = \psi_{透射}(x) = Te^{iqx}$ 。 $\qquad$ (4.224)

由邊界條件，即 $\psi(0)$ 要連續且 $\psi'(0)$ 要連續，

則 $\qquad \psi_I(0) = 1 + R = \psi_{II}(0) = T$ ； $\qquad$ (4.225)

且 $\qquad \dfrac{d}{dx}\psi_I(0) = ik(1-R) = \dfrac{d}{dx}\psi_{II}(0) = iqT$ ， $\qquad$ (4.226)

則可解得 $\qquad R = \dfrac{k-q}{k+q}$ ； $\qquad$ (4.227)

$\qquad\qquad T = \dfrac{2k}{k+q}$ 。 $\qquad$ (4.228)

粒子在 Region I 和 Region II 運動的速度是不同的，分別為 v_1 和 v_2，則

粒子在 Region I 的運動速度為 $v_1 = \dfrac{p_1}{m} = \dfrac{\hbar k}{m} = \dfrac{\sqrt{2mE}}{m} = \sqrt{\dfrac{2E}{m}}$ ； $\qquad$ (4.229)

粒子在 Region II 的運動速度為 $v_2 = \dfrac{p_2}{m} = \dfrac{\hbar q}{m} = \dfrac{\sqrt{2m(E-V_0)}}{m} = \sqrt{\dfrac{2(E-V_0)}{m}}$ 。

$\qquad$ (4.230)

此外，因為反射係數為反射機率流與入射機率流的比值；透射係數為透射機率流與入射機率流的比值，所以可得

反射係數 $= \dfrac{反射機率流}{入射機率流} = \dfrac{v_1\psi_r^*\psi_r}{v_1\psi_i^*\psi_i} = |R|^2 = \left(\dfrac{k-q}{k+q}\right)^2$ ； $\qquad$ (4.231)

且 $\quad$ 透射係數 $= \dfrac{透射機率流}{入射機率流} = \dfrac{v_2\psi_r^*\psi_r}{v_1\psi_i^*\psi_i} = \dfrac{V_2}{V_1}|T|^2 = \dfrac{q}{k}\dfrac{4k^2}{(k+q)^2}$ ， $\qquad$ (4.232)

又 $\quad$ 反射係數 + 透射係數 $= 1$ 。 $\qquad$ (4.233)

4.7.3 位能障

如果有一個位能障的形式為 $V(x) = \begin{cases} V_0, & as\ 0 \leq x \leq a \\ 0, & otherwise \end{cases}$，如圖 4.12 所示，當能量為 E 的粒子由左側入射進來，則因為粒子的能量 E 相對於位能障 V_0 的大小不同，所以量子過程也不同，我們將分成兩個部份作分析。

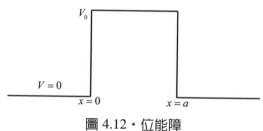

圖 4.12・位能障

4.7.3.1 粒子的能量小於位能障

若粒子的能量 E 小於位能障 V_0，即 $E < V_0$，則我們可以把位能分成三個區域：Region I、Region II 和 Region III，如圖 4.13 所示。

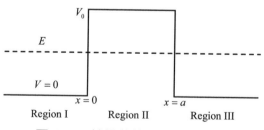

圖 4.13・粒子的能量小於位能障

Region I 的位能為零，即 $V(x) = 0$，所以 Schrödinger 方程式可寫為

$$\frac{d^2\psi_I(x)}{dx^2} + \frac{2mE}{\hbar^2}\psi_I(x) = 0 \text{ ，} \tag{4.234}$$

其中 $\psi_I(x)$ 爲 Region I 的本徵函數。

令 $k^2 = \dfrac{2mE}{\hbar^2}$，如 4.7.2.1 和 4.7.2.2 所述，因爲在一個 de Broglie 波長距離中，位能 $V(x)$ 有一個突然的變化，所以會產生反射的量子效應；或者也可以說，只要波數不同，就會有反射現象；或者更簡單的說，只要有界面，就會有反射現象。所以，Region I 的本徵函數 $\psi_I(x)$ 是由入射的散射態 $\psi_{入射}(x) = e^{ikx}$ 和反射的散射態 $\psi_{反射}(x) = Re^{-ikx}$ 所構成的，

即 $$\psi_I(x) = \psi_{入射}(x) + \psi_{反射}(x) = e^{ikx} + Re^{-ikx} \text{ ，} \tag{4.235}$$

其中反射的散射態 $\psi_{反射}(x) = Re^{-ikx}$ 的指數部分的負號是因爲反射波的方向和入射方向相反。

Region II 的位能爲 V_0，即 $V(x) = V_0$，所以 Schrödinger 方程式可寫爲

$$\frac{d^2\psi_{II}(x)}{dx^2} + \frac{2m}{\hbar^2}(E - V_0)\psi_{II}(x) = 0 \text{ ，} \tag{4.236}$$

其中 $\psi_{II}(x)$ 爲 Region II 的本徵函數。

令 $q^2 = \dfrac{2m}{\hbar^2}(V_0 - E)$，因爲粒子的能量 E 小於位能障 V_0，所以 Region II 的本徵函數 $\psi_{II}(x)$ 是一個衰減波，而且是由 Region I 透射過來的散射波 $\psi_{透射}(x) = Ae^{-qx}$ 和發生在 Region II 和 Region III 界面的反射散 $\psi_{反射}(x) = Be^{qx}$ 射態所構成的，

即 $\qquad \psi_{II}(x) = \psi_{透射}(x) + \psi_{反射}(x) = Ae^{-qx} + Be^{qx}$， $\qquad$ （4.237）

其中因爲反射波的方向和透射波的方向相反，反射的散射態 $\psi_{反射}(x) = Be^{qx}$ 的指數部分即使是正號，還是代表衰減。

Region III 的位能爲零，即 $V(x) = 0$，所以 Schrödinger 方程式可寫爲

$$\frac{d^2\psi_{III}(x)}{dx^2} + \frac{2mE}{\hbar^2}\psi_{III}(x) = 0 ，$$ （4.238）

其中 $\psi_{III}(x)$ 爲 Region III 的本徵函數。

令 $k^2 = \dfrac{2mE}{\hbar^2}$，這是因爲 Region III 的 Schrödinger 方程式和 Region I 的 Schrödinger 方程式相同，所以我們採用和 Region I 相同的符號，且因爲 Region III 的位能爲零，所以由 Region II 穿透過來的散射波 $\psi_{透射}(x)$ 是一個行進波 Te^{ikx}。此外，Region III 的本徵函數 $\psi_{III}(x)$ 應該是由 Region II 穿透過來的散射波 $\psi_{透射}(x) = Te^{ikx}$ 以及發生在 Region III 和宇宙邊緣的界面上的反射波 $\psi_{反射}(x)$ 所構成的，顯然基本上，因爲這個透射波 $\psi_{透射}(x) = Te^{ikx}$ 一直向右前進，沒有再遇到界面，或者，在宇宙邊緣發生反射之後，再回來的機率波是趨近於零的，所以 Region III 的本徵函數 $\psi_{III}(x)$ 只有一項 $\psi_{透射}(x) = Te^{ikx}$，

即 $\qquad \psi_{III}(x) = \psi_{透射}(x) = Te^{ikx}$ 。 $\qquad$ （4.239）

由邊界條件，在 Region I 和 Region II 的界面上，$\psi(0)$ 要連續且 $\psi'(0)$ 要連續，

則 $\qquad \psi_I(0) = 1 + R = \psi_{II}(0) = A + B$ ； $\qquad$ （4.240）

且 $\qquad \dfrac{d}{dx}\psi_I(0)=ik\,(1-R)=\dfrac{d}{dx}\psi_{II}(0)=q\,(-A+B)$ ， （4.241）

所以 $\qquad A=\dfrac{1}{2}\left[\left(1-\dfrac{ik}{q}\right)+\left(1+\dfrac{ik}{q}\right)R\right]$ ； （4.242）

且 $\qquad B=\dfrac{1}{2}\left[\left(1+\dfrac{ik}{q}\right)+\left(1-\dfrac{ik}{q}\right)R\right]$ 。 （4.243）

在 Region II 和 Region III 的界面上，也必須滿足 $\psi(a)$ 連續；$\psi'(a)$ 連續的邊界條件，

則 $\qquad \psi_{II}(a)=Ae^{-qa}+Be^{qa}=\psi_{III}(a)=Te^{ika}$ ； （4.244）

且 $\qquad \dfrac{d}{dx}\psi_{II}(a)=q\,(-Ae^{-qa}+Be^{qa})=\dfrac{d}{dx}\psi_{III}(a)=ikTe^{ika}$ ， （4.245）

所以 $\qquad A=\dfrac{T}{2}\left(1-\dfrac{ik}{q}\right)e^{ika+qa}$ ； （4.246）

且 $\qquad B=\dfrac{T}{2}\left(1+\dfrac{ik}{q}\right)e^{ika-qa}$ 。 （4.247）

由滿足邊界條件所建立的方程式恰好有四個，所以數學上當然可以解出 T、R、A、B 四個未知參數，但是，基於實證科學的精神，因為 A 和 B 是在位能障裡面的參數，我們是不易量測的或甚至於是量測不到的，而且在科學與技術的應用上，由粒子源穿透過位能障的部份是我們所重視的，所以我們以下將會消去 A 和 B，並把 T 求出來。

經過整理可得 $\quad \left(1-\dfrac{ik}{q}\right)(Te^{ika-qa}-1)=\left(1+\dfrac{ik}{q}\right)R$ ； （4.248）

且 $\qquad \left(1+\dfrac{ik}{q}\right)(Te^{ika-qa}-1)=\left(1-\dfrac{ik}{q}\right)R$ ， （4.249）

相除得 $\qquad \dfrac{Te^{ika+qa}-1}{Te^{ika-qa}-1}=\dfrac{\left(1+\dfrac{ik}{q}\right)^2}{\left(1-\dfrac{ik}{q}\right)^2}$ ， （4.250）

則
$$Te^{ika}\left[\left(1-\frac{ik}{q}\right)^2 e^{qa}-\left(1+\frac{ik}{q}\right)^2 e^{-qa}\right]=\left(1-\frac{ik}{q}\right)^2-\left(1+\frac{ik}{q}\right)^2 ,$$
$$(4.251)$$

則
$$Te^{ika}\left[(e^{qa}-e^{-qa})-\frac{2ik}{q}(e^{qa}+e^{-qa})-\frac{k^2}{q^2}(e^{qa}-e^{-qa})\right]=\frac{-4ik}{q} ,$$
$$(4.252)$$

則
$$2Te^{ika}\left[\left(1-\frac{k^2}{q^2}\right)\sinh(qa)-\frac{2ik}{q}\cosh(qa)\right]=\frac{-4ik}{q} , \qquad (4.253)$$

所以
$$T=\frac{\dfrac{2ik/q}{\dfrac{2ik}{q}\cosh(qa)-\left(1-\dfrac{k^2}{q^2}\right)\sinh(qa)}}e^{-ika}$$
$$=\frac{2ikq}{2ikq\cosh(qa)-(q^2-k^2)\sinh(qa)}e^{-ika} 。 \qquad (4.254)$$

因爲
$$\cosh^2(x)-\sinh^2(x)=1 , \qquad (4.255)$$

所以可得透射係數$=\dfrac{v_1\psi_i^*\psi_i}{v_1}=|T|^2=\dfrac{4k^2q^2}{(q^2+k^2)^2\sinh^2(qa)+4k^2q^2} 。 \qquad (4.256)$

4.7.3.2 粒子的能量大於位能障

若粒子的能量 E 大於位能障 V_0，即 $E>V_0$，則我們可以把位能分成三個區域：Region I、Region II 和 Region III，如圖 4.14 所示。

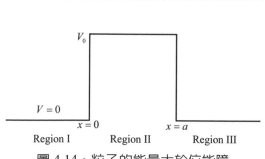

圖 4.14 · 粒子的能量大於位能障

基本上，我們可以依循著 4.7.3.1 的步驟來作分析與計算，但是，因爲
Region I and III 都與粒子的能量 E 小於位能障 V_0 的情況相同，惟有 Region
II 的情況不同，所以只需要作變數轉換，就可以求得透射係數。

因爲 Region II 的位能爲 V_0，即 $V(x) = V_0$，所以 Schrödinger 方程式可
寫爲

$$\frac{d^2\psi_{II}(x)}{dx^2} + \frac{2m}{\hbar^2}(E - V_0)\,\psi_{II}(x) = 0，\qquad（4.257）$$

其中 $\psi_{II}(x)$ 爲 Region II 的本徵函數。

令 Region II 的 $\underline{q}^2 = \frac{2m(E - V_0)}{\hbar^2}$；且本徵函數爲 $\psi_{II}(x) = Ae^{i\underline{q}x} + Be^{-i\underline{q}x}$，和
4.7.3.1 中 Region II 的 q 比較之後可得知 q 和 $\underline{q}$ 的關係爲 $q = i\underline{q}$。

把 $q = i\underline{q}$ 直接代入（4.255）可得

$$|T|^2 = \frac{-4k^2\underline{q}^2}{(-\underline{q}^2 + k^2)^2[-\sin^2(\underline{q}a)] - 4\underline{q}^2k^2} = \frac{-4k^2\underline{q}^2}{(-\underline{q}^2 + k^2)^2\sin^2(\underline{q}a) + 4\underline{q}^2k^2}。$$

$$（4.258）$$

仔細看一下這個結果會發現，當 $\underline{q}a = n\pi$ 時，則 $|T|^2 = 1$，也就是粒子沒
有反射，全部透射；當 $\underline{q}a \neq n\pi$ 時，則 $|T|^2 < 1$，也就是粒子部分反射或部分
透射，所以，量子力學告訴我們：「如果在粒子的能量大於位能障的情況
下，會形成不連續的透射或反射」，這個現象被稱爲 Ramsauer 效應（Ram-
sauer effect），如圖 4.15 所示，古典力學沒有這樣的現象，因爲古典力學
認爲粒子的能量高於位能，所以粒子一定可以越過這個位能，絕對不會產

生反射現象，這是由於在 $x=0$ 至 $x=a$ 的位能障區域內發生的反射所造成的建設性干擾之故。

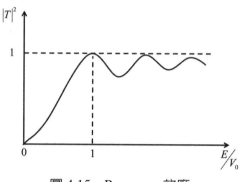

圖 4.15・Ramsauer 效應

4.7.4 方井位能

方井位能又稱為位能阱（Potential well），如果有一個位能阱的形式為 $V(x)\begin{cases}0, \ as \ 0 \le x \le a \\ V_0, \ otherwise\end{cases}$，如圖 4.16 所示，當能量為 E 的粒子由左側入射進來，則因為粒子的能量 E 相對於位能阱 V_0 的大小不同，所以量子過程也不同，我們將分成兩個部份作分析。

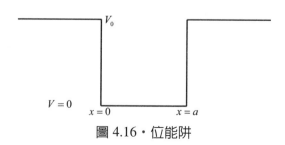

圖 4.16・位能阱

4.7.4.1 粒子的能量小於方井位能

若粒子的能量 E 小於位能阱 V_0，即 $E < V_0$，如圖 4.17 所示，則位能阱可將粒子束縛在空間的某些限定的區域，例如：中子撞擊原子核、電子或電洞被侷限在半導體異質阱結構中。

我們可以把位能分成三個區域：Region I、Region II 和 Region III，如圖 4.17 所示。

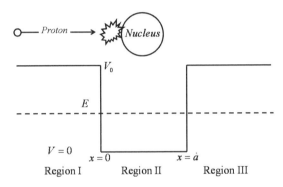

圖 4.17・粒子的能量小於位能阱

Region I 的位能為 V_0，即 $V(x) = V_0$，所以 Schrödinger 方程式可寫為

$$\frac{d^2\omega_I(x)}{dx^2} + \frac{2m}{\hbar^2}(E - V_0)\psi_I(x) = 0 , \qquad (4.259)$$

其中 $\psi_I(x)$ 為 Region I 的本徵函數。

令 $q^2 = \frac{2m}{\hbar^2}(V_0 - E)$，因為粒子的能量 E 小於位能障 V_0，所以 Region I 的本徵函數 $\psi_I(x)$ 是一個衰減波，即 $\psi_I(x) = Ce^{qx}$，其中因為 $x < 0$，所以 e^{qx} 仍表示衰減。而且，如前所述，這個本徵函數 $\psi_I(x)$ 是一直向左延伸的，沒有遇到界面，或者，在宇宙邊緣發生反射之後，再回來的機率波是趨近於

零的，所以 Region I 的本徵函數 $\psi_I(x)$ 就是 $\psi_I(x) = Ce^{qx}$，

Region II 的位能為零，即 $V(x) = 0$，所以 Schrödinger 方程式可寫為

$$\frac{d^2\omega_{II}(x)}{dx^2} + \frac{2mE}{\hbar^2}\psi_{II}(x) = 0 ，\tag{4.260}$$

其中 $\psi_{II}(x)$ 為 Region II 的本徵函數。

令 $k^2 = \dfrac{2mE}{\hbar^2}$，且因為粒子陷入位能中，則 Region II 的本徵函數 $\psi_{II}(x)$ 為束縛態，所以本徵函數可設為駐波的型態，

即 $\qquad \psi_{II}(x) = A\cos(kx) + B\sin(kx)。\tag{4.261}$

Region III 的位能為 V_0，即 $V(x) = V_0$，所以 Schrödinger 方程式可寫為

$$\frac{d^2\omega_{III}(x)}{dx^2} + \frac{2m}{\hbar^2}(E - V_0)\psi_{III}(x) = 0 ，\tag{4.262}$$

其中 $\psi_{III}(x)$ 為 Region III 的本徵函數。

因為 Region III 和 Region I 是對稱的，所以令 $q^2 = \dfrac{2m}{\hbar^2}(V_0 - E)$，則 Region III 的本徵函數為 $\psi_{III}(x) = De^{-qx}$。令 $q^2 = \dfrac{2m}{\hbar^2}(V_0 - E)$，因為粒子的能量 E 小於位能障 V_0，所以 Region III 的本徵函數 $\psi_{III}(x)$ 是一個從 Region II 穿透過來的衰減波，即 $\psi_{III}(x) = De^{-qx}$。而且，如前所述，這個本徵函數 $\psi_{III}(x)$ 是一直向右延伸的，沒有遇到界面，或者，在宇宙邊緣發生反射之後，再回來的機率波是趨近於零的，所以 Region III 的本徵函數 $\psi_{III}(x)$ 就是 $\psi_{III}(x) = De^{-qx}$，

由邊界條件，在 Region I 和 Region II 的界面上，$\psi(0)$ 要連續且 $\psi'(0)$ 要連續，

則 $\qquad\psi_I(0) = C = \psi_{II}(0) = A$；$\qquad\qquad\qquad$ （4.263）

且 $\qquad\dfrac{d}{dx}\psi_I(0) = qC = \dfrac{d}{dx}\psi_{II}(0) = kB$，$\qquad\quad$ （4.264）

所以 $\qquad B = \dfrac{q}{k}A$，$\qquad\qquad\qquad\qquad$ （4.265）

在 Region II 和 Region III 的界面上，也必須滿足 $\psi(a)$ 連續；$\psi'(a)$ 連續的邊界條件，

則 $\qquad\psi_{II}(a) = A\cos{(ka)} + B\sin{(ka)} = \psi_{III}(a) = De^{-qa}$；$\quad$ （4.266）

且 $\qquad\dfrac{d}{dx}\psi_{II}(a) = -kA\sin{(ka)} + kB\cos{(ka)}$

$\qquad\qquad\qquad = \dfrac{d}{dz}\psi_{III}(0) = -qDe^{-qa}$，$\qquad\qquad$ （4.267）

兩式相除可得 $\qquad\dfrac{A\cos{(ka)} + B\sin{(ka)}}{-kA\sin{(ka)} + kB\cos{(ka)}} = \dfrac{-1}{q}$，$\qquad$ （4.268）

所以能量方程式為 $\qquad\left(\dfrac{k}{q} - \dfrac{q}{k}\right)\tan{(ka)} = 2$。$\qquad$ （4.269）

或 $\qquad\qquad\qquad\tan\left(\dfrac{ka}{2}\right) = \dfrac{q}{k}$ $\qquad\qquad$ （4.270）

4.7.4.2　粒子的能量大於方井位能

若粒子由左入射至右，且粒子的能量 E 大於位能障 V_0，即 $E > V_0$，則我們可以把位能分成三個區域：Region I、Region II 和 Region III，如圖 4.18 所示。

Region I 的位能為 V_0，即 $V(x) = V_0$，所以 Schrödinger 方程式可寫為

$$\frac{d^2\psi_I(x)}{dx^2} + \frac{2m}{\hbar^2}\,(E - V_0)\,\psi_I(x) = 0 \; , \tag{4.271}$$

其中 $\psi_I(x)$ 爲 Region I 的本徵函數。

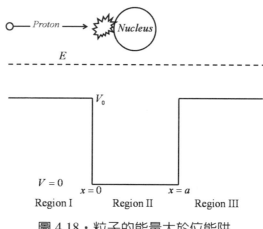

圖 4.18・粒子的能量大於位能阱

令 $q^2 = \dfrac{2m}{\hbar^2}\,(E - V_0)$，如前所述，因爲在一個 de Broglie 波長距離中，位能 $V(x)$ 有一個突然的變化，所以會產生反射的量子效應；或者也可以說，只要波數不同，就會有反射現象；或者更簡單的說，在量子力學中，即使粒子總能量 E 大於位能 V_0，只要有界面，就還是會有反射現象。所以，Region I 的本徵函數 $\psi_I(x)$ 是由入射的散射態 $\psi_{入射}(x) = e^{iqx}$ 和反射的散射態 $\psi_{反射}(x) = Re^{-iqx}$ 所構成的，

即 $\qquad\qquad \psi_I(x) = \psi_{入射}(x) + \psi_{反射}(x) = e^{iqx} + Re^{-iqx} \; , \tag{4.272}$

其中反射的散射態 $\psi_{反射}(x) = Re^{-iqx}$ 的指數部分的負號是因爲反射波的方向和入射方向相反。

Region II 的位能為零，即 $V(x)=0$，所以 Schrödinger 方程式可寫為

$$\frac{d^2\psi_{II}(x)}{dx^2}+\frac{2mE}{\hbar^2}\psi_{II}(x)=0 \text{，} \tag{4.273}$$

其中 $\psi_{II}(x)$ 為 Region II 的本徵函數。

令 $k^2=\frac{2mE}{\hbar^2}$，因為 Region II 的位能為零，所以 Region II 的本徵函數 $\psi_{II}(x)$ 是一個行進波，而且是由 Region I 透射過來的散射波 Ae^{ikx} 和發生在 Region II 和 Region III 界面的反射散射態 Be^{-ikx} 所構成的，在古典力學裡，粒子能量大於位能時，並不會反射，但在量子力學裡，粒子能量大於位能仍有被反射的機率，

即 $$\psi_{II}(x)=Ae^{ikx}+Be^{-ikx} \text{。} \tag{4.274}$$

Region III 的位能為 V_0，即 $V(x)=V_0$，所以 Schrödinger 方程式可寫為

$$\frac{d^2\psi_{III}(x)}{dx^2}+\frac{2m}{\hbar^2}(E-V_0)\psi_{III}(x)=0 \text{，} \tag{4.275}$$

其中 $\psi_{III}(x)$ 為 Region III 的本徵函數。

令 $q^2=\frac{2m}{\hbar^2}(E-V_0)$，這是因為 Region III 的 Schrödinger 方程式和 Region I 的 Schrödinger 方程式相同，所以我們採用和 Region I 相同的符號，且粒子的能量 E 大於位能障 V_0，所以由 Region II 穿透過來的散射波 $\psi_{透射}(x)$ 是一個行進波 Te^{iqx}。此外，如前所述，Region III 的本徵函數 $\psi_{III}(x)$ 應該是由 Region II 穿透過來的散射波 $\psi_{透射}(x)=Te^{iqx}$ 以及發生在 Region III 和宇宙

邊緣的界面上的反射波 $\psi_{反射}(x)$ 所構成的，顯然基本上，因為這個透射波 $\psi_{透射}(x) = Te^{iqx}$ 一直向右前進，沒有再遇到界面，或者，在宇宙邊緣發生反射之後，再回來的機率波是趨近於零的，所以 Region III 的本徵函數 $\psi_{III}(x)$ 只有一項 $\psi_{透射}(x) = Te^{iqx}$。

由邊界條件，在 Region I 和 Region II 的界面上，$\psi(0)$ 要連續且 $\psi'(0)$ 要連續，

則
$$\psi_I(0) = 1 + R = \psi_{II}(0) = A + B \; ; \tag{4.276}$$

且
$$\frac{d}{dx}\psi_I(0) = iq(1 - R) = \frac{d}{dx}\psi_{II}(0) = ik\,(A - B) \, , \tag{4.277}$$

則
$$A = \frac{1}{2}\left[\left(1 + \frac{q}{k}\right) - \left(1 - \frac{q}{k}\right)R\right] \; ; \tag{4.278}$$

$$B = \frac{1}{2}\left[\left(1 - \frac{q}{k}\right) + \left(1 + \frac{q}{k}\right)R\right] \, , \tag{4.279}$$

在 Region II 和 Region III 的界面上，也必須滿足 $\psi(a)$ 連續；$\psi'(a)$ 連續的邊界條件，

則
$$\psi_{II}(a) = Ae^{ika} + Be^{-ika} = \psi_{III}(a) = Te^{iqa} \; ; \tag{4.280}$$

且
$$\frac{d}{dx}\psi_{II}(a) = ik\,(Ae^{ika} - Be^{-ika}) = \frac{d}{dx}\psi_{III}(0) = iqTe^{iqa} \, , \tag{4.281}$$

則
$$A = \frac{T}{2}\left(1 + \frac{q}{k}\right)e^{i(q-k)a} \; ; \tag{4.282}$$

且
$$B = \frac{T}{2}\left(1 - \frac{q}{k}\right)e^{i(q+k)a} \, 。 \tag{4.283}$$

其實，稍微比較一下就可以知道，這個情況和 4.7.3.2 是相似的，只要作變數轉換，即 $q \rightarrow k$ 和 $k \rightarrow q$，計算結果和（4.257）是相同的，所以可求

得透射係數$|T|^2$為

$$|T|^2 = \frac{4q^2k^2}{(q^2-k^2)^2 \sin^2(ka) + 4q^2k^2} \text{。}$$

（4.284）

4.8　三個典型的特殊位能

當粒子被不同的位能所侷限，則量子化能量的型態也就不同，比較典型的三個位能形式為：無限位能井（Infinite potential well）、簡諧振盪子（Simple harmonic oscillator）、Coulomb 位能（Coulomb potential）或中心力場（Central force field），而其所對應的量子化能量差距ΔE與量子數n的關係，列表 4-4 如下。

表 4-4・位能與量子化能量的關係

位能形式	能量與量子數	圖示	譜線
Infinite Potential Well	$\langle E \rangle \propto n^2$	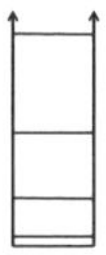	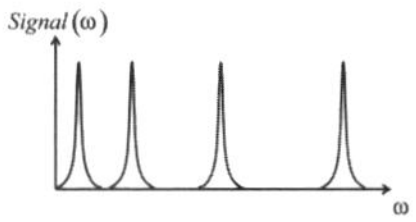
Simple Harmonic Oscillator	$\langle E \rangle = \left(n + \dfrac{1}{2}\right)\hbar\omega$	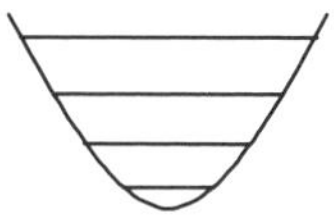	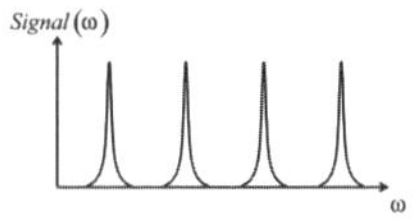
Coulomb Potential	$\langle E \rangle \propto \dfrac{1}{n^2}$	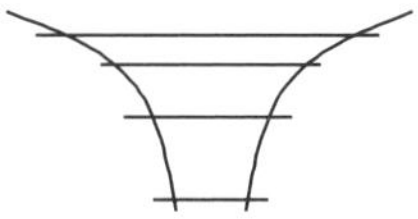	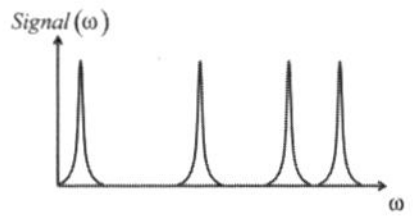

我們可以由表 4-4 很明顯的知道：簡諧振盪子的量子化能量之間的能量差距是相等的，所以能量的譜線是等距的；無限位能井量子化能量之間的能量差距是隨量子數增加而增加的，所以能量的譜線是能量越大，差距也越大；反之，Coulomb 位能量子化能量之間的能量差距是隨量子數增加而減少的，所以能量的譜線是能量越大，差距也越小。根據這些結果，我們就可以在實驗的分析上作初步的判斷粒子所處的為能型態為何。

以下簡單的說明當粒子處在這三個典型的位能中，其能量量子化的結果。

4.8.1 無限位能井

若電子在圖 4.19 所示的無限位能井中，即 $V(x) = \begin{cases} 0, \ as \ 0 < x < a \\ \infty, \ otherwise \end{cases}$，則我們可以討論：

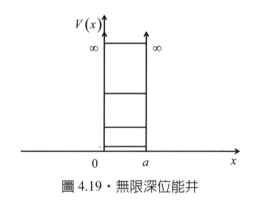

圖 4.19・無限深位能井

[1]　由 Schrödinger 方程式得出量子化能量 $E_n = \dfrac{\hbar^2}{2m}\left(\dfrac{n\pi}{a}\right)^2$。

[2]　描述粒子運動的波函數為 $\psi(x) = \sqrt{\dfrac{2}{a}} \sin\left(\dfrac{n\pi}{a} x\right)$。

[3]　電子平均出現的位置為 $\langle x \rangle = \dfrac{a}{2}$。

[4]　平均動量為 $\langle p \rangle = 0$。

[5]　平均能量為 $\langle E \rangle = \dfrac{\hbar^2}{2m}\left(\dfrac{n\pi}{a}\right)^2$。

討論如下。

[1]　首先寫出與時間獨立的 Schrödinger 方程式，

由　　　　$-\dfrac{\hbar^2}{2m}\dfrac{d^2\psi}{dx^2} + V(x)\,\psi = E\psi$，　　　　　（4.285）

且位能為零 $V(x) = 0$，

則　　　　$\dfrac{d^2\psi}{dx^2} + \dfrac{2m}{\hbar^2} E\psi = 0$，　　　　　（4.286）

令　　　　$k^2 = \dfrac{2m}{\hbar^2}E$，且　　$\psi(x) = A\sin(kx)$，　　　（4.287）

又邊界條件為　　$\psi(0) = \psi(a) = 0$，　　　　　　（4.288）

所以　　　　　　$k = \dfrac{n\pi}{a}$，　　　　　　　　　（4.289）

則　　　　　　　$k^2 = \left(\dfrac{n\pi}{a}\right)^2 = \dfrac{2mE}{\hbar^2}$，　　　　（4.290）

得量子化能量為　　　　　　$E_n = \dfrac{\hbar^2}{2m}\left(\dfrac{n\pi}{a}\right)^2$。　　（4.291）

[2]　以歸一化條件求 A 值，由[1]的結果，

$$\psi(x) = A\sin(kx) = A\sin\left(\dfrac{n\pi}{a} x\right),$$　　　　（4.292）

則因

$$\langle \psi(x) | \psi(x) \rangle = \int_0^a A^2 \sin^2\left(\frac{n\pi}{a}x\right)dx$$

$$\underset{\sin^2\theta = \frac{1}{2}(1 - \cos 2\theta)}{=} \frac{A^2}{2}\int_0^a \left[1 - \cos\left(\frac{2n\pi}{a}x\right)\right]dx$$

$$= \frac{A^2}{2}\left[x - \frac{a}{2n\pi}\sin\left(\frac{2n\pi}{a}x\right)\right]\Big|_0^a$$

$$= \frac{A^2}{2}\left\{a - \frac{a}{2n\pi}\left[\sin\left(\frac{2n\pi}{a}a\right) - \sin\left(\frac{2n\pi}{a}0\right)\right]\right\}$$

$$= A^2\frac{a}{2} = 1 \tag{4.293}$$

得

$$A = \sqrt{\frac{2}{a}}, \tag{4.294}$$

所以波函數爲

$$\psi(x) = \sqrt{\frac{2}{a}}\sin\left(\frac{n\pi}{a}x\right)。 \tag{4.295}$$

[3]　電子平均出現的位置，就是位置 x 的期望值 $\langle x \rangle$ 爲

$$\langle x \rangle = \langle \psi | x | \psi \rangle = \int_0^a \left[\sqrt{\frac{2}{a}}\sin\left(\frac{n\pi}{a}x\right)\right]^2 x \, dx$$

$$= \frac{2}{a}\int_0^a \left[\frac{1 - \cos\left(\frac{2n\pi}{a}x\right)}{2}\right]x \, dx$$

$$= \frac{2}{a}\frac{x^2}{4}\Big|_0^a - \frac{1}{a}\int_0^a x\cos\left(\frac{2n\pi}{a}x\right)dx, \tag{4.296}$$

且

$$\int_0^a x\cos(bx)\,dx = \frac{\partial}{\partial b}\int_0^a \sin(bx)\,dx = \frac{\partial}{\partial b}\left[-\frac{\cos(bx)}{b}\right]\Big|_0^a,$$

$$= \frac{bx\sin(bx) + \cos(bx)}{b^2}\Big|_0^a, \tag{4.297}$$

其中 $b = \dfrac{2n\pi}{a}$。

所以

$$\langle x \rangle = \frac{a}{2}, \tag{4.298}$$

即電子平均出現的位置在中間。

[4] 平均動量為 $\langle p \rangle = \left\langle \psi(x) \left| \dfrac{\hbar}{i}\dfrac{d}{dx} \right| \psi(x) \right\rangle$

$$= \int_0^a dx \left[\frac{2}{a}\sin\left(\frac{n\pi x}{a}\right)\frac{\hbar}{i}\frac{n\pi}{a}\cos\left(\frac{n\pi x}{a}\right) \right]$$

$$= \frac{\hbar}{i}\frac{n\pi}{a}\frac{4}{a}\int_0^a \sin\left(\frac{2n\pi x}{a}\right)dx$$

$$= \frac{\hbar}{i}\frac{n\pi}{a}\frac{4}{a}\frac{-a}{2n\pi}\cos\left(\frac{2n\pi x}{a}\right)\bigg|_0^a$$

$$= 0 \text{。} \tag{4.299}$$

[5] 由於位能為零，所以平均能量 $\langle E \rangle$ 為

$$\langle E \rangle = \left\langle \psi(x)|\hat{H}|\psi(x) \right\rangle = \left\langle \psi(x) \left| \frac{p^2}{2m} + \underset{0}{V} \right| \psi(x) \right\rangle$$

$$= \left\langle \psi(x) \left| \frac{-\hbar^2}{2m}\frac{d^2}{dx^2} \right| \psi(x) \right\rangle$$

$$= \int_0^a dx \frac{2}{a}\sin\left(\frac{n\pi x}{a}\right)\left(\frac{-\hbar^2}{2m}\frac{d^2}{dx^2}\sin\frac{n\pi x}{a} \right)$$

$$= \frac{2}{a}\frac{\hbar^2}{2m}\left(\frac{n\pi}{a}\right)^2 \int_0^a dx \sin^2\left(\frac{n\pi x}{a}\right)$$

$$= \frac{2}{a}\frac{\hbar^2}{2m}\left(\frac{n\pi}{a}\right)^2\frac{a}{2} = \frac{\hbar^2}{2m}\left(\frac{n\pi}{a}\right)^2 \text{。} \tag{4.300}$$

和[1]的結果相同。

4.8.2 Coulomb 位能

如圖4.20所示，電子在中心力場所處的位能為 $V(r) = \dfrac{-e}{4\pi\varepsilon_0}\dfrac{1}{r}$，以Gauss 制（Gauss unit）表示則為 $V(r) = \dfrac{-e}{r}$，其中 ε_0 為真空介電常數。

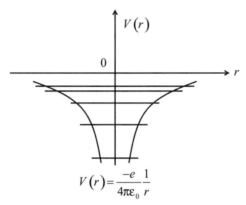

$$V(r) = \frac{-e}{4\pi\varepsilon_0}\frac{1}{r}$$

圖 4.20・中心力場的位能

如果我們想完整地描述氫原子的特性及行為，則必須在氫原子的 Schrödinger 方程式中加入質子及電子的運動，但是現在我們作了二項假設：第一項假設原子核很重，因為質子很重，如果要考慮原子核質量 m_N，則必須代入約化質量（Reduced mass）為 $\mu = \dfrac{m_e e_N}{m_e + m_N}$；第二項假設，不考慮電子自旋（Spin）及相對論力學效應。

在第三章，我們曾經以Bohr的駐波論討論過在氫原子和類氫原子中，電子的量子化總能量 E_n，現在我們要以 Schrödinger 方程式求解呈球形對稱的氫原子位能的量子化能量 E_n。我們會發現老量子理論和量子力學，兩個不同的方法所求得的量子化能量 E_n 是相同的。說明如下。

氫原子的電子運動波函數 $\psi(r, \theta, \phi, t)$ 必須滿足 Schrödinger 方程式，

即 $$i\hbar \frac{\partial}{\partial t} \psi(r, \theta, \phi, t) = \left[-\frac{\hbar^2}{2m} \nabla^2 + V(r) \right] \psi(r, \theta, \phi, t)，\qquad (4.301)$$

現在我們考慮波函數 $\psi(r, \theta, \phi, t)$ 是處於穩定能量（Stationary state）狀態下，所以波函數 $\psi(r, \theta, \phi, t)$ 可以表示為

$$\psi(r, \theta, \phi, t) = e^{-iEt/\hbar} \psi(r, \theta, \phi)，\qquad (4.302)$$

則 $$\nabla^2 \psi(r, \theta, \phi) + \frac{2m}{\hbar} [E - V(r)] \psi(r, \theta, \phi) = 0，\qquad (4.303)$$

其中 $\psi(r, \theta, \phi)$ 為電子運動的本徵態。

因為氫原子的波函數 $\psi(r, \theta, \phi, t)$ 或本徵態 $\psi(r, \theta, \phi)$ 為 S 態，是呈現球形對稱（Spherical symmetry）的，為了計算方便，所以把直角座標 (x, y, z) 的 Laplace 算符（Laplacian operator） $\nabla^2 = \frac{\partial^2}{\partial x^2} + \frac{\partial^2}{\partial y^2} + \frac{\partial^2}{\partial z^2}$ 轉換成以對球形座標 $(r\sin\theta\cos\phi, r\sin\theta\sin\phi, r\cos\theta)$ 來表示，則 Laplace 算符為

$$\nabla^2 = \frac{1}{r^2} \left[\frac{\partial}{\partial r} \left(r^2 \frac{\partial}{\partial r} \right) + \frac{1}{\sin\theta} \frac{\partial}{\partial \theta} \left(\sin\theta \frac{\partial}{\partial \theta} \right) + \frac{1}{\sin^2\theta} \frac{\partial^2}{\partial \phi^2} \right]，$$

$$(4.304)$$

因為我們考慮的本徵態 $\psi(r, \theta, \phi)$ 是 S 態，所以本徵態 $\psi(r, \theta, \phi)$ 和極座標角（Polar angle） θ、方位角（Azimuthal angle） ϕ 無關，即 $\psi(r, \theta, \phi) = \psi(r)$，且當電子和質子距離 r 很遠時，即 $r \to \infty$，電子在質子靜電場中之位能 $V(r)$ 為零，即 $V(\infty) = 0$，所以，可以位能表示為 $V(r) = -\frac{e^2}{r}$，其中的負號表示束

縛態。

將本徵態 $\psi(r)$、Laplace 算符 ∇^2 和位能 $V(r)$ 代入 Schrödinger 方程式爲

$$\frac{1}{r^2}\left[\frac{\partial}{\partial r}\left(r^2\frac{\partial\psi(r)}{\partial r}\right)+\frac{2m}{\hbar^2}\left(E+\frac{e^2}{r}\right)\psi(r)\right]=0 \text{。} \qquad (4.305)$$

又因爲 $\dfrac{1}{r^2}\dfrac{\partial}{\partial r}\left[r^2\dfrac{\partial}{\partial r}\psi(r)\right]=\dfrac{1}{r^2}\dfrac{\partial}{\partial r}[r\psi(r)]$，則由第三章的軌道半徑量子化的結果 $r_n=\dfrac{n^2\hbar^2}{me^2}$ 以及能量量子化的結果 $E_n=\dfrac{me^4}{2n^2\hbar^2}$ 所得的靈感，所以我們現在引入兩個無單位的參數（Dimensionless parameters）ρ 和 ε 分別取代 r 和 E。

令 $\qquad\qquad r\equiv\dfrac{\hbar^2}{me^2}\rho=r_B\rho$; $\qquad\qquad\qquad\qquad (4.306)$

$$E\equiv\frac{me^4}{2\hbar^2}\varepsilon=E_R\varepsilon \text{,} \qquad\qquad\qquad\qquad (4.307)$$

其中 $r_B=\dfrac{\hbar^2}{me^2}=0.53\text{Å}$ 爲 Bohr 半徑；$E_R=\dfrac{e^2}{2r_B}=13.6\text{e.V.}$ 也就是第三章所提到的 Rydberg 常數。

所以 Schrödinger 方程式可以改寫爲

$$\frac{1}{r_B^2}\frac{1}{\rho}\frac{\partial^2}{\partial\rho^2}[\rho\psi(r)]+\left(\frac{2mE_R\varepsilon}{\hbar^2}+\frac{2}{\rho}\frac{me^2}{\hbar^2 r_B}\right)\psi(r)=0 \text{,} \qquad (4.308)$$

等號兩側乘上 r_B^2 可得

$$\frac{1}{\rho}\frac{\partial^2}{\partial\rho^2}[\rho\psi(r)]+\left(\frac{2me^2}{\hbar^2}\frac{r_B}{2}\varepsilon+\frac{me^2}{\hbar^2}r_B\frac{2}{\rho}\right)\psi(r)=0 \quad\text{，}\quad (4.309)$$

再乘上 ρ，且由 $r\equiv\dfrac{\hbar^2}{me^2}\rho=r_B\rho$; $E\equiv\dfrac{me^4}{2\hbar^2}\varepsilon=E_R\varepsilon$，

所以可得 $\qquad\dfrac{\partial^2(\rho\psi)}{\partial\rho^2}+\left(\varepsilon+\dfrac{2}{\rho}\right)\rho\psi=0$ 。 $\qquad\qquad (4.310)$

再作一次變數的轉換，令 $F=\rho\psi$，所以 Schrödinger 方程式改寫完成為

$$\frac{\partial^2 F}{\partial\rho^2}+\left(\varepsilon+\frac{2}{\rho}\right)F=0 \text{ 。} \qquad\qquad (4.311)$$

接著將由近似解開始。當電子和質子距離很 r 遠時，即 $r\to\infty$ 亦即 $\rho\to\infty$，則方程式可近似為

$$\frac{d^2 F_\infty}{\partial\rho^2}+\varepsilon F_\infty=0 \quad\text{，}\qquad\qquad (4.312)$$

其中 F_∞ 為 $\rho\to\infty$ 時的本徵函數。

因為這個近似方程式的本徵函數 F_∞ 的形式基本上是 $F_\infty=Ae^{-\alpha\rho}$，也就是 F_∞ 和 $e^{-\alpha\rho}$ 成正比例的關係，即 $F_\infty\propto e^{-\alpha\rho}$，其中 $\alpha^2=-\varepsilon$，所以原來的方程式（4.311）的解也應該有類似的形式，則令 $F=g(\rho)e^{-\alpha\rho}$ 代入（4.311），

且由微分的關係 $\qquad\dfrac{d^2 fg}{dx^2}=f''g+2f'g'+fg''$ ， $\qquad\qquad (4.313)$

所以
$$\frac{d^2g}{d\rho^2} - 2\alpha \frac{dg}{d\rho} + \left(\frac{2}{\rho} + \alpha^2 + \varepsilon\right)g = 0 \text{ 。} \qquad (4.314)$$

因為
$$\alpha^2 = -\varepsilon \text{ ,} \qquad (4.315)$$

則
$$\frac{d^2g}{d\rho^2} - 2\alpha \frac{dg}{d\rho} + \frac{2}{\rho} g = 0 \text{ 。} \qquad (4.316)$$

現在我們要把 $g(\rho)$ 作級數展開，即 $g(\rho) = \sum\limits_{k=?}^{\infty} a_k \rho^k$，但是注意級數的下限還沒定出來。

因為如果有常數項，即 $\sum\limits_{k=0}^{\infty} a_k \rho^k = a_0 + a_1\rho + a_2\rho^2 + \cdots$，所以方程式前三項可展開為

$$\begin{aligned}
\frac{2}{\rho} g(\rho) &= \frac{2}{\rho} \sum_{k=0}^{\infty} a_k \rho^k \\
&= \frac{2}{\rho} (a_0 + a_1\rho + a_2\rho^2 + \cdots) \\
&= \frac{2a_0}{\rho} + 2a_1\rho + 2a_2\rho + \cdots \text{ 。} \qquad (4.317)
\end{aligned}$$

則當 $\rho = 0$ 時，$\dfrac{2a_0}{\rho}$ 會發散，即 $\dfrac{2a_0}{\rho} \to \infty$ 形成奇點（Singular point）。

所以我們會決定 $g(\rho)$ 級數展開的下限 k 自 1 開始到 ∞，

即
$$g(\rho) = \sum_{k=1}^{\infty} a_k p^k \text{ ,} \qquad (4.318)$$

代入方程式為 $\sum\limits_{k=2}^{\infty} k(k-1) a_k \rho^{k-2} - 2\alpha \sum\limits_{k=1}^{\infty} k a_k \rho^{k-1} + 2 \sum\limits_{k=1}^{\infty} a_k \rho^{k-1} = 0$,

$$(4.319)$$

所以
$$\sum_{k=1}^{\infty} (k+1)ka_{k+1}\rho^{k-1} - 2\alpha \sum_{k=1}^{\infty} ka_k\rho^{k-1} + 2\sum_{k=1}^{\infty} a_k\rho^{k-1} = 0 \text{ ,}$$

$$(4.320)$$

則
$$(k+1)ka_{k+1} - (2\alpha k - 2)a_k = 0 \text{ ,} \qquad (4.321)$$

可得係數的遞迴關係（Recursion relation）為

$$\frac{a_{k+1}}{a_k} = \frac{2\alpha k - 2}{k(k+1)} \text{ ,} \qquad (4.322)$$

則當 $k \to \infty$ 時，ρ^{k+1} 和 ρ^k 的係數比為

$$\frac{a_{k+1}}{a_k} = \frac{2\alpha}{k} \text{ 。} \qquad (4.323)$$

此外，我們發現級數 $e^{2\alpha\rho}$ 的特性和 $g(\rho)$ 特性相似，

即
$$e^{2\alpha\rho} = 1 + 2\alpha\rho + \frac{(2\alpha\rho)^2}{2!} + \frac{(2\alpha\rho)^3}{3!} + \cdots \text{ ,} \qquad (4.324)$$

所以 ρ^{k+1} 和 ρ^k 的係數比為

$$\frac{a_{k+1}}{a_k} = \frac{\dfrac{(2\alpha)^{k+1}}{(k+1)!}}{\dfrac{(2\alpha)^k}{k!}} = \frac{2\alpha}{k+1} \text{ 。} \qquad (4.325)$$

且函數的形式為

$$F(\rho) = g(\rho)\, e^{-\alpha\rho} = e^{2\alpha\rho}\, e^{-\alpha\rho} = e^{\alpha\rho} \ 。 \qquad (4.326)$$

但是當距離很遠或長度很長時，即 $\rho \to \infty$，則 $F(\rho)$ 為發散級數，不是物理的解。所以為了中斷級數，我們強迫當 $k = n$ 時，係數 $a_{n+1} = 0$ 必須成立，才可以有收斂之解。所以，由係數的遞迴關係（4.322），即 $2\alpha k - 2\big|_{k=n} = 2\alpha n - 2 = 0$，

可得 $\qquad \alpha = \dfrac{1}{n}$ ， $\qquad\qquad\qquad\qquad\qquad (4.327)$

則 $\qquad\quad \alpha^2 = \dfrac{1}{n^2}$ ， $\qquad\qquad\qquad\qquad\qquad (4.328)$

得到能量量子化的條件為

$$-\varepsilon = \alpha^2 = \frac{1}{n^2} \ 。 \qquad (4.329)$$

所以量子化能量為

$$E_n = E_R\, \varepsilon = \frac{me^4}{2\hbar^2}\left(-\frac{1}{n^2}\right) = -\frac{me^4}{2n^2\hbar^2} \ , \qquad (4.330)$$

這個量子化能量的結果和第三章的 Bohr 駐波論所預測的結果相同，而本徵函數 $\psi(r)$ 為

$$\psi(r) = \frac{F}{\rho} = \frac{g\left(\dfrac{r}{r_B}\right)e^{-\frac{\alpha}{r_B}r}}{\dfrac{r}{r_B}} \ , \tag{4.331}$$

其中 $a^2 = -\varepsilon = -\dfrac{E}{E_R}$；$g(\rho) = \sum\limits_{k=1}^{n} a_k \rho^k$；$a_{k+1} = \dfrac{\dfrac{2k}{n} - 2}{k(k+1)} a_k$。

4.8.3 簡諧振盪

如圖 4.21 所示，若粒子作簡諧運動，即其所處的位能爲 $V(x) = \dfrac{1}{2}kx^2$，則以量子力學的觀點預測的量子化能量 E_n 爲何？所謂依量子力學的預測，就是要以 Schrödinger 方程式求量子化能量，以下將求解得 $E_n = \left(n + \dfrac{1}{2}\right)\hbar\omega$。

爲了找出一個系統的 Hamiltonian，我們會先找出這個系統的古典能量，然後再把這個能量用量子力學算符改寫成爲量子力學能量算符。

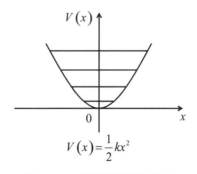

圖 4.21・簡諧運動的位能

簡諧振子的位能 $V(x)$ 爲 $V(x) = \frac{1}{2}kx^2$，而這個系統的總力學能（Total mechanical energy） E 爲動能 $\frac{p^2}{2m}$ 和 $\frac{1}{2}kx^2$ 位能之和，

即
$$E = \frac{p^2}{2m} + \frac{1}{2}kx^2 \text{ 。} \tag{4.332}$$

因爲在量子力學中，簡諧振子的頻率是我們所重視的，且 $k = m\omega^2$，所以我們用 ω 來取代上式的 k，則簡諧振子的 Hamiltonian 爲

$$\widehat{H} = \frac{\widehat{p}^2}{2m} + \frac{1}{2}m\omega^2\widehat{x}^2 \text{ ，} \tag{4.333}$$

和所有的問題一樣，對於一個新的位能系統，我們的目標是藉由求解本徵能量方程式 $\widehat{H}|\phi\rangle = E|\phi\rangle$ 先找到系統所允許的能量，再以對應的能量本徵態（Energy eigenstates）做爲基底，代入 Schrödinger 方程式中的時間演變項。

簡諧振子的能量本徵微分方程式爲

$$\left[\frac{-\hbar^2}{2m}\frac{d^2}{dx^2} + \frac{1}{2}m\omega^2x^2 \right]|\phi(x)\rangle = E|\phi(x)\rangle \text{ 。} \tag{4.334}$$

爲了求解這個方程式，我們將介紹二個常用的方法[1]級數法（Power series method）或稱爲解析法（Analytical method）；[2]算符法（Operator method）或稱爲代數法（Algebraic method）。當然這二種方法所得的結果是相同的。

4.8.3.1 級數法分析簡諧振盪

由求解 Coulomb 位能的經驗，我們先把解 Schrödinger 方程式的級數法分析步驟列出如下：

[1]　寫下 Schrödinger 方程式。

[2]　為簡化係數作無單位的變數變換。

[3]　重新整理 Schrödinger 方程式。

[4]　若無單位的變數趨於無限大時，可求漸近解。

[5]　由漸近解建立無單位的本徵函數，代入 Schrödinger 方程式。

[6]　在無單位的本徵函數之方程式中作級數展開，得到係數的遞迴關係。

[7]　由邊界條件強迫級數中斷，則可得量子化條件。

現在開始推導，由 Schrödinger 方程式，$\left[\dfrac{-\hbar^2}{2m}\nabla^2 + V(r)\right]\psi(r) = E\psi(r)$，

將 $V(x) = \dfrac{1}{2}kx^2$ 代入，

得
$$\left[\frac{-\hbar^2}{2m}\frac{d^2}{dx^2} + \frac{m\omega^2}{2}x^2\right]|\psi(x)\rangle = E\psi(x) ，\tag{4.335}$$

則
$$\frac{d^2\psi(x)}{dx^2} = \left(\frac{2mE}{\hbar^2} - \frac{m^2\omega^2 x^2}{\hbar^2}\right)\psi(x) = 0 。\tag{4.336}$$

引入幾個參數，包含無單位的參數，

令
$$\alpha^4 = \left(\frac{m\omega}{\hbar}\right)^2 \;；\; \xi = \alpha x \;；\; \beta = \frac{2E}{\hbar\omega} ，\tag{4.337}$$

其實 β 是能量量子化的條件，稍後我們會發現無單位參數 β 和能量 E 的關係為 $\beta = 2n + 1 = \dfrac{2E}{\hbar\omega}$。

所以 Schrödinger 方程式為

$$\frac{d^2\psi}{d\xi^2} + (\beta - \xi^2)\psi = 0 \text{。} \tag{4.338}$$

我們可以藉由漸近解建立方程式的本徵函數，

因為
$$\frac{d^2\Psi(\xi)}{d\xi^2} = (\xi^2 - 1)\, e^{-\frac{\xi^2}{2}}$$

$$= (\xi^2 - 1)\Psi(\xi)$$

$$\underset{\xi \gg 1}{\simeq} \xi^2 \Psi(\xi) \text{，} \tag{4.339}$$

也就是說，當 $\xi \gg 1$ 時，$e^{-\frac{\xi^2}{2}}$ 為波動方程式 $\frac{d^2\Psi(\xi)}{d\xi^2} = \xi^2 \Psi(\xi)$ 的解。

於是我們假設 $\xi^2 \gg \beta$，則由 $\frac{d^2\psi}{d\xi^2} - \xi^2\psi = 0$ 之解為 $e^{-\frac{\xi^2}{2}}$，所以將本徵函數的形式設為 $\psi(\xi) = H(\xi)\, e^{-\frac{\xi^2}{2}}$ 代入原式（4.338），其中 $H(\xi)$ 是 Hermite 函數（Hermite function）。

所以
$$\frac{d^2H}{d\xi^2} - 2\xi \frac{dH}{d\xi} + (\beta - 1)H = 0 \text{，} \tag{4.340}$$

對 $H(\xi)$ 作級數展開，
$$H(\xi) = \sum_{n=0}^{\infty} a_n \xi^n \text{，} \tag{4.341}$$

代入（4.338）式，

則
$$\xi \frac{dH}{d\xi} = \xi (a_1 + 2a_2 \xi^1 + 3a_3 \xi^2 + \cdots) = \sum_{n=0}^{\infty} n a_n \xi^n \; ; \qquad (4.342)$$

且
$$\frac{d^2 H}{d\xi^2} = 2a_1 + 3 \cdot 2a_3 \xi + 4 \cdot 3a_4 \xi^2 + 5 \cdot 4a_5 \xi^3 + 6 \cdot 5a_6 \xi^4 + \cdots$$

$$= \sum_{n=0}^{\infty} n (n-1) a_n \xi^{n-2}$$

$$= \sum_{n=0}^{\infty} (n+2)(n+1) a_{n+2} \xi^n \; , \qquad (4.343)$$

則
$$\sum_{n=0}^{\infty} [(n+2)(n+1) a_{n+2} \xi^n - 2n a_n \xi^n + (\beta - 1) a_n \xi^n$$

$$= \sum_{n=0}^{\infty} [(n+2)(n+1) a_{n+2} - 2n a_n + (\beta - 1) a_n] \xi^n \; , \qquad (4.344)$$

則 ξ^n 項的係數為

$$(n+2)(n+1) a_{n+2} - (2n - \beta + 1) a_n = 0 \; , \qquad (4.345)$$

得係數的遞迴關係為

$$a_{n+2} = \frac{(2n - \beta + 1)}{(n+2)(n+1)} a_n \; , \qquad (4.346)$$

因邊界條件為在宇宙邊緣發現粒子的機率為 0，但是當 ξ 趨近於無限大時，$\psi(\xi)$ 會發散，與邊界條件不符，所以這是一個非物理解，除非強迫級數中斷，

即
$$a_{n+1} = a_{n+2} = \cdots = 0 \; , \qquad (4.347)$$

則　　　　　　$2n - \beta + 1 = 0$， $\qquad\qquad$ （4.348）

則由　　　　　$\beta = 2n + 1$， $\qquad\qquad$ （4.349）

可得　　　　　$\beta = \dfrac{2E}{\hbar\omega} = 2n + 1$。 $\qquad\qquad$ （4.350）

所以量子力學預測的能量為

$$E_n = \left(n + \frac{1}{2}\right)\hbar\omega = n\hbar\omega + \frac{1}{2}\hbar\omega， \qquad\qquad （4.351）$$

其中 $n\hbar\omega$ 是依古典量子理論 Planck 假設所得，$\dfrac{1}{2}\hbar\omega$ 為零位能（Zero energy），是由 Heisenberg 測不準原理所產生的。

4.8.3.2 算符法分析簡諧振盪

由簡諧振子的能量本徵微分方程式

$$\left[\frac{\hat{p}^2}{2m} + \frac{1}{2}m\omega^2\hat{x}^2\right]|\phi\rangle = E|\phi\rangle， \qquad\qquad （4.352）$$

對於定義出新算符，我們有二個想法：

[1]　新的算符最好是沒有單位的（Dimensionless）。

[2]　新的算符最好是動量算符和位置算符的一次關係。

　　因為能量為 $E = \hbar\omega$，所以要得到沒有單位的算符，可在方程式二側除 $\hbar\omega$，

即
$$\frac{1}{\hbar\omega}\left[\frac{\hat{p}^2}{2m} + \frac{1}{2}m\omega^2\hat{x}^2\right] = \frac{m\omega^2}{2\hbar\omega}\left[\hat{x}^2 + \frac{1}{m^2\omega^2}\hat{p}^2\right]$$
$$= \frac{m\omega}{2\hbar}\left[\hat{x}^2 + \frac{1}{m^2\omega^2}\hat{p}^2\right]。 \tag{4.353}$$

為了要得到 $\hat{x}$ 和 $\hat{p}$ 的一次關係，所以要作因式分解。

由 $u^2 + v^2 = (u + iv)(u - iv)$ 的關係，我們可以很容易的聯想定義二個新算符

$$\hat{a} = \sqrt{\frac{m\omega}{2\hbar}}\left(\hat{x} + i\frac{\hat{p}}{m\omega}\right); \tag{4.354}$$

$$\hat{a}^+ = \sqrt{\frac{m\omega}{2\hbar}}\left(\hat{x} - i\frac{\hat{p}}{m\omega}\right), \tag{4.355}$$

其中 $\hat{a}$ 稱為下降算符（Lowering operator）；$\hat{a}^+$ 稱為上昇算符（Raising operator），又因為二者分別會對應著光子的湮滅與生成，所以 $\hat{a}$ 也被稱為湮滅算符（Annihilation operator）；$\hat{a}^+$ 也被稱為生成算符（Creation Operator）。這兩個算符也統稱階梯算符（Ladder operator）。再者，因為這二個算符不是 Hermitian，所以它們並沒有對應到可觀察的物理量，但是卻非常有用處，將會提供我們一個全新的量子化觀點，稍後我們將在討論角動量時，會再用到這一套算符。

接著我們將由上昇算符 $\hat{a}^+$ 和下降算符 $\hat{a}$ 來得到簡諧振子的量子化能量：

由
$$\hat{a} = \sqrt{\frac{m\omega}{2\hbar}}\left(\hat{x} + i\frac{\hat{p}}{m\omega}\right); \ \hat{a}^+ = \sqrt{\frac{m\omega}{2\hbar}}\left(\hat{x} - i\frac{\hat{p}}{m\omega}\right), \tag{4.356}$$

可得
$$\hat{p} = i\sqrt{\frac{m\hbar\omega}{2}}\left(\hat{a}^+ - \hat{a}\right); \tag{4.357}$$

$$\hat{x} = \sqrt{\frac{\hbar}{2m\omega}}\,(\hat{a}^+ + \hat{a})\,, \qquad (4.358)$$

則 Hamiltonian 為

$$\hat{H} = \frac{\hat{p}^2}{2m} + \frac{1}{2}m^2\omega^2\hat{x}^2$$

$$= \frac{1}{2}\hbar\omega\,(\hat{a}^+\hat{a} + \hat{a}\,\hat{a}^+)\,。 \qquad (4.359)$$

又因為 $\qquad [\hat{a},\,\hat{a}^+] = 1\,, \qquad (4.360)$

所以 $\qquad \hat{H} = \hbar\omega\left(\hat{a}^+\hat{a} + \frac{1}{2}\right), \qquad (4.361)$

代入 Schrödinger 方程式 $\hat{H}|E\rangle = E|E\rangle$ ，其中 $|E\rangle$ 為具有能量 E 的本徵態和前面我們常用的 $|\psi\rangle$ 是一樣的，只是在這裡我們特別強調能量的特性。

接下來的幾個步驟是非常關鍵的

[1] $\quad \hat{H}\hat{a}^+|\psi\rangle = (E + \hbar\omega)\hat{a}^+|\psi\rangle$ ； $\qquad (4.362)$

$\quad \hat{H}\hat{a}|\psi\rangle = (E - \hbar\omega)\hat{a}|\psi\rangle\,。 \qquad (4.363)$

[2] 簡諧振子的最低能量或稱為零點能量（Zero-point energy）為 $\frac{1}{2}\hbar\omega$。

[3] 簡諧振子的量子化能量為 $E_n = \left(n + \frac{1}{2}\right)\hbar\omega$，其中 n 為量子數。

分別說明如下：

[1] 若本徵向量 $|E\rangle$ 滿足 Schrödinger 方程式，且本徵能量為 E，即 $\hat{H}|E\rangle = E|E\rangle$，但是我們現在還不曉得本徵能量 E 是什麼樣的型式。現在我們來看看階梯算符對本徵狀態或本徵向量的作用是什麼？簡單來說，上昇算符 a^+ 把原本的本徵狀態上昇到另一個新的本徵狀態，而這個新的本徵狀態所具有的本徵能量為 $E + \hbar\omega$，

即　　$\hat{H}[\hat{a}^+|E\rangle] = (E+\hbar\omega)[\hat{a}^+|E\rangle]$，　　　　　　　　（4.364）

或者可以表示為

$$\hat{H}|E+\hbar\omega\rangle = (E+\hbar\omega)|E+\hbar\omega\rangle，\quad\quad（4.365）$$

下降算符 $\hat{a}$ 把原來的本徵狀態下降到另一個新的本徵狀態，而這個新的狀態所具有的本徵能量為 $E-\hbar\omega$，

即　　$\hat{H}[\hat{a}|E\rangle] = (E-\hbar\omega)[\hat{a}|E\rangle]$，　　　　　　　（4.366）

或者可以表示為

$$\hat{H}|E-\hbar\omega\rangle = (E-\hbar\omega)|E-\hbar\omega\rangle。\quad\quad（4.367）$$

要特別注意的是，我們並沒有說「$\hat{a}^+|E\rangle$ 等於 $|E+\hbar\omega\rangle$」或「$\hat{a}|E\rangle$ 等於 $|E-\hbar\omega\rangle$」，因為 $\hat{a}^+|E\rangle$ 和 $|E+\hbar\omega\rangle$ 是成正比的；$\hat{a}|E\rangle$ 和 $|E-\hbar\omega\rangle$ 是成正比的，這兩個關係可以參考本章後面習題的說明。

[2]　由前面的說明，我們已經知道上昇算符 a^+ 和 a 下降算符的作用分別是「上昇」和「下降」，上昇一次的作用是能量增加 $\hbar\omega$；下降一次的作用是能量減少 $\hbar\omega$。

能量的增加似乎可以一直持續；但是能量的減少 $E-n\hbar\omega$ 有沒有底限呢？如果有底限，則最小的能量是多少呢？如果從階梯算符的名稱來想像，當我們站在階梯上，先向上走一階，再向下走一階，則將會回

到原來的地方，這是一個對稱（Symmetry）的觀念及現象。

但是對簡諧振子而言，由$[\hat{a}, \hat{a}^+] = 1$的不可交換性可以隱約看出非對稱（Asymmetry）的性質。

量子力學雖然很怪，但是也沒有那麼怪，我們可以看到許多的說法來詳釋簡諧振子的能量和古典力學的觀點是一樣的，都是不能為負的能量，所以，簡諧振子必須中斷在一個最低能量的本徵狀態$|E_0\rangle$，也就是說，這個最低能量的本徵狀態$|E_0\rangle$被下降算符a作用之後就會為零，

即 $\qquad \hat{a}|E_0\rangle = 0$。 $\qquad\qquad$ （4.368）

但是其實我們是可以直接從數學的運算過程得到這個結果的。

由$H|E\rangle = E|E\rangle$，則方程式的左側用$\langle E|$去夾，

得 $\qquad \langle E|\hat{H}|E\rangle = \langle E|\hbar\omega\left(\hat{a}^+\hat{a} + \frac{1}{2}\right)|E\rangle$

$\qquad\qquad\qquad = \hbar\omega\langle E|\hat{a}^+\hat{a}|E\rangle + \frac{1}{2}\hbar\omega\langle E|E\rangle$

$\qquad\qquad\qquad = E\langle E|E\rangle$。 $\qquad\qquad$ （4.369）

移項得 $\quad \hbar\omega\langle E|\hat{a}^+\hat{a}|E\rangle = \left(E - \frac{1}{2}\hbar\omega\right)\langle E|E\rangle$。 $\qquad$ （4.370）

很顯然的，等號左側是向量$\hat{a}|E\rangle$的長度平方$\langle E|\hat{a}^+\hat{a}|E\rangle$；等於右側是向量$|E\rangle$的長度平方$\langle E|E\rangle$，二者都是非負的，

即 $\qquad \langle E|\hat{a}^+\hat{a}|E\rangle \geq 0$， $\qquad\qquad$ （4.371）

且 $\qquad \langle E|E\rangle \geq 0$。 $\qquad\qquad$ （4.372）

於是等號右側 $E - \dfrac{\hbar\omega}{2}$ 的也必須是非負的，即 $E - \dfrac{1}{2}\hbar\omega \geq 0$。所以簡諧振子的本徵能量就會有一個最小的數值 E_0，

即
$$E_0 - \frac{1}{2}\hbar\omega = 0 ，\tag{4.373}$$

可得零點能量
$$E_0 = \frac{1}{2}\hbar\omega ，\tag{4.374}$$

將本徵能量 E_0 所對應的本徵狀態 $|E_0\rangle$ 代回，

則
$$\hbar\omega \langle E_0| \hat{a}^+\hat{a} |E_0\rangle = \left(E_0 - \frac{1}{2}\hbar\omega\right)|E_0\rangle = 0 。\tag{4.375}$$

因為
$$|E_0\rangle \neq 0 ，\tag{4.376}$$

所以可得 $a|E_0\rangle = 0$。得証。
$$\tag{4.377}$$

於是簡諧振子的量子化能量或本徵狀態就從這個最低能量或狀態開始向上延伸，能量一次增加 $\hbar\omega$，就像登階梯上樓一樣。

[3] 我們知道上昇算符 $\hat{a}^+$ 可以把狀態向量上昇變換成另一個狀態，且狀態能量也增加 $\hbar\omega$，於是我們可以從零點能量的狀態 $|E_0\rangle$ 開始作用，其結果為向量 $|E_1\rangle$，

即
$$\hat{a}^+|E_0\rangle = |E_1\rangle ，\tag{4.378}$$

則簡諧振子的能量為，

$$\hat{H}\,[a^+|E_0\rangle]=\hat{H}|E_1\rangle=(E_0+\hbar\omega)[a^+|E_0\rangle\,]$$

$$=\left[\hbar\omega+\frac{1}{2}\hbar\omega\right]|E_1\rangle\quad, \tag{4.379}$$

即 $\quad\hat{H}|E_1\rangle=\left[1\hbar\omega+\frac{1}{2}\hbar\omega\right]|E_1\rangle\,\circ \tag{4.380}$

接著，再對 $|E_1\rangle$ 作用，

即 $\quad\hat{a}^+|E_1\rangle=|E_2\rangle\quad, \tag{4.381}$

則簡諧振子的能量為

$$\hat{H}\,[\,\hat{a}^+|E_1\rangle\,]=\hat{H}|E_2\rangle=(E_1+\hbar\omega)[\,\hat{a}^+|E_1\rangle\,]$$

$$=\left(\hbar\omega+\frac{1}{2}\hbar\omega+\hbar\omega\right)|E_2\rangle\quad, \tag{4.382}$$

即 $\quad\hat{H}|E_2\rangle=\left(2\hbar\omega+\frac{1}{2}\hbar\omega\right)|E_2\rangle\,\circ \tag{4.383}$

同理 $\quad\hat{H}|E_3\rangle=\left(3\hbar\omega+\frac{1}{2}\hbar\omega\right)|E_3\rangle\quad; \tag{4.384}$

$$\hat{H}|E_4\rangle=\left(4\hbar\omega+\frac{1}{2}\hbar\omega\right)|E_4\rangle\quad; \tag{4.385}$$

$$\vdots$$

$$\hat{H}|E_n\rangle=\left(n\hbar\omega+\frac{1}{2}\hbar\omega\right)|E_n\rangle\,\circ \tag{4.386}$$

所以簡諧振子的量子化能量為

$$E_n=\left(n+\frac{1}{2}\right)\hbar\omega\circ \tag{4.387}$$

這個結果和以級數法所得的結果相同。

又 　　　$\hat{H}|E_n\rangle = \left[\hbar\omega\left(\hat{a}^+\hat{a} + \dfrac{1}{2}\right)\right]|E_n\rangle$

　　　　　　$= \hbar\omega\left(n + \dfrac{1}{2}\right)|E_n\rangle$ ， 　　　　　（4.388）

則 　　　$\hat{a}^+\hat{a}|E_n\rangle = n|E_n\rangle$ 。 　　　　　　　（4.389）

這個方程式表示能量本徵態$|E_n\rangle$也是算符$\hat{a}^+\hat{a}$的本徵態，而其所對應的本徵值爲n，所以算符$\hat{a}^+\hat{a}$也被稱爲數量算符（Number operator）。

4.9　二階系統的能量交換過程

這一節，我們將以MASER作爲例子，說明一個二階系統的基本特性，尤其是能量交換的過程。

NH_3分子共有二個狀態，如圖 4.22 所示：N在上，三個H在下，設爲狀態$|1\rangle$，且處在狀態$|1\rangle$的機率爲$P_1 = |C_1|^2$；N在下，三個H在上，設爲狀態$|2\rangle$，且處在狀態$|1\rangle$的機率爲$P_2 = |C_2|^2$。

包含以上兩種狀態的波函數，我們以表之$|\psi\rangle = C_1|1\rangle + C_2|2\rangle$。

現在我們假設兩種狀況：不受外力影響和施予外力影響，分別討論如下：

[1]　假設狀況 1：只要NH_3分子在狀態$|1\rangle$，若無外力影響，則沒有機會變狀態$|2\rangle$，反之亦然。

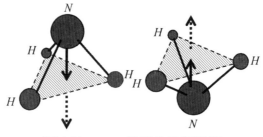

圖 4.22・NH_3 分子的二個狀態

假設　　$|\psi\rangle = C_1|1\rangle + C_2|2\rangle$，　　　　　　　　　　　　　（4.390）

則 Schrödinger 方程式為

$$ i\hbar \frac{\partial}{\partial t} \begin{bmatrix} C_1 \\ C_2 \end{bmatrix} = \begin{bmatrix} H_{11} & H_{12} \\ H_{21} & H_{22} \end{bmatrix} \begin{bmatrix} C_1 \\ C_2 \end{bmatrix}, \qquad (4.391) $$

在不受外力影響下，設 $\hat{H} = \begin{bmatrix} E_1 & 0 \\ 0 & E_2 \end{bmatrix}$，　　　　　　（4.392）

所以　　$\begin{cases} i\hbar \dfrac{\partial}{\partial t}C_1 = H_{11}C_1 + H_{12}C_2 = E_1 C_1 \Rightarrow C_1 = A_1 e^{\frac{-iE_1 t}{\hbar}} \\[3mm] i\hbar \dfrac{\partial}{\partial t}C_2 = H_{21}C_1 + H_{22}C_2 = E_2 C_2 \Rightarrow C_2 = A_2 e^{\frac{-iE_2 t}{\hbar}} \end{cases},$ （4.393）

則　　　$\begin{cases} C_1 = A_1 e^{\frac{-iE_1 t}{\hbar}} \\[3mm] C_2 = A_2 e^{\frac{-iE_2 t}{\hbar}} \end{cases},$ 　　　　　　　　（4.394）

所以　　$|\psi\rangle = A_1 e^{\frac{-iE_1 t}{\hbar}}|1\rangle + A_2 e^{\frac{-iE_2 t}{\hbar}}|2\rangle$ ，　　（4.395）

由歸一化條件　$\langle \psi | \psi \rangle = |A_1|^2 + |A_2|^2 = 1$，　　　（4.396）

且若初始條件（Initial condition）為，

當　　　$t=0$ 時，$|\psi\rangle_0=|1\rangle$，　　　　　　　　　（4.397）

所以　　$A_1=1$，$A_2=0$，　　　　　　　　　　　　　　（4.398）

即　　　$|\psi\rangle=e^{\frac{-iE_1t}{\hbar}}|1\rangle$，　　　　　　　　　　　（4.399）

上式的物理意義表示：NH_3 永遠在狀態$|1\rangle$。

[2]　假設狀況 2：若外加靜電場，則 NH_3 分子會在$|1\rangle$, $|2\rangle$ 二個狀態間作振盪。

假設　　$\hat{H}=\begin{bmatrix} E & -E_0 \\ E_0 & E \end{bmatrix}$，　　　　　　　　　　（4.400）

則 Schrödinger 方程式為

$$i\hbar\frac{\partial}{\partial t}C_1=EC_1-E_0C_2 \; ; \tag{4.401}$$

$$i\hbar\frac{\partial}{\partial t}C_2=-E_0C_1+EC_2 \, , \tag{4.402}$$

（4.399）＋（4.400）：

$$i\hbar\frac{\partial}{\partial t}(C_1+C_2)=C_1(E-E_0)+C_2(E-E_0)$$

$$=(E-E_0)(C_1+C_2) \, , \tag{4.403}$$

所以　　$C_1+C_2=ae^{\frac{-i(E-E_0)t}{\hbar}}$，　　　　　　　　（4.404）

其中 a 為常數。

（4.399）－（4.400）：

$$i\hbar\frac{\partial}{\partial t}(C_1-C_2)=C_1(E+E_0)-C_2(E+E_0)$$

$$=(E+E_0)(C_1-C_2) \, , \tag{4.405}$$

所以　　$C_1 - C_2 = b e^{\frac{-i(E+E_0)t}{\hbar}}$ ，　　　　　　　　　　　（4.406）

其中 b 爲常數。

可得　　$\begin{cases} C_1 = \dfrac{a}{2} e^{-i(E-E_0)t/\hbar} + \dfrac{b}{2} e^{-i(E+E_0)i/\hbar} \\[2mm] C_2 = \dfrac{a}{2} e^{-i(E-E_0)t/\hbar} - \dfrac{b}{2} e^{-i(E+E_0)i/\hbar} \end{cases}$ ，　　　（4.407）

假設初始條件爲，當 $t = 0$ 時，$|\psi\rangle_0 = |1\rangle$ ，　　　　（4.408）

即　　　$C_1(0) = 1$ ，$C_2(0) = 0$ ，　　　　　　　　　（4.409）

所以　　$\begin{cases} C_1(0) = \dfrac{a+b}{2} = 1 \\[2mm] C_2(0) = \dfrac{a-b}{2} = 1 \end{cases}$ ，　　　　　　　　（4.410）

得　　　$a = b = 1$ ，　　　　　　　　　　　　　　　（4.411）

則　　　$C_1 = e^{-iEt/\hbar} \dfrac{e^{iE_0t/\hbar} + e^{-iE_0t/\hbar}}{2} = e^{-iEt/\hbar} \cos(E_0t/\hbar)$ ；　（4.412）

且　　　$C_2 = e^{-iEt/\hbar} \dfrac{e^{iE_0t/\hbar} - e^{-iE_0t/\hbar}}{2} = e^{-iEt/\hbar} \sin(E_0t/\hbar)$ 。　（4.413）

所以，如圖 4.23 所示，

NH_3 分子處在狀態$|1\rangle$ 的機率爲 $P_1 = |C_1|^2 = \cos^2(E_0t/\hbar)$ ；　（4.414）

NH_3 分子處在狀態$|2\rangle$ 的機率爲 $P_2 = |C_2|^2 = \sin^2(E_0t/\hbar)$ 。　（4.415）

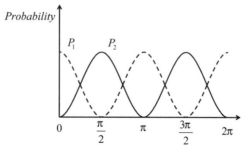

圖 4.23 · NH_3 分子在兩個狀態之間的機率

如果我們定義一組新的歸一化基底

$$\begin{cases} |I\rangle \equiv (|1\rangle + |2\rangle)/\sqrt{2} \\ |II\rangle \equiv (|1\rangle - |2\rangle)/\sqrt{2} \end{cases} , \qquad (4.416)$$

先查驗$|I\rangle$和$|II\rangle$是否符合基底的條件：

歸一化條件　　$\langle I|I\rangle = 1$；$\langle II|II\rangle = 1$，　　　(4.417)

正交關係　　　$\langle I|II\rangle = 0$；$\langle II|I\rangle = 0$。　　　(4.418)

兩個要求都滿足，故$|I\rangle$和$|II\rangle$為一組新的基底。

所以波函數可以表示為

$$|\psi\rangle = \frac{\sqrt{2}}{2} e^{-i(E-E_0)t/\hbar} |I\rangle + \frac{\sqrt{2}}{2} e^{-i(E+E_0)t/\hbar} |II\rangle 。 \qquad (4.419)$$

這個結果顯示，如圖 4.24 所示：

[1] 當我們將氨分子NH_3，置入靜電場中時，能將NH_3分子能階分裂$E - E_0$為及$E + E_0$，當NH_3分子由狀態$|II\rangle$變為狀態$|I\rangle$時，輻射光子$\hbar\omega = 2E_0$

[2] NH_3分子處狀態$|I\rangle$的機率為$|\langle I|\psi\rangle|^2 = \frac{1}{2}$；$NH_3$分子處狀態$|H\rangle$的機率為$|\langle H|\psi\rangle|^2 = \frac{1}{2}$。

[3] NH_3由外加靜電場取得能量，躍昇到高能態，但粒子趨向低能態，故放出電磁波。

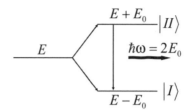

圖 4.24・外加靜電場將使 NH_3 分子能階分裂

4.10 習題

4-1 試就定義粒子的狀態空間、粒子的動力學變量、量測粒子的狀態、粒子隨時間的狀態變化，來比較古典力學與量子力學的差異。

4-2 試証 Cauchy-Schwartz 不等式，
$$|\langle\phi|\psi\rangle|^2 \le \langle\phi|\phi\rangle\langle\psi|\psi\rangle。$$

4-3 試簡單說明說明零點能量（Zero energy）$E_0 = \dfrac{1}{2}\hbar\omega$ 來自測不準原理。

4-4 試証 $\langle x|p\rangle = \dfrac{1}{\sqrt{2\pi\hbar}} e^{i\frac{px}{\hbar}}$。

4-5 試證

[1] $[H, \hat{a}] = -\hbar\omega\hat{a}$。

[2] $[H, \hat{a}^+] = \hbar\omega\hat{a}^+$。

4-6 試由 $\hat{H} = \hbar\omega\left(\hat{a}^+\hat{a} + \dfrac{1}{2}\right)$，且 $\hat{H}|\psi\rangle = E|\psi\rangle$，又 $[\hat{a}, \hat{a}^+] = \hat{a}\hat{a}^+ - \hat{a}^+\hat{a} = 1$，

證明

[1] $\hat{H}[\hat{a}^+|\psi\rangle] = (E + \hbar\omega)[\hat{a}^+|\psi\rangle]$。

[2] $\hat{H}[\hat{a}|\psi\rangle] = (E - \hbar\omega)[\hat{a}|\psi\rangle]$。

4-7 已知諧振子的位置算符 $\hat{x}$ 和動量算符 $\hat{p}$ 分別為

$$\hat{x}|\psi_n\rangle = \sqrt{\frac{\hbar}{2m\omega}}\left[\sqrt{n}|\psi_{n-1}\rangle + \sqrt{n+1}|\psi_{n+1}\rangle\right];$$

$$\hat{p}|\psi_n\rangle = -i\hbar\sqrt{\frac{m\omega}{2\hbar}}\left[\sqrt{n}|\psi_{n-1}\rangle - \sqrt{n-1}|\psi_{n+1}\rangle\right],$$

其中 $|\psi_n\rangle$ 為諧振子的穩定態本徵函數；m 為諧振子的質量；ω 為諧振子的角頻率；$n = 0, 1, 2, 3, 4, \cdots$。現在我們只考慮諧振子的 4 個穩定態，即 $|\psi_0\rangle$、$|\psi_1\rangle$、$|\psi_2\rangle$、$|\psi_3\rangle$，則試分別求出[1]位置算符的矩陣表示和[2]動量算符的矩陣表示。

4-8 已知簡諧振盪的 Schrödinger 方程式可以表示為 $\hat{H}|E\rangle = E|E\rangle$，其中 $\hat{H} = \hbar\omega\left(\hat{a}^+\hat{a} + \dfrac{1}{2}\right)$。試證簡諧振盪的本徵能量 E 不能是負值。

4-9 定義一個算符 $\hat{A}$ 為

$\hat{A} = 2|\phi_1\rangle\langle\phi_1| - i|\phi_1\rangle\langle\phi_2| + i|\phi_2\rangle\langle\phi_1| + 2|\phi_2\rangle\langle\phi_2|$，

其中 $|\phi_1\rangle$ 和 $|\phi_2\rangle$ 是一組正交歸一且完備的基底（Orthonormal and complete basis）。試證明 $\hat{A}$ 是 Hermitian。

4-10 已知一簡諧振子的本徵函數為 $|\psi\rangle = \dfrac{\sqrt{a}}{\pi^{\frac{1}{4}}}\exp\left(-\dfrac{1}{2}a^2x^2\right)$。若

$\Delta x = \sqrt{\langle x^2\rangle - \langle x\rangle^2}$ 且 $\Delta p = \sqrt{\langle p^2\rangle - \langle p\rangle^2}$，則試證 $\Delta x \Delta p = \dfrac{\hbar}{2}$。

4-11 若電子在圖所示的無限位能井中，則試採取 Bohr 駐波方法求平均能量 $\langle E\rangle = \dfrac{\hbar^2}{2}\left(\dfrac{n\pi}{a}\right)^2$。

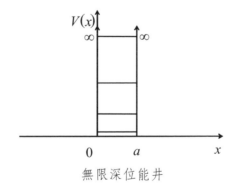

無限深位能井

4-12 已知描述簡諧振子的 Schrödinger 方程式為

$$\hat{H}|\psi\rangle = \left[\frac{-\hbar^2}{2m}\frac{d^2}{dx^2} + \frac{1}{2}m\omega x^2\right]|\psi\rangle = E|\psi\rangle \ 。$$

[1] 試引入一個新的參數 $\xi = \sqrt{\frac{m\omega}{\hbar}}x$，將上昇算符 $\hat{a}^+ \triangleq \sqrt{\frac{m\omega}{2\hbar}}\left(\hat{x} - i\frac{\hat{p}}{m\omega}\right)$

化成 $\hat{a}^+ = \frac{1}{\sqrt{2}}\left(-\frac{d}{d\xi} + \xi\right)$；下降算符 $\hat{a} \triangleq \sqrt{\frac{m\omega}{2\hbar}}\left(\hat{x} + i\frac{\hat{p}}{m\omega}\right)$ 化

成 $\hat{a} = \frac{1}{\sqrt{2}}\left(\frac{d}{d\xi} + \xi\right)$。

[2] 試證上昇算符 $\hat{a}^+$ 和下降算符 $\hat{a}$ 是不可交換的，即 $[\hat{a}, \hat{a}^+] = 1$。

[3] 若定義數量算符為 $N \triangleq \hat{a}^+\hat{a}$，則試證 $H|\psi_n\rangle = \left(n + \frac{1}{2}\right)\hbar\omega|\psi_n\rangle$，

其中 $\hat{a}^+\hat{a}|\psi_n\rangle = n|\psi_n\rangle$ 。

4-13 量子力學預測簡諧振盪的能量是由 $\hat{H}|\psi_n\rangle = E_n|\psi_n\rangle = \left(n + \frac{1}{2}\right)\hbar\omega|\psi_n\rangle$，

即本徵能量為 $E_n = \left(n + \frac{1}{2}\right)\hbar\omega$，其中 n 為量子數，也就是

即 在 狀 態 n 的 平 均 能 量 為 $\langle E_n\rangle = \left(n + \frac{1}{2}\right)\hbar\omega$，或

$\langle E_n\rangle = \langle\psi_n|\hat{H}|\psi_n\rangle = \langle\psi_n|E_n|\psi_n\rangle = \left(n + \frac{1}{2}\right)\hbar\omega$。其實我們可以

藉由 Schrödinger 方程式得知簡諧振盪在任何一個狀態的平均動

能為 $\langle T\rangle = \left\langle\frac{p^2}{2m}\right\rangle = \frac{\langle E_n\rangle}{2}$；平均位能為 $\langle V\rangle = \left\langle\frac{m\omega^2 x^2}{2}\right\rangle = \frac{\langle E_n\rangle}{2}$。

[1] 若 在 基 態 的 波 函 數 $\psi_0(x, t)$ 為

$\psi_0(x, t) = \psi_0(x)\, e^{-iE_0 t/\hbar} = \left(\frac{m\omega}{\pi\hbar}\right)^{\frac{1}{4}} e^{\frac{-m\omega x^2}{2\hbar}} e^{-iE_0 t/\hbar}$，即本徵函數為

$$\psi_0(x) = \left(\frac{m\omega}{\pi\hbar}\right)^{\frac{1}{4}} e^{\frac{-m\omega x^2}{2\hbar}}$$，其中 E_0 為基態能量。試證 $\psi_0(x)$ 是歸一化的。

[2] 試求基態 ψ_0 的平均位能為 $\left\langle\frac{m\omega^2 x^2}{2}\right\rangle = \frac{\hbar\omega}{4}$；基態 ψ_0 的平均動能為 $\left\langle\frac{p^2}{2m}\right\rangle = \frac{\hbar\omega}{4}$，即動能和位能的本徵值均為 $\frac{1}{4}\hbar\omega$；基態 ψ_0 的平均總能量為 $\langle E \rangle = \frac{\hbar\omega}{2}$，即 $\hat{H}|\psi_0\rangle = \frac{1}{2}\hbar\omega|\psi_0\rangle$。

[3] 試由零點能量 $E_0 = \frac{1}{2}\hbar\omega$，且 $(\Delta x)^2 = \langle x^2 \rangle - \langle x \rangle^2$；$(\Delta p)^2 = \langle p^2 \rangle - \langle p \rangle^2$ 的統計定義，得到測不準原理的關係 $\Delta x \Delta p \geq \frac{\hbar}{2}$。

4-14 現在有一個向量狀態為 $|\psi\rangle = \begin{bmatrix} 1 \\ -7i \\ 2 \end{bmatrix}$，請判斷這個向量狀態是歸一的嗎？如果不是，請將 $|\psi\rangle$ 歸一化。

4-15 現在有兩個狀態，分別為 $|\psi\rangle = 3i|\phi_1\rangle - 7i|\phi_2\rangle$ 和 $|\chi\rangle = -|\phi_1\rangle + 2i|\phi_2\rangle$，其中是 $|\phi_1\rangle$ 和 $|\phi_2\rangle$ 互相正交歸一的。

[1] 試分別求出 $|\psi+\chi\rangle$ 和 $\langle\psi+\chi|$。

[2] 試分別求出 $\langle\psi|\chi\rangle$ 和 $\langle\chi|\psi\rangle$。

[3] Schwarz 不等式 $|\langle\psi|\chi\rangle|^2 \leq \langle\psi|\psi\rangle\langle\chi|\chi\rangle$。

[4] 三角不等式 $\sqrt{\langle\psi+\phi|\psi+\phi\rangle} \leq \sqrt{\langle\psi|\psi\rangle} + \sqrt{\langle\phi|\phi\rangle}$。

4-16 現在有兩個 Ket 向量和 $|\psi\rangle = \begin{bmatrix} 3i \\ 2-i \\ 4 \end{bmatrix}$ ，則 $|\phi\rangle = \begin{bmatrix} 2 \\ i \\ 2+3i \end{bmatrix}$

[1] 試分別求出 Bra 向量 $\langle\psi|$ 和 $\langle\phi|$ 。

[2] 試分別求出 $\langle\psi|\phi\rangle$ 和 $\langle\phi|\psi\rangle$ 。

[3] 試說明 $\langle\psi|\phi\rangle$ 的物理意義。

[4] 試說明為什麼 $\langle\psi|\langle\phi|$ 和 $|\phi\rangle|\psi\rangle$ 是不存在的。

4-17 試求以下的算符互易關係。

[1] $[x^2, p] = ?$ 。

[2] $[p_x, p_y] = ?$

4-18 試以 $\hat{a}$ 和 $\hat{a}^+$ 分別表示 $\hat{x}$ 和 $\hat{p}$ 。

4-19 試證 $[\hat{a}, \hat{a}^+] = 1$ 。

4-20 若基態簡諧振子的本徵態 $|E_0\rangle$ 滿足歸一化的條件 $\langle E_0|E_0\rangle = 1$ ，則

[1] 試 由 $[\hat{a}, \hat{a}^+] = 1$ ，求 得 $\hat{a}\,\hat{a}^{+n} = \hat{a}^{+n}\hat{a} + n\hat{a}^{+n-1}$ 且 $\hat{a}^n\,\hat{a}^{+n} = \hat{a}^{n-1}\hat{a}^{+n}\hat{a} + n\hat{a}^{n-1}\hat{a}^{+n-1}$ 。

[2] 試求歸一化的本徵態為 $|E_n\rangle = \dfrac{1}{\sqrt{n!}}\hat{a}^{+n}|E_0\rangle$。

[3] 試証 $\hat{a}|E_n\rangle = \sqrt{n}\,|E_{n-1}\rangle$; $\hat{a}^+|E_n\rangle = \sqrt{n+1}\,|E_{n+1}\rangle$。

[4] 試分別求出上升算符 $\hat{a}^+$ 和下降算符 $\hat{a}$ 的矩陣元素，即

$$\langle E_m|\hat{a}^+|E_n\rangle = \sqrt{n+1}\,\delta_{m,n+1} \text{ 和 } \langle E_m|\hat{a}|E_n\rangle = \sqrt{n}\,\delta_{m,n-1}。$$

[5] 試分別求出位置算符 $\hat{x}$ 和動量算符 $\hat{p}$ 的矩陣元素，即

$$\langle E_m|\hat{x}|E_n\rangle = \sqrt{\frac{\hbar}{2m\omega}}\,(\sqrt{n}\,\delta_{m,n-1} + \sqrt{n+1}\,\delta_{m,n+1}) \qquad \text{和}$$

$$\langle E_m|\hat{p}|E_n\rangle = -i\hbar\sqrt{\frac{m\omega}{2\hbar}}\,(\sqrt{n}\,\delta_{m,n-1} - \sqrt{n+1}\,\delta_{m,n+1})。$$

4-21

[1] 試由下降算符 $\hat{a} \triangleq \sqrt{\dfrac{m\omega}{2\hbar}}\left(\hat{x} + i\dfrac{\hat{p}}{m\omega}\right)$，求出簡諧振子基態的

本徵函數為 $\psi_0(x) = \left(\dfrac{m\omega}{\pi\hbar}\right)^{\frac{1}{4}} e^{-\frac{m\omega}{2\hbar}x^2}$。

[2] 若簡諧振子本徵函數為 $\psi_n(x)$，則試由 $\psi_n(x) = \dfrac{1}{\sqrt{n!}}a^{+n}\psi_0(x)$ 的

關係，求出第一激發態的歸一化本徵函數為

$\psi_1(x) = \left(\dfrac{m\omega}{\pi\hbar}\right)^{\frac{1}{4}}\sqrt{\dfrac{2m\omega}{\hbar}}\,xe^{-\frac{m\omega}{2\hbar}x^2}$，其中上升算符為

$\hat{a}^+ \triangleq \sqrt{\dfrac{m\omega}{2\hbar}}\left(\hat{x} - i\dfrac{\hat{p}}{m\omega}\right)$。

4-22 有一向量 $|\psi\rangle = 3i|\phi_1\rangle - 4i|\phi_2\rangle + 2|\phi_3\rangle$，其中 $|\phi_1\rangle$、$|\phi_2\rangle$、$|\phi_3\rangle$

是一組正交歸一的基底，請把 $|\psi\rangle$ 歸一化。

4-23 在三維複向量空間（Three-dimensional complex vector space）

中，有兩個 Ket 向量，分別為 $|A\rangle = \begin{bmatrix} 2 \\ -7i \\ 1 \end{bmatrix}$ 及 $|B\rangle = \begin{bmatrix} 1+3i \\ 4 \\ 8 \end{bmatrix}$，若

$a = 6 + 5i$，則

[1] 試分別求 $a|A\rangle$、$a|B\rangle$ 和 $a(|A\rangle + |B\rangle)$。

[2] 試証 $a(|A\rangle + |B\rangle) = a|A\rangle + a|B\rangle$。

[3] 試分別求內積 $\langle A|B\rangle$ 和 $\langle B|A\rangle$。

4-24 有二個向量 $|\psi\rangle = \begin{bmatrix} \dfrac{1}{\sqrt{2}} \\ \dfrac{1}{\sqrt{2}} \end{bmatrix}$；$|\phi\rangle = \begin{bmatrix} \dfrac{1}{\sqrt{2}} \\ -\dfrac{1}{\sqrt{2}} \end{bmatrix}$，

[1] 試證二個向量是正交的。

[2] $|\psi\rangle$ 是歸一化的向量嗎？

4-25 有一向量 $|u\rangle = \begin{bmatrix} -2x \\ 3x \\ x \end{bmatrix}$，其中 x 為未知實數，則試求 x，使 $|u\rangle$ 為

歸一化向量。

4-26 若 $|u_1\rangle$、$|u_2\rangle$、$|u_3\rangle$ 是一組正交歸一的基底（Orthonormal basis）

且 $|\psi\rangle = 2i|u_1\rangle - 3|u_2\rangle + i|u_3\rangle$；$|\phi\rangle = 3|u_1\rangle - 2|u_2\rangle + 4|u_3\rangle$，

則

[1] 試求 $\langle\psi|$ 和 $\langle\phi|$ 。

[2] 試證 $\langle\phi|\psi\rangle=\langle\psi|\phi\rangle^*$ 。

[3] 若 $a=2+3i$ ，試求 $|a\psi\rangle$ 。

[4] 試求 $|\psi+\phi\rangle$ 和 $|\psi-\phi\rangle$ 。

4-27 若 $|u_1\rangle$ 、 $|u_2\rangle$ 、 $|u_3\rangle$ 是一組正交歸一的基底，則

[1] 若算符 $\hat{A}$ 的操作為 $\hat{A}|u_1\rangle=3|u_1\rangle$ ； $\hat{A}|u_2\rangle=2|u_1\rangle-i|u_3\rangle$ ； $\hat{A}|u_3\rangle=-|u_2\rangle$ ，試求算符 $\hat{A}$ 的矩陣表示。

[2] 試以外積符號（Outer product notation）來表示算符 A 。

4-28 現在有二個矩陣，分別為 $A=\begin{bmatrix}0&1&0\\1&0&1\\0&1&0\end{bmatrix}$ 和 $B=\begin{bmatrix}1&0&0\\0&0&0\\0&0&-1\end{bmatrix}$ ，則

[1] 試分別找出 A 和 B 的本徵值。

[2] 試由[1]的結果，分別找出 A 和 B 的歸一化本徵向量。

[3] 試證 A 的本徵向量 $|a_1\rangle$, $|a_2\rangle$, $|a_3\rangle$ 是一組正交歸一且完備的基底，即 $\langle a_j|a_k\rangle=\delta_{jk}$ ；且 $\sum\limits_{j=1}^{3}|a_j\rangle\langle a_j|=|a_1\rangle\langle a_1|+|a_2\rangle\langle a_2|+|a_3\rangle\langle a_3|=I$ ，

其中 I 是一個 (3×3) 的單位矩陣，即 $I=\begin{bmatrix}1&0&0\\0&1&0\\0&0&1\end{bmatrix}$ 。

[4] 仿[3]的過程，對 B 作一次。

4-29 我們來看看不同基底的算符表示是否相同。

若有一算符 $\hat{A}$，作用在基底 $\{|u_1\rangle, |u_2\rangle, |u_3\rangle\}$ 的操作為

$$\hat{A}|u_i\rangle = \hat{A}\begin{bmatrix} x_i \\ y_i \\ z_i \end{bmatrix} = \begin{bmatrix} x_i - 2y_i + z_i \\ 3x_i - 4z_i \\ y_i + z_i \end{bmatrix},$$

試分別找出以二組不同基底 $\left\{ \begin{bmatrix} 1 \\ 0 \\ 0 \end{bmatrix}, \begin{bmatrix} 0 \\ 1 \\ 0 \end{bmatrix}, \begin{bmatrix} 0 \\ 0 \\ 1 \end{bmatrix} \right\}$ 和 $\left\{ \begin{bmatrix} 1 \\ 1 \\ 0 \end{bmatrix}, \begin{bmatrix} 1 \\ 0 \\ 1 \end{bmatrix}, \begin{bmatrix} 0 \\ 0 \\ 1 \end{bmatrix} \right\}$ 的

算符 $\hat{A}$ 矩陣表示。

4-30 現在三個正交歸一的本徵態為 $|\phi_1\rangle, |\phi_2\rangle, |\phi_3\rangle$ 和算符 $\hat{B}$ 作用的

關係為 $\hat{B}|\phi_n\rangle = n^2|\phi_n\rangle$，其中 $n = 1, 2, 3$，則

[1]　若有一個狀態 $|\psi\rangle$ 是由 $|\phi_1\rangle, |\phi_2\rangle, |\phi_3\rangle$ 所構成，

$$|\psi\rangle = \frac{1}{\sqrt{2}}|\phi_1\rangle + \frac{1}{\sqrt{5}}|\phi_2\rangle + \frac{1}{\sqrt{7}}|\phi_3\rangle$$

請將 $|\psi\rangle$ 歸一化。

[2]　試求 $\langle B \rangle$。

4-31 粒子的能量為 E，處於如圖所示的位能中，則試以 Schrödinger

方程式求出能量方程式。

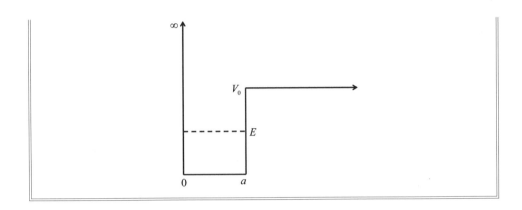

4-32 粒子的能量為 E，處於如圖所示的位能中，則試以 Schrödinger 方程式求出能量方程式。

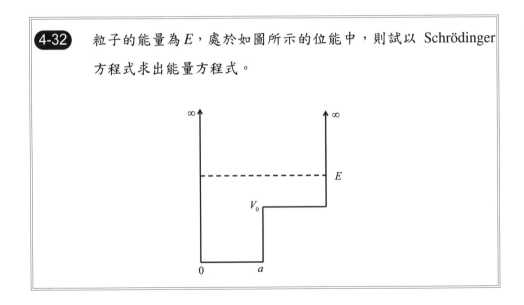

第五章

角動量

　　我們在第三章和第四章已經說明了位置算符 $\hat{x}$、線性動量算符 $\hat{p}$ 和能量算符 $\hat{H}$ 及其相關的特性，但是，在古典力學中還有一個重要的物理量就是角動量（Angular momentum）$\vec{L}$。古典力學中，質量爲 m 的粒子以線性速度 $\vec{v}$，半徑爲 $|\vec{r}|$ 做圓周運動，定義出線性動量爲 $\vec{p}=m\vec{v}$；以及角動量爲 $\vec{L}=\vec{r}\times\vec{p}$。其中角動量 $\vec{L}$ 對量子力學而言特別重要，因爲原子基本上是由原子核和電子所構成的，如果用原子行星模型來想像，電子就像月球一樣自轉而且繞著地球在特定的軌道上公轉，當然在第六章我們會發現電子並不是在軌道上繞著原子核轉動，而是繞著原子核在軌域上運動；並且電子自旋（Spin）也不是電子像陀螺一樣轉動，而是一種內稟的（Intrinsic）特性。如果覺得以量子力學理解角動量的概念上有點抽象，我們也許可以用氫原子作爲一個思考的實體，先想像原子核和電子之間的關係，待有了一些角動量的量子力學觀點之後，就可以在第六章延伸理解到多電子原子了。總之，角動量對於瞭解原子結構，光譜分析有極關鍵的地位。在本章中，我們將介紹角動量的算符，本徵值和本徵值函數的相關概念。

　　角動量和前面所介紹的各種物理量最特別且迥然不同的性質就是第四章所提到的線性動量所伴隨的本徵函數是沿著一個特定方向的位置函數；然而角動量算符的本徵值永遠是分立的（Discrete），即所謂的空間量子化（Space quantization）。因爲角動量所伴隨的本徵函數是角度的函數，而且亦爲空間的單值函數（Single-value function），所以說在每經過 2π 的角度之後，必須要回到原來出發的位置，在這樣週期整數的要求下，導致角動量的量子化。

　　角動量的另一個有別於線性動量的是角動量算符的不可交換性，依據第四章所述之 Heisenberg 測不準原理，如果算符是可交換的，則其所對應的物理量是可以同時量測的；反之，如果算符是不可交換的，則其所對應

的物理量是不可同時量測的。線性動量中不同的正交軸，即線性動量算符 $\hat{p}_x$、線性動量算符 $\hat{p}_y$ 以及線性動量算符 $\hat{p}_z$，彼此是可交換的；然而角動量中的正交軸所對應的算符，以直角座標為例，即角動量算符 $\hat{L}_x$、角動量算符 $\hat{L}_y$ 以及角動量算符 $\hat{L}_z$，彼此是不可交換的，當然，我們找到了另外一個有用的總角動量算符 $\hat{L}^2$，總角動量算符 $\hat{L}^2$ 和各別的正交軸所對應的算符，即 $\hat{L}_x$、$\hat{L}_y$、$\hat{L}_z$，都是可交換的，如此就解決了實驗上無法同時觀察的困擾。

在本章的內容中，我們會定義出幾個角動量算符的型式，且求出其所對應的本徵函數及本徵值，如表 5-1 所示，其中比較特別的就是總角動量算符 $\hat{L}^2$ 的本徵函數，稱為球諧函數（Spherical harmonics），雖然數學型式可能稍稍複雜了些，但是並不難理解。

表 5-1・角動量算符的本徵方程式和本徵值

	Operators	Eigenequations and Eigenvalues
Z component of Angular Momentum	$\hat{L}_z$	$\hat{L}_z\lvert l, m\rangle = m\hbar\lvert l, m\rangle$
Raising Operator	$\hat{L}_+ \triangleq \hat{L}_x + i\hat{L}_y$	$\hat{L}_+\lvert l, m\rangle = \sqrt{(l-m)(l+m+1)}\,\hbar\lvert l, m+1\rangle$
Lowering Operator	$\hat{L}_- \triangleq \hat{L}_x - i\hat{L}_y$	$\hat{L}_-\lvert l, m\rangle = \sqrt{(l-m+1)(l+m)}\,\hbar\lvert l, m-1\rangle$
Total Angular Momentum Operator	$\hat{L}^2 \triangleq \hat{L}_x^2 + \hat{L}_y^2 + \hat{L}_z^2$	$\hat{L}^2\lvert l, m\rangle = l\,(l+1)\hbar\lvert l, m\rangle$

最後，我們將以具象的向量模型（Vector model）來說明角動量量子化和空間量子化的現象。

5.1 角動量算符

在量子力學裡，每個可觀測的物理量都有算符與之對應，角動量也不例外。我們會從古典力學開始，定義出直角座標（Cartesian coordinates）的角動量算符表象，又因爲原子呈球對稱的結構，所以在球座標中寫出角動量算符比較方便。此外，角動量算符性質比較特殊，因爲各正交軸角動量算符分量之間相互的不可交換，所以在分析直角座標的角動量算符過程當中，我們將會保留 z 方向分量的角動量算符 $\hat{L}_z$，並定義出總角動量算符 $\hat{L}^2$，以及引入和第三章在分析簡諧振盪時相似的階梯算符。

5.1.1 角動量算符在直角座標的表象

古典力學的角動量 $\vec{L}$ 定義爲

$$\vec{L} = \vec{r} \times \vec{p}，\tag{5.1}$$

其中
$$\vec{r} = \hat{i}x + \hat{j}y + \hat{k}z；\tag{5.2}$$

$$\vec{p} = \hat{i}p_x + \hat{j}p_y + \hat{k}p_z。\tag{5.3}$$

所以
$$\vec{L} = \vec{r} \times \vec{p} = \begin{vmatrix} \hat{i} & \hat{j} & \hat{k} \\ x & y & z \\ p_x & p_y & p_z \end{vmatrix}$$

$$= \hat{i}(yp_z - zp_y) + \hat{j}(zp_x - xp_z) + \hat{k}(xp_y - yp_x)$$

$$= (yp_z - zp_y, zp_x - xp_z, xp_y - yp_x)。\tag{5.4}$$

接著要把角動量對應成角動量算符。

由
$$\hat{p}_x = \frac{\hbar}{i}\frac{\partial}{\partial x} \; ; \tag{5.5}$$

$$\hat{p}_y = \frac{\hbar}{i}\frac{\partial}{\partial y} \; ; \tag{5.6}$$

$$\hat{p}_z = \frac{\hbar}{i}\frac{\partial}{\partial z} \; , \tag{5.7}$$

則
$$\hat{L} = \hat{r} \times \hat{p} = \hat{r} \times \frac{\hbar}{i}\nabla = \frac{\hbar}{i}\hat{r} \times \nabla \; , \tag{5.8}$$

其中
$$\nabla = \hat{i}\frac{\partial}{\partial x} + \hat{j}\frac{\partial}{\partial y} + \hat{k}\frac{\partial}{\partial z} \; , \tag{5.9}$$

所以
$$\hat{L} = \hat{i}\hat{L}_x + \hat{j}\hat{L}_y + \hat{k}\hat{L}_z$$

$$= \hat{r} \times \hat{p}$$

$$= \frac{\hbar}{i}\hat{r} \times \nabla$$

$$= \frac{\hbar}{i}\begin{vmatrix} \hat{i} & \hat{j} & \hat{k} \\ x & y & z \\ \dfrac{\partial}{\partial x} & \dfrac{\partial}{\partial y} & \dfrac{\partial}{\partial z} \end{vmatrix}$$

$$= \hat{i}\frac{\hbar}{i}\left(y\frac{\partial}{\partial z} - z\frac{\partial}{\partial y}\right) + \hat{j}\frac{\hbar}{i}\left(z\frac{\partial}{\partial x} - x\frac{\partial}{\partial z}\right)$$

$$+ \hat{k}\frac{\hbar}{i}\left(x\frac{\partial}{\partial y} - y\frac{\partial}{\partial x}\right) \circ \tag{5.10}$$

上式和（5.4）比較之後，所以可得角動量算符在直角座標的表象為

$$\hat{L}_x = yp_z - zp_y = \frac{\hbar}{i}\left(y\frac{\partial}{\partial z} - z\frac{\partial}{\partial y}\right) \; ; \tag{5.11}$$

$$\hat{L}_y = zp_x - xp_z = \frac{\hbar}{i}\left(z\frac{\partial}{\partial x} - x\frac{\partial}{\partial z}\right) \; ; \tag{5.12}$$

$$\hat{L}_z = xp_y - yp_x = \frac{\hbar}{i}\left(x\frac{\partial}{\partial y} - y\frac{\partial}{\partial x}\right)。 \tag{5.13}$$

接著，如同在第四章所介紹的，我們要以算符交換子來看看直角座標的角動量算符的性質。

由 $\qquad \hat{L}_x = \hat{y}\hat{p}_z - \hat{z}\hat{p}_y；\tag{5.14}$

$\qquad\qquad \hat{L}_y = \hat{z}\hat{p}_x - \hat{x}\hat{p}_z；\tag{5.15}$

$\qquad\qquad \hat{L}_z = \hat{x}\hat{p}_y - \hat{y}\hat{p}_x，\tag{5.16}$

所以 $\quad [\hat{L}_x, \hat{L}_y] = [\hat{y}\hat{p}_z - \hat{z}\hat{p}_y, \hat{z}\hat{p}_x - \hat{x}\hat{p}_z]$

$$= (\hat{y}\hat{p}_z - \hat{z}\hat{p}_y)(\hat{z}\hat{p}_x - \hat{x}\hat{p}_z) - (\hat{z}\hat{p}_x - \hat{x}\hat{p}_z)(\hat{y}\hat{p}_z - \hat{z}\hat{p}_y)$$

$$= \hat{y}\hat{p}_z\hat{z}\hat{p}_x - \hat{y}\hat{p}_z\hat{x}\hat{p}_z - \hat{z}\hat{p}_y\hat{z}\hat{p}_x + \hat{z}\hat{p}_y\hat{x}\hat{p}_z$$

$$- (\hat{z}\hat{p}_x\hat{y}\hat{p}_z - \hat{z}\hat{p}_x\hat{z}\hat{p}_y - \hat{x}\hat{p}_z\hat{y}\hat{p}_z + \hat{x}\hat{p}_z\hat{z}\hat{p}_y)，\tag{5.17}$$

又 $[\hat{z}, \hat{p}_z] = i\hbar$，即 $\hat{z}\hat{p}_z - \hat{p}_z\hat{z} = i\hbar$，則 $\hat{p}_z\hat{z} = \hat{z}\hat{p}_z - i\hbar$，

且 $\qquad [\hat{p}_i, \hat{p}_j] = 0，\tag{5.18}$

其中 $i, j = x, y, z$。

所以 $\quad [\hat{L}_x, \hat{L}_y] = \hat{y}(\hat{z}\hat{p}_z - i\hbar)\hat{p}_x - \hat{y}\hat{p}_z\hat{x}\hat{p}_z - \hat{z}\hat{p}_y\hat{z}\hat{p}_x + \hat{z}\hat{p}_y\hat{x}\hat{p}_z - \hat{z}\hat{p}_x\hat{y}\hat{p}_z$

$$+ \hat{z}\hat{p}_x\hat{z}\hat{p}_y + \hat{x}\hat{p}_z\hat{y}\hat{p}_z - \hat{x}(\hat{z}\hat{p}_z - i\hbar)\hat{p}_y$$

$$= i\hbar(\hat{x}\hat{p}_y - \hat{y}\hat{p}_x) + \hat{y}\hat{z}\hat{p}_z\hat{p}_x - \hat{y}\hat{p}_z\hat{x}\hat{p}_z - \hat{z}\hat{p}_y\hat{z}\hat{p}_x + \hat{z}\hat{p}_y\hat{x}\hat{p}_z$$

$$- \hat{z}\hat{p}_x\hat{y}\hat{p}_z + \hat{z}\hat{p}_x\hat{z}\hat{p}_y + \hat{x}\hat{p}_z\hat{y}\hat{p}_z - \hat{x}\hat{z}\hat{p}_z\hat{p}_y$$

$$= i\hbar(\hat{x}\hat{p}_y - \hat{y}\hat{p}_x)$$

$$= i\hbar\hat{L}_z，\tag{5.19}$$

即 $\qquad [\hat{L}_x, \hat{L}_y] = i\hbar(\hat{x}\hat{p}_y - \hat{y}\hat{p}_x) = i\hbar\hat{L}_z，\tag{5.20}$

同理 $\qquad [\hat{L}_y, \hat{L}_z] = i\hbar\hat{L}_x；\tag{5.21}$

且 $\qquad [\hat{L}_z, \hat{L}_x] = i\hbar\hat{L}_y$。 $\qquad\qquad$ （5.22）

顯然我們可以得到一個角動量算符交換子循環的關係，如圖 5.1 所示，

即 $\qquad [\hat{L}_x, \hat{L}_y] = i\hbar\hat{L}_z$; $\qquad\qquad$ （5.23）

$\qquad\qquad [\hat{L}_y, \hat{L}_x] = -i\hbar\hat{L}_z$; $\qquad\qquad$ （5.24）

$\qquad\qquad [\hat{L}_y, \hat{L}_z] = i\hbar\hat{L}_x$; $\qquad\qquad$ （5.25）

$\qquad\qquad [\hat{L}_z, \hat{L}_y] = -i\hbar\hat{L}_x$; $\qquad\qquad$ （5.26）

$\qquad\qquad [\hat{L}_z, \hat{L}_x] = i\hbar\hat{L}_y$; $\qquad\qquad$ （5.27）

$\qquad\qquad [\hat{L}_x, \hat{L}_z] = -i\hbar\hat{L}_y$。 $\qquad\qquad$ （5.28）

圖 5.1・角動量算符交換子循環的關係

由 4.6 節曾介紹的算符交換子與 Heisenberg 測不準原理關係：如果 $[\hat{L}_i, \hat{L}_j] \neq 0$，則表示 $\hat{L}_i$ 和 $\hat{L}_j$ 無法同時測量。所以角動量算符在直角座標上的三個分量 $\hat{L}_x$、$\hat{L}_y$、$\hat{L}_z$ 是無法同時測量的，也就是一次只能測量一個方向的角動量，通常我們習慣把觀察的方向定為 z 方向，所以我們會量測到 $\hat{L}_z$。

5.1.2 總角動量算符和階梯算符

我們很自然的依照 4.6 節的經驗，可以把總角動量算符 $\hat{L}^2$ 分解為

$$\hat{L}^2 \triangleq \hat{L}_x^2 + \hat{L}_y^2 + \hat{L}_z^2 = (\hat{L}_x + i\hat{L}_y)(\hat{L}_x - i\hat{L}_y) + \hat{L}_z^2 , \qquad (5.29)$$

其中 $\hat{L}_+ \triangleq \hat{L}_x + i\hat{L}_y$ 稱為上升算符（Raising operator）；$\hat{L}_- \triangleq \hat{L}_x - i\hat{L}_y$ 稱為下降算符（Lowing operator），所以可得

$$\hat{L}_+ = (\hat{L}_-)^+ ; \qquad (5.30)$$

$$\hat{L}_x = \frac{1}{2}(\hat{L}_+ + \hat{L}_-) ; \qquad (5.31)$$

$$\hat{L}_y = \frac{1}{2i}(\hat{L}_+ - \hat{L}_-) 。 \qquad (5.32)$$

此外，還有幾個重要的關係式及算符交換子的性質：

[1] $\qquad \hat{L}_+\hat{L}_- = \hat{L}^2 - \hat{L}_z^2 + \hbar\hat{L}_z ; \qquad (5.33)$

$\qquad\qquad \hat{L}_-\hat{L}_+ = \hat{L}^2 - \hat{L}_z^2 - \hbar\hat{L}_z 。 \qquad (5.34)$

[2] $\qquad [\hat{L}_+, \hat{L}_-] = 2\hbar\hat{L}_z 。 \qquad (5.35)$

[3] $\qquad [\hat{L}_+, \hat{L}_z] = -\hbar\hat{L}_+ ; \qquad (5.36)$

$\qquad\qquad [\hat{L}_-, \hat{L}_z] = \hbar\hat{L}_- 。 \qquad (5.37)$

[4] $\qquad [L^2, \hat{L}_x] = 0 ; \qquad (5.38)$

$\qquad\qquad [\hat{L}^2, \hat{L}_y] = 0 ; \qquad (5.39)$

$\qquad\qquad [\hat{L}^2, \hat{L}_z] = 0 ; \qquad (5.40)$

$$[L^2, \hat{L}_+] = 0 \; ; \tag{5.41}$$

$$[L^2, \hat{L}_-] = 0 \; 。 \tag{5.42}$$

這幾個性質或關係式當然是爲了實驗的需要而介紹的，如果再作仔細的分類則可以約略的說：[1]、[2]、[3]大多的用途是在分析光譜時所需的計算簡化過程；而[4]則旨在揭示：「總角動量可以和上升算符、下降算符同時度量」以及「總角動量可以和其他的角動量同時度量」的物理意義，也就是總角動量可以和任何方向角動量同時度量，其中又以 z 方向分量的角動量 $\hat{L}_z$ 是最主要的，因爲我們習慣上把觀察角動量的方向就定爲 z 方向。

分別推導說明如下：

[1]
$$\begin{aligned}
\hat{L}_+\hat{L}_- &= (\hat{L}_x + i\hat{L}_y)(\hat{L}_x - i\hat{L}_y) \\
&= \hat{L}_x^2 + \hat{L}_y^2 + i\,(\hat{L}_y\hat{L}_x - \hat{L}_x\hat{L}_y) \\
&= \hat{L}_x^2 + \hat{L}_y^2 + i\,(-i\hbar\hat{L}_z) \\
&= \hat{L}_x^2 + \hat{L}_y^2 + \hbar\hat{L}_z \\
&= \hat{L}^2 - \hat{L}_z^2 + \hbar\hat{L}_z \; 。
\end{aligned} \tag{5.43}$$

同理
$$\hat{L}_-\hat{L}_+ = \hat{L}^2 - \hat{L}_z^2 - \hbar\hat{L}_z \; 。 \tag{5.44}$$

[2]
$$\begin{aligned}
[\hat{L}_+, \hat{L}_-] &= \hat{L}_+\hat{L}_- - \hat{L}_-\hat{L}_+ \\
&= (\hat{L}^2 - \hat{L}_z^2 - \hbar\hat{L}_z) - (\hat{L}^2 - \hat{L}_z^2 - \hbar\hat{L}_z) \\
&= 2\hbar\hat{L}_z \; 。
\end{aligned} \tag{5.45}$$

[3]
$$\begin{aligned}
[\hat{L}_+, \hat{L}_z] &= [\hat{L}_x + i\hat{L}_y, \hat{L}_z] \\
&= [\hat{L}_x, \hat{L}_z] + i\,[\hat{L}_y, \hat{L}_z] \\
&= -\hbar\,(\hat{L}_x + i\hat{L}_y) \\
&= -\hbar\hat{L}_+ \; 。
\end{aligned} \tag{5.46}$$

同理可得
$$[\hat{L}_-, \hat{L}_z] = \hbar\hat{L}_- \; 。 \tag{5.47}$$

[4] $\qquad$ $[L^2, \hat{L}_x] = [\hat{L}_x^2 + \hat{L}_y^2 + \hat{L}_z^2, \hat{L}_x]$

$\qquad\qquad = [\hat{L}_x^2, \hat{L}_x] + [\hat{L}_y^2, \hat{L}_x] + [\hat{L}_z^2, \hat{L}_x]$ ， $\qquad(5.48)$

由 $\qquad [\hat{L}_x^2, \hat{L}_x] = 0$ ， $\qquad(5.49)$

且 $\qquad [\hat{L}_y^2, \hat{L}_x] = \hat{L}_y [\hat{L}_y, \hat{L}_x] + [\hat{L}_y, \hat{L}_x]\hat{L}_y$

$\qquad\qquad = \hat{L}_y (-i\hbar\hat{L}_z) + (-i\hbar\hat{L}_z)\hat{L}_y$

$\qquad\qquad = -i\hbar (\hat{L}_y\hat{L}_z + \hat{L}_z\hat{L}_y)$ ， $\qquad(5.50)$

又 $\qquad [L_z^2, \hat{L}_x] = \hat{L}_z [\hat{L}_z, \hat{L}_x] + [\hat{L}_z, \hat{L}_x]\hat{L}_z$

$\qquad\qquad = \hat{L}_z (i\hbar\hat{L}_y) + (i\hbar\hat{L}_y)\hat{L}_z$

$\qquad\qquad = i\hbar (\hat{L}_y\hat{L}_z + \hat{L}_z\hat{L}_y)$ ， $\qquad(5.51)$

所以 $\qquad [\hat{L}^2, \hat{L}_x] = 0$ 。 $\qquad(5.52)$

同理可得 $\quad [\hat{L}^2, \hat{L}_y] = 0$ ； $\qquad(5.53)$

$\qquad\qquad [\hat{L}^2, \hat{L}_z] = 0$ 。 $\qquad(5.54)$

因為 $\qquad [\hat{L}^2, \hat{L}_x] = 0$ ； $\qquad(5.55)$

$\qquad\qquad [\hat{L}^2, \hat{L}_y] = 0$ ， $\qquad(5.56)$

所以 $\qquad [\hat{L}^2, \hat{L}_+] = [\hat{L}^2, \hat{L}_x + i\hat{L}_y] = [\hat{L}^2, \hat{L}_x] + i [\hat{L}^2, \hat{L}_y] = 0$ 。 $\qquad(5.57)$

同理可得 $\quad [\hat{L}^2, \hat{L}_-] = 0$ 。 $\qquad(5.58)$

如果再稍微再作一點延伸，還可以得到

$\qquad\qquad [\hat{L}^2, \hat{L}_+\hat{L}_-] = 0$ ； $\qquad(5.59)$

$\qquad\qquad [\hat{L}^2, \hat{L}_-\hat{L}_+] = 0$ 。 $\qquad(5.60)$

5.1.3 角動量算符在球座標的表象

　　這一小節要介紹角動量算符在球座標的表象。首先列出球座標(r, θ, ϕ)和直角座標(x, y, z)的關係為

$$x = r \sin \theta \cos \phi \; ; \tag{5.61}$$

$$y = r \sin \theta \sin \phi \; ; \tag{5.62}$$

$$z = r \cos \theta \, , \tag{5.63}$$

且微分算符為　$\nabla = \hat{e}_r \dfrac{\partial}{\partial r} + \hat{e}_\theta \dfrac{\partial}{r \partial \theta} + \hat{e}_\phi \dfrac{\partial}{r \sin \theta \, \partial \theta} \, , \tag{5.64}$

其中$\hat{e}_r$，$\hat{e}_\theta$，$\hat{e}_\phi$是單位向量。

　　接著我們可以把角動量算符以球座標(r, θ, ϕ)表示出來。因為位能分佈$V(r)$成球形對稱，即位能分佈和極座標角（Polar angle）θ、方位角（Azimuthal angle）ϕ無關，

則由
$$\hat{L} = \frac{\hbar}{i} \hat{r} \times \nabla = \frac{\hbar}{i} \begin{vmatrix} \hat{e}_r & \hat{e}_\theta & \hat{e}_\phi \\ r & 0 & 0 \\ \dfrac{\partial}{\partial r} & \dfrac{\partial}{r \partial \theta} & \dfrac{\partial}{r \sin \theta \partial \phi} \end{vmatrix}$$

$$= \frac{\hbar}{i} \hat{e}_\theta \frac{-\partial}{\sin \theta \partial \phi} + \frac{\hbar}{i} \hat{e}_\phi \frac{\partial}{\partial \theta} \, 。 \tag{5.65}$$

　　可得z方向分量的角動量算符$\hat{L}_z$、總角動量算符$\hat{L}^2$、上升算符$\hat{L}_+$、下降算符$\hat{L}_-$在球座標中的表象分列如下：

[1]　　　　　$\hat{L}_z = \hat{x} \hat{p}_y - \hat{y} \hat{p}_x = -i\hbar \dfrac{\partial}{\partial \phi} \, 。 \tag{5.66}$

[2] $$\hat{L}_+ = \hat{L}_x + i\hat{L}_y = \hbar e^{i\phi}\left(\frac{\partial}{\partial\theta} + i\cot\theta\frac{\partial}{\partial\phi}\right); \tag{5.67}$$

$$\hat{L}_- = \hat{L}_x - i\hat{L}_y = -\hbar e^{-i\phi}\left(\frac{\partial}{\partial\theta} + i\cot\theta\frac{\partial}{\partial\phi}\right)。 \tag{5.68}$$

[3] $$\hat{L}^2 = -\hbar^2\left(\frac{\partial}{\sin\theta\partial\theta}\right)\left(\sin\theta\frac{\partial}{\partial\theta}\right) + \frac{\partial^2}{\sin^2\theta\partial\phi^2}。 \tag{5.69}$$

以下我們只推導說明 $\hat{L}_z = -i\hbar\dfrac{\partial}{\partial\phi}$ 的關係，其餘的關係都可以微積分的連鎖規則（Chain rule）證之。

因為球座標和直角座標的微分算符關係，

$$\frac{\hbar}{i}\frac{\partial}{\partial\phi} = \frac{\hbar}{i}\left(\frac{\partial}{\partial x}\frac{\partial x}{\partial\phi} + \frac{\partial}{\partial y}\frac{\partial y}{\partial\phi} + \frac{\partial}{\partial z}\frac{\partial z}{\partial\phi}\right), \tag{5.70}$$

且由 $\quad x = r\sin\theta\cos\phi \cdot y = r\sin\theta\sin\phi \cdot z = r\cos\phi,$ (5.71)

所以 $\quad \dfrac{\hbar}{i}\dfrac{\partial}{\partial\phi} = \dfrac{\hbar}{i}\left(-y\dfrac{\partial}{\partial x} + x\dfrac{\partial}{\partial y}\right) = \hat{x}\hat{p}_y - \hat{y}\hat{p}_x = \hat{L}_z,$ (5.72)

得 $\quad \hat{L}_z = \hat{x}\hat{p}_y - \hat{y}\hat{p}_x = -i\hbar\dfrac{\partial}{\partial\phi}。$ (5.73)

5.2 角動量的本徵值

在知道 z 方向分量的角動量算符 $\hat{L}_z$、總角動量算符 $\hat{L}^2$ 以及階梯算符 $\hat{L}_+\hat{L}_-$、$\hat{L}_-\hat{L}_+$ 之後，就要求出這些算符所對應的本徵函數和本徵值。

這些算符所對應的本徵函數都是球諧函數（Spherical harmonic function）$Y_{l,m}(\theta,\phi)$。因為球諧函數 $Y_{l,m}(\theta,\phi)$ 具有角度 2π 的週期性，在這樣週期 2π 整數的要求下，所以在量子力學中的角動量是量子化的。此外，z 方

向分量的角動量算符 $\hat{L}_z$、總角動量算符 $\hat{L}^2$ 以及階梯算符 $\hat{L}_+\hat{L}_-$、$\hat{L}_-\hat{L}_+$ 之間的算符交換關係是相同的,即(5.40)、(5.41)、(5.42)、(5.59)、(5.60),從 Heisenberg 測不準原理來說就是這些角動量算符是可交換的;也是可以同時度量的。

我們還會發現以量子力學分析角動量特性,角動量算符的本徵值並非連續的,而是量子的,也就是產生了空間量子化的現象。我們將引入兩個量子數,即軌道角動量量子數(Orbital angular momentum quantum number)或簡稱軌道量子數(Orbital quantum number)l 和磁量子數(Magnetic quantum number)m。

若 $Y_{l,m}(\theta,\phi) \triangleq |l,m\rangle$ 為球諧函數;l 為軌道量子數;m 為磁量子數,則幾個重要的角動量算符本徵值分列如下:

[1]　z 方向分量的角動量算符 $\hat{L}_z$ 之本徵值為 $m\hbar$,

即　　$\hat{L}_z Y_{l,m}(\theta,\phi)) = m\hbar\, Y_{l,m}(\theta,\phi)$;　　　　　　　　　(5.74)

或　　$\hat{L}_z |l,m\rangle = m\hbar |l,m\rangle$ 。　　　　　　　　　　　　(5.75)

[2]　$\hat{L}^2$ 之本徵值為 $l(l+1)\hbar$,

即　　$\hat{L}^2\, Y_{l,m}(\theta,\phi) = l(l+1)\hbar\, Y_{l,m}(\theta,\phi)$;　　　　　(5.76)

或　　$\hat{L}^2 |l,m\rangle = l(l+1)\hbar |l,m\rangle$ 。　　　　　　　　　(5.77)

[3]　$\hat{L}_+\hat{L}_-$ 之本徵值為 $[l(l+1) - m(m-1)]\hbar^2 = (l-m+1)(l+m)\hbar^2$,

即　　$\hat{L}_+\hat{L}_- |l,m\rangle = [l(l+1) - m(m-1)]\hbar^2 |l,m\rangle$

　　　　　　　　　$= (l-m+1)(m+1)\hbar^2 |l,m\rangle$;　　　　(5.78)

或 　　$\hat{L}_+\hat{L}_- Y_{l,m}(\theta,\phi) = (l-m+1)(l+m)\hbar^2 Y_{l,m}(\theta,\phi)$。 　　　　　（5.79）

[4]　$\hat{L}_-\hat{L}_+$ 之本徵值為 $[l(l+1)-m(m+1)]\hbar^2 = (l-m)(l+m+1)\hbar^2$，

即 　　$\hat{L}_-\hat{L}_+ |l,m\rangle = [l(l+1)-m(m+1)]\hbar^2 |l,m\rangle$

$$= (l-m)(l+m+1)\hbar^2 |l,m\rangle \quad ; \qquad （5.80）$$

或 　　$\hat{L}_-\hat{L}_+ Y_{l,m}(\theta,\phi) = (l-m)(l+m+1)\hbar^2 Y_{l,m}(\theta,\phi)$。 　　（5.81）

　　綜合以上四個結果可知，角動量算符 $\hat{L}_z$、總角動量算符 $\hat{L}^2$ 以及階梯算符 $\hat{L}_+\hat{L}_-$、$\hat{L}_-\hat{L}_+$ 的本徵函數都是球諧函數 $Y_{l,m}(\theta,\phi)$，而其所對應的角動量算符本徵值含有軌道量子數 l 和磁量子數 m，於是就把空間量子化了。要特別說明的是，空間量子化的現象或結果不但是古典物理所沒有的，並且有別於第三章和第四章所介紹的能量量子化。也許可以舉個例子來說明，我們暫且說一個人就是一個粒子，則能量量子化就好比這個人的心情狀態只有兩種：高興的或悲傷的；但是空間量子化則是說這個人只能站在左邊或站在右邊，但是，這個人不能由左邊「走」到右邊，也不能由右邊「走」到左邊，所以我們一眨眼就看見這個人就站在左邊了；一眨眼就看見這個人又站在右邊了，所以我們不會看見這個人存在於兩者之間的空間。這也就是第六章將要介紹的電子軌域的觀念。

　　分別推導說明幾個角動量算符的本徵函數和其所對應的本徵值如下。

[1]　令球諧函數 $Y_{l,m}(\theta,\phi)$ 的極座標角 θ 和方位角 ϕ 互相獨立，

即 　　$Y_{l,m}(\theta,\phi) \triangleq \Theta(\theta)\Phi(\phi)$。 　　　　　　　　　　（5.82）

令角動量算符 $\hat{L}_z = -i\hbar\dfrac{\partial}{\partial\phi}$ 的本徵值為 l_z 且本徵函數為 $\Phi(\phi)$，

所以　　　$\hat{L}_z\Phi(\phi) = -i\hbar\dfrac{\partial}{\partial\phi}\Phi(\phi) = l_z\,\Phi(\phi)$，　　　　　　（5.83）

可解得　　$\Phi(\phi) = e^{i\left(\frac{l_z}{\hbar}\right)\phi}$ 。　　　　　　　　　　　　　　　　（5.84）

又因為 $\Phi(\phi)$ 為方位角 ϕ 的單值函數（Single-value function of ϕ），且其週期為 2π，即 $0 \leq \phi \leq 2\pi$，

所以　　　$\Phi(\phi+2\pi) = \Phi(\phi)$，　　　　　　　　　　　　　　（5.85）

則　　　　$\Phi(\phi) = e^{i\left(\frac{l_z}{\hbar}\right)(\phi+2\pi)} = e^{i\left(\frac{l_z}{\hbar}\right)\phi}\,e^{i\left(\frac{l_z}{\hbar}\right)2\pi} = e^{i\left(\frac{l_z}{\hbar}\right)\phi}$ ，　　　（5.86）

所以　　　$e^{i\left(\frac{l_z}{\hbar}\right)2\pi} = 1 = e^{im2\pi}$ ，　　　　　　　　　　　（5.87）

即　　　　$\dfrac{l_z}{\hbar} = m$ ，　　　　　　　　　　　　　　　　（5.88）

其中 $m = 0, \pm1, \pm2, \pm3, \cdots$ 是整數。

所以角動量量子化條件和第三章習題中所提到的 Bohr-Sommerfeld 量子化結果相同，

即　　　　$l_z = m\hbar$ ，　　　　　　　　　　　　　　　　　　（5.89）

其中 $m = 0, \pm1, \pm2, \pm3, \cdots$ 。

所以方向分量的角動量算符 $\hat{L}_z$ 之本徵值為 $m\hbar$，

即　　　$\hat{L}_z \Phi(\phi) = m\hbar \Phi(\phi)$ ，　　　　　　　　　　　　　　（5.90）

其中　　$\Phi(\phi) = e^{im\phi}$ 。　　　　　　　　　　　　　　　　　　（5.91）

我們可以用球諧函數 $Y_{l,m}(\theta, \phi)$ 來表示，把（5.91）兩側乘 $\Theta(\theta)$，

則　　　$\hat{L}_z \Phi(\phi)\Theta(\theta) = \hat{L}_z Y_{l,m}(\theta, \phi)$

　　　　　　　　　　　$= m\hbar \Phi(\phi)\Theta(\theta)$

　　　　　　　　　　　$= m\hbar Y_{l,m}(\theta, \phi)$ 。

[2]　令　　$\hat{L}^2 Y_{l,m}(\theta, \phi) = K\hbar^2 Y_{l,m}(\theta, \phi)$ ，　　　　　（5.92）

由　　$\hat{L}^2 = -\hbar^2 \left[\dfrac{\partial}{\sin\theta \partial\theta}\left(\sin\theta \dfrac{\partial}{\partial\theta}\right) + \dfrac{\partial^2}{\sin^2\theta \partial\phi^2} \right]$ ，　　（5.93）

則　　$-\hbar^2 \left[\dfrac{\partial}{\sin\theta \partial\theta}\left(\sin\theta \dfrac{\partial}{\partial\theta}\right) + \dfrac{\partial^2}{\sin^2\theta \partial\phi^2} \right] Y_{l,m}(\theta, \phi) = K\hbar^2 Y_{l,m}(\theta, \phi)$ 。

　　　　　　　　　　　　　　　　　　　　　　　　　　　　　　　　（5.94）

假設 $K = l(l+1)$ ，　　　　　　　　　　　　　　　　　　　　　（5.95）

則　　$\dfrac{\partial}{\sin\theta \partial\theta}\left[\sin\theta \dfrac{\partial Y_{l,m}(\theta, \phi)}{\partial\theta} \right] + \dfrac{\partial^2 Y_{l,m}(\theta, \phi)}{\sin^2\theta \partial\phi^2} + l(l+1) Y_{l,m}(\theta, \phi) = 0$ ，

　　　　　　　　　　　　　　　　　　　　　　　　　　　　　　　　（5.96）

對 $Y_{l,m}(\theta, \phi)$ 作極座標角 θ 和方位角 ϕ 變數分離，

即　　　$Y_{l,m}(\theta, \phi) = \Theta(\theta)\Phi(\phi)$ ，　　　　　　　　　　　（5.97）

對（5.9）的等號兩側同除以 $Y_{l,m}(\theta, \phi)$ ，

則得　$\dfrac{\partial}{\Theta(\theta)\sin\theta\partial\theta}\left[\sin\theta\dfrac{\partial\Theta(\theta)}{\partial\theta}\right]+\dfrac{\partial^2\Phi(\phi)}{\Phi(\phi)\sin^2\theta\partial\phi^2}+l\,(l+1)=0$ 。

$$(5.98)$$

因為 $\Phi(\phi)=e^{im\phi}$，且（5.98）式乘上 $\Theta(\theta)$ 之後就是副 Legendre 方程式

（Associated Legendre equation），

即　$\dfrac{\partial}{\sin\theta\partial\theta}\left[\sin\theta\dfrac{d\Theta(\theta)}{d\theta}\right]+l\,(l+1)\Theta(\theta)-\dfrac{m^2}{\sin^2\theta}\Theta(\theta)=0$ ，　(5.99)

其實 $\Theta(\theta)$ 就是 Legendre 函數（Legendre function）$P_l^m(\theta)$。

上式表示我們假設的 $K=l(l+1)$ 是可解的；是成立的，所以總角動量

算符 $\hat{L}^2$ 之本徵值為 $l\,(l+1)\hbar$，

即　　$\hat{L}^2\,Y_{l,m}(\theta,\phi)=l\,(l+1)\hbar^2\,Y_{l,m}(\theta,\phi)$ 。　　(5.100)

[3]　因為　$\hat{L}_+\hat{L}_-=\hat{L}^2-\hat{L}_z^2+\hbar\hat{L}_z$ ，　　(5.101)

且已知　$\hat{L}^2\,Y_{l,m}(\theta,\phi)=l\,(l+1)\hbar^2\,Y_{l,m}(\theta,\phi)$ ；　　(5.102)

$\hat{L}_z\,Y_{l,m}(\theta,\phi)=m\hbar\,Y_{l,m}(\theta,\phi)$ ，　　(5.103)

所以　$\hat{L}_+\hat{L}_-|\,l,m\rangle=(\hat{L}^2-\hat{L}_z^2+\hbar\hat{L}_z)|\,l,m\rangle$

$\qquad\qquad=[l\,(l+1)\hbar^2-m^2\hbar^2+m\hbar^2]|\,l,m\rangle$

$\qquad\qquad=[l\,(l+1)-m\,(m-1)]\hbar^2|\,l,m\rangle$

$\qquad\qquad=(l-m+1)(l+m)\hbar^2|\,l,m\rangle$ ，　　(5.104)

可得　$\hat{L}_+\hat{L}_-|\,l,m\rangle=(l-m+1)(l+m)\hbar^2|\,l,m\rangle$ 。　　(5.105)

所以 $\hat{L}_+\hat{L}_-$ 之本徵值為

$\qquad[l\,(l+1)-m\,(m-1)]\hbar^2=(l-m+1)(l+m)\hbar^2$ 。　　(5.106)

[4]和[3]相似的步驟，

可得 $\quad \hat{L}_-\hat{L}_+|l, m\rangle = (l-m)(l+m+1)\hbar^2|l, m\rangle$ 。 $\qquad$ (5.107)

所以 $\hat{L}_-\hat{L}_+$ 之本徵值為

$$[l(l+1) - m(m+1)]\hbar^2 = (l-m)(l+m+1)\hbar^2 。 \qquad (5.108)$$

5.3 軌道量子數與磁量子數

角動量的本徵函數和本徵值雖然已經知道了，但是軌道量子數 l 和磁量子數 m 之間有什麼關聯呢？我們可以藉由角動量算符 $\hat{L}_z$、總角動量算符 $\hat{L}^2$ 以及階梯算符 $\hat{L}_+\hat{L}_-$、$\hat{L}_-\hat{L}_+$ 所對應的本徵函數和本徵值來討論軌道量子數 l 和磁量子數 m 的容許值。

先把結果列出來。

[1] 若軌道量子數為 l，則磁量子數 m 的容許值為 $-1 \leq m \leq 1$，且磁量子數 m 共有 $2l+1$ 個值，即對於固定的 l 值，磁量子數 m 可以為 $-l, -l+1, -l+2, \cdots, -1, 0, 1, 2, \cdots, l-1, l$。

[2] 軌道量子數 l 的容許值為整數或半整數，即 $l = 0, \dfrac{1}{2}, 1, \dfrac{3}{2}, 2, \cdots$。

分別說明如下：

[1.1] 由 5.2 節可知角動量算符 $\hat{L}_+\hat{L}_-$ 之本徵值為 $(l-m+1)(l+m)\hbar^2$；角動量算符 $\hat{L}_-\hat{L}_+$ 之本徵值為 $(l-m)(l+m+1)\hbar^2$，

即 $\quad \hat{L}_+\hat{L}_-|l, m\rangle = (l-m+1)(l+m)\hbar^2|l, m\rangle$ ； $\qquad$ (5.109)

$\quad \hat{L}_+\hat{L}_-|l, m\rangle = (l-m)(l+m+1)\hbar^2|l, m\rangle$ 。 $\qquad$ (5.110)

因為　　$\langle l, m | \hat{L}_+ \hat{L}_- | l, m \rangle = (l - m + 1)(l + m)\hbar^2 | \langle l, m | l, m \rangle$

$= \langle l, m | \hat{L}_-^* \hat{L}_- | l, m \rangle$

$= |\hat{L}_- | l, m \rangle|^2 \geq 0 ,$　　　　　（5.111）

即　　　　$(l - m + 1)(l + m) \geq 0 ,$　　　　　（5.112）

則　　　　$-l \leq m \leq l + 1 。$　　　　　（5.113）

同理　　$\langle l, m | \hat{L}_- \hat{L}_+ | l, m \rangle = (l - m)(l + m + 1)\hbar^2 = |\hat{L}_+ | l, m \rangle|^2 \geq 0 ,$

　　　　　（5.114）

所以　　$-(l + 1) \leq m \leq l ,$　　　　　（5.115）

我們取（5.113）和（5.115）的交集為 $-l \leq m \leq l$，即磁量子數 m 可以為 $-l, l + 1, -l + 2, \cdots, -1, 0, 1, 2, \cdots, l - 1, l$，所以磁量子數 m 共有個 $2l + 1$ 值，其中 l 為軌道量子數。

[2.1] 由 5.2 節可知角動量算符 $\hat{L}_+ \hat{L}_-$ 之本徵方程式為

$$\hat{L}_+ \hat{L}_- | l, m \rangle = (l - m + 1)(l + m)\hbar^2 | l, m \rangle ; \qquad （5.116）$$

角動量算符 $\hat{L}_- \hat{L}_+$ 之本徵方程式為

$$\hat{L}_- \hat{L}_+ | l, m \rangle = (l - m)(l + m + 1)\hbar^2 | l, m \rangle , \qquad （5.117）$$

所以　　$\langle l, m | \hat{L}_- \hat{L}_+ | l, m \rangle = |\hat{L}_+ | l, m \rangle|^2 = (l - m)(l + m + 1)\hbar^2 ,$　（5.118）

當 $m = l$ 時，則　　　　　　$\langle l, l | \hat{L}_- \hat{L}_+ | l, l \rangle = 0 ,$　　　　（5.119）

所以　　　　　　　　　　$\hat{L}_+ | l, l \rangle = 0 。$　　　　　（5.120）

同理　　$\langle l, m | \hat{L}_+ \hat{L}_- | l, m \rangle = |(\hat{L}_- | l, m \rangle)|^2 = (l - m + 1)(l + m)\hbar^2 ,$

　　　　　（5.121）

當 $m = -l$ 時，則 $\qquad \langle l, -l | \hat{L}_+\hat{L}_- | l, -l \rangle = 0$ ， $\qquad$ （5.122）

所以 $\qquad\qquad\qquad \hat{L}_- | l, -l \rangle = 0$ 。 $\qquad\qquad$ （5.123）

我們可以藉由以上的過程來瞭解上升算符 $\hat{L}_+$ 和下降算符 $\hat{L}_-$ 的物理意義：「上升算符 $\hat{L}_+$ 可以將磁量子數 m 向上增加 1，即 $m' = m+1$。」；「下降算符 $\hat{L}_-$ 可以將磁量子數 m 向下減少 1，即 $m' = m-1$。」。所以當球諧函數 $|l, m\rangle$ 的磁量子數 m 已提升至最高的 $|l, l\rangle$ 時，再施加一次上升算符 $\hat{L}_+$ 亦無法提升磁量子數 m，

即 $\qquad \hat{L}_+ | l, l \rangle = 0$ ； $\qquad\qquad\qquad$ （5.124）

反之，當球函數 $|l, m\rangle$ 的磁量子數已降落至最低的 $|l, -l\rangle$ 時，再施加一次下降算符 $\hat{L}_-$ 亦無法再減少磁量子數 m，

即 $\qquad \hat{L}_- | l, -l \rangle = 0$ 。 $\qquad\qquad\qquad$ （5.125）

[2.2] 由 5.1.2 節所介紹的算符交換性質，

$$[\hat{L}_+, \hat{L}_z] = -\hbar\hat{L}_+ ，$$ （5.126）

則 $\qquad \hat{L}_+\hat{L}_z - \hat{L}_z\hat{L}_+ = -\hbar\hat{L}_+$ ， $\qquad$ （5.127）

則 $\qquad \hat{L}_z\hat{L}_+ = \hat{L}_+\hat{L}_z + \hbar\hat{L}_+$ ， $\qquad$ （5.128）

所以 $\quad \hat{L}_z\hat{L}_+ | l, m \rangle = (\hat{L}_+\hat{L}_z + \hbar\hat{L}_+) | l, m \rangle$

$$= \hat{L}_+ m\hbar | l, m \rangle + \hbar\hat{L}_+ | l, m \rangle$$

$$= (m+1)\hbar\hat{L}_+ | l, m \rangle \text{ 。}$$ （5.129）

這個結果可視爲 z 方向分量的角動量算符 $\hat{L}_z$ 之本徵函數爲 $\hat{L}_+ | l, m \rangle$，而本徵值爲 $(m+1)\hbar$，而且 5.2 節已經告訴我們 z 方向分量的角動量算符 $\hat{L}_z$ 之本徵值爲 $m\hbar$，

即 $\qquad \hat{L}_z | l, m \rangle = m\hbar | l, m \rangle$ ， $\qquad\qquad$ (5.130)

則 $\qquad \hat{L}_z | l, m+1 \rangle = (m+1)\hbar | l, m+1 \rangle$ ， $\qquad\qquad$ (5.131)

所以 $| l, m+1 \rangle$ 亦爲 z 方向分量的角動量算符 $\hat{L}_z$ 的本徵函數，而本徵值亦爲 $(m+1)\hbar$。

既然 $\hat{L}_+ | l, m \rangle$ 和 $| l, m+1 \rangle$ 都是角動量算符 $\hat{L}_z$ 的本徵函數，那麼兩者之間會有什麼關係呢？

令 $\qquad \hat{L}_+ | l, m \rangle = K | l, m+1 \rangle$ ， $\qquad\qquad$ (5.132)

則 $\qquad \langle l, m | \hat{L}_- \hat{L}_+ | l, m \rangle = |(\hat{L}_+ | l, m \rangle)|^2$

$$= (l-m)(l+m+1)\hbar^2$$

$$= \langle l, m+1 | K^2 | l, m+1 \rangle$$

$$= K^2 \langle l, m+1 | l, m+1 \rangle$$

$$= K^2 \text{，} \qquad\qquad (5.133)$$

可得 $\qquad \hat{L}_+ | l, m \rangle = \sqrt{(l-m)(l+m+1)}\,\hbar | l, m+1 \rangle$ 。 $\qquad$ (5.134)

所以在上升算符 $\hat{L}_+$ 作用下，狀態 $| l, m \rangle$ 上升成爲狀態 $| l, m+1 \rangle$。

同理，由 $\qquad [\hat{L}_-, \hat{L}_z] = \hbar L_-$ ， $\qquad\qquad$ (5.135)

可推得 $\qquad \hat{L}_- | l, m \rangle = \sqrt{(l-m+1)(l+m)}\,\hbar | l, m-1 \rangle$ 。 $\qquad$ (5.136)

所以在下降算符 $\hat{L}_-$ 作用下，狀態 $|l, m\rangle$ 下降成爲狀態 $|l, m-1\rangle$。

[2.3] 由以上[2.1]和[2.2]的定理可以得到，在上升算符 $\hat{L}_+$ 作用下，狀態 $|l, m\rangle$ 上升的過程爲

$$|l, m\rangle, \underbrace{|l, m+1\rangle, |l, m+2\rangle, \cdots, |l, m+p=l\rangle}_{\text{共上升 } p \text{ 次}}, \qquad (5.137)$$

其中 p 爲正整數；

在下降算符 $\hat{L}_-$ 作用下，狀態 $|l, m\rangle$ 下降的過程爲

$$|l, m\rangle, \underbrace{|l, m-1\rangle, |l, m-2\rangle, \cdots, |l, m-q=-l\rangle}_{\text{共下降 } q \text{ 次}}, \qquad (5.138)$$

其中 q 爲正整數。

則由 $p = l - m$；且 $q = l + m$，則 $p + q = 2l$ 爲正整數，所以 $l = \dfrac{p+q}{2}$。

可得結論爲軌道角動量 l 的容許值爲正整數或半整數。

5.4　角動量的耦合

經過了以上對於單一的角動量量子化特性說明之後，雖然在第六章會對原子作完整的量子描述，但是我們還是可以先看看雙粒子系統中的兩個角動量是如何耦合的，或者簡單的說是兩個角動量是如何進行加法運算的。

若雙粒子系統中的兩個角動量分別為 $\overrightarrow{L_1}$ 和 $\overrightarrow{L_2}$，則總角動量 $\vec{J}$ 為

$$\vec{J} = \overrightarrow{L_1} + \overrightarrow{L_2} \; ; \tag{5.139}$$

而 z 方向分量 $\overrightarrow{J_z}$ 為

$$\overrightarrow{J_z} = \overrightarrow{L_{1z}} + \overrightarrow{L_{2z}} \; , \tag{5.140}$$

且　　　　　　$[\hat{L}_1, \hat{L}_2] = 0 \; 。 \tag{5.141}$

上式表示兩個粒子的角動量 $\overrightarrow{L_1}$ 和 $\overrightarrow{L_2}$ 是可以同時測量的。

經過簡單的算符交換子運算之後，

可得　　　　　　$[\hat{J}^2, \hat{L}_1] = 0 \; ; \tag{5.142}$

$$[\hat{J}^2, \hat{L}_2] = 0 \; ; \tag{5.143}$$

$$[\hat{J}_z, \hat{L}_2^2] = 0 \; ; \tag{5.144}$$

$$[\hat{J}_z, \hat{L}_1^2] = 0 \; 。 \tag{5.145}$$

如果雙粒子系統的本徵函數為 $|l_1, l_2, m_1, m_2\rangle = |l_1, m_1\rangle |l_2, m_2\rangle$，則因為兩個角動量 $\overrightarrow{L_1}$ 和 $\overrightarrow{L_2}$ 只分別作用在個別的質點角動量，

所以　　　　　　$\hat{L}_1^2 |l_1, m_1\rangle = l_1 (l_1+1) \hbar^2 |l_1, m_1\rangle \; ; \tag{5.146}$

$$\hat{L}_2^2 |l_2, m_2\rangle = l_2 (l_2+1) \hbar^2 |l_2, m_2\rangle \; ; \tag{5.147}$$

$$\hat{L}_{1z} |l_1, m_1\rangle = m_1 \hbar |l_1, m_1\rangle \; ; \tag{5.148}$$

$$\hat{L}_{2z}|l_2, m_2\rangle = m_2\hbar|l_2, m_2| \, , \qquad (5.149)$$

若以雙粒子系統的本徵函數來$|l_1, l_2, m_1, m_2\rangle$表示（5.146）、（5.147）、（5.148）、（5.149），則本徵方程式可以寫為

$$\hat{L}_1^2|l_1, l_2, m_1, m_2\rangle = l_1(l_1+1)\hbar^2|l_1, l_2, m_1, m_2\rangle \quad ; \qquad (5.150)$$

$$\hat{L}_2^2|l_1, l_2, m_1, m_2\rangle = l_2(l_2+1)\hbar^2|l_1, l_2, m_1, m_2\rangle \quad ; \qquad (5.151)$$

$$\hat{L}_{1z}|l_1, l_2, m_1, m_2\rangle = m_1\hbar|l_1, l_2, m_1, m_2\rangle \quad ; \qquad (5.152)$$

$$\hat{L}_{2z}|l_1, l_2, m_1, m_2\rangle = m_2\hbar|l_1, l_2, m_1, m_2\rangle \quad 。 \qquad (5.153)$$

所以總角動量$\vec{J}$和總角動量的z方向分量$\vec{J_z}$的本徵方程式為

$$\hat{J}^2|l_1, l_2, m_1, m_2\rangle = j(j+1)\hbar^2|l_1, l_2, m_1, m_2\rangle \quad ; \qquad (5.154)$$

$$\hat{J}_z|l_1, l_2, m_1, m_2\rangle = (m_1+m_2)\hbar|l_1, l_2, m_1, m_2\rangle \quad 。 \qquad (5.155)$$

則在雙粒子系統中，總角動量$\vec{J}$的量子化條件為，

$$J^2 = j(j+1)\hbar^2 \quad ; \qquad (5.156)$$

$$J_z = m_j\hbar = (m_1+m_2)\hbar 。 \qquad (5.157)$$

處理雙粒子系統的總角動量問題時，如果$\vec{J} = \vec{L}_1 + \vec{L}_2$，且$|\vec{L}_1| \geq |\vec{L}_2|$，並已知各角動量的軌道角動量子數$l_i$，則可得總角動量$j$的軌道角動量子數$l_i$的容許值，即總角動量子數為$j = l_1 - l_2，l_1 - l_2 + 1，l_1 - l_2 + 2，\cdots，$

$l_1 + l_2$，也就是 $l_1 - l_2 \le j \le l_1 + l_2$，而再依各 j 值，就可以知道總磁量子數 m 的容許值 $-j \le m_j \le j$。

5.5 向量模型

角動量量子化使得軌道量子數 l 和磁量子數 m 有特定的容許值，我們可以用「向量模型」來更具體的瞭解空間量子化的概念，這個向量模型也將有助於我們對第六章內容的瞭解。

首先我們分析一下向量模型是如何建構的。

由 $$\hat{L}^2 | l, m \rangle = l\,(l+1)\,\hbar^2 | l, m \rangle \; ; \tag{5.158}$$

且 $$\hat{L}_z | l, m \rangle = m\hbar | l, m \rangle \; , \tag{5.159}$$

其中 l 為軌道量子數；m 為磁量子數，

則可得角動量量子化的條件為：

$$L^2 = l\,(l+1)\,\hbar^2 \; ; \tag{5.160}$$

以及 $$L_z = m\hbar \; , \tag{5.161}$$

即角動量 $\vec{L}$ 的大小 $|\vec{L}|$ 為 $\sqrt{l(l+1)}\hbar$，在 $\hat{z}$ 方向角動量的分量大小 $|\vec{L}_z|$ 為 $m\hbar$。

根據以上的角動量量子化的結果，今將所有大小的單位長度訂為 $\hbar$，所以 $\dfrac{|\vec{L}|}{\hbar} = \sqrt{l(l+1)}$，且 $\dfrac{L_z}{\hbar} = m$，則可以向量模型描繪粒子角動量間大小與

方向的關係，具體的步驟如下。

[1]　確定了軌道角動量子數 l，則角動量大小 $|\vec{L}|$ 就可以確定，並且也可以
　　確定磁量子數 m 的容許值。

[2]　給定磁量子數 m 值，則可以確定角動量 $\vec{L}$ 方向。

假設軌道角動量子數 $l=2$；自旋角動量子數 $s=\dfrac{1}{2}$，兩個角動量構成軌
道-自旋耦合（L-S coupling），如圖 5.2 所示，則總角動量 j 的容許值為
$j=l-s=\dfrac{3}{2}$ 或 $j=l+s=\dfrac{5}{2}$。

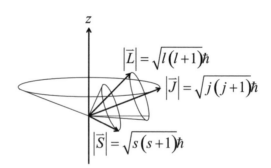

圖 5.2・軌道-自旋耦合

當總角動量為 $j=\dfrac{3}{2}$，則磁量子數可為 $m_j=-\dfrac{3}{2},\ -\dfrac{1}{2},\ \dfrac{1}{2},\ \dfrac{3}{2}$，所以空
間量子化的四個方向的角動量 $\vec{j}$ 向量模型如圖 5.3 所示。

當總角動量為 $j=\dfrac{5}{2}$，則磁量子數可為 $m_j=-\dfrac{5}{2},\ -\dfrac{3}{2},\ -\dfrac{1}{2},\ \dfrac{1}{2},\ \dfrac{3}{2},\ \dfrac{5}{2}$，
所以空間量子化的六個方向的角動量 $\vec{j}$ 向量模型如圖 5.4 所示。

有關軌道-自旋耦合的機制，我們留待第六章再作進一步的介紹。

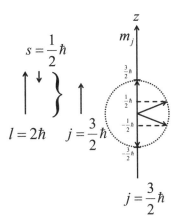

圖 5.3・總角動量為 $j = \dfrac{3}{2}$，磁量子數為 $m_j = -\dfrac{3}{2}, -\dfrac{1}{2}, \dfrac{1}{2}, \dfrac{3}{2}$

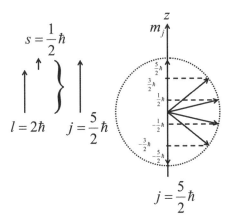

圖 5.4・總角動量為 $j = \dfrac{5}{2}$，磁量子數為 $m_j = -\dfrac{5}{2}, -\dfrac{3}{2}, -\dfrac{1}{2}, \dfrac{1}{2}, \dfrac{3}{2}, \dfrac{5}{2}$

5.6 習題

5-1 試證明角動量算符表示。

[1] $\hat{L}_x = -i\hbar \left[-\sin\phi \dfrac{\partial}{\partial\theta} - \cot\theta\cos\phi \dfrac{\partial}{\partial\phi} \right]$;

$\hat{L}_y = -i\hbar \left[\cos\phi \dfrac{\partial}{\partial\theta} - \cot\theta\sin\phi \dfrac{\partial}{\partial\phi} \right]$ 。

[2] $\hat{L}_+ = \hat{L}_x + i\hat{L}_y = \hbar e^{-i\phi} \left(\dfrac{\partial}{\partial\theta} + i\cot\theta \dfrac{\partial}{\partial\phi} \right)$;

$\hat{L}_- = \hat{L}_x - i\hat{L}_y = -\hbar e^{-i\phi} \left(\dfrac{\partial}{\partial\theta} - i\cot\theta \dfrac{\partial}{\partial\phi} \right)$ 。

[3] $\hat{L}^2 = -\hbar^2 \left[\dfrac{\partial}{\sin\theta\partial\theta} \left(\sin\theta \dfrac{\partial}{\partial\theta} \right) + \dfrac{\partial^2}{\sin^2\theta\partial\phi^2} \right]$

或 $\hat{L}^2 = -\hbar^2 \left[\cot\theta \dfrac{\partial}{\partial\theta} + \dfrac{\partial^2}{\partial\theta^2} + \dfrac{\partial^2}{\sin^2\theta\partial\phi^2} \right]$ 。

5-2 試證角動量算符的關係。

[1] $\hat{L}_-\hat{L}_+ = \hat{L}^2 - \hat{L}_z^2 - \hbar\hat{L}_z$ 。

[2] $[\hat{L}_-, \hat{L}_z] = \hbar\hat{L}$ 。

[3] $[\hat{L}^2, \hat{L}_-] = 0$ 。

5-3 試證角動量算符的交換關係。

[1] $[\hat{L}^2, \hat{L}_+\hat{L}_-] = 0$ 。

[2] $[\hat{L}^2, \hat{L}_-\hat{L}_+] = 0$ 。

5-4　試證 $\hat{L}_-\hat{L}_+|l,m\rangle = (l-m)(l+m+1)\hbar^2|l,m\rangle$。

5-5　若雙質點系統中的兩個角動量分別為 $\overrightarrow{L_1}$ 和 $\overrightarrow{L_2}$，則總角動量 $\overrightarrow{J}$ 和總角動量的 z 方向分量 $\overrightarrow{J_z}$ 分別為 $\overrightarrow{J}=\overrightarrow{L_1}+\overrightarrow{L_2}$；$\overrightarrow{J_z}=\overrightarrow{L_{1z}}+\overrightarrow{L_{2z}}$，且兩個角動量 $\overrightarrow{L_1}$ 和 $\overrightarrow{L_2}$ 是可以同時測量的，即 $[\hat{L}_1,\hat{L}_2]=0$。試證 [1] $[\hat{J}^2,\hat{L}_1]=0$；[2] $[\hat{J}^2,\hat{L}_2]=0$；[3] $[\hat{J}_z,\hat{L}_2^2]=0$；[4] $[\hat{J}_z,\hat{L}_1^2]=0$。

5-6　試證角動量算符的交換關係。

[1]　$[\hat{L}_x,\hat{z}]=-i\hbar\hat{y}$。

[2]　$[\hat{L}_y,\hat{z}]=i\hbar\hat{x}$。

[3]　$[\hat{L}_z,\hat{z}]=0$。

5-7　試證明角動量算符的交換關係。

[1]　$[\hat{L}^2,\hat{x}]=i2\hbar\,(\hat{y}\hat{L}_z-\hat{z}\hat{L}_y-i\hbar\hat{x})$。

[2]　$[\hat{L}^2,\hat{y}]=i2\hbar\,(\hat{z}\hat{L}_x-\hat{x}\hat{L}_z-i\hbar\hat{y})$。

[3]　$[\hat{L}^2,\hat{z}]=i2\hbar\,(\hat{x}\hat{L}_y-\hat{y}\hat{L}_x-i\hbar\hat{z})$。

5-8　試證明 $[\hat{L}^2,[\hat{L}^2,\hat{r}]]=2\hbar^2\,(\hat{r}\hat{L}^2+\hat{L}^2\hat{r})$。

5-9 角動量量子化使得軌道量子數 l 和磁量子數 m 有特定的容許值，我們可以用「向量模型」來更具體的瞭解空間量子化的概念。若軌道量子數 $l=2$，則試以向量模型表示出空間量子化的行為。

5-10 在自然科學中，有所謂的中心力場（Central force）問題，中心力場主要是由位能產生，即 $\vec{F} = -\nabla V$。中心力場對圓心或中心呈對稱，例如：重力、Coulomb 力都是屬於中心力場。

現在我們考慮一個圓心對稱的系統，最簡單的例子是一個電子在有中心力場（Coulomb potential）$V(\vec{r})$ 中，例如氫原子，則其中心力場之波函數 $\Psi_{nim}(Y) = R_{nl}(r)Y_{lm}(\theta, \phi)$

粒子在有圓心對稱性的力場中，其 Schrödinger 方程式為，若在球座標中，則為 $\hat{H}\Psi(r) = E\Psi(r)$

$$\hat{H}\Psi(r, \theta, \phi)$$

$$= \left\{ -\frac{\hbar^2}{2m}\frac{\partial^2 r}{r\partial r^2} - \frac{\hbar^2}{2mr^2}\left[\frac{1}{\sin\theta}\frac{\partial}{\partial\theta}\left(\sin\theta\frac{\partial}{\partial\theta} \right) + \frac{\partial^2}{\sin^2\theta\partial\phi^2} \right] \right\}\Psi(r, \theta, \phi)$$

$$+ V(r, \theta, \phi)\Psi(r, \theta, \phi)$$

$$= E\Psi(r, \theta, \phi)。$$

在課文中，雖然已經介紹了推導過程，但是請再試以分離變數法，以數學的角度來求解波函數 $\Psi(r, \theta, \phi) = R_{nl}(r)Y_{lm}(\theta, \phi)$，其中 $R_{nl}(r)$ 為 Laguerre 多項式（Laguerre polynomials）；$Y_{lm}(\theta, \phi)$ 為球諧函數（Spherical harmonics functions）。

第六章

原子的量子力學

我們在前面第四章和第五章分別介紹了氫原子的波函數以及角動量量子化的觀念，現在要把這兩個部份結合起來，更具體的說，我們要在氫原子中，把電子的量子化角動量考慮進來，而綜合的結果就是產生了四個量子數，包括：主量子數（Principle quantum number）n、軌道量子數（Orbital angular momentum number）l、磁量子數（Magnetic angular momentum number）m、自旋量子數（Spin angular momentum number）s，即(n, l, m, s)，除了量子數彼此之間有$n > l + 1$；$-l \le m \le +l$；$s = \pm\frac{1}{2}$關係之外，必須還必須遵守 Pauli 不相容原理（Pauli exclusion principle）。

這四個量子數將使得科學家對於原子的量子描述更加完備，接著，我們將以中心力場的近似（Central field approximation）為基礎的論述方式在單電子原子的基礎上，建立起多電子角動量耦合的關係，並進行多電子原子的量子描述。此外，因為在大量的實驗結果中我們已經歸納出「角動量愈大，能量就愈低」的規律，也就是外層電子的自旋會先填入不同的軌域，這樣的原子會有最低的能量，而自旋角動量因趨於相同的方向，所以，自旋角動量會有最大值；且軌道角動量也會有最大值。我們可以依據 Hund 規則（Hund's rule），由氫原子開始，依次將電子一個一個的充填入電子軌域，建立起元素週期表（Periodic table of elements）。

在單電子到多電子的整個說明過程中，我們的論述核心是：原子核和電子的 Coulomb 力；每個電子殘餘的（Residual）Coulomb 力；電子和電子間的 Coulomb 交互作用力；電子自旋和自旋間的交互作用；各種自旋-軌道交互作用（Spin-orbit interaction）。

我們由古典力學所建立的觀念知道場（Fields）或力場（Force fields）主要是由位能的空間梯度所產生的，即$\vec{F}(\vec{r}) = -\nabla V(\vec{r})$，其中$\vec{F}(\vec{r})$為所建立的力場；$V(\vec{r})$為位能的空間函數。中心力場（Central force fields）就是該

力場對中心或圓心對稱，例如：重力、Coulomb 力、…。今在原子系統中，若要考慮一個球心對稱的系統，最簡單的方法就是從一個電子在 Coulomb 力場 $V(\vec{r})$ 中，例如氫原子，開始說明，則上述的原子核和電子的 Coulomb 力和每個電子殘餘的 Coulomb 力，可以中心力場問題來求解，但是位能 $V(r)$ 不再是 $-e^2/r$，需要修正，殘餘的 Coulomb 力則是由於電荷的遮蔽效應（Screening）所致，如圖 6.1 所示，1 號在電子所「感受」的正電荷比 2 號電子所「感受」的正電荷少，於是 1 號電子比 2 號電子的能量大，也就是負的比較少。因為電子和電子的交互作用力，所以電子和電子間的 Coulomb 交互作用力有 $\dfrac{Z(Z-1)}{2}$ 項，所以其位能型式為 $V = \sum\limits_{ij} \dfrac{e^2}{|\vec{r}_i - \vec{r}_j|}$，如圖 6.2 所示。

再者，因為具有這些位能型式的 Schrödinger 方程式可能沒有解析解（Analytical solution 或 Exact solution）只有數值解，故大多假設干擾的影響很小，所以電子自旋和自旋間的交互作用和各種自旋-軌道交互作用可用微擾論來討論之。

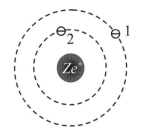

圖 6.1．電荷的遮蔽效應

圖 6.2．電子和電子的交互作用位能示意

　　所有的這些原子模型或理論，都是透過原子光譜（Atomic spectrosc-opy）的 Zeeman 效應（Zeeman effect）實驗而被證實的，也就是我們把原子放在磁場 $\overrightarrow{\mathscr{B}}$ 中，藉由原子的磁偶矩 μ（Magnetic dipole momentum 或 Magnetic momentum）變化，來瞭解電子的量子化軌道角動量 $\vec{L}$、量子化自旋角動量 $\vec{S}$ 和量子化總角動量 $\vec{J}$，以及軌道角動量 $\vec{S}$ 和自旋角動量之間的幾種耦合過程，即軌道自旋交互作用（Spin-orbital interaction），包含：$L-S$ 耦合（$L-S$ coupling）和 $j-j$ 耦合（$j-j$ coupling）。

6.1　中心力場

　　因為中心力場的位能 $V(\vec{r})$ 僅和原點的距離有關，和極座標角 θ、方位角 ϕ 無關，如圖 6.3 所示，所以這一節我們要建立的是可以描述中心力場的波動方程式，或者更具體的說就是 Schrödinger 徑向方程式（Schrödinger radial equation）。

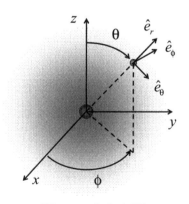

圖 6.3・中心力場

雖然，我們在第四章是直接由球座標表示的 Laplace 算符，即 $\nabla^2 = \frac{1}{r^2}\left[\frac{\partial}{\partial r}\left(r^2 \frac{\partial}{\partial r} \right) + \frac{1}{\sin\theta} \frac{\partial}{\partial\theta}\left(\sin\theta \frac{\partial}{\partial\theta} \right) + \frac{1}{\sin^2\theta} \frac{\partial^2}{\partial\phi^2} \right]$，以座標轉換的方式得到Schrödinger方程式，但是，現在我們要先從能量的觀點來建立描述中心力場的 Hamiltonian $\hat{H}$，再推導出徑向方程式。

基本上，在第四章我們已經知道Hamiltonian $\hat{H}$是由動能算符和位能算符所構成，也就是能量 E 等於動能 $\frac{1}{2}mv^2$ 加位能 V，即 $E = \frac{1}{2}mv^2 + V$，但是，如果質量為 m 的粒子是以速度為 $\vec{v}$ 作圓周運動，其位能 $V(\vec{r})$ 僅和原點的距離 $\vec{r}$ 有關，和極座標角 θ、方位角 ϕ 無關，則因為我們要分析中心力場系統的徑向動量 p_r、角動量 L 與位能 $V(\vec{r})$ 的性質，所以要轉換中心力場系統能量 E 的表示形式，

即
$$E = \frac{1}{2}m\vec{v}^2 + V(\vec{r})$$
$$= \frac{1}{2}mv_r^2 + \frac{1}{2}mv_\perp^2 + V(\vec{r}) \text{，} \tag{6.1}$$

其中 v_r 表示在徑向 $\vec{r}$ 方向的速度；$v_\perp$ 表示與徑向方 $\vec{r}$ 向垂直的速度。

另一方面，由角動量 $\vec{L}$ 的定義為

$$\vec{L} = \vec{r} \times \vec{p} = \vec{r} \times m\vec{v} \text{，} \tag{6.2}$$

而在圓球座標系(r, θ, ϕ)中，距離 $\vec{r}$ 和速度 $\vec{v}$ 可分別表示為

$$\vec{r} = \hat{e}_r r \text{；} \tag{6.3}$$

$$\vec{v} = \hat{e}_r v_r + \hat{e}_\theta v_\theta + \hat{e}_\phi v_\phi \text{，} \tag{6.4}$$

其中 $\hat{e}_r$、$\hat{e}_\theta$、$\hat{e}_\phi$ 為圓球座標系(r, θ, ϕ)的單位向量；且各方向的速度分量分別為 $v_r = \dfrac{dr}{dt}$、$v_\theta = r\dfrac{d\theta}{dt}$、$v_\phi = r\sin\theta\dfrac{d\phi}{dt}$，

則
$$\vec{L} = \vec{r} \times m\vec{v}$$

$$= \begin{vmatrix} \hat{e}_r & \hat{e}_\theta & \hat{e}_\phi \\ r & 0 & 0 \\ mv_r & mv_\theta & mv_\phi \end{vmatrix}$$

$$= m\,(\hat{e}_\phi r v_\theta - \hat{e}_\theta r v_\phi)$$

$$= mr\,(\hat{e}_\phi v_\theta - \hat{e}_\theta v_\phi)\,\text{。} \tag{6.5}$$

所以可求得系統的能量 E 為

$$E = \frac{1}{2}m\vec{v}^2 + V(\vec{r})$$

$$= \frac{1}{2}m\,(v_r^2 + v_\theta^2 + v_\phi^2) + V(\vec{r})$$

$$= \frac{1}{2}mv_r^2 + \frac{1}{2}m\,(v_\theta^2 + v_\phi^2) + V(\vec{r})$$

$$= \frac{p_r^2}{2m} + \frac{L^2}{2m} + V(\vec{r})\,, \tag{6.6}$$

其中 $p_r = mv_r$ 為徑向動量。

而描述中心力場的 Hamiltonian $\hat{H}$ 則為

$$\hat{H} = \frac{\hat{p}_r^2}{2m} + \frac{\hat{L}^2}{2mr^2} + V(\vec{r})\,, \tag{6.7}$$

又因爲
$$\hat{p}_r^2 = -\frac{\hbar^2}{r}\frac{\partial^2 r}{\partial r^2} \; ; \tag{6.8}$$

$$\hat{L}^2 = -\hbar^2 \left(\frac{\partial}{\sin\theta\partial\theta}\right)\left(\sin\theta\frac{\partial}{\partial\theta}\right) + \frac{\partial^2}{\sin^2\theta\partial\phi^2} \; , \tag{6.9}$$

所以在球座標系統中的 Hamiltonian $\hat{H}$ 爲

$$\hat{H} = -\frac{\hbar^2}{2m}\left[\frac{1}{r}\frac{\partial^2 r}{\partial r^2} + \frac{1}{r^2\sin\theta}\frac{\partial}{\partial\theta}\left(\sin\theta\frac{\partial}{\partial\theta}\right) + \frac{\partial^2}{r^2\sin^2\theta\partial\phi^2}\right] + V(r) \; 。 \tag{6.10}$$

這個結果和第四章的結果（4-302）是相同的。

現在我們就可以寫出粒子在球心對稱性的力場中的 Schrödinger 方程式了。

由
$$\hat{H}\Psi_{nlm}(r,\theta,\phi) = E\Psi_{nlm}(r,\theta,\phi) \; , \tag{6.11}$$

其中波函數 $\Psi_{nlm}(r,\theta,\phi)$ 爲本徵函數；E 爲本徵能量。

所以 Schrödinger 方程式爲

$$\hat{H}\Psi = -\frac{\hbar^2}{2m}\frac{\partial^2 r}{r\partial r^2}\Psi_{nlm}(r,\theta,\phi)$$

$$-\frac{\hbar^2}{2mr^2}\left[\frac{1}{\sin\theta}\frac{\partial}{\partial\theta}\left(\sin\theta\frac{\partial}{\partial\theta}\right) + \frac{\partial^2}{\sin^2\theta\partial\phi^2}\right]\Psi_{nlm}(r,\theta,\phi)$$

$$+ V(r)\Psi_{nlm}(r,\theta,\phi) = E\Psi_{nlm}(r,\theta,\phi) \; 。 \tag{6.12}$$

對波函數作分離變數
$$\Psi_{nlm}(r,\theta,\phi) = F_{nl}(r)\, Y_{lm}(\theta,\phi) \; 。 \tag{6.13}$$

所以

$$Y_{lm}(\theta,\phi)\left[-\frac{\hbar^2}{2m}\frac{\partial^2 r}{r\partial r^2}F_{nl}(r)\right]$$

$$+F_{nl}(r)\frac{\hbar^2}{2mr^2}\left[\frac{1}{\sin\theta}\frac{\partial}{\partial\theta}\left(\sin\theta\frac{\partial}{\partial\theta}\right)+\frac{1}{\sin^2\theta}\frac{\partial^2}{\partial\phi^2}\right]Y_{lm}(\theta,\phi)$$

$$+V(r)F_{nl}(r)Y_{lm}(\theta,\phi)=EF_{nl}(r)Y_{lm}(\theta,\phi)\,,\qquad(6.14)$$

又因爲
$$\hat{L}^2=-\hbar^2\left[\frac{1}{\sin\theta}\frac{\partial}{\partial\theta}\left(\sin\theta\frac{\partial}{\partial\theta}\right)+\frac{1}{\sin^2\theta}\frac{\partial^2}{\partial\phi^2}\right]\,,\qquad(6.15)$$

且
$$\hat{L}^2 Y_{lm}(\theta,\phi)=l(l+1)\hbar^2 Y_{lm}(\theta,\phi)\,,\qquad(6.16)$$

所以

$$Y_{lm}(\theta,\phi)\left(-\frac{\hbar^2}{2m}\frac{\partial^2 r}{r\partial r^2}F_{nl}(r)\right)+F_{nl}(r)\frac{l(l+1)\hbar^2}{2mr^2}Y_{lm}(\theta,\phi)+V(r)F_{nl}(r)Y_{lm}(\theta,\phi)$$

$$=EF_{nl}(r)Y_{lm}(\theta,\phi)\,\circ\qquad(6.17)$$

可得徑向 Schrödinger 方程式爲

$$-\frac{\hbar^2}{2m}\frac{\partial^2 r}{r\partial r^2}F_{nl}(r)+\frac{l(l+1)\hbar^2}{2mr^2}F_{nl}(r)+[V(r)-E]F_{nl}(r)=0\,,$$

$$(6.18)$$

或
$$-\frac{\hbar^2}{2m}\frac{1}{F_{nl}(r)}\frac{\partial^2 rF_{nl}(r)}{r\partial r^2}+\frac{l(l+1)\hbar^2}{2mr^2}=E-V(r)\,,\qquad(6.19)$$

或
$$\left[-\frac{\hbar^2}{2m}\frac{\partial^2 r}{r\partial r^2}+\frac{l(l+1)\hbar^2}{2mr^2}+V(r)\right]F_{nl}(r)=EF_{nl}(r)\,\circ\qquad(6.20)$$

或
$$-\frac{\hbar^2}{2m}\frac{d^2 r}{rdr^2}F_{nl}(r)+V_{eff}(r)F_{nl}(r)=EF_{nl}(r)\,,\qquad(6.21)$$

其中等效位能（Effective potential）為 $V_{eff}(r) \equiv \dfrac{l(l+1)\hbar^2}{2mr^2} + V(r)$。

　　這個結果和前面最大的不同是第四章所討論的位能場是沒有考慮角動量的 Coulomb 場，這一節我們把角動量的位能加進來了，而且會在 6.2 節說明中心力場的波動方程式解的形式為 $\Psi_{nlm}(r, \theta, \phi) = F_{nl}(r) Y_{lm}(\theta, \phi)$，其中波函數 $\Psi_{nlm}(r, \theta, \phi)$ 的下標 n、l、m 分別表示主量子數、軌道量子數、磁量子數；$F_{nl}(r)$ 為徑向函數（Radial function）是和副 Laguerre 多項式（Associated Laguerre polynomials）有關的函數，必須滿足徑向方程式；球諧函數（Spherical function）或簡稱球函數 $Y_{lm}(\theta, \phi)$ 是由滿足副 Legendre 方程式的 Legendre 函數（Legendre function）$P_l^m(\theta)$ 和方位角 ϕ 的指數函數 $e^{im\phi}$ 所構成的，即 $Y_{lm}(\theta, \phi) = P_l^m(\theta) e^{im\phi}$。

　　此外，由波函數 $\Psi_{nlm}(r, \theta, \phi)$ 的下標也可以看出徑向函數 $F_{nl}(r)$ 只和主量子數 n、軌道量子數 l 有關；或者說主量子數 n 和軌道量子數 l 是由徑向方程式

$$\frac{-\hbar^2}{2m} \frac{1}{r} \frac{d^2}{dr^2} [rF_{nl}(r)] + \frac{l(l+1)\hbar^2}{2mr^2} F_{nl}(r) + (V(r) - E) F_{nl}(r) = 0 ;$$

$$(6.22)$$

或　　　　$$\frac{-\hbar^2}{2m} \frac{1}{rF_{nl}(r)} \frac{d^2}{dr^2} [rF_{nl}(r)] + \frac{l(l+1)\hbar^2}{2mr^2} = E - V(r) , \qquad (6.23)$$

所決定的。而球諧函數 $Y_{lm}(\theta, \phi)$ 只和軌道量子數 l、磁量子數 m 有關；或者說軌道量子數 l 和磁量子數 m 是由副 Legendre 方程式

$$\frac{1}{\sin\theta} \frac{\partial}{\partial\theta} \left[\sin\theta \frac{\partial}{\partial\theta} P_l^m(\theta) \right] + \left[l(l+1) - \frac{m^2}{\sin^2\theta} \right] P_l^m(\theta) = 0 \quad (6.24)$$

所決定的。其中徑向方程式和副 Legendre 方程式中的 E、V、m 分別代表粒子的能量、位能、粒子的質量,當然粒子的質量 m 不要和下標的磁量子數 m 符號弄混了。

6.2　單電子原子波函數之一般解

現在我們要試著求解單電子原子或類氫原子的電子波函數,主要是因為要簡化問題,所以這一節先暫時不考慮電子和電子之間的交互作用,實際上我們現在要說明的對象是無論原子核中有幾個質子,外圍只能有一個電子,例如:最簡單的單電子原子就是由一個質子和一個電子所構成的氫原子,或是二個質子和一個電子所構成的氦離子。有關多電子原子中電子和電子之間的耦合作用會在 6.4 節作介紹。

我們會覺得氫原子的波函數好像在第五章已經討論過了,但是,第四章沒有考慮電子軌道角動量及其離心位能(Centrifugal potential)$\frac{l(l+1)\hbar^2}{2mr^2}$,現在一旦考慮了由軌道角動量的能量 $\frac{l(l+1)\hbar^2}{2mr^2}$ 和位能 $V(r)$ 所構成的等效位能(Effective potential)$V_{eff}(r) = \frac{l(l+1)\hbar^2}{2mr^2} + V(r)$ 之後就會導出主量子數 n,而且主量子數 n 和軌道角動量量子數 l 的關係為 $n \geq l+1$。如果參考第五章氫原子 Schrödinger 方程式的討論,我們可以因為氫原子的 S 態波函數呈球形對稱,所以不考慮波函數在角度上的變化,包括極座標角 θ 和方位角 ϕ 的變化,也就是僅由中心力場的徑向方程式推導出其波函數。

已知對中心成對稱的中心力場徑向方程式為

$$-\frac{\hbar^2}{2m}\frac{\partial^2 rF_{nl}(r)}{r\partial r^2}+V_{eff}(r)\,F_{nl}(r)=EF_{nl}(r)\,, \qquad (6.25)$$

其中等效位能 $V_{eff}(r)$ 爲 $V_{eff}(r)=\dfrac{l(l+1)\hbar^2}{2mr^2}+V(r)$, $\qquad$ (6.26)

代入即得 $\qquad -\dfrac{\hbar^2}{2m}\dfrac{\partial^2 r}{r\partial r^2}F_{nl}(r)+\left[\dfrac{l(l+1)\hbar^2}{2mr^2}+V(r)\right]F_{nl}(r)=EF_{nl}(r)\,。$ $\quad$ (6.27)

又氫原子之 Coulomb 位能爲

$$V(r)=-\frac{e^2}{r}\,, \qquad (6.28)$$

這個位能表示式中因爲採用 Gauss 單位表示位能所以沒有 $\dfrac{1}{4\pi\varepsilon_0}$,其中 ε_0 爲真空介電常數（Vacuum dielectric constant）。稍後我們會在本章的最後一節介紹有關原子分子科學中常用的幾種單位。

由第三章的軌道半徑量子化的結果 $r_n=\dfrac{n^2\hbar^2}{me^2}$ 以及能量量子化的結果 $E_n=\dfrac{me^4}{2n^2\hbar^2}$ 所得的靈感,所以我們現在引入兩個無單位的參數（Dimensionless parameters）ρ 和 ε 分別取代 r 和 E。

令 $\qquad r\equiv\dfrac{\hbar^2}{me^2}\rho=r_B\rho$; $\qquad (6.29)$

$\qquad E\equiv\dfrac{me^4}{2\hbar^2}\varepsilon=E_R\varepsilon\,, \qquad (6.30)$

其中 $r_B=\dfrac{\hbar^2}{me^2}=0.53\text{Å}$ 爲 Bohr 半徑 ; $E_R=\dfrac{e^2}{2r_B}=13.6\text{e.V.}$ 其實是第三章所提到的 Rydberg 常數。

代入整理（6.25）式得

$$\frac{\partial^2 \rho F_{nl}(r)}{\partial \rho^2} + \left[\varepsilon + \frac{2}{\rho} - \frac{l(l+1)}{\rho^2} \right] \rho F_{nl}(r) = 0 \, \text{。} \tag{6.31}$$

令 $f = \rho F_{nl}(r)$，

則 $$\frac{\partial^2 f}{\partial \rho^2} + \left[\varepsilon + \frac{2}{\rho} - \frac{l(l+1)}{\rho^2} \right] f = 0 \, \text{。} \tag{6.32}$$

當 ρ 趨近於無限大，即氫原子的質子與電子的相對距離趨近於無限大，則方程式就可近似為

$$\frac{\partial^2 f}{\partial \rho^2} + \varepsilon f = 0 \, \text{，} \tag{6.33}$$

而方程式的解之形式為 $$f(\rho) \propto e^{-\alpha p} \, \text{，} \tag{6.34}$$

其中 $a^2 = -\varepsilon$。

若令 $f(\rho)$ 為 $$f(\rho) = g(\rho) e^{-\alpha p} \, \text{，} \tag{6.35}$$

代入（6.32）式可得 $$g'' - 2\alpha g' + \left[\frac{2}{\rho} - \frac{l(l+1)}{\rho^2} + \varepsilon + \alpha^2 \right] g = 0 \, \text{。} \tag{6.36}$$

因為 $\alpha^2 = -\varepsilon$，

所以 $$g'' - 2\alpha g' + \left[\frac{2}{\rho} + \frac{l(l+1)}{\rho^2} \right] g = 0 \, \text{。} \tag{6.37}$$

接下來，我們就可以仿照分析簡諧振子量子化能量的級數中斷方式來找出氫原子的 S 態量子化能量的形式，並導出主量子數 n 和軌道角動量量子數 l 的關係。

對 $g(\rho)$ 作級數展開，

即
$$g(\rho) = a_0 + a_1\rho + a_2\rho^2 + a_3\rho^3 + \cdots , \qquad (6.38)$$

代入 $f = \rho F$ ，

則
$$F = \frac{f}{\rho} = \frac{g(\rho)e^{-\alpha p}}{\rho} = \left(\frac{a_0}{\rho} + a_1 + a_2\rho + a_3\rho^2 + \cdots \right) e^{-\alpha p} 。 \qquad (6.39)$$

因爲當 $\rho = 0$ 時，則 $F \to \infty$ 發散形成奇點（Singular point），所以 $g(\rho)$ 的級數展開由 ρ 的一次方開始，

即
$$g(\rho) = \sum_{k=1}^{\infty} a_k \rho^k , \qquad (6.40)$$

上式要注意的是級數是由 $k = 1$ 開始。

代入（6.37）式整理得

$$\sum_{k=1}^{\infty} \{(k(k+1) - l(l+1))a_{k+1} - 2(\alpha k - 1)a_k\} \rho^{k-1} - \frac{l(l+1)}{\rho}a_1$$
$$= 0 。 \qquad (6.41)$$

很明顯的，為了要避免當 ρ 趨近於無限大時，所導致的 $g(\rho)$ 發散現象，所以 $a_1 = 0$ 必須成立，則 $\sum\limits_{k=1}^{\infty} \{(k(k+1) - l(l+1))\, a_{k+1} - 2\,(\alpha k - 1)a_k\}\, \rho^{k-1} = 0$。所以係數之間的遞迴關係為

$$a_{k+1} = \frac{2(\alpha k - 1)}{k(k+1) - l(l+1)}\, a_k \text{。} \tag{6.42}$$

這個遞迴關係的分子部分 $2\,(\alpha k - 1)$ 將提供量子化的能量；分母部分 $k\,(k+1) - l\,(l+1)$ 將提供主量子數 n 和軌道角動量量子數 l 的關係。

因為電子是被質子束縛住的，也就是在宇宙邊緣發現電子的機率為 0，所以所求的能量是束縛能，因此級數必須中斷。

當 $\alpha k - 1 = 0$ 時，即 $\alpha k = 1$，或 $\alpha = \dfrac{1}{k}$，如果級數在 $k = n$ 時中止，而 $a^2 = -\varepsilon$，所以

$$\alpha^2 = \frac{1}{n^2} = -\varepsilon \text{。} \tag{6.43}$$

可得氫原子的 S 態能量量子化的條件為

$$E = -E_R \varepsilon = -\frac{E_R}{n^2} = -\frac{me^4}{2\hbar^2}\frac{1}{n^2}, \tag{6.44}$$

其中負號表示束縛能。和第三章的結果相同。

所以氫原子的 S 態能量僅和主量子數 n 有關，和 l，m 無關，也就是雖然有不同的 l 和 m 值，卻對應相同的能量，這就是氫原子能量的簡併（Degeneracy）現象。

此外，遞迴關係 $a_{k+1} = \dfrac{2(\alpha k - 1)}{k(k+1) - l(l+1)} a_k$ 也提供分母的限制，即 $k \neq l$。因爲 $a_1 = 0$，所以從 1 開始到 l 的係數都爲零，

即 $\qquad a_1 = a_2 = a_3 = \cdots = a_l = 0$， $\qquad\qquad$ （6.45）

但是從 $l+1$ 開始到 n 的係數都不爲零，

即 $\qquad a_{l+1}, a_{l+2}, \cdots, a_n \neq 0$； $\qquad\qquad$ （6.46）

又如前所述，級數將在 $k = n$ 時中止，所以從 $n+1$ 之後的係數又都爲零，

即 $\qquad a_{l+1} = a_{l+2} = \cdots = a_\infty = 0$。 $\qquad\qquad$ （6.47）

由係數不爲零的結果，我們可以得到主量子數 n 和軌道角動量量子數 l 的關係爲

$\qquad n \geq l+1$。 $\qquad\qquad\qquad\qquad\qquad\qquad$ （6.48）

綜合了本節的主量子數 n 和軌道量子數 l 之間的關係以及第五章所介紹的軌道量子數 l 和磁量子數 m 之間的關係，可以得到主量子數 n、軌道量子數 l 和磁量子數 m 相互的限制條件爲：$n \geq l+1$；$-l \leq m \leq l$。

此外，單電子原子狀態可以用 $\Psi_{nlm}(r, \theta, \phi) = F_{nl}(r) Y_{lm}(\theta, \phi)$ 作完整的描

述，也就是滿足在 Coulomb 場中的 Schrödinger 方程式之電子狀態是由三個量子數 n, l, m 所決定。我們可以先求出有標以主量子數 n 的半徑方向電子分佈函數 $F_{nl}(r)$ 之後，再乘上和極座標角 θ、方位角 ϕ 有關的球諧函數 $Y_{lm}(\theta, \phi)$，就可以得到單電子原子的電子在空間的分佈 $\Psi_{nlm}(r, \theta, \phi)$。

如果主量子數 $n = 1$，則軌道量子數只可能爲 $l = 0$ 而磁量子數只可能爲 $m = 0$，所以波函數只可能爲 $\Psi_{100}(r, \theta, \phi)$。

如果主量子數 $n = 2$，則當軌道量子數爲 $l = 1$ 而磁量子數可能爲 $m = 1$, $0, -1$，所以波函數可以爲 $\Psi_{211}(r, \theta, \phi)$、$\Psi_{210}(r, \theta, \phi)$、$\Psi_{21-1}(r, \theta, \phi)$；當軌道量子數爲 $l = 0$ 而磁量子數可能爲 $m = 0$，所以波函數只可以爲 $\Psi_{200}(r, \theta, \phi)$。

如果主量子數 $n = 3$，則當軌道量子數爲 $l = 2$ 而磁量子數可能爲 $m = 2$, $1, 0, -1, -2$，所以波函數可以爲 $\Psi_{322}(r, \theta, \phi)$、$\Psi_{321}(r, \theta, \phi)$、$\Psi_{320}(r, \theta, \phi)$、$\Psi_{32-1}(r, \theta, \phi)$、$\Psi_{32-2}(r, \theta, \phi)$；當軌道量子數爲 $l = 1$ 而磁量子數可能爲 $m = 1$, $0, -1$，所以波函數可以爲 $\Psi_{311}(r, \theta, \phi)$、$\Psi_{310}(r, \theta, \phi)$、$\Psi_{31-1}(r, \theta, \phi)$；當軌道量子數爲 $l = 0$ 而磁量子數只可能爲 $m = 0$，所以波函數只可以爲 $\Psi_{300}(r, \theta, \phi)$。

最後，再重覆一次單電子原子能量的簡併，因爲單電子原子的能量僅和主量子數 n 有關，和軌道量子數 l、磁量子數 m 無關，也就是雖然有不同的軌道量子數 l 以及不同的磁量子數 m 值，只要主量子數 n 相同，單電子原子的能量就是相同的。當然，稍後在 6.4 節會介紹多電子原子能量則是由主量子 n 數和軌道量子數 l 所決定的。

6.3　電子自旋的引入

雖然在滿足 Schrödinger 方程式的情況下，我們對氫原子建立了量子化的描述，但是其實要說服我們接受量子化的觀念還是必須要透過實驗的結果，也就是原子光譜的觀察結果使我們相信了量子力學的說法。

在進行原子光譜的實驗中，科學家觀察到了稍後我們會作介紹的 Zeeman 效應，其實，在物理學中，Zeeman 效應可以泛指外加磁場 $\vec{B}$ 的效應。在 6.5 節我們將更仔細的把 Zeeman 效應再分成：正常 Zeeman 效應（Normal Zeeman effect）和不正常 Zeeman 效應（Anomalous Zeeman effect）。

為了解釋這些現象，George Eugene Uhlenbeck 和 Samuel Abraham Goudsmit 在已經有了三個量子數之外，又提出電子自旋的假設（Uhlenbeck-Goudsmit hypothesis）以解釋原子光譜在磁場 $\vec{B}$ 中的譜線分裂。從字面上，我們很容易的會把「電子自旋」想像成「地球自轉」的形式，但是，要特別強調的是「電子自旋」並不是「電子自轉」，如果是「電子自轉」，則電子必須要轉 720 度才會轉一圈滿足對稱性（Symmetry）；或者自轉的速度要超過光速才能滿足所有的角動量守恆。所以，電子自旋其實是一種本質角動量（Intrinsic angular momentum），是電子本身的一種特性。

有了四個量子數 (n, l, m, s) 描述電子的狀態之後，在我們把一個一個的電子「放進」原子的系統之前，依據第八章會介紹的 Pauli 的不相容原理：「任何存在原子裡的兩個電子不能具有相同的量子數 (n, l, m, s)」，於是我們建立了殼層理論（Shell model），也就是在原子系統中，由這四個不同

的量子數(n, l, m, s)可以定義出各種不同的電子軌域。一個多電子原子中的電子所佔據的軌域，就好比教室中的座位，然而學生們該如何入座呢？電子要如何填入軌域當中呢？下一節我們再介紹。

　　如前所述，光譜的磁場譜線分裂現象當然是緣自於外加磁場$\overrightarrow{\mathscr{B}}$所導致的能態變化$\Delta E_B$，而原子與磁場$\overrightarrow{\mathscr{B}}$之間的能量耦合則是藉由磁矩（Magnetic moment）$\vec{\mu}$與磁場$\overrightarrow{\mathscr{B}}$的交互作用，因爲在原子中，電子的角動量有三種，即總角動量$\vec{J}$、軌道角動量$\vec{L}$、自旋角動量$\vec{S}$，所以原子所具有的磁矩$\vec{\mu}$就有三種，即總角動量的磁矩$\vec{\mu}_j$、軌道角動量的磁矩$\vec{\mu}_l$、自旋角動量的磁矩$\vec{\mu}_s$，因此，外加磁場$\overrightarrow{\mathscr{B}}$與不同的磁矩$\vec{\mu}$耦合將導致不同的光譜分裂。所以，在引入電子自旋的觀念之前，我們要先介紹磁矩與角動量的關係。

6.3.1 磁矩與角動量

　　只要是帶電粒子的角動量一定伴隨著磁矩，因爲電子有三種不同的角動量，即總角動量$\vec{J}$、軌道角動量$\vec{L}$、自旋角動量$\vec{S}$，所以電子有三種不同的磁矩$\vec{\mu}$，即總角動量的磁矩$\vec{\mu}_j$、軌道角動量的磁矩$\vec{\mu}_l$、自旋角動量的磁矩$\vec{\mu}_s$。此外，因爲總角動量$\vec{J}$是由軌道角動量$\vec{L}$和自旋角動量$\vec{S}$所合成的，所以當有磁場外加進來之後，總角動量$\vec{J}$將會沿著磁場$\overrightarrow{\mathscr{B}}$方向作旋進，這就是原子磁體的旋進（Precession）現象或是所謂的Larmor旋進（Larmor precession）。

6.3.1.1 軌道角動量磁矩和電子自旋磁矩

　　若電子以頻率v在半徑爲a的圓形軌道作圓周運動，則其所產生的電流I爲

$$\mathscr{I} = -ev = \frac{-v\upsilon}{2\pi a} ,\tag{6.49}$$

其中 $-e = -1.6 \times 10^{-19}$ Coul 為電子電荷；υ 為圓周運動的速度大小。

　　由於磁矩的定義為電流 $\mathscr{I}$ 和電流所圍成的面積 A 之乘積，所以電子軌道角動量磁矩 $|\vec{\mu}_l| = \mu_l$ 和軌道角動量為 $|\vec{L}| = L$ 的關係為

$$
\begin{aligned}
\mu_l &= \mathscr{I} A \\
&= \mathscr{I} \pi a^2 \\
&= \frac{-e\upsilon}{2\pi a} \pi a^2 \\
&= -\frac{e}{2m} rm\upsilon \\
&= -\frac{e}{2m} rp \\
&= -\frac{e}{2m} L ,
\end{aligned}\tag{6.50}
$$

所以磁矩的單位因次（Unit dimension）為 $\vec{\mu}_l = -\dfrac{e}{2m}\vec{L} = -e\vec{r} \times \vec{\upsilon}$，即

Coul $\cdot$ m $\cdot \dfrac{\mathrm{m}}{\mathrm{s}} = $ Coul $\cdot \dfrac{\mathrm{m}^2}{\mathrm{s}}$。

　　再者，軌道角動量 $|\vec{L}| = L$ 和圓周運動角頻率 $\omega = 2\pi v$ 的關係為

$$
\begin{aligned}
L &= I\omega \\
&= ma^2\omega ,
\end{aligned}\tag{6.51}
$$

其中 $I = ma^2$ 為轉動慣量（Rotational inertia）。

所以 $\omega = \dfrac{L}{ma^2}$，代入可得電流 $\mathscr{I}$ 爲

$$\mathscr{I} = -ev = \frac{-ev}{2\pi a} = \frac{-eL}{2\pi ma^2} , \qquad (6.52)$$

則電子軌道角動量磁矩 $\vec{\mu}_l$ 爲

$$\vec{\mu}_l = \frac{-e}{2m}\vec{L} 。 \qquad (6.53)$$

由相對論的結果已知電子自旋產生的磁矩 $\vec{\mu}_s$ 爲二倍的軌道角動量磁矩 $\vec{\mu}_l$，也就是所謂的磁自旋異常（Magnetic spin anomaly），所以電子自旋磁矩 $\vec{\mu}_s$ 爲

$$\vec{\mu}_s = -\frac{e}{m}\vec{S} , \qquad (6.54)$$

其中電子自旋 $\vec{S} = \dfrac{1}{2} , -\dfrac{1}{2}$。

軌道角動量磁矩 $\vec{\mu}_l$ 和電子自旋磁矩 $\vec{\mu}_s$ 因爲使用的單位不同，如 6.6 節將介紹的，所以表示也不同。若採用 SI 制或 MKSA 制，則軌道角動量磁矩 $\vec{\mu}_l$ 和電子自旋磁矩 $\vec{\mu}_s$ 分別爲

$$\vec{\mu}_l = -\frac{e}{2m}\vec{L} ; \qquad (6.55)$$

$$\vec{\mu}_s = -\frac{e}{m}\vec{S} , \qquad (6.56)$$

若採用 Gauss 制，則軌道角動量磁矩 $\vec{\mu}_l$ 和電子自旋磁矩 $\vec{\mu}_s$ 分別爲

$$\vec{\mu}_l = -\frac{e}{2mc}\vec{L} \; ; \tag{6.57}$$

$$\vec{\mu}_s = -\frac{e}{mc}\vec{S} \; 。 \tag{6.58}$$

有時候也會以 Bohr 磁矩（Bohr magneton 或 Electron magnetic dipole moment 或 Bohr magnetic moment）μ_B 表示軌道角動量磁矩 $\vec{\mu}_l$ 和電子自旋磁矩 $\vec{\mu}_s$，則

$$\vec{\mu}_l = -\frac{\mu_B}{\hbar}\vec{L} = -\vec{L}\frac{\mu_B}{\hbar} \; ;$$

$$\vec{\mu}_s = -2\frac{\mu_B}{\hbar}\vec{S} = -2\vec{S}\frac{\mu_B}{\hbar} \; ,$$

而軌道角動量磁矩 $\vec{\mu}_l$ 的大小 $\mu_l = |\vec{\mu}_l|$ 和電子自旋磁矩的 $\vec{\mu}_s$ 大小 $\mu_s = |\vec{\mu}_s|$，則

$$\mu_l = |\vec{\mu}_l| = l\frac{\mu_B}{\hbar} \; ; \tag{6.59}$$

$$\mu_s = |\vec{\mu}_s| = 2s\frac{\mu_B}{\hbar} \; , \tag{6.60}$$

其中 Bohr 磁矩 μ_B 其實也是氫原子的價電子在最內層的磁矩，若採用 SI 制或 MKSA 制，則 Bohr 磁矩為 $\mu_B = \frac{e\hbar}{2m}$；若採用 Gauss 制，則 Bohr 磁矩為 $\mu_B = \frac{e\hbar}{2mc}$。

由於軌道角動量 $\vec{L}$ 與自旋角動量 $\vec{S}$ 之間不同的組合構成不同的總角動量 $\vec{J} = \vec{L} + \vec{S}$，所以總角動量的磁矩 $\vec{\mu}_j$ 為

$$\vec{\mu}_j = -g\frac{\mu_B}{\hbar}\vec{J} \, , \tag{6.61}$$

其中 g 為 Lande g 因子（Lande g factor），且 $1 \le g \le 2$。

　　對於 Lande g 因子，我們稍後會在 6.5 節作進一步的說明，但是基本上如果把上述的表示式移項之後，而且把電子的負電荷所代表的方向負號暫時忽略，則可以看出 Lande g 因子是「以 μ_B 為單位的磁矩 $\vec{\mu}$ 大小」對「角動量 $\vec{J}$ 在 z 方向上以 $\hbar$ 為單位的投影量」的比值，

即
$$g = \frac{\vec{\mu}/\mu_B}{\vec{J}/\hbar} \, , \tag{6.62}$$

當然如果角動量 $\vec{J}$ 是軌道角動量，即 $\vec{J}=\vec{L}$，則 $g_l=2$；如果角動量 $\vec{J}$ 是電子自旋角動量，即為 $\vec{J}=\vec{S}$，則 $g_s=1$。有些文獻因為考慮了電子的負電荷所代表的方向負號，所以也會有 $g_l=2$ 和 $g_s=-1$ 的表示法。

6.3.1.2 原子磁體的旋進

　　首先敘述一下 Larmor 定理：電子在均勻磁場 $\overrightarrow{\mathscr{B}}$ 中會有旋進的現象，其旋進的角速度 $\omega_{Precession}$ 為

$$\omega_{Precession} = g\frac{e}{2m}\mathscr{B} \, , \tag{6.63}$$

其中 e 為電子電荷；$\mathscr{B}$ 為磁場強度；g 為 Lande g 因子，如果是軌道角動量，則 $g=1$；如果是電子自旋角動量，則 $g=2$。

說明如下。

若軌道角動量旋 $\vec{L}$ 進的角速度 $\omega_{Precession}$ 在時間 Δt 內的變化量為 ΔL，如圖 6.4 所示，

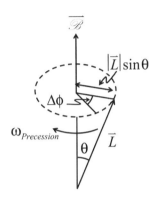

圖 6.4・Larmor 旋進

則　　　　　　$\Delta L = (L \sin \theta) \Delta \phi$

$$= (L \sin \theta)(\omega_{Precession} \, \Delta t) \text{，} \qquad (6.64)$$

其中 θ 為軌道角動量 $\vec{L}$ 和磁場 $\vec{\mathcal{B}}$ 方向的夾角；$\Delta \phi$ 為軌道角動量 $\vec{L}$ 旋進的圓形軌跡的角度變化。

由扭力矩（Torque）$\vec{\tau}$ 的定義，可得

$$|\vec{\tau}| = |\vec{r} \times \vec{F}|$$

$$= \frac{\Delta L}{\Delta t}$$

$$= \frac{(L \sin \theta)(\omega_{Precession} \, \Delta t)}{\Delta t}$$

$$= L \omega_{Precession} \sin \theta \text{，} \qquad (6.65)$$

其中為旋進的圓形軌跡的徑向量；$\vec{F}$ 為 Lorentz 力（Lorentz force）。

又 Lorentz 力 $\vec{F}$ 為

$$\vec{F} = -e\vec{v} \times \overrightarrow{\mathscr{B}} \ , \tag{6.66}$$

其中 $\vec{v}$ 為旋進的速度。

代入，可得扭力矩 $\vec{\tau}$ 為

$$\begin{aligned}
\vec{\tau} &= \vec{r} \times \vec{F} \\
&= \vec{r} \times \vec{F}(-e\vec{v} \times \overrightarrow{\mathscr{B}}) \\
&= (-e\vec{r} \times \vec{v}) \times \overrightarrow{\mathscr{B}} \\
&= \vec{\mu}_l \times \overrightarrow{\mathscr{B}} \ ,
\end{aligned} \tag{6.67}$$

其中 $\vec{\mu}_l$ 為軌道角動量磁矩。

所以扭力矩 $\vec{\tau}$ 的大小 $|\vec{\tau}|$ 為

$$|\vec{\tau}| = \mu_l \mathscr{B} \sin\theta \ , \tag{6.68}$$

由（6.65）和（6.68）得軌道旋進（Orbital precession）角速度 $\omega_{Precession}$ 為

$$\omega_{Precession} = \frac{\mu_l}{L}\mathscr{B} = \frac{e}{2m}\mathscr{B} \ 。 \tag{6.69}$$

如 6.3.1.1 所述，因為已知電子自旋產生的磁矩 $\vec{\mu}_s$ 為二倍的軌道角動量磁矩 $\vec{\mu}_l$，所以電子自旋旋進角速度 $\omega_{Precession,\ Spin}$ 為

$$\omega_{Precession,\ Spin} = \frac{e}{m}\mathscr{B}\ \text{。}\qquad(6.70)$$

因為原子內的電子會作軌道繞行，而且電子本身也有自旋，所以兩種角動量合成之後的總角動量 $\vec{J}$ 將會沿著磁場 $\overrightarrow{\mathscr{B}}$ 方向作 Larmor 旋進，如圖 6.5 所示。

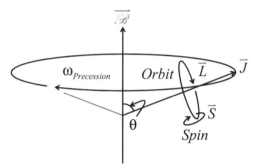

圖 6.5．原子內的電子總角動量作 Larmor 旋進

6.3.2 殼層模型

多電子原子的結構可以用殼層模型來說明，這裡的殼層模型和核子物理（Nuclear physics）領域的殼層模型是一樣的，只是核子物理已經超出本書所設定的範圍了。簡單來說，多電子原子的結構可以想像成一個洋蔥般，在中間的是原子核，而電子就像洋蔥一樣，由內層向外層一層一層的包覆著原子核。

　　依 Pauli 不相容原理，因為每一個(n, l, m, s)對應著一個電子存在的狀態。主量子數n就稱為「層」（Shell），內層電子的主量子數n比較小；外層電子的主量子數n比較大。如果用光譜記號則標示如表 6-1 所示。

表 6-1 · 主量子數的光譜記號

主量子數	$n=1$	$n=2$	$n=3$	$n=4$	$n=5$
層（Shell）	K	L	M	N	O

　　每一層又有子層（Subshell），子層是由空間量子化所定義出來的，和主量子數n有關，每個主量子數n包含 0, 1, 2, 3, $\cdots$, $n-1$ 軌道角動量量子數l，即每個軌道角動量量子數l和主量子數n的關係為$n \geq l+1$，所以如果主量子數為n，則該層就會有n個子層，或n個軌域或n個軌道角動量。如果用光譜記號則標示如表 6-2 所示。

表 6-2 · 軌域的光譜記號

軌域	$l=0$	$l=1$	$l=2$	$l=3$	$l=4$
子層（Subshell）	s	p	d	f	g

　　每一子層在沿著$\hat{z}$軸或觀察方向的投影量又有量子化的約束，和軌道角動量量子數l有關，軌域l和磁量子數m的關係為$-l \leq m \leq +l$，即每個軌道角動量量子數l共有$2l+1$個磁量子數m；而每個磁量子數m又有二個自旋量子數$s=\left(\dfrac{1}{2}, -\dfrac{1}{2}\right)$。這就是多電子原子結構的殼層模型。

　　此外，因為一個軌域l，可以有$2l+1$個磁量子數m；而每個磁量子數m，可以容納$\left(\dfrac{1}{2}, -\dfrac{1}{2}\right)$二個電子；所以軌域$l$上，可以填$2(2l+1)$個電子。

又主量子數 n 必須滿足 $l \leq n - 1$ 的關係，所以如果主量子數為，則可容納 $\sum_{l=0}^{n-1} 2(2l + 1) = 2n^2$ 個電子。

6.4　多電子原子與 Hartree 理論

在探討單電子原子模型的過程中，因為考慮了電子的軌道角動量 $\vec{L}$ 與自旋角動量 $\vec{S}$，於是建立了四個量子數 (n, l, m, s) 來描述電子的狀態以更完整的描述原子，如上節所述。很自然的，下一步就是要討論如何把一個一個的電子「放進」多電子原子的系統中。

在建構多電子原子的過程中，我們可以直觀的想像在原子系統中原來只有單一個電子，接著再一個一個電子加進去成為多電子原子，然而我們依據 Pauli 不相容原理可以知道這些電子的量子數或狀態都不相同，各自有各自的軌道角動量 $\vec{L}$ 及自旋角動量 $\vec{S}$，在多電子原子中的眾多電子軌域將會產生交互作用，我們將由 6.1 提到的中心力場觀點來討論多電子的軌道角動量和自旋角動量耦合，依軌道-自旋交互作用的強度由小到大，可以把軌域耦合的效應分成 $L - S$ 耦合、中間耦合和 $j - j$ 耦合。

然而，隨著觀察越來越仔細，除了上述中心力場觀點的軌道-自旋耦合之外，我們會發現原子光譜還有更細微的分裂現象，即原子光譜的精細結構分裂（Fine structure splitting）或簡稱精細結構（Fine structure）；以及超精細結構分裂（Hyperfine structure splitting）或簡稱超精細結構（Hyperfine structure），當然兩者都還是緣自於軌道-自旋交互作用。其成因分別簡述如下。

　　精細結構的緣因是由於電子相對原子核繞行，所以會產生相對電流，而這個電流又產生出磁場，則電子自旋與原子核所建立的磁場交互作用的結果造成原子光譜的分裂，稱之為精細結構分裂，大小約為中心力場能量或靜電位能的 $\frac{1}{1000}$。我們定義了一個精細結構常數 $\alpha = \frac{e^2}{\hbar c} \cong \frac{1}{137}$，就是第三章Bohr的氫原子模型所提到的。Lamb位移（Lamb shift）就是精細結構最典型的例子，如圖6.6所示。

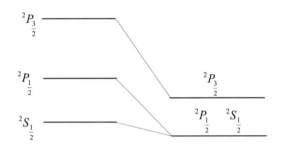

Spin－Orbit Interaction　　*Spin－Orbit Interaction*
Relativistic Effect

圖 6.6．Lamb 位移

　　超精細結構的緣因和精細結構的緣因是相似的，精細結構所考慮的原子核是沒有自旋的，但是超精細結構則考慮了原子核自旋，而原子核自旋也將形成磁場，於是電子自旋與該磁場的交互作用就是原子光譜的超精細結構分裂，大小約為精細結構分裂能量的千分之一。

　　再者，在多電子原子中還必須考慮多體效應（Manybody effect）或多電子效應（Many-electron effect）。多體物理（Manybody physics）的基礎還是在於 Schrödinger 方程式的近似表示，最基本的兩個近似就是 Hartree 近似（Hartree approximation）以及 Hartree-Fock 近似（Hartree-Fock approximation）或 Fock 近似（Fock approximation）。這兩種近似法最主要的差異在於：Hartree 近似是不考慮 Pauli 不相容原理的；而 Hartree-Fock 近似是必須考慮 Pauli 不相容原理的。乍看之下，似乎覺得我們應該永遠採取 Hartree-Fock 近似，但是因爲 Hartree-Fock 近似的計算過程要比 Hartree 近似的計算過程繁複多了，所以如果在一定程度的誤差容許範圍內，我們也會採取 Hartree 的近似計算。本節的最後將介紹由 Hartree 近似理論所得的多電子原子本徵能量。

因爲多電子原子的結構是以原子光譜的觀察爲基礎，所以，以下我們先介紹一種常用的光譜記號。

6.4.1 光譜記號

我們是依據 Pauli 不相容原理和 Hund 規則來建構多電子原子的，而爲了瞭解原子內部的結構，我們將以原子光譜（Atomic spectroscopy）來識別原子的狀態。

延續在 6.3.3 節的殼層模型中所介紹的符號表示，以下我們要進一步的介紹標示光譜的方法。這是一套常用的光譜符號系統，因爲在一般的情況下，僅有價電子（Valence electron）會發生躍遷，即最外層的電子發生躍遷的機率比較大，所以這套符號的主要觀念在於：「描述原子的狀態由軌道角動量 $\vec{L}$，電子自旋 $\vec{S}$，總角動量 $\vec{J}$ 來決定，和主量子數 n 無關」。在基態的情況下，完整的光譜記號爲 $n^{2S+1}L_J$，但是有時候我們不會標示主量子數 n，只會記爲 $^{2S+1}L_J$。

由經驗獲得的 Hund 規則是這樣來描述電子 [L, S] 耦合的：

[1] 由給定原子的電子組態（Electron configurations），取最大的電子自旋及對應此電子自旋 $\vec{S}$ 之最大軌道角動量 $\vec{L}$。

[2] 若軌域未半填滿，則總角動量為 $\vec{J} = |\vec{L} - \vec{S}|$；若軌域已半填滿，則總角動量為 $\vec{J} = \vec{L} + \vec{S}$。

其實，因為基於「角動量愈大，能量就愈低」的規律，也就是外層電子的自旋會先去填不同的軌域，這樣的原子能量會最低，而自旋角動量 $\vec{S}$ 因趨於同方向，所以會有最大值，且軌道角動量 $\vec{L}$ 也會有最大值，所以由 Hund 規則可知：「[1]對於一個給定的電子組態，最大可能的總自旋角動量 $\vec{S}$ 具有最低的能量；隨著總自旋角動量 $\vec{S}$ 的減少，能量就漸次增加。[2]對於給定的總自旋角動量 $\vec{S}$ 值，最大可能的軌道角動量 $\vec{L}$ 具有最低的能量；隨著軌道角動量 $\vec{L}$ 的減少能量就漸次增加。」

我們可以再用另外的敘述方式來理解電子填充的原則，以便於記憶其具體的步驟：

[1] 假設價電子都先以自旋向上 $\left(\frac{1}{2}\right)$ 的型式填入軌道角動量 $\vec{L}$ 所允許的磁量子數，自 $m = l$ 開始，依次填入所允許的 $l - 1, l - 2, \cdots, -l$。

[2] 若仍有價電子尚未填入，則依次再由所允許的 $l, l - 1, l - 2, \cdots, -l$ 以自旋向下 $\left(-\frac{1}{2}\right)$ 的型式填入。

[3] 總自旋角動量則為 $\vec{S} = \vec{S}_1 + \vec{S}_2 + \cdots + \vec{S}_q$；而軌道總角動量為 $\hat{L} = \vec{L}_1 + \vec{L}_2 + \cdots + \vec{L}_q$，其中 q 表示價電子數。

[4] 當軌域未半填滿時，電子多集中於 z 軸正向，且均自旋向上相互排斥的結果，總自旋量 $\vec{S}$ 和軌道角動量 $\vec{L}$ 反向，所以總角動量為 $\vec{J} = \vec{L} - \vec{S}$。

[5] 當軌域已半填滿，電子有自旋向下 $\left(-\frac{1}{2}\right)$ 和 z 軸正向的自旋向上電子

極性相抵消，所以總自旋量 $\vec{S}$ 和軌道角動量 $\vec{L}$ 同向，所以總角動量為 $\vec{J} = \vec{L} + \vec{S}$。

如果給定的是一個氧原子 ^8O，則依據上述條列出的五個步驟，我們來看看基態的氧原子 ^8O 光譜記號是如何產生的。

氧的原子序是 8，也就是有 8 個電子，這 8 個電子可以依據稍後 6.4.3 節所要介紹的 Hartree 理論進行軌域填充，結果可以得到基態（Ground state）的氧原子 ^8O 的電子組態為 $^8O : 1s^2 2s^2 2p^4$，所以有 4 個價電子在 p 軌域，先把 p 軌域的 6 個軌道角動量列出來，

即　　　　　$l : 1 \quad 0 \quad -1 \quad 1 \quad 0 \quad -1$；

接著填入第 1 個價電子，當然自旋向上 $\left(\dfrac{1}{2}\right)$，

即　　　　　$l : 1 \quad 0 \quad -1 \quad 1 \quad 0 \quad -1$，

　　　　　　$s : \uparrow$

且軌域尚未半填滿；

再填入第 2 個價電子，當然自旋也向上 $\left(\dfrac{1}{2}\right)$，

即　　　　　$l : 1 \quad 0 \quad -1 \quad 1 \quad 0 \quad -1$，

　　　　　　$s : \uparrow \quad \uparrow$

且軌域尚未半填滿；

填入第 3 個價電子，當然自旋也向上 $\left(\dfrac{1}{2}\right)$，

即　　　　　$l : 1 \quad 0 \quad -1 \quad 1 \quad 0 \quad -1$，

　　　　　　$s : \uparrow \quad \uparrow \quad \uparrow$

且軌域尚未半填滿；

當要填入第 4 個價電子時，就必須以自旋向下 $\left(-\dfrac{1}{2}\right)$ 的型式填入，

即 $\qquad l:1 \quad 0 \quad -1 \quad 1 \quad 0 \quad -1$,

$\qquad\qquad s:\uparrow \quad \uparrow \quad \uparrow \quad \downarrow$

則軌域已經半填滿。

所以總自旋量 $\vec{S}$ 為 $\quad \vec{S}=\vec{S}_1+\vec{S}_2+\vec{S}_3+\vec{S}_4=\dfrac{1}{2}+\dfrac{1}{2}+\dfrac{1}{2}+\dfrac{-1}{2}=1$, $\qquad$ (6.71)

總角動量 $\vec{L}$ 為 $\qquad \vec{L}=\vec{L}_1+\vec{L}_2+\vec{L}_3+\vec{L}_4=1+0+(-1)+1=1$; $\qquad$ (6.72)

因為軌域已經半填滿,所以總角動量 $\vec{J}$ 為 $\quad \vec{J}=\vec{L}+\vec{S}=1+1=2$ 。 $\qquad$ (6.73)

我們也可以把上面的步驟表示如圖 6.7,圖中的 $\boxed{1}$、$\boxed{2}$、$\boxed{3}$、$\boxed{4}$ 表示 4 個價電子填充軌域的過程,而 ↑ 和 ↓ 分別代表自旋向上或自旋向下。

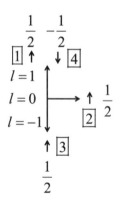

圖 6.7 · 價電子填充軌域的過程及其自旋方向

綜合以上的總自旋量 $S=1$、總角動量 $L=1$、總角動量 $J=2$,所以基態的氧原子 ^8O 光譜記號為 $^{2S+1}L_J=\,^3P_2$。

Hund 規則還可以從另外一個應用面向,也就是如果我們並不知道電子組態,但是若只給定總自旋量 S 以及總角動量 L,則因為軌域可能尚未半

填滿，軌域也可能已經半填滿，所以總角動量會是 $J = L - S$ 或 $J = L + S$，於是光譜記號 $^{2S+1}L_J$ 都可以分別標示出來。

例如現在只給定總自旋量 $S = \dfrac{1}{2}$ 以及總角動量 $L = 1$，所以如果軌域尚未半填滿，則總角動量為 $J = L - S = 1 - \dfrac{1}{2} = \dfrac{1}{2}$，於是光譜記號為 $^{2}P_{\frac{1}{2}}$；

如果軌域已經半填滿，則總角動量為 $J = L + S = 1 + \dfrac{1}{2} = \dfrac{3}{2}$，於是光譜記號為 $^{2}P_{\frac{3}{2}}$。所以一旦施加磁場，即 $\overrightarrow{\mathscr{B}} \neq 0$，則依據角動量和自旋量耦合的方式，光譜將分裂成多重線，即 $^{2}P_{\frac{1}{2}}$ 會分裂成 2 條線 $m_j = \dfrac{1}{2}, \dfrac{1}{2}$，而 $^{2}P_{\frac{3}{2}}$ 會分裂成 4 條線 $m_j = \dfrac{3}{2}, \dfrac{1}{2}, -\dfrac{1}{2}, -\dfrac{3}{2}$，如圖 6.8 所示。

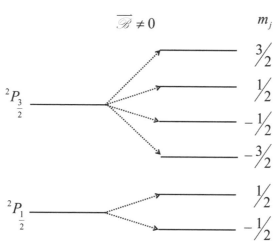

圖 6.8．外加磁場使光譜分裂

6.4.2 中心力場與軌域耦合

在分析之前，我們可以很直觀的想一想：當電子一個一個的加入原子中，電子除了和原子核有交互作用之外，電子與電子之間也會產生交互作用，這些交互作用包含了古典物理中的帶電粒子之間 Coulomb 作用，以及量子化的軌道角動量與自旋角動量之間的交互作用，即軌道-自旋交互作用。軌道-自旋之間的耦合型態當然是科學家所最感興趣的，我們將沿著中心力場近似的主軸來說明耦合 $L-S$ 和 $j-j$ 耦合的過程。

如果有一個原子或離子，其原子核帶正電荷 $+Ze$ 且具有 N 個電子，則有幾個重要的因素是必須考慮的：

[1] 電子的動能和靜電引力位能（Electrostatic attractive energy）交互作用，其中靜電位能又稱爲 Coulomb 引力能（Coulomb attractive energy），這是緣自於原子核對電子的 Coulomb 引力場（Coulomb attractive field），而且原子核是假設是呈點狀的（Point-like）且質量是無限大的（Infinitely massive）。

[2] 電子之間的靜電斥力（Electrostatic repulsion）或 Coulomb 斥力（Coulomb repulsion）作用。

[3] 電子自旋和其軌域運動的磁交互作用也稱爲自旋-軌道交互作用（Spin-orbital interaction）。

[4] 其它較小的效應，諸如：電子之間的自旋-自旋交互作用（Spin-spin interaction）各種相對論效應（Relativistic effects），輻射效應的修正、原子核的修正，所謂原子核的修正是緣自於：原子核質量是有限的，原子核是有大小的，原子核磁雙極矩（Nuclear magnetic dipole moments）…等。

在不考慮上述第[4]類的「小效應」的前提下，描述具有 N 個電子的原子的 Hamiltonian 可以表示為

$$H = H_c + H_1 + H_2 , \tag{6.74}$$

其中 $H_c = \sum_{i=1}^{N} \left[-\frac{1}{2} \nabla_{r_i}^2 + V(r_i) \right]$ 是在中心力場近似（Central field approximation）下的非相對論 Hamiltonian（Non-relativistic Hamiltonian）； $H_1 = \sum_{i<j=1}^{N} \frac{1}{r_{ij}} - \sum_{i=1}^{N} S(r_i)$ 是靜電交互作用（Electrostatic interaction）微擾 Hamiltonian，對應的是靜電能（Electrostatic energy）或 Coulomb 互斥能（Coulomb repulsion energy）； $H_2 = \sum_{i=1}^{N} [\zeta(r_i) \vec{L}_i \cdot \vec{S}_i]$ 是電子的自旋-軌道交互作用（Spin-Orbital interactions），其中 $V(r_i)$ 為中心力場（Central field）； $S(r_i)$ 為電子與電子間 Coulomb 斥力的球對稱部分； r_i 是第 i 個電子相對於原子核的座標； r_{ij} 是第 i 個電子和第 j 個電子的相對座標； $\zeta(r_i) = \frac{1}{2m^2c^2} \frac{1}{r_i} \frac{dV(r_i)}{dr_i}$ 只是 r_i 的函數； $\vec{L}_i = \vec{r}_i \times \vec{p}_i$ 為第 i 個電子的軌道角動量算符（Orbital angular momentum operator）； $\vec{S}_i$ 為第 i 個電子的自旋角動量算符（Spin angular momentum operator）。

一般而言，我們會用微擾論（Perturbation theory）來說明 H_1 和 H_2 的效應，我們把中心力場近似的非相對論 Hamiltonian H_c 的本徵函數和本徵能量作為起點的零階近似（Zero-order approximation），先求出對應於給定電子組態的非微擾本徵函數和本徵能量，且假設二個不同電子組態之間的干擾能量相對小於未受干擾時的能量間距，如此，我們就可依 H_1 和 H_2 的相對大小，藉微擾的方法分別來分析 H_1 和 H_2 的效應，如圖 6.9 所示。

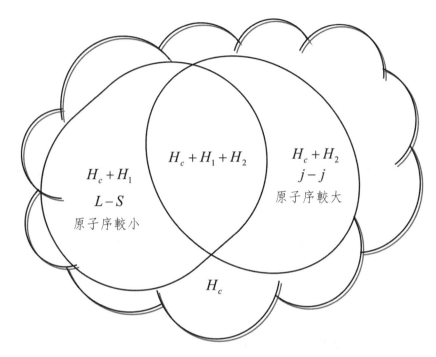

圖 6.9．中心力場近似和 $L-S$ 耦合、$j-j$ 耦合的關係

　　如果$|H_1| \gg |H_2|$，即靜電交互作用遠大於電子的自旋-軌道交互作用，則被稱爲 $L-S$ 耦合（$L-S$ coupling）或 Russell-Saunders 耦合（Russell-Saunders coupling）一般發生在原子序較小的原子或離子上，也是一般我們最常考慮的情況。

　　如果$|H_2| \cong |H_1|$，即靜電交互作用相當於電子的自旋-軌道交互作用，則稱爲中間耦合（Intermediate coupling）。

　　如果$|H_2| \gg |H_1|$，即電子的自旋-軌道交互作用遠大於靜電交互作用，則稱爲$j-j$耦合（$j-j$ coupling）一般發生在原子序較大的原子或離子上。

　　所以，$L-S$ 耦合是系統中電子的自旋角動量 s_i 和軌道角動量 l_i 先分別耦合之後成爲S和L，再耦合成J；中間耦合是系統中接近原子核中間的電子

或是主量子數比較小的電子先做 $L-S$ 耦合成 $(L_{Atomic\ Core}, S_{Atomic\ Core})=J_{Atomic\ Core}$，其中下標的 Atimic Core 表示原子的核心部份（Atomic core），$J_{Atomic\ Core}$ 再和主量子數大的電子 $(l, s)=j$ 作耦合；$j-j$ 耦合是系統中的每一個電子自旋角動量 s_i 和軌道角動量 l_i 先耦合成 $(l_i, s_i)=j_i$ 之後，再耦合成 J。

這三種耦合情況，若以符號標示分別為

$$L-S\ 耦合 = (l_1, l_2, l_3, \cdots)(s_1, s_2, s_3, \cdots) = (L, S) = J \ ;\quad （6.75）$$

$$中間耦合 = (l_1, l_2, l_3, \cdots)(s_1, s_2, s_3, \cdots)(L, S)$$

$$= (L_{Atomic\ Core}, S_{Atomic\ Core})(l, s)$$

$$= (J_{Atomic\ Core}, j) = J \ ;\quad （6.76）$$

$$j-j\ 耦合 = (l_1, s_1)(l_2, s_2)(l_3, s_3)\cdots = (j_1, j_2, j_3, \cdots) = J \ ;\quad （6.77）$$

其中，s_i 為第 i 個電子的自旋角動量，$i = 1, 2, 3, \cdots$；l_i 為第 i 個電子的軌道角動量，$i = 1, 2, 3, \cdots$；j_i 為第 i 個電子的總角動量，$i = 1, 2, 3, \cdots$。

我們可以把上述的過程，示意如圖 6.10。

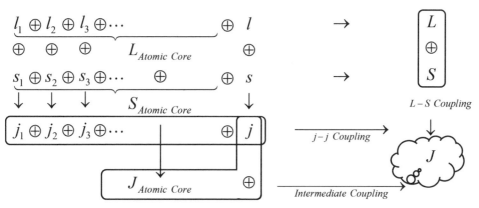

圖 6.10・$L-S$ 耦合、中間耦合、$j-j$ 耦合

以下我們將只介紹多電子組態（Multielectron configuration）的 $L-S$ 耦合和 $j-j$ 耦合的情況，因為中間耦合的問題較為複雜，可以再參考原子分子物理相關的專門著作。我們可以藉由兩個不同軌域的電子以不同的方式耦合來比較說明 $L-S$ 耦合和 $j-j$ 耦合的差異。

6.4.2.1 多電子組態的 $L-S$ 耦合

現在來看看多電子組態中的兩個不同殼層的電子 np 和 $n'p$，即不同主量子數 $n \neq n'$，進行 $L-S$ 耦合之後能態分裂的結果。

如前所述，雖然已知 $L-S$ 耦合可示意為 $(s_1, s_2, \cdots)(l_1, l_2, \cdots) = (S, L) = J$，通常表示為 $^{2S+1}L_J$，然而在進行分析之前，我們還是再重複一次 $L-S$ 耦合的考慮是靜電交互作用微擾 H_1 遠大於自旋-軌道交互作用 H_2，即 $|H_1| \gg |H_2|$，所以我們先由中心力場的零階近似 H_c 的本徵能量作為起點，加入靜電交互作用微擾 H_1 之後會先得到原子能階 ^{2S+1}L，再加入自旋-軌道交互作用 H_2 就會得到 $L-S$ 耦合的原子能階 $^{2S+1}L_J$。

由電子組態為 $npn'p$，

則因為

$$S = |s_1 - s_2|, |s_1 - s_2| + 1, \cdots, |s_1 + s_2| \; ; \tag{6.78}$$

$$l = |l_1 - l_2|, |l_1 - l_2| + 1, \cdots, |l_1 + l_2| \; , \tag{6.79}$$

且兩個不同殼層的 np 和 $n'p$ 的電子自旋量為 $s_1 = \dfrac{1}{2}$ 和 $s_2 = \dfrac{1}{2}$ ；而軌道角動量為 $l_1 = 1$ 和 $l_2 = 1$，

則

$$S = |s_1 - s_2|, |s_1 - s_2| + 1, \cdots, |s_1 + s_2| = 0, 1 \; ; \tag{6.80}$$

$$l = |l_1 - l_2|, |l_1 - l_2| + 1, \cdots, |l_1 + l_2| = 0, 1, 2 \; 。 \tag{6.81}$$

所以電子組態 $npn'p$ 先以靜電交互作用微擾 $H_c + H_1$ 之後，

$$當 S=0 且 L=0，則 {}^{2S+1}L = {}^1S ; \tag{6.82}$$

$$當 S=0 且 L=1，則 {}^{2S+1}L = {}^1P ; \tag{6.83}$$

$$當 S=0 且 L=2，則 {}^{2S+1}L = {}^1D ; \tag{6.84}$$

$$當 S=1 且 L=0，則 {}^{2S+1}L = {}^3S ; \tag{6.85}$$

$$當 S=1 且 L=1，則 {}^{2S+1}L = {}^3P ; \tag{6.86}$$

$$當 S=1 且 L=2，則 {}^{2S+1}L = {}^3D 。 \tag{6.87}$$

再考慮自旋軌道微擾 $H_c + H_1 + H_2$ 修正爲 $L-S$ 耦合，

且 $\qquad J = |L-S|, |L-S|+1, \cdots, |L+S|$，則

$$當 S=0 且 L=0，則 {}^{2S+1}L = {}^1S，又 J=0，得 {}^{2S+1}L_J = {}^1S_0 ; \tag{6.88}$$

$$當 S=0 且 L=1，則 {}^{2S+1}L = {}^1P，又 J=1，得 {}^{2S+1}L_J = {}^1P_1 ; \tag{6.89}$$

$$當 S=0 且 L=2，則 {}^{2S+1}L = {}^1D，又 J=2，得 {}^{2S+1}L_J = {}^1D_2 ; \tag{6.90}$$

$$當 S=1 且 L=0，則 {}^{2S+1}L = {}^3S，又 J=1，得 {}^{2S+1}L_J = {}^3S_1 ; \tag{6.91}$$

$$當 S=1 且 L=1，則 {}^{2S+1}L = {}^3P，又 J=0,1,2，得 {}^{2S+1}L_J = {}^3P_2, {}^3P_1, {}^3P_0 ; \tag{6.92}$$

$$當 S=1 且 L=2，則 {}^{2S+1}L = {}^3D，又 J=1,2,3，得 {}^{2S+1}L_J = {}^3D_3, {}^3D_2, {}^3D_1 。 \tag{6.93}$$

結果如圖 6.11 所示

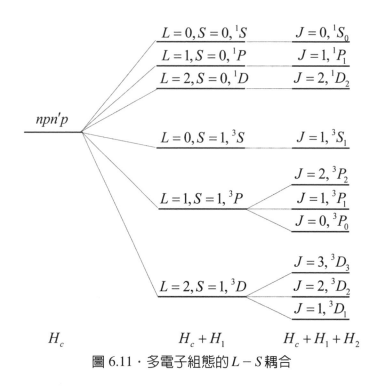

圖 6.11 · 多電子組態的 $L-S$ 耦合

6.4.2.2 多電子組態的 $j-j$ 耦合

如前所述，$j-j$ 耦合可示意爲 $(l_1 s_1)(l_2 s_2)(l_3 s_3)\cdots = (j_1 j_2 j_3 \cdots)=J$，通常表示爲 $(j_1 j_2 j_3 \cdots)_J$，重複一次 $j-j$ 耦合的分析考慮是自旋-軌道交互作用 H_2 遠大於靜電交互作用微擾 H_1，即 $|H_2|\gg|H_1|$，顯然和 $L-S$ 耦合的考慮是相反的，然而我們還是先由中心力場的零階近似 H_c 的本徵能量作爲起點，加入自旋-軌道交互作用 H_2 之後：若 $l=0$，則能態不會分裂，即維持原來的 $j=\dfrac{1}{2}$；若 $l\neq 0$，則能態會分裂爲 $j=l+\dfrac{1}{2}$ 和 $j=l-\dfrac{1}{2}$，則會先得到原子能階 $j_1, j_2, j_3, \cdots$，再加入靜電交互作用微擾 H_1，而每次 j_a 和 j_b 的耦合就和前述的 $L-S$ 耦合的方式相同，即 $|j_a-j_b|,|j_a-j_b|+1,\cdots,|j_a+j_b|$，就會得到 $j-j$ 耦合的原子能階 $(j_1, j_2, j_3, \cdots)_J$。

若電子組態現在給定為 ns 和 $n'p$，則因為對 $j-j$ 耦合而言，先考慮電子的自旋-軌道交互作用 H_2，則

對 s 電子而言，因為 $l=0$，所以 $j_1 = \dfrac{1}{2}$；　　　　　　　　(6.94)

對 p 電子而言，因為 $l=1$，所以 $j_2 = 1 + \dfrac{1}{2}, 1 - \dfrac{1}{2}$，即 $j_2 = \dfrac{3}{2}, \dfrac{1}{2}$。　(6.95)

再考慮靜電修正，即靜電交互作用 H_1，則

所以當 $(j_1, j_2) = \left(\dfrac{1}{2}, \dfrac{1}{2}\right) = J = \left|\dfrac{1}{2} - \dfrac{1}{2}\right|$ 或 $\dfrac{1}{2} + \dfrac{1}{2} = 0$ 或 1，則為 $\left(\dfrac{1}{2}, \dfrac{1}{2}\right)_0$ 或 $\left(\dfrac{1}{2}, \dfrac{1}{2}\right)_1$；

當 $(j_1, j_2) = \left(\dfrac{1}{2}, \dfrac{3}{2}\right) = J = \left|\dfrac{3}{2} - \dfrac{1}{2}\right|$ 或 $\dfrac{3}{2} + \dfrac{1}{2} = 1$ 或 2，則為 $\left(\dfrac{1}{2}, \dfrac{3}{2}\right)_1$ 或 $\left(\dfrac{1}{2}, \dfrac{3}{2}\right)_2$。

ns 和 $n'p$ 電子組態若以 $j-j$ 耦合則能階分裂示意如圖 6.12 所示。

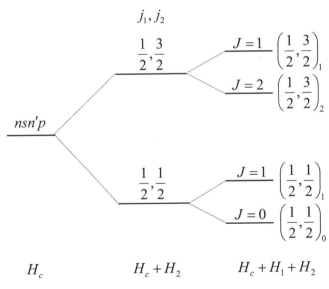

圖 6.12．多電子組態的 $j-j$ 耦合

6.4.3 Hartree 理論

在多電子原子或晶體物理中，因為要面對的是單位立方公分體積中有甚至高達 10^{22} 到 10^{23} 個電子的問題，所以常常是藉由求解 Hartree-Fock 方程式或求解 Hartree 方程式來處理多電子效應（Many electron effect）或多體效應（Manybody effect）的波函數。這兩個近似方法最大的差異在於：Hartree-Fock 方程式考慮了電子必須遵守 Pauli 不相容原理；而 Hartree 方程式則不考慮電子的 Pauli 不相容原理，相關細節可參考習題的說明。

現在我們所要介紹的是原子中多電子的問題，也援引 Hartree 理論來處理這些交互作用。Hartree 理論的結論是：

[1]　電子的能量 E_{nl} 僅和主量子數 n 及軌道量子數 l 有關；但是和磁量子數 m、自旋量子數 s 無關。這個結論和 6.2 節的結果不同，單電子原子的能量是簡併的，單電子原子的能量 E_n 僅和主量子數 n 有關，和軌道量子數 l、磁量子數 m、自旋量子數 s 都無關，

[2]　主量子數與軌道量子數之和 $(n+l)$ 大者，電子的能量 E_{nl} 大。

[3]　若主量子數與軌道量子數之和 $(n+l)$ 相同者，則主量子數 n 大者，電子的能量 E_{nl} 比較大。

根據以上的結論我們可以畫一個流程來表示電子填充的順序，如圖 6.13 所示。

所以依據 Hartree 理論就可以寫下每一個處在基態原子的電子組態，例如：

$$^{19}K : 1s^2 2s^2 2p^6 3s^2 3p^6 4s^1 \text{。}$$

$$^{24}Cr : 1s^2 2s^2 2p^6 3s^2 3p^6 4s^2 3d^4 \text{。}$$

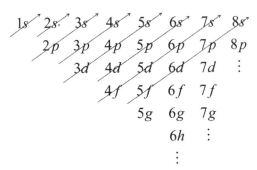

圖 6.13 · Hartree 理論電子填充的流程

更進一步，由Hartree理論的電子能階所瞭解的各元素基態電子組態，就可構成元素週期表，同行（Column）元素的物理、化學性質類似，諸如：同行元素的外層軌域電子或價電子都是相同的，然而因為隨著原子序的增加，外層電子的能量愈來愈大，負值愈少，所以原子序愈大的同行元素也就愈容易游離。

6.5　Zeeman 效應

我們由中心力場近似開始，一步一步由單電子原子的結構發展到多電子原子的角動量耦合及結構，並且透過主量子數、軌道量子數、磁量子數、自旋量子數，即(n, l, m, s)，建立了量子力學描述的原子，這些論述必須藉由觀察與分析原子光譜的 Zeeman 效應作驗證，以符合實證科學的哲學的基本精神。

當原子處於磁場 $\vec{B}$ 中，我們會發現原子的光譜有分裂的現象，形成多重譜系（Multiplet），這個隨著磁場的光譜分裂效應就是Zeeman效應。

古典量子理論或 Bohr 原子理論雖然可以解釋正常 Zeeman 效應，但是無法解釋精細結構、多重光譜線及不正常 Zeeman 效應。所謂的「正常 Zeeman 效應」和「不正常 Zeeman 效應」的名稱是緣自於歷史的因素，因爲「正常 Zeeman 效應」是先被發現的，所以稱爲「正常」；「不正常 Zeeman 效應」是後來才發現的，所以稱爲「不正常」。實際上，不正常 Zeeman 效應觀察到電子自旋才是一般情形，而正常 Zeeman 效應沒有觀察到電子自旋，反而是特殊情形了。

由原子在磁場 $\overrightarrow{\mathscr{B}}$ 中的分裂效應，我們可分析三種量子力學現象：總角動量 $\vec{J}$ 的空間量子化、軌道角動量 $\vec{L}$ 的空間量子化、自旋角動量 $\vec{S}$ 的空間量子化。

原子在均勻弱磁場 $\overrightarrow{\mathscr{B}}$ 中，或者磁場遠小於軌道-自旋耦合的作用，即 $\overrightarrow{\mathscr{B}} \ll [L, S]$，觀察到總角動量 $\vec{J} = \vec{L} + \vec{S}$ 的空間量子化現象，磁量子數 m_j 為 $m_j = -j, -j+1, -j+2, \cdots, j-2, j-1, j$，稱爲不正常 Zeeman 效應，如圖 6.14 所示。

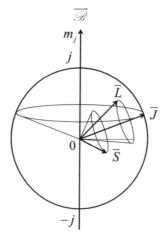

圖 6.14・不正常 Zeeman 效應-總角動量的空間量子化

[2]　原子在均勻強磁場 $\overrightarrow{\mathscr{B}}$ 中，或者磁場遠大於軌道-自旋耦合，即 $\overrightarrow{\mathscr{B}} \gg [L, S]$，磁場 $\overrightarrow{\mathscr{B}}$ 破壞了 $[L, S]$ 耦合，所以沒有觀察到電子自旋 $\vec{S}$ 的作用，只有考慮軌道角動量 $\vec{L}$ 的空間量子化，磁量子數 m_l 爲 $m_l = -l, -l+1, \cdots, l-1, l$，稱爲正常 Zeeman 效應，如圖 6.15 所示。

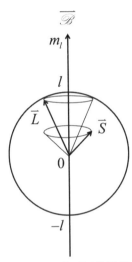

圖 6.15．正常 Zeeman 效應-軌道角動量的空間量子化

[3]　原子在不均勻磁場中，Stern-Gerlach 實驗（Stern-Gerlach experiment）觀察到電子自旋角動量 $\vec{S}$ 的空間量子化，磁量子數 $m_s = \dfrac{1}{2}$，$-\dfrac{1}{2}$，如圖 6.16 所示。

這些結果列如表 6-3 所示。

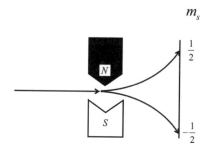

圖 6.16・Stern-Gerlach 實驗-電子自旋角動量的空間量子化

表 6-3・空間量子化

Magnetic field	Uniform Weak	Uniform Strong	Non-uniform
Cause (Space Quantization)	$\vec{J}$	$\vec{L}$	$\vec{S}$
Effect	Anomalous Zeeman Effect	Normal Zeeman Effect	Stern-Gerlach Experiment
m	$-j, -j+1, \cdots, j-1, j$	$-l, -l+1, \cdots, l-1, l$	$+\dfrac{1}{2}, -\dfrac{1}{2}$
Phenomena			

6.5.1 不正常 Zeeman 效應

當有外加磁場 $\overrightarrow{\mathscr{B}}$ 時，原子會藉由磁矩 $\vec{\mu}$ 與磁場 $\overrightarrow{\mathscr{B}}$ 作交互作用，於是我們會觀察到原子光譜分裂成若干次能階（Sublevel）的效應。在還沒有提出電子自旋 $\vec{S}$ 的概念之前，因為僅考慮電子軌道角動量 $\vec{L}$，並未考慮電子自旋 $\vec{S}$，所以，在有外加磁場 $\overrightarrow{\mathscr{B}}$ 的情況下，基態 $n=0$ 的氫原子光譜應該是不會分裂的，但是，實驗結果卻顯示在磁場 $\overrightarrow{\mathscr{B}}$ 作用下，基態氫原子的光譜卻分開成兩條線，即兩個次能階，這個現象就稱為反常 Zeeman 效應。

說明如下。

我們知道磁矩 $\vec{\mu}$ 在磁場 $\overrightarrow{\mathscr{B}}$ 內所具有的能量 E 為 $E = -\vec{\mu} \cdot \overrightarrow{\mathscr{B}}$，不同的磁矩 $\vec{\mu}$ 就有不同的能量 E。軌道運動 $\vec{L}$ 及自旋運動 $\vec{S}$ 分別具有的軌道磁矩 $\vec{\mu}_l$、自旋磁矩 $\vec{\mu}_s$ 將與外加磁場 $\overrightarrow{\mathscr{B}}$ 作交互作用，二者所產生的能量變化 ΔE_B 將造成原子光譜分裂。當然，總角動量 $\vec{J} = \vec{L} + \vec{S}$ 的磁矩 $\vec{\mu}_j$ 與外加磁場 $\overrightarrow{\mathscr{B}}$ 的交互作用也會使光譜分裂。

現在考慮 $[L, S]$ 耦合的情況，因為總角動量 $\vec{J}$ 為

$$\vec{J} = \vec{L} + \vec{S}，\tag{6.96}$$

所以總角動量具有的總角動量磁矩 $\vec{\mu}_j$ 為

$$\vec{\mu}_j = -g\frac{e}{2m}\vec{J}，\tag{6.97}$$

其中 g 為 Lande g 因子且 $1 \leq g \leq 2$。

接著分別考慮軌道運動 $\vec{L}$ 的軌道磁矩 $\vec{\mu}_l$ 與外加磁場 $\overrightarrow{\mathscr{B}}$ 的交互作用所產生的能量變化 ΔE_B^l 及自旋運動 $\vec{S}$ 的自旋磁矩 $\vec{\mu}_s$ 與外加磁場 $\overrightarrow{\mathscr{B}}$ 的交互作用所產生的能量變化 ΔE_B^S，再和總角動量 $\vec{J}=\vec{L}+\vec{S}$ 的總角動量磁矩 $\vec{\mu}_j$ 與外加磁場 $\overrightarrow{\mathscr{B}}$ 的交互作用所產生的能量變化 ΔE_B 作比較。

軌道角動量 $\vec{L}$ 的軌道磁矩 $\vec{\mu}_l$ 與外加磁場 $\overrightarrow{\mathscr{B}}$ 的交互作用所產生的能量變化 ΔE_B^l 爲

$$\Delta E_B^l = \vec{\mu}_l \cdot \overrightarrow{\mathscr{B}}$$

$$= \frac{e}{2m}\vec{L} \cdot \overrightarrow{\mathscr{B}}$$

$$= \frac{e\hbar}{2m}\frac{\mathscr{B}}{\hbar}L\cos(\vec{L} \cdot \overrightarrow{\mathscr{B}})$$

$$= \frac{\mu_B \mathscr{B}}{\hbar}L\cos(\vec{L} \cdot \overrightarrow{\mathscr{B}}) \ ; \qquad (6.98)$$

而自旋角動量 $\overrightarrow{\mathscr{S}}$ 的自旋磁矩 $\vec{\mu}_s$ 與外加磁場 $\overrightarrow{\mathscr{B}}$ 的交互作用所產生的能量變化 ΔE_B^S 可以得到爲

$$\Delta E_B^S = \vec{\mu}_S \cdot \overrightarrow{\mathscr{B}}$$

$$= \frac{e}{2m}\vec{S} \cdot \overrightarrow{\mathscr{B}}$$

$$= \frac{e\hbar}{m}\frac{\mathscr{B}}{\hbar}S\cos(\vec{S} \cdot \overrightarrow{\mathscr{B}})$$

$$= \frac{2\mu_B \mathscr{B}}{\hbar}S\cos(\vec{L} \cdot \overrightarrow{\mathscr{B}}) \ , \qquad (6.99)$$

其中因爲我們只要知道大小數值，所以爲了標示或運算方便，電子的電荷都取正值，即 $e = 1.6 \times 10^{-19}$ Coul；$\mu_B = \frac{e\hbar}{2m}$ 爲 SI 制或 MKSA 制的 Bohr 磁

矩。

所以總角動量$\vec{J}=\vec{L}+\vec{S}$的總角動量與外加磁場$\overrightarrow{\mathscr{B}}$的交互作用所產生的能量變化$\Delta E_B$為

$$\Delta E_B = \Delta E_B^L + \Delta E_B^S$$

$$= \frac{e\hbar}{2m}\frac{\mathscr{B}}{\hbar}[L\cos(\vec{L}\cdot\overrightarrow{\mathscr{B}})+2S\cos(\vec{S}\cdot\overrightarrow{\mathscr{B}})]$$

$$= \frac{\mu_B\mathscr{B}}{\hbar}[L\cos(\vec{L}\cdot\overrightarrow{\mathscr{B}})+2S\cos(\vec{S}\cdot\overrightarrow{\mathscr{B}})] \text{。} \qquad (6.100)$$

假設軌道角動量$\vec{L}$與自旋角動量$\vec{S}$之間的交互作用，遠比軌道角動量$\vec{L}$和磁場$\overrightarrow{\mathscr{B}}$耦合的作用大，也遠比自旋角動量$\vec{S}$和磁場$\overrightarrow{\mathscr{B}}$耦合的作用大，則軌道角動量$\vec{L}$與自旋角動量$\vec{S}$將會繞著總角動量$\vec{J}=\vec{L}+\vec{S}$旋進，而總角動量$\vec{J}$則以一種較慢的速度繞磁場$\vec{S}$旋轉。由於這些旋進的平均值，只有軌道角動量$\vec{L}$和自旋角動量$\vec{S}$沿總角動量$\vec{J}$方向的分量才對能量變化$\Delta E_B$有貢獻，

即
$$\Delta E_B = \frac{1}{\hbar}g\mu_B\overrightarrow{\mathscr{B}}\cdot\vec{J}$$

$$= \frac{1}{\hbar}g\mu_B|\overrightarrow{\mathscr{B}}\,\|\vec{J}|\cos(\overrightarrow{\mathscr{B}}\cdot\vec{J})$$

$$= [L\cos(\vec{L}\cdot\vec{J})+2S\cos(\vec{S}\cdot\vec{J})]\frac{\mu_B\mathscr{B}}{\hbar}\cos(\overrightarrow{\mathscr{B}}\cdot\vec{J}) \text{。}$$

$$(6.101)$$

比較兩個表示式之後，可得

$$g = \frac{L}{J}\cos{(\vec{L} \cdot \vec{J})} + \frac{2S}{J}\cos{(\vec{S} \cdot \vec{J})} \text{,} \qquad (6.102)$$

其中總角動量 $\vec{J}$、軌道角動量 $\vec{L}$ 和自旋角動量 $\vec{S}$ 之間的關係如圖 6.17 所示。

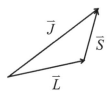

圖 6.17．總角動量 $\vec{J}$、軌道角動量 $\vec{L}$ 和自旋角動量 $\vec{S}$ 之間的關係

由總角動量 $\vec{J}$、軌道角動量 $\vec{L}$ 和自旋角動量 $\vec{S}$ 所構成的三角形，

所以 $\qquad 2|\vec{L}||\vec{J}|\cos{(\vec{L} \cdot \vec{J})} = |\vec{J}|^2 + |\vec{L}|^2 - |\vec{S}|^2 \text{;} \qquad (6.103)$

且 $\qquad 2|\vec{S}||\vec{J}|\cos{(\vec{S} \cdot \vec{J})} = |\vec{J}|^2 + |\vec{S}|^2 - |\vec{L}|^2 \text{,} \qquad (6.104)$

代入可得 Lande g 因子為

$$\begin{aligned} g &= 1 + \frac{|\vec{J}|^2 + |\vec{S}|^2 - |\vec{L}|^2}{2|\vec{J}|^2} \\ &= 1 + \frac{|\sqrt{j(j+1)\hbar^2}|^2 + |\sqrt{s(s+1)\hbar^2}|^2 - |\sqrt{l(l+1)\hbar^2}|^2}{2|\sqrt{j(j+1)\hbar^2}|^2} \\ &= 1 + \frac{j(j+1) + s(s+1) - l(l+1)}{2j(j+1)} \text{。} \qquad (6.105) \end{aligned}$$

此外，我們可以向量模型說明總角動量 $\vec{J}$ 的空間量子化，即（6.100）的表示式，如圖 6.18 所示，換言之，總角動量 $\vec{J}$ 在磁場 $\overrightarrow{\mathscr{B}}$ 方向上的分量是 Planck 常數 $\hbar$ 的半整數倍，

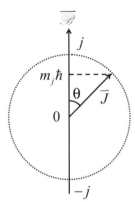

圖 6.18．總角動量空間量子化的向量模型

則　　　　　　　$|\vec{J}| = \cos(\vec{J}, \overrightarrow{\mathscr{B}}) = m_j \hbar$，　　　　　　　　　（6.106）

其中 m_j 為磁量子數。

綜合以上的說明，所以如果有一個能態為 $^{2S+1}L_J$ 的原子，則在均勻磁場 $\overrightarrow{\mathscr{B}}$ 中原子能態的能量改變量 ΔE_B 為

$$\Delta E_B = g\mu_B \vec{J} \cdot \overrightarrow{\mathscr{B}}$$
$$= g\mu_B \mathscr{B} m_j，\qquad\qquad (6.107)$$

其中 Lande g 因子為 $g = 1 + \dfrac{j(j+1) + s(s+1) - l(l+1)}{2j(j+1)}$。

　　我們可以 ^{11}Na 原子作實驗樣本，觀察不正常 Zeeman 效應所造成的原子光譜分裂現象。

　　當沒有外加磁場 $\overrightarrow{\mathscr{B}}$ 時，即 $\overrightarrow{\mathscr{B}}=0$，若 ^{11}Na 原子有一個基態能階 $^2S_{\frac{1}{2}}$ 以及兩個第一激發態的能階 $^2P_{\frac{1}{2}}$、$^2P_{\frac{3}{2}}$，而其所對應的能量分別為 E_0、E_1、E_2，如圖 6.19 所示，則

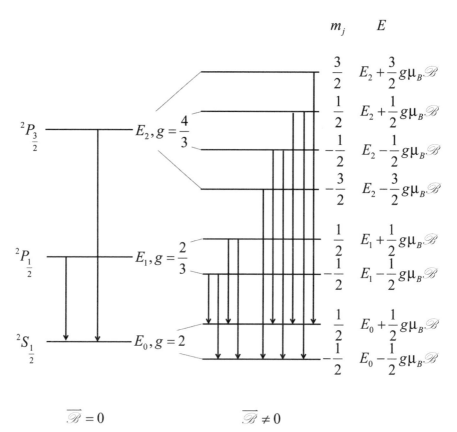

圖 6.19．不正常 Zeeman 效應所造成的原子光譜分裂現象

對基態 $^2S_{\frac{1}{2}}$，因為 $j = \frac{1}{2}$、$l = 0$、$s = \frac{1}{2}$，所以可得 Lande g 因子為

$$
\begin{aligned}
g &= 1 + \frac{j(j+1) + s(s+1) - l(l+1)}{2j(j+1)} \\
&= 1 + \frac{\frac{1}{2}\left(\frac{1}{2}+1\right) + \frac{1}{2}\left(\frac{1}{2}+1\right) - 0(0+1)}{2 \cdot \frac{1}{2}\left(\frac{1}{2}+1\right)} \\
&= 2 \; ;
\end{aligned}
\tag{6.108}
$$

對第一激發態 $^2P_{\frac{1}{2}}$，因為 $j = \frac{1}{2}$、$l = 1$、$s = \frac{1}{2}$，所以可得 Lande 因子為

$$
\begin{aligned}
g &= 1 + \frac{j(j+1) + s(s+1) - l(l+1)}{2j(j+1)} \\
&= 1 + \frac{\frac{1}{2}\left(\frac{1}{2}+1\right) + \frac{1}{2}\left(\frac{1}{2}+1\right) - 1(1+1)}{2 \cdot \frac{1}{2}\left(\frac{1}{2}+1\right)} \\
&= \frac{2}{3} \; ;
\end{aligned}
\tag{6.109}
$$

對第一激發態 $^2P_{\frac{3}{2}}$，因為 $j = \frac{3}{2}$、$l = 1$、$s = \frac{1}{2}$，所以可得 Lande 因子為

$$
\begin{aligned}
g &= 1 + \frac{j(j+1) + s(s+1) - l(l+1)}{2j(j+1)} \\
&= 1 + \frac{\frac{3}{2}\left(\frac{3}{2}+1\right) + \frac{1}{2}\left(\frac{1}{2}+1\right) - 1(1+1)}{2 \cdot \frac{3}{2}\left(\frac{3}{2}+1\right)} \\
&= \frac{4}{3} \; 。
\end{aligned}
\tag{6.110}
$$

當有外加磁場 $\overrightarrow{\mathscr{B}}$ 時，即 $\overrightarrow{\mathscr{B}} \neq 0$，則

基態 $^2S_{\frac{1}{2}}$ 會分裂為二個能態，即總角動量的磁量子數為 $m_j = \frac{1}{2}$ 和 $m_j = -\frac{1}{2}$，

而在磁場 $\overrightarrow{\mathscr{B}}$ 中原子能態的能量改變量 ΔE_B，所以對應的能量分別為

$$E = E_0 + \Delta E_B = E_0 + m_j g \mu_B \mathscr{B} = E_0 + \frac{1}{2} g \mu_B \mathscr{B}$$

$$= E_0 + \frac{1}{2} \cdot 2 \cdot \mu_B \mathscr{B} = E_0 + \mu_B \mathscr{B} \ ; \tag{6.111}$$

$$E = E_0 + \Delta E_B = E_0 + m_j g \mu_B \mathscr{B} = E_0 - \frac{1}{2} g \mu_B \mathscr{B}$$

$$= E_0 - \frac{1}{2} \cdot 2 \cdot \mu_B \mathscr{B} = E_0 - g \mu_B \mathscr{B} \ \text{。} \tag{6.112}$$

第一激發態 $^2P_{\frac{1}{2}}$ 會分裂為二個能態，即總角動量的磁量子數為 $m_j = \frac{1}{2}$ 和

$m_j = -\frac{1}{2}$，而在磁場 $\overrightarrow{\mathscr{B}}$ 中原子能態的能量改變量 ΔE_B，所以對應的能量分

別為

$$E = E_1 + \Delta E_B = E_1 + m_j g \mu_B \mathscr{B} = E_1 + \frac{1}{2} g \mu_B \mathscr{B}$$

$$= E_1 + \frac{1}{2} \cdot \frac{3}{2} \cdot \mu_B \mathscr{B} = E_1 + \frac{3}{4} \mu_B \mathscr{B} \ ; \tag{6.113}$$

$$E = E_1 + \Delta E_B = E_1 + m_j g \mu_B \mathscr{B} = E_1 - \frac{1}{2} g \mu_B \mathscr{B}$$

$$= E_1 - \frac{1}{2} \cdot \frac{3}{2} \cdot \mu_B \mathscr{B} = E_1 - \frac{3}{4} g \mu_B \mathscr{B} \ , \tag{6.114}$$

第一激發態 $^2P_{\frac{3}{2}}$ 會分裂為四個能態，即總角動量的磁量子數為 $m_j = \frac{3}{2}$、

$m_j = \dfrac{1}{2}$、$m_j = -\dfrac{1}{2}$、$m_j = -\dfrac{3}{2}$，而在磁場 $\overrightarrow{\mathscr{B}}$ 中原子能態的能量改變量 ΔE_B，所以對應的能量分別為

$$
\begin{aligned}
E &= E_2 + \Delta E_B = E_2 + m_j\, g\mu_B\, \mathscr{B} = E_2 + \frac{3}{2} g\mu_B\, \mathscr{B} \\
&= E_2 + \frac{3}{2} \cdot \frac{4}{3} \cdot \mu_B\, \mathscr{B} = E_2 + 2\mu_B\, \mathscr{B} \,;
\end{aligned} \tag{6.115}
$$

$$
\begin{aligned}
E &= E_2 + \Delta E_B = E_2 + m_j\, g\mu_B\, \mathscr{B} = E_2 + \frac{1}{2} g\mu_B\, \mathscr{B} \\
&= E_2 + \frac{1}{2} \cdot \frac{4}{3} \cdot \mu_B\, \mathscr{B} = E_2 + \frac{2}{3}\mu_B\, \mathscr{B} \,;
\end{aligned} \tag{6.116}
$$

$$
\begin{aligned}
E &= E_2 + \Delta E_B = E_2 + m_j\, g\mu_B\, \mathscr{B} = E_2 - \frac{1}{2} g\mu_B\, \mathscr{B} \\
&= E_2 - \frac{1}{2} \cdot \frac{4}{3} \cdot \mu_B\, \mathscr{B} = E_2 - \frac{2}{3}\mu_B\, \mathscr{B} \,;
\end{aligned} \tag{6.117}
$$

$$
\begin{aligned}
E &= E_2 + \Delta E_B = E_2 + m_j\, g\mu_B\, \mathscr{B} = E_2 - \frac{3}{2} g\mu_B\, \mathscr{B} \\
&= E_2 - \frac{3}{2} \cdot \frac{4}{3} \cdot \mu_B\, \mathscr{B} = E_2 - 2\mu_B\, \mathscr{B} \,\circ
\end{aligned} \tag{6.118}
$$

此外，已知電偶極（Electric dipole）躍遷選擇規律（Transition selection rules）對總角動量的變化 ΔJ、軌道角動量的變化 ΔL、自旋角動量的變化 ΔS 的限制分別為

$$\Delta J = 0, \pm 1 \text{（但是不允許 } J = 0 \text{ 到 } J = 0\text{）或 } \Delta m_j = 0, \pm 1 \,; \tag{6.119}$$

$$\Delta L = 0, \pm 1 \,; \tag{6.120}$$

$$\Delta S = 0 \,\circ \tag{6.121}$$

在滿足電偶極躍遷選擇規律的要求下，當沒有外加磁場 $\overrightarrow{\mathscr{B}}$ 時，即 $\overrightarrow{\mathscr{B}} = 0$，有 2 條光譜線，即 $^2P_{\frac{1}{2}} \rightarrow {}^2S_{\frac{1}{2}}$ 和 $^2P_{\frac{3}{2}} \rightarrow {}^2S_{\frac{1}{2}}$；當有外加磁場 $\overrightarrow{\mathscr{B}}$ 時，即 $\overrightarrow{\mathscr{B}} \neq 0$，共有 10 條光譜線，即 $^2P_{\frac{1}{2}} \rightarrow {}^2S_{\frac{1}{2}}$ 的 4 條；$^2P_{\frac{3}{2}} \rightarrow {}^2S_{\frac{1}{2}}$ 的 6 條，如圖 6.19 所示，則因為每一個原子能態的能量都已經知道了，所以發生在能態 E_m 和能態 E_n 之間的躍遷頻率 v_{mn} 也都可以求出，即 $v_{mn} = \dfrac{|E_m - E_n|}{h}$，其中 h 為 Planck 常數。

6.5.2 正常 Zeeman 效應

正常 Zeeman 效應的分析可以分成二個階段：第一個階段是有外加磁場 $\overrightarrow{\mathscr{B}}$ 時，只考慮軌道角動量 $\vec{L}$ 但不考慮電子自旋 $\vec{S}$；第二個階段是有外加磁場 $\overrightarrow{\mathscr{B}}$ 時，先考慮軌道角動量 $\vec{L}$ 之後，再把電子自旋 $\vec{S}$ 的效應加進來。

第一個階段是因為強磁場 $\overrightarrow{\mathscr{B}}$ 破壞了電子的 $[L, S]$ 耦合，所以觀察不到自旋磁矩 $\vec{\mu}_s$ 與外加磁場 $\overrightarrow{\mathscr{B}}$ 的交互作用所產生的能量變化 ΔE_B^s，所以只考慮軌道角動量 $\vec{L}$；不考慮電子自旋 $\vec{S}$，換言之，即在均勻磁場 $\overrightarrow{\mathscr{B}}$ 內，只考慮軌道角動量 $\vec{L}$ 的空間量子化所產生的能量變化 ΔE_B^l；不考慮電子自旋 $\vec{S}$ 產生的能量變化 ΔE_B^s。而軌道角動量 $\vec{L}$ 的空間量子化所產生的能量變化 ΔE_B^l 為

$$\Delta E_B^l = -\vec{\mu}_l \cdot \overrightarrow{\mathscr{B}}$$

$$= \frac{\mu_B}{\hbar} \vec{L} \cdot \overrightarrow{\mathscr{B}}$$

$$= \frac{\mu_B}{\hbar} |\vec{L}| |\overrightarrow{\mathscr{B}}| \cos(\vec{L}, \overrightarrow{\mathscr{B}})$$

$$= \frac{\mu_B}{\hbar} \mathscr{B} m_l \hbar$$

$$= \mu_B \mathscr{B} m_l, \tag{6.122}$$

其中軌道角動量的磁量子數 m_l 係爲不連續的整數，也就是軌道角動量量子化的現象，且軌道角動量的磁量子數 m_l 和軌道角動量量子數 l 的關係爲 $-l \leq m_l \leq l$。所以總能量的改變量爲 $\Delta E_B = \Delta E_B^l = m_l \mu_B \mathscr{B}$。

　　第二個階段中，除了有軌道角動量 $\vec{L}$ 所產生的能量變化 ΔE_B^l 之外，還有電子自旋 $\vec{S}$ 產生的能量變化 ΔE_B^s 爲

$$\Delta E_B^s = -\vec{\mu}_s \cdot \overrightarrow{\mathscr{B}} = 2S\mu_B \mathscr{B}, \tag{6.123}$$

其中電子自旋量子數 S 爲 $S = \pm\frac{1}{2}$。

所以可得總能量的改變量爲 $\Delta E_B = \Delta E_B^l + \Delta E_B^S = (m_l + 2S)\mu_B \mathscr{B}$。

　　我們可以 ^{11}Na 原子作實驗樣本，觀察正常 Zeeman 效應所造成的原子光譜分裂現象。

　　當沒有外加磁場 $\overrightarrow{\mathscr{B}}$ 時，即 $\overrightarrow{\mathscr{B}} = 0$，如果 ^{11}Na 原子有兩個能態 $1S$ 及 $2P$，其所對應的能量分別爲 E_0 及 E_1，如圖 6.20 所示。

　　當有外加磁場 $\overrightarrow{\mathscr{B}}$ 時，即 $\overrightarrow{\mathscr{B}} \neq 0$，而且僅考慮軌道角動量 $\vec{L}$、不考慮電子自旋 $\vec{S}$，如圖 6.20 所示，則能態 $1S$ 並不會分裂，即軌道角動量的磁量子數爲 $m_j = 0$，所以在磁場 $\overrightarrow{\mathscr{B}}$ 中原子能態的能量改變量 ΔE_B 爲 $\Delta E_B = \Delta E_B^l = \mu_B \mathscr{B} m_l = \mu_B \mathscr{B} 0 = 0$，則能量爲

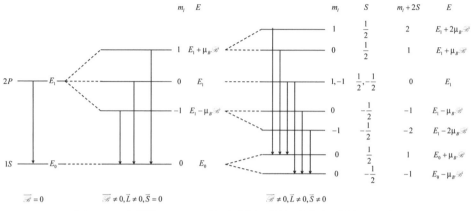

圖 6.20．正常 Zeeman 效應所造成的原子光譜分裂現象

$$E = E_0 + \Delta E_B = E_0 + \mu_B \mathscr{B} \, m_l = E_0 + 0 = E_0 \; ; \qquad (6.124)$$

能態 $2P$ 會分裂成三個能態，即軌道角動量的磁量子數為 $m_i = 1$、$m_j = 0$、
$m_j = -1$，所以在磁場 $\overrightarrow{\mathscr{B}}$ 中原子能態的能量改變量 ΔE_B 分別為 $\Delta E_B = \Delta E_B^l$
$= \mu_B \mathscr{B} \, m_l = \mu_B \mathscr{B} 1 = \mu_B \mathscr{B}$、$\Delta E_B = \Delta E_B^l = \mu_B \mathscr{B} \, m_l = \mu_B \mathscr{B} 0 = 0$、$\Delta E_B = \Delta E_B^l$
$= \mu_B \mathscr{B} \, m_l = \mu_B \mathscr{B} (-1) = -\mu_B \mathscr{B}$，則能量分別為

$$E = E_0 + \Delta E_B = E_0 + \mu_B \mathscr{B} \, m_l = E_0 + \mu_B \mathscr{B} 1 = E_0 + \mu_B \mathscr{B} \; ;$$

$$(6.125)$$

$$E = E_0 + \Delta E_B = E_0 + \mu_B \mathscr{B} \, m_l = E_0 + \mu_B \mathscr{B} 0 = E_0 \; ; \qquad (6.126)$$

$$E = E_0 + \Delta E_B = E_0 + \mu_B \mathscr{B} \, m_l = E_0 + \mu_B \mathscr{B} (-1) = E_0 - \mu_B \mathscr{B} \, 。$$

$$(6.127)$$

再進一步作考慮，當有外加磁場 $\overrightarrow{\mathscr{B}}$ 時，即 $\overrightarrow{\mathscr{B}} \neq 0$，除了考慮軌道角

動量 $\vec{L}$ 之外，還要考慮電子自旋 $\vec{S}$，如圖 6.20 所示，則上述的四個能態將再度分裂。

　　由僅考慮軌道角動量 $\vec{L}$ 而沒有分裂的能態 $1S$，如果加上了電子自旋 $\vec{S}$ 之後，將會分裂成二個能態，即軌道角動量的磁量子數為 $m_l = 0$ 且電子自旋量子數 S 為 $S = \dfrac{1}{2}$；軌道角動量的磁量子數為 $m_l = 0$ 且電子自旋量子數 S 為 $S = -\dfrac{1}{2}$，而在磁場 $\overrightarrow{\mathscr{B}}$ 中，原子能態的能量改變量 $\Delta E_B = \Delta E_B^l + \Delta E_B^S = (m_l + 2S)\mu_B \mathscr{B}$，所對應的能量分別為

$$E = E_0 + \Delta E_B = E_0 + \Delta E_B^l + \Delta E_B^S = E_0 + (m_l + 2S)\mu_B \mathscr{B}$$
$$= E_0 + \left(0 + 2 \cdot \frac{1}{2}\right)\mu_B \mathscr{B} = E_0 + \mu_B \mathscr{B}\,; \qquad (6.128)$$

$$E = E_0 + \Delta E_B = E_0 + \Delta E_B^l + \Delta E_B^S = E_0 + (m_l + 2S)\mu_B \mathscr{B}$$
$$= E_0 + \left(0 - 2 \cdot \frac{1}{2}\right)\mu_B \mathscr{B} = E_0 - \mu_B \mathscr{B}\,, \qquad (6.129)$$

　　由僅考慮軌道角動量 $\vec{L}$ 而分裂成三個能態的能態 $2P$，如果加上了電子自旋 $\vec{S}$ 之後，因為當軌道角動量的磁量子數為 $m_l = (1, -1)$ 且電子自旋量子數 S 為 $S = \left(-\dfrac{1}{2}, \dfrac{1}{2}\right)$ 發生了能量簡併，所以將會分裂成五個能態，即軌道角動量的磁量子數為 $m_l = 1$ 且電子自旋量子數 S 為 $S = \dfrac{1}{2}$；軌道角動量的磁量子數為 $m_l = 0$ 且電子自旋量子數 S 為 $S = \dfrac{1}{2}$、軌道角動量的磁量子數為 $m_l = (1, -1)$ 且電子自旋量子數 S 為 $S = \left(-\dfrac{1}{2}, \dfrac{1}{2}\right)$；軌道角動量的磁量子數為 $m_l = 0$ 且電子自旋量子數 S 為 $S = -\dfrac{1}{2}$；軌道角動量的磁量子數為 $m_l = -1$ 且電子自旋量子數 S 為 $S = -\dfrac{1}{2}$，而在磁場 $\overrightarrow{\mathscr{B}}$ 中，原子能態的能量改變量

$\Delta E_B = \Delta E_B^l + \Delta E_B^S = (m_l + 2S)\mu_B \mathscr{B}$，所對應的能量分別爲

$$E = E_1 + \Delta E_B = E_1 + \Delta E_B^l + \Delta E_B^S = E_1 + (m_l + 2S)\mu_B \mathscr{B}$$

$$= E_1 + \left(1 + 2 \cdot \frac{1}{2}\right)\mu_B \mathscr{B} = E_1 + 2\mu_B \mathscr{B} ; \qquad (6.130)$$

$$E = E_1 + \Delta E_B = E_1 + \Delta E_B^l + \Delta E_B^S = E_1 + (m_l + 2S)\mu_B \mathscr{B}$$

$$= E_1 + \left(0 + 2 \cdot \frac{1}{2}\right)\mu_B \mathscr{B} = E_1 + \mu_B \mathscr{B} ; \qquad (6.131)$$

$$E = E_1 + \Delta E_B = E_1 + \Delta E_B^l + \Delta E_B^S = E_1 + (m_l + 2S)\mu_B \mathscr{B}$$

$$= E_1 + \left(\begin{array}{c} 1 + 2 \cdot \dfrac{-1}{2} \\ -1 + 2 \cdot \dfrac{1}{2} \end{array}\right)\mu_B \mathscr{B} = E_1 + 0\mu_B \mathscr{B} = E_1 ; \qquad (6.132)$$

$$E = E_1 + \Delta E_B = E_1 + \Delta E_B^l + \Delta E_B^S = E_1 + (m_l + 2S)\mu_B \mathscr{B}$$

$$= E_1 + \left(0 + 2 \cdot \frac{-1}{2}\right)\mu_B \mathscr{B} = E_1 - \mu_B \mathscr{B} ; \qquad (6.133)$$

$$E = E_1 + \Delta E_B = E_1 + \Delta E_B^l + \Delta E_B^S = E_1 + (m_l + 2S)\mu_B \mathscr{B}$$

$$= E_1 + \left(-1 + 2 \cdot \frac{-1}{2}\right)\mu_B \mathscr{B} = E_1 - 2\mu_B \mathscr{B} 。 \qquad (6.134)$$

此外，和不正常 Zeeman 效應相同，電偶極躍遷選擇規律對總角動量的變化ΔJ、軌道角動量的變化ΔL、自旋角動量的變化ΔS的限制分別也是

$$\Delta J = 0, \pm 1 \text{（但是不允許} J = 0 \text{ 到 } J = 0\text{）或} \Delta m_j = 0, \pm 1 ; \qquad (6.135)$$

$$\Delta L = 0, \pm 1 ; \qquad (6.136)$$

$$\Delta S = 0 。 \qquad (6.137)$$

在滿足電偶極躍遷選擇規律的要求下，當沒有外加磁場 $\overrightarrow{\mathscr{B}}$ 時，即 $\overrightarrow{\mathscr{B}} \neq 0$，有 1 條光譜線，即 $2P \rightarrow 1S$；當有外加磁場 $\overrightarrow{\mathscr{B}}$ 時，即 $\overrightarrow{\mathscr{B}} \neq 0$，且僅考慮軌道角動量 $\vec{L}$、不考慮電子自旋 $\vec{S}$，則共有 3 條光譜線，即能態分 $2P$ 裂成的三個能態躍遷到沒有分裂的能態 $1S$；當有外加磁場 $\overrightarrow{\mathscr{B}}$ 時，即 $\overrightarrow{\mathscr{B}} \neq 0$，且考慮軌道角動量 $\vec{L}$ 和電子自旋 $\vec{S}$，則共有 6 條光譜線，如圖 6.20 所示，則因為每一個原子能態的能量都已經知道了，所以發生在能態 E_m 和 E_n 能態之間的躍遷頻率 v_{mn} 也都可以求出，即 $v_{mn} = \dfrac{|E_m - E_n|}{h}$，其中為 Planck 常數。

6.5.3 Stern-Gerlach 實驗

Stern-Gerlach 實驗證實電子自旋 $\vec{S}$ 空間量子化，此實驗係將一原子束，通過一對特別形狀的磁極，所產生的不均勻磁場。銀原子的最低能態 $^2S_{\frac{1}{2}}$，$J = \dfrac{1}{2}$ 沿磁場方向只有 $+\dfrac{1}{2}$ 和 $-\dfrac{1}{2}$ 兩個分量，即磁量子數 m_s 為 $m_s = \dfrac{1}{2}$，$-\dfrac{1}{2}$，如圖 6.21 所示。待引入電子自旋的觀念之後，就可以圓滿的解釋了，此外，也證實了電子自旋空間量子化效應的存在。

6.6　原子分子科學中三種常用的單位

我們要簡單的介紹在原子分子科學中三種常用的單位，即 SI 制、Gauss 制（Gaussian units）、原子制（Atomic units, a.u）。

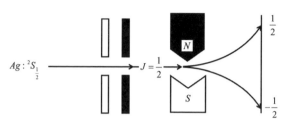

圖 6.21・Stern-Gerlach 實驗

若 ε_0 為眞空中的絕對電容率（Absolute permittivity）；μ_0 為眞空中的絕對磁導率（Absolute permeability）；c 為眞空中的光速；K 為不同單位系統的係數。則這四個量滿足以下的關係，

$$\mu_0 \varepsilon_0 c^2 = K^2 。 \tag{6.138}$$

[1] SI制或稱為MKSA制，或有理化（Rationalized）MKSA制，而 $K=1$；$\mu_0 = 4\pi \times 10^{-7}$ H/m；$\varepsilon_0 = \dfrac{1}{\mu_0 c^2} = 8.85419 \times 10^{-12}$ F/m。

[2] Gauss 制是一種混合單位制（Mixed units）其中有關電的單位（Electric unit）和磁的單位（Magnetic unit）是採CGS制，而 $K=c$；$\mu_0 = 4\pi$；$\varepsilon_0 = \dfrac{1}{4\pi}$。

[3] 原子制或原子單位多用在原子分子物理中的量子力學方程式求解過程。

在介紹原子制之前，我們先表列出原子分子物理中常用的單位，如表 6-4 所示，如此會更容易了解 Hartree 簡化定義的初衷。

表 6-4・原子分子物理中常用的單位

Quantity （物理量）	Unit （單位）	Physical significance （物理意義）
Mass	m_e	電子質量
Charge	e	電荷的絕對值
Angular Momentum	$\hbar$	Planck 常數除以 2π 或直接稱為 Planck 常數
Length	a_0	氫原子的 Bohr 半徑
Velocity	$\mu_0 = \alpha c$	在第一個 Bohr 軌道上運動的電子速度
Momentum	$p_0 = m_e v_0$	在第一個 Bohr 軌道上的電子動量
Time	$\dfrac{a_0}{v_0}$	電子在第一個 Bohr 軌道上走了一個 Bohr 半徑距離所需的時間
Frequency	$\dfrac{v_0}{2\pi a_0}$	電子在第一個 Bohr 軌道上走了一個 Bohr 半徑距離的角頻率
Energy	$\dfrac{e^2}{4\pi\varepsilon_0 a_0} = \alpha^2 mc^2$	氫原子游離能的二倍
Wave Number	$\dfrac{\alpha}{2\pi a_0}$	Rydberg 常數的二倍

原子制中，$K=1$；$m_e=1$；$e=1$；$\hbar=1$；$a_0=1$，則 $c=\dfrac{1}{\alpha}$ a.u.；$\mu_0=\dfrac{4\pi}{c^2}=4\pi\alpha^2$a.u.；

$\varepsilon_0=\dfrac{1}{4\pi}$ a.u.。

6.7 習題

6-1 物質的許多特性必須透過量子力學才能瞭解，然而如我們所知，因為單位體積的物質內所含的各種粒子數量非常大，則 Schrödinger 方程式將變得幾乎無法求解，所以一定要採取一些

近似的方法。如果可以把存在於物質中的所有電子的行為近似化為單一個電子的行為，則物質的所有特性都可以用這個單一電子的波函數來描述。

眾多近似的方法中，最常見的就是 Hartree-Fock 方程式（Hartree-Fock equation）和 Hartree 方程式（Hartree equation）。兩者最大的差異在於：Hartree-Fock 方程式考慮了電子必須遵守 Pauli 不相容原理（Pauli exclusive principle）；而 Hartree 方程式則不考慮電子的 Pauli 不相容原理。顯然在科學發展的過程中，因為 Hartree 方程式是比較簡單的，所以也就比較早提出，其後再加入 Pauli 不相容原理作修正，得到 Hartree-Fock 方程式。

若 Hamiltonian 為 $\hat{H} = \sum\limits_{i=1}^{N} \hat{H}_i + \dfrac{1}{2} \sum\limits_{\substack{i=1 \\ (i \neq j)}}^{N} \sum\limits_{j=1}^{N} \dfrac{e^2}{r_{12}}$，如果

N 個電子的波函數設為 $\Phi(1, 2, 3, \cdots, N) = \phi_1(1)\phi_2(1)\cdots\phi_N(N)$，

則試以變分法（Variational method）推出 Hartree 方程式

$$\left\{ H_1 + \sum\limits_{\substack{j=1 \\ i \neq j}}^{N} \int \frac{e^2 |\phi_{n_j}(\vec{r}_2)|^2}{r_{12}} d\vec{r}_2 \right\} \phi_{n_i}(\vec{r}_1) = E_{n_i}\phi_{n_i}(\vec{r}_1) \; ;$$

如果 N 個電子的波函數為 $\Phi(1, 2, 3, \cdots, N) = \dfrac{1}{\sqrt{N}} \begin{vmatrix} \phi_1(1) & \phi_1(2) & \cdots & \phi_1(N) \\ \phi_2(1) & \phi_2(2) & \cdots & \phi_2(N) \\ \vdots & \vdots & \vdots & \vdots \\ \phi_N(1) & \phi_N(2) & \cdots & \phi_N(N) \end{vmatrix}$，

試以變分法（Variational method）推出 Hartree-Fock 方程式

$$\left\{ H_1 + \sum_{\substack{j=1 \\ i \neq j}}^{N} \int \frac{e^2 \, |\phi_{n_j}(\vec{r}_2)|^2}{r_{12}} d\vec{r}_2 - \underset{Parallel\ Spin}{\sum_{\substack{j=1 \\ i \neq j}}^{N}} \frac{\phi_{n_j}(\vec{r}_1)}{\phi_{n_i}(\vec{r}_1)} \int \frac{e^2 \phi_{n_j}^*(\vec{r}_2) \phi_{n_i}(\vec{r}_2)}{r_{12}} d\vec{r}_2 \right\}$$

$$\phi_{n_i}(\vec{r}_1) = E_{n_i} \phi_{n_i}(\vec{r}_1) \text{。}$$

6-2 以 Schrödinger 方程式求解原子的波函數時，為了空間積分計算上的方便，所以通常會介紹宇稱算符（Parity operator）$\hat{P}$。以下我們簡單的說明三個有關宇稱算符的基本性質：

[a] 宇稱算符 $\hat{P}$ 僅對座標的方向作用，和大小無關，向量 $\vec{r}$ 經由宇稱算符作用之後就變成反方向 $-\vec{r}$，即 $\hat{P}\vec{r} = -\vec{r}$。

[b] 假設 λ 為宇稱算符 $\hat{P}$ 之本徵值，則

$\hat{P}\psi(\vec{r}) = \lambda \psi(\vec{r}) = \psi(-\vec{r})$，

又　$\hat{P}^2 \psi(\vec{r}) = \lambda^2 \psi(\vec{r}) = \psi(-\vec{r})$，

所以　$\lambda^2 = 1$，

可得　$\lambda = \pm 1$，

即　$\hat{P}\psi(\vec{r}) = \begin{cases} +\psi(\vec{r}) \\ -\psi(\vec{r}) \end{cases}$，

若 $\hat{P}\psi(\vec{r}) = +\psi(\vec{r})$，則稱 $\hat{P}$ 為偶宇稱算符（Even parity operator）；若 $\psi(\vec{r}) = -\psi(\vec{r})$，則稱 $\hat{P}$ 為奇宇稱算符（Odd parity operator）。

[c] 在非簡併的條件下，任何物理量或函數以及其所對應的算符不是奇宇稱就是偶宇稱。

試證明宇稱算符的四個奇偶定律：$\langle \psi_- | \hat{A}_+ | \psi_+ \rangle = 0$、$\langle \psi_+ | \hat{A}_+ | \psi_- \rangle = 0$、

$\langle \psi_+ | \hat{A}_- | \psi_+ \rangle = 0$、$\langle \psi_- | \hat{A}_- | \psi_- \rangle = 0$，其中下標是「＋」表示是偶宇稱；而下標是「－」表示是奇宇稱。所以 $\hat{A}_+$ 表示是偶宇稱算符；$\hat{A}_-$ 表示是奇宇稱算符；$|\psi_+\rangle$ 表示是偶宇稱函數；$|\psi_-\rangle$ 表示是奇宇稱函數。除此四者之外均不為零。

6-3 課文中介紹了電子組態為 np 和 $n'p$ 的 $L-S$ 耦合，但是當兩個電子的主量子數是相同的，則 $L-S$ 耦合的過程將有所不同。
若電子組態為 $(np)^2$，試畫出電子以 $L-S$ 耦合的能階分裂圖。

6-4 若電子組態為 np 和 nd，試畫出電子以 $j-j$ 耦合的能階分裂圖。

6-5 試由 Hund 規則分別寫出 [1]^4Be：$1s^2 2s^2$；[2]^6C：$1s^2 2s^2 2p^2$，的光譜記號。

6-6 因為如果主量子數為 n，則角動量子數 l 和主量子數 n 的關係為 $l \le n-1$，試証殼層 n 可容納的電子個數最多為 $2n^2$。

6-7 我們可以藉由 Wigner-Eckart 理論（Wigner-Eckart theorem）所敘述之 Clebsch-Gordan 係數（Clebsch-Gordan coefficients 或稱為 Vector-addition coefficients）求得電多極躍遷（Electric multipole transition）和磁多極躍遷（Magnetic multpole transition）的選擇規律。對於 2^λ-Multipole，其中 $\lambda = 1, 2, 3, \cdots$，躍遷選擇規律列表如下：

		Electric Multipole Transitions	Magnetic Multipole Transitions
ΔM_J		$\pm 1, 0$	$\pm 1, 0$
$\lvert \Delta J \rvert = \lvert J - J' \rvert$		$\lambda, \lambda - 1, \cdots, 0$ with $J + J' > \lambda$	$\lambda, \lambda - 1, \cdots, 0$
Parity change	Odd λ	Yes	No
	Even λ	No	Yes

對於電雙極躍遷（Electric dipole transition）的選擇規律為：磁量子數（Magnetic quantum number）$\Delta m = \pm 1, 0$；軌道角動量量子數（Orbital angular momentum quantum number）$\Delta l = \pm 1$。

試說明電雙極躍遷中，

[1] 宇稱的選擇規律。

[2] 從角動量的交換關係（Angular momentum commutation）說明 $\Delta m = \pm 1, 0$ 且 $\Delta l = \pm 1$ 的選擇規律。

[3] 舉例說明 $l = 0$ 和 $l' = 0$ 之間的電雙極矩（Electric dipole momentum）是不存在的。

6-8 $H_2 = \sum\limits_{i=1}^{N} [\xi(r) \cdot \vec{S_i} \cdot \vec{L_i}]$ 是描述電子的自旋-軌道交互作用的 Hamiltonian。因為中心力場為 $V(r) = \dfrac{Ze^2}{4\pi\varepsilon_0}$，所以 $\xi(r) = \dfrac{1}{2m^2c^2}\dfrac{1}{r}\dfrac{dV(r)}{dr}$ $= \dfrac{Ze^2}{4\pi\varepsilon_0}\dfrac{1}{2m_e^2c^2r^3}$，其中 $\vec{S}$ 為電子的自旋角動量算符；$\vec{L} = \vec{r}\times\vec{p}$ 為電子的軌道角動量算符；$\vec{r}$ 是電子相對於原子核的座標向量。試證明自旋-軌道交互作用的位能為 $V_{SL} = \dfrac{Ze^2}{4\pi\varepsilon_0}\dfrac{1}{2m_e^2c^2r^3}\vec{S}\cdot\vec{L}$。

第七章

微擾理論

　　只有在少數幾種特殊的位能情況下，才可以直接求解Schrödinger方程式得到解析解（Analytical solutions），求出本徵值或本徵函數，其實大多數的情況下，都會藉助於微擾理論（Perturbation theory）在已求得的解析解附近，找出近似解。因爲波動方程式包含了空間與時間，所以微擾理論也就分成兩大類：和時間無關的微擾理論（Time-independent perturbation theory）、和時間相關的微擾理論（Time-dependent perturbation theory）。

　　如果我們考慮能量簡併的情況，則又會發展出：和時間無關的非簡併微擾理論（Time-independent nondegenerate perturbation theory）、和時間無關的簡併微擾理論（Time-independent degenerate perturbation theory）。顯然含有簡併態的系統，無論是能量的微擾修正或是波函數的微擾修正都要比非簡併微擾複雜一點，所以我們會介紹一個方法來找出「最好的」微擾修正波函數。

　　我們介紹的是 Rayleigh-Schrödinger 微擾理論（Rayleigh-Schrödinger perturbation），計算過程看起來很繁複，但是其實原則上可以分成幾個步驟：

[1]　寫出未擾動之 Schrödinger 方程式（Unperturbed Schrödinger equation）。

[2]　引入微擾參數（Perturbation parameter）定義出全 Hamiltonian（Full Hamiltonian），也就是把受擾動的 Hamiltonian 加入未受擾動的 Hamiltonian。

[3]　引入微擾參數，寫出全波函數（Full wave function）和全本徵能量（Full eigenenergy）。

[4]　把全波函數和全本徵能量對微擾參數作 Taylor 級數展開。

[5]　將全波函數和全本徵能量代入全 Schrödinger 方程式（Full Schrödinger equation）。

[6]　比較微擾參數相同次冪的項，可求出零階 Hamiltonian（Zero-order Hamiltonian）的本徵能量和本徵向量，並依需要次依求出一階修正、二階修正、…、n 階修正的能量與波函數。

此外，也要解釋幾個和求解 Schrödinger 方程式有關的基本理論，諸如：Hellmann-Feynman 理論（Hellmann-Feynman theorem）、Koopmans 理論（Koopmans theorem）、Virial 理論（Virial theorem）。

常見的微擾作用如表 7-1。

表 7-1·常見的微擾作用

$\hat{H} = \hat{H}_0 + \hat{H}'$, where $\hat{H}_0$ is the unperturbed Hamiltonian and $\hat{H}'$ is the perturbated Hamiltonian.

Name	Description	Hamiltonian
L-S coupling	Coupling between orbital and spin angular momentum in a one-electron atom	$\hat{H}_0 = \dfrac{p^2}{2m} - \dfrac{Ze^2}{r}$ $\hat{H}' = f(r)\vec{L} \cdot \vec{S}$
Stark effect	One-electron atom in a constant uniform electric field	$\hat{H}_0 = \dfrac{p^2}{2m} - \dfrac{Ze^2}{r}$ $\hat{H}' = e\mathscr{E}z$
Zeeman effect	One-electron atom in a constant uniform magnetic field	$\hat{H}_0 = \dfrac{p^2}{2m} - \dfrac{Ze^2}{r}$ $\hat{H}' = \dfrac{e}{2mc}\vec{\mathscr{J}} \cdot \vec{\mathscr{B}}$
Anharmonic oscillator	Spring with nonlinear restoring force	$\hat{H}_0 = \dfrac{p^2}{2m} - \dfrac{1}{2}kx^2$ $\hat{H}' = \varepsilon x^3 + \gamma x^4$
Nearly free electron model	Electrons in a periodic lattice	$\hat{H}_0 = \dfrac{p^2}{2m}$ $V(x) = \sum\limits_{n} V_n e^{i2\pi nx/a}$

7.1 和時間無關的微擾理論

　　和時間無關的非簡併微擾理論，因為能量的簡併與否，而分成：和時間無關的非簡併微擾理論、和時間無關的簡併微擾理論。和時間無關的非簡併微擾理論可以說是最基本的也最簡單的微擾理論，我們可以遵循前述的步驟來瞭解微擾理論之後，再以相似的步驟來分析簡併微擾理論以及和時間相關的微擾理論。

7.1.1 和時間無關的非簡併微擾理論

　　未擾動之 Schrödinger 方程式為

$$\hat{H}^{(0)}\psi_n^{(0)} = E_n^{(0)}\psi_n^{(0)} , \tag{7.1}$$

其中 $\hat{H}^{(0)}$ 為零階 Hamiltonian，也就是未擾動之 Hamiltonian；$E_n^{(0)}$ 和 $\psi_n^{(0)}$ 分別為零階 Hamiltonian 的本徵能量和本徵向量，也就是未擾動之本徵能量和本徵向量。

　　然而我們把受擾動的 Hamiltonian 加入未受擾動的 Hamiltonian，定義表示為全 Hamiltonian，

即　　　　　$\hat{H} = \hat{H}^{(0)} + \lambda\hat{H}^{(1)} , \tag{7.2}$

其中 $\hat{H}^{(1)}$ 為受擾動的 Hamiltonian（Perturbation Hamiltonian）；λ 為微擾參數。

接著要寫出波函數和本徵能量的形式。因為全 Hamiltonian $\hat{H}=\hat{H}^{(0)}+\lambda\hat{H}^{(1)}$ 是和微擾參數 λ 有關的，所以波函數 ψ_n 和本徵能量 E_n 也和微擾參數 λ 有關，於是我們也把波函數 ψ_n 和本徵能量 E_n 對微擾參數 λ 作 Taylor 級數展開，

即
$$\begin{aligned} \psi_n &= \psi_n\Big|_{\lambda=0} + \frac{\lambda}{1!}\frac{\partial\psi_n}{\partial\lambda}\Big|_{\lambda=0} + \frac{\lambda^2}{2!}\frac{\partial^2\psi_n}{\partial\lambda^2}\Big|_{\lambda=0} + \cdots \\ &= \psi_n^{(0)} + \lambda\psi_n^{(1)} + \lambda^2\psi_n^{(2)} + \cdots, \end{aligned} \tag{7.3}$$

其中 $\psi_n^{(k)}=\dfrac{1}{k!}\dfrac{\partial^k\psi_n}{\partial\lambda^k}\Big|_{\lambda=0}$。

所以全波函數可以表示為

$$\psi_n = \psi_n^{(0)} + \lambda\psi_n^{(1)} + \lambda^2\psi_n^{(2)} + \cdots, \tag{7.4}$$

且全能量的本徵值（Full energy eigenvalue）也具有相似的形式為

$$E_n = E_n^{(0)} + \lambda E_n^{(1)} + \lambda^2 E_n^{(2)} + \cdots。 \tag{7.5}$$

也就是第 n 個狀態的全波函數和全能量的本徵值可以表示成微擾參數的次冪級數和；所以第 n 個狀態的全 Schrödinger 方程式為

$$\hat{H}\psi_n = E_n\psi_n, \tag{7.6}$$

將全波函數 ψ_n 和全能量（Full energy）E_n 代入得

$$[\hat{H}^{(0)} + \lambda \hat{H}^{(1)}][\psi_n^{(0)} + \lambda \psi_n^{(1)} + \lambda^2 \psi_n^2 + \cdots]$$

$$= [E_n^{(0)} + \lambda E_n^{(1)} + \lambda^2 E_n^{(2)} + \cdots][\psi_n^{(0)} + \lambda \psi_n^{(1)} + \lambda^2 \psi_n^{(2)} + \cdots] \circ \quad (7.7)$$

而等號二側的相同次冪的項要相等，

即 $\qquad \hat{H}^{(0)} \psi_n^{(0)} = E_n^{(0)} \psi_n^{(0)}$; $\qquad\qquad\qquad\qquad (7.8)$

$$(\hat{H}^{(0)} - E_n^{(0)}) \psi_n^{(1)} = E_n^{(1)} \psi_n^{(0)} - \hat{H}^{(1)} \psi_n^{(0)} = (E_n^{(1)} - \hat{H}^{(1)}) \psi_n^{(0)} ; \quad (7.9)$$

$$(\hat{H}^{(0)} - E_n^{(0)}) \psi_n^{(2)} = E_n^{(2)} \psi_n^{(0)} + E_n^{(1)} \psi_n^{(1)} - \hat{H}^{(1)} \psi_n^{(1)}$$

$$= (E_n^{(1)} - \hat{H}^{(1)}) \psi_n^{(1)} + E_n^{(2)} \psi_n^{(0)} ; \quad (7.10)$$

$$\vdots$$

則由 $\qquad (\hat{H}^{(0)} - E_n^{(0)}) | \psi_n^{(1)} \rangle = - (\hat{H}^{(1)} - E_n^{(1)}) | \psi_n^{(0)} \rangle \ , \qquad (7.11)$

把 $\langle \psi_n^{(0)} |$ 夾在左側，

得 $\qquad \langle \psi_n^{(0)} | (\hat{H}^{(0)} - E_n^{(0)}) | \psi_n^{(1)} \rangle = \langle \psi_n^{(0)} | \hat{H}^{(1)} | \psi_n^{(0)} \rangle + \langle \psi_n^{(0)} | E_n^{(1)} | \psi_n^{(1)} \rangle \circ$

$$(7.12)$$

又因為 $E_n^{(0)}$ 是實數，

即 $\qquad E_n^{(0)*} = E_n^{(0)}$, $\qquad\qquad\qquad\qquad\qquad (7.13)$

則由 $\qquad \hat{H}^{(0)} | \psi_n^{(0)} \rangle = E_n^{(0)} | \psi_n^{(0)} \rangle \ , \qquad\qquad\qquad (7.14)$

所以 $\qquad \langle \psi_n^{(0)} | (\hat{H}^{(0)} - E_n^{(0)}) | \psi_n^{(1)} \rangle = \langle \psi_n^{(0)} | E_n^{(0)*} - E_n^{(0)} | \psi_n^{(1)} \rangle = 0 \ , \quad (7.15)$

這裡用了 Dirac 符號的運算，

$$\langle \psi_n^{(0)} | (\hat{H}^{(0)} - E_n^{(0)}) | \psi_n^{(1)} \rangle = \underbrace{\langle \psi_n^{(0)} | \hat{H}^{(0)}}_{} - E_n^{(0)}) | \psi_n^{(1)} \rangle$$

$$= (\langle \psi_n^{(0)} | E_n^{(0)*}) - E_n^{(0)} | \psi_n^{(1)} \rangle$$

$$\underset{E_n^{(0)*}=E_n^{(0)}}{=} \langle \psi_n^{(0)} | E_n^{(0)} - E_n^{(0)} | \psi_n^{(1)} \rangle$$

$$= \langle \psi_n^{(0)} | 0 | \psi_n^{(1)} \rangle = 0 \text{。} \qquad (7.16)$$

代入（7.12）左側，即

$$\langle \psi_n^{(0)} | (\widehat{H}^{(0)} - E_n^{(0)}) | \psi_n^{(1)} \rangle = 0 = - \langle \psi_n^{(0)} | \widehat{H}^{(1)} | \psi_n^{(1)} \rangle + \langle \psi_n^{(0)} | E_n^{(1)} | \psi_n^{(0)} \rangle$$

$$= - \langle \psi_n^{(0)} | \widehat{H}^{(1)} | \psi_n^{(1)} \rangle + E_n^{(1)} \text{，} \qquad (7.17)$$

得 $\qquad E_n^{(1)} = \langle \psi_n^{(0)} | E_n^{(1)} | \psi_n^{(0)} \rangle$

$$= \langle \psi_n^{(0)} | \widehat{H}^{(1)} | \psi_n^{(0)} \rangle \text{，} \qquad (7.18)$$

即 $E_n^{(1)}$ 等於由第 n 個未受微擾的狀態 $| \psi_n^{(0)} \rangle$ 被 $\widehat{H}^{(1)}$ 作用後的期望值。

所以如果零階的本徵能量 $E_n^{(0)}$ 和零階的本徵向量 $\psi_n^{(0)}$ 已經求出來了，一階修正的本徵能量 $E_n^{(1)}$ 也求出來了，則一階修正的波函數 $\psi_n^{(1)}$ 也可以解出，接著求出二階的本徵能量 $E_n^{(2)}$ 和二階的本徵向量 $\psi_n^{(2)}$，…，當然越高階的微擾修正能量與波函數，其步驟就越複雜。

然而一階修正的波函數 $\psi_n^{(1)}$ 是什麼呢？其實因為零階本徵函數（Zero-order eigenfunction）具有完備性，所以我們可以用零階本徵函數把一階修正的波函數 $\psi_n^{(1)}$ 展開，

即 $\qquad \psi_n^{(1)} = \sum_{k \neq n} c_{nk}^{(1)} \psi_k^{(0)} \text{，} \qquad (7.19)$

或對所有的階次修正的波函數一般表示為

$$\psi_n^{(j)} = \sum_{k \neq n} c_{nk}^{(j)} \psi_k^{(0)} , \tag{7.20}$$

其中 $c_{nk}^{(j)}$ 是實數。此外,因為在 $\psi_n = \psi_n^{(0)} + \lambda \psi_n^{(1)} + \lambda^2 \psi_n^{(2)} + \cdots$ 的第一項已經包含了 $\psi_n^{(0)}$,所以我們把 $k = n$ 的 $\psi_n^{(0)}$ 排除在外。

接著我們要找出係數 $c_{nk}^{(1)}$,再一次由 $\hat{H}^{(0)} | \psi_n^{(1)} \rangle + \hat{H}^{(1)} | \psi_n^{(0)} \rangle = E_n^{(0)} | \psi_n^{(1)} \rangle + E_n^{(1)} | \psi_n^{(0)} \rangle$,代入 $| \psi_n^{(1)} \rangle = \sum_{k \neq n} c_{nk}^{(1)} | \psi_k^{(0)} \rangle$,求內積,即乘上共軛態 $\langle \psi_k^{(0)} |$,再對全空間積分。

由
$$\hat{H}^{(0)} | \psi_n^{(1)} \rangle - E_n^{(0)} | \psi_n^{(1)} \rangle = -\hat{H}^{(1)} | \psi_n^{(0)} \rangle + E_n^{(1)} | \psi_n^{(0)} \rangle , \tag{7.21}$$

則
$$\hat{H}^{(0)} \sum_{k \neq n} c_{nk}^{(1)} | \psi_k^{(0)} \rangle - E_n^{(0)} \sum_{k \neq n} c_{nk}^{(1)} | \psi_k^{(0)} \rangle = -\hat{H}^{(1)} | \psi_n^{(0)} \rangle + E_n^{(1)} | \psi_n^{(0)} \rangle , \tag{7.22}$$

則
$$\sum_{k \neq n} c_{nk}^{(1)} E_k^{(0)} | \psi_k^{(0)} \rangle - \sum_{k \neq n} c_{nk}^{(1)} E_n^{(0)} | \psi_k^{(0)} \rangle = -\hat{H}^{(1)} | \psi_n^{(0)} \rangle + E_n^{(1)} | \psi_n^{(0)} \rangle , \tag{7.23}$$

則
$$\sum_{k \neq n} c_{nk}^{(1)} (E_k^{(0)} - E_n^{(0)}) | \psi_k^{(0)} \rangle = -\hat{H}^{(1)} | \psi_n^{(0)} \rangle + E_n^{(1)} | \psi_n^{(0)} \rangle , \tag{7.24}$$

以 $\langle \psi_m^{(0)} |$ 去取內積,

則
$$\langle \psi_m^{(0)} | \sum_{k \neq n} c_{nk}^{(1)} (E_k^{(0)} - E_n^{(0)}) | \psi_k^{(0)} \rangle = - \langle \psi_m^{(0)} | \hat{H}^{(1)} | \psi_n^{(0)} \rangle + E_n^{(1)} \langle \psi_m^{(0)} | \psi_n^{(0)} \rangle \tag{7.25}$$

又由正交性
$$\langle \psi_m^{(0)} | \psi_n^{(0)} \rangle = 0 ; \tag{7.26}$$

且
$$\langle \psi_m^{(0)} | \psi_k^{(0)} \rangle = 1 , \tag{7.27}$$

當 $m = k \neq n$ 時,
$$c_{nk}^{(1)} (E_k^{(0)} - E_n^{(0)}) = - \langle \psi_k^{(0)} | \hat{H}^{(1)} | \psi_n^{(0)} \rangle , \tag{7.28}$$

則
$$c_{nk}^{(1)} = \frac{\langle \psi_k^{(0)} | \hat{H}^{(1)} | \psi_n^{(0)} \rangle}{E_n^{(0)} - E_k^{(0)}} , \tag{7.29}$$

可得
$$\psi_n^{(1)} = \sum_{k \neq n} \frac{\langle \psi_k^{(0)} | \hat{H}^{(1)} | \psi_n^{(0)} \rangle}{E_n^{(0)} - E_k^{(0)}} \psi_k^{(0)} \;。 \tag{7.30}$$

我們可以再進一步求二階修正本徵能量 $E_n^{(2)}$ 和二階修正本徵波函數 $\psi_n^{(2)}$。

由（7.10） $\quad (\hat{H}^{(0)} - E_n^{(0)})\psi_n^{(2)} = (E_n^{(1)} - \hat{H}^{(1)})\psi_n^{(1)} + E_n^{(2)} \psi_n^{(0)} \;。 \tag{7.31}$

則
$$\langle \psi_n^{(0)} | (\hat{H}^{(0)} - E_n^{(0)}) | \psi_n^{(2)} \rangle = \langle \psi_n^{(0)} | E_n^{(1)} - \hat{H}^{(1)} | \psi_n^{(1)} \rangle +$$
$$\langle \psi_n^{(0)} | E_n^{(2)} | \psi_n^{(0)} \rangle \;。 \tag{7.32}$$

又 $\langle \psi_n^{(0)} | \hat{H}^{(0)} | \psi_n^{(2)} \rangle = \langle \psi_n^{(0)} | E_n^{(0)*} | \psi_n^{(2)} \rangle$，代入（7-30）左側，則

$$\langle \psi_n^{(0)} | (\hat{H}^{(0)} - E_n^{(0)}) | \psi_n^{(2)} \rangle = \langle \psi_n^{(0)} | E_n^{(0)*} | \psi_n^{(2)} \rangle - \langle \psi_n^{(0)} | E_n^{(0)} | \psi_n^{(2)} \rangle$$
$$= \langle \psi_n^{(0)} | E_n^{(0)*} - E_n^{(0)} | \psi_n^{(2)} \rangle$$
$$\underset{E_n^{(0)*} = E_n^{(0)}}{=} \langle \psi_n^{(0)} | 0 | \psi_n^{(2)} \rangle \;。 \tag{7.33}$$

所以（7-32）為 $0 = \langle \psi_n^{(0)} | E_n^{(1)} - \hat{H}^{(1)} | \psi_n^{(1)} \rangle + \langle \psi_n^{(0)} | E_n^{(2)} | \psi_n^{(0)} \rangle$

$$\underset{E_n^{(2)} = \langle \psi_n^{(0)} | E_n^{(2)} | \psi_n^{(0)} \rangle}{=} \langle \psi_n^{(0)} | E_n^{(1)} - \hat{H}^{(1)} | \psi_n^{(1)} \rangle + E_n^{(2)} \;。 \tag{7.34}$$

則
$$E_n^{(2)} = \langle \psi_n^{(0)} | \hat{H}^{(1)} - E_n^{(1)} | \psi_n^{(1)} \rangle = \langle \psi_n^{(0)} | \hat{H}^{(1)} | \psi_n^{(1)} \rangle - \langle \psi_n^{(0)} | E_n^{(1)} | \psi_n^{(1)} \rangle$$
$$= \langle \psi_n^{(0)} | \hat{H}^{(1)} | \psi_n^{(1)} \rangle - E_n^{(1)} \langle \psi_n^{(0)} | \psi_n^{(1)} \rangle$$
$$\underset{\langle \psi_n^{(0)} | \psi_n^{(1)} \rangle = 0}{=} \langle \psi_n^{(0)} | \hat{H}^{(1)} | \psi_n^{(1)} \rangle \;。 \tag{7.35}$$

把 $| \psi_n^{(1)} \rangle = \sum_{k \neq n} c_{nk}^{(1)} | \psi_k^{(0)} \rangle$ 代入，則 $E_n^{(2)} = \sum_{k \neq n} c_{nk}^{(1)} \langle \psi_n^{(0)} | \hat{H}^{(1)} | \psi_k^{(1)} \rangle \;。 \tag{7.36}$

因為 $E_n^{(2)}$ 是實數，即 $E_n^{(2)} = E_n^{(2)*}$，所以二階修正本徵能量 $E_n^{(2)}$ 亦可表示為

$$E_n^{(2)} = \sum_{k \neq n} c_{nk}^{(1)} \langle \psi_k^{(0)} | \hat{H}^{(1)} | \psi_n^{(1)} \rangle \;。 \tag{7.37}$$

由 $\langle \psi_k^{(0)} |$ 求內積可得

$$c_{nk}^{(2)} = \frac{1}{E_n^{(0)} - E_k^{(0)}} \left\{ \sum_{j \neq n} \left[\frac{\langle \psi_k^{(0)} | \hat{H}^{(1)} | \psi_j^{(0)} \rangle \langle \psi_j^{(0)} | \hat{H}^{(1)} | \psi_n^{(0)} \rangle}{E_n^{(0)} - E_j^{(0)}} \right. \right.$$
$$\left. \left. - \frac{\langle \psi_k^{(0)} | \hat{H}^{(1)} | \psi_n^{(0)} \rangle E_n^{(1)}}{E_n^{(0)} - E_j^{(0)}} \right] \right\} , \tag{7.38}$$

所以

$$\psi_n^{(2)} = \sum_{k \neq n} \frac{1}{E_n^{(0)} - E_k^{(0)}} \left\{ \sum_{j \neq n} \left[\frac{\langle \psi_k^{(0)} | \hat{H}^{(1)} | \psi_j^{(0)} \rangle \langle \psi_j^{(0)} | \hat{H}^{(1)} | \psi_n^{(0)} \rangle}{E_n^{(0)} - E_j^{(0)}} \right. \right.$$
$$\left. \left. - \frac{\langle \psi_k^{(0)} | \hat{H}^{(1)} | \psi_n^{(0)} \rangle E_n^{(1)}}{E_n^{(0)} - E_j^{(0)}} \right] \right\} 。 \tag{7.39}$$

7.1.2 和時間無關的簡併微擾理論

簡併的計算比非簡併的過程複雜的多，我們可以用數學歸納法，先由二重簡併的結果再擴展至 d 重簡併。

假設 $\psi_1^{(0)}$ 和 $\psi_2^{(0)}$ 是二個正交的未受微擾的本徵態，因為是二重簡併，所以其對應的本徵能量為 $E_d^{(0)}$，

即 　　　　$\hat{H}^{(0)} \psi_1^{(0)} = E_d^{(0)} \psi_1^{(0)}$; \hfill (7.40)

且 　　　　$\hat{H}^{(0)} \psi_2^{(0)} = E_d^{(0)} \psi_2^{(0)}$ 。 \hfill (7.41)

對於微擾問題而言，如前所述，

$$\hat{H}\psi_n = E_n\psi_n，\tag{7.42}$$

其中 $\qquad\qquad\hat{H} = \hat{H}^{(0)} + \lambda\hat{H}^{(1)}，\tag{7.43}$

則當 λ 趨近於零，由於 $\lim\limits_{\lambda\to 0}\hat{H} = \hat{H}^{(0)}$，

所以 $\qquad\qquad\hat{H}\psi_n \underset{\lambda\to 0}{=} \hat{H}^{(0)}\psi_n = E_n^{(0)}\psi_n \underset{\lambda\to 0}{\equiv} E_n\psi_n。\tag{7.44}$

我們可以用一個示意圖來表示簡併微擾論的基本概念，如圖 7.1 所示，當 $\lambda = 0$ 表示未受微擾，則系統能量有簡併的情況；當 $\lambda = 1$ 表示已受微擾，則簡併能態產生分裂，雖然有些情況，微擾可能對簡併沒有效應或僅有部分效應。

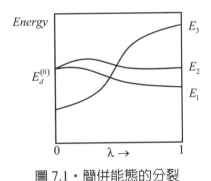

圖 7.1・簡併能態的分裂

　　但是以上的敘述是否意味著：當 λ 趨近於零，由 $\psi_n = \phi_n^{(0)} + \lambda\psi_n^{(1)} + \lambda^2\psi_n^{(2)} + \cdots$ 的關係，所以 $\lim\limits_{\lambda\to 0}\psi_n = \phi_n^{(0)}$ 一定要成立？

　　答案是「並非必要」！如果在非簡併的情況下，是唯一成立的；但是在簡併的情況下，則並非唯一成立的。在討論這個問題之前要先介紹一個

重要的理論：如果有 d 個獨立的波函數，ψ_1、ψ_2、$\cdots$、ψ_d 是簡併的，其簡併能量爲 E_d，則這些波函數的任意線性組合，也是一個本徵函數，其本徵值也是 E_d。證明如下。

因爲 ψ_1、ψ_2、$\cdots$、ψ_d 是簡併的，且簡併的能量爲 E_d，

即
$$\hat{H}\psi_1 = E_d\psi_1 \; ; \tag{7.45}$$

$$\hat{H}\psi_2 = E_d\psi_2 \; ; \tag{7.46}$$

$$\vdots$$

$$\hat{H}\psi_d = E_d\psi_d , \tag{7.47}$$

令
$$\phi = c_1\psi_1 + c_2\psi_2 + \cdots + c_d\psi_d , \tag{7.48}$$

因爲 $\hat{H}$ 是線性算符（Linear operator），

所以
$$\begin{aligned}
\hat{H}\phi &= \hat{H}\left(c_1\psi_1 + c_2\psi_2 + \cdots + c_d\psi_d\right) \\
&= \hat{H}\left(c\psi_1\right) + \hat{H}\left(c_2\psi_2\right) + \cdots + \hat{H}\left(c_d\psi_d\right) \\
&= c_1\hat{H}\psi_1 + c_2\hat{H}\psi_2 + \cdots + c_d\hat{H}\psi_d \\
&= c_1W\psi_1 + c_2W\psi_2 + \cdots + c_dW\psi_d \\
&= E_d\left(c_1\psi_1 + c_2\psi_2 + \cdots + c_d\psi_d\right) \\
&= E_d\phi \text{。得證。}
\end{aligned} \tag{7.49}$$

依據以上的理論，所以 $\psi_1^{(0)}$ 和 $\psi_2^{(0)}$ 的任意線性組合，

即
$$\phi_n^{(0)} = c_1\psi_1^{(0)} + c_2\psi_2^{(0)} , \tag{7.50}$$

都可以是未受微擾的，即 $\lambda \to 0$，本徵函數，用數學表示則爲

$$\lim_{\lambda \to 0} \psi_n^{(0)} = c_1 \psi_1^{(0)} + c_2 \psi_2^{(0)} \circ \tag{7.51}$$

如果寫成一般型式，

則爲 $$\lim_{\lambda \to 0} \psi_n^{(0)} = \sum_{i=1}^{d} c_i \psi_i^{(0)} , \tag{7.52}$$

其中 $1 \le n \le d$。

現在先考慮二重簡併的情況，

由 $$\hat{H} \psi_n = E_n \psi_n , \tag{7.53}$$

且 $$\hat{H} = \hat{H}^{(0)} + \lambda H^{(1)} , \tag{7.54}$$

而 $$\psi_n = c_1 \psi_1^{(0)} + c_2 \psi_2^{(0)} + \lambda \psi_n^{(1)} + \lambda^2 \psi_n^{(2)} + \cdots$$

$$= \sum_{i=1}^{d=2} c_i \psi_i^{(0)} + \lambda \psi_n^{(1)} + \lambda^2 \psi_n^{2} + \cdots , \tag{7.55}$$

將（7.54）、（7.55）代入（7.53），

所以 $$(\hat{H}^{(0)} + \lambda H^{(1)})(c_1 \psi_1^{(0)} + c_2 \psi_2^{(0)} + \lambda \psi_n^{(1)} + \lambda^2 \psi_n^{(2)} + \cdots)$$

$$= (E_d^{(0)} + \lambda E_n^{(1)} + \lambda^2 E_n^{(2)} + \cdots)(c_1 \psi_1^{(0)} + c_2 \psi_2^{(0)} + \lambda \psi_n^{(1)} + \lambda^2 \psi_n^{(2)} + \cdots) ,$$

$$\tag{7.56}$$

λ^0 的係數爲

$$\hat{H}^{(0)}\left(c_1\psi_1^{(0)}+c_2\psi_2^{(0)}\right)=E_d^{(0)}\left(c_1\psi_1^{(0)}+c_2\psi_2^{(0)}\right)\;;\tag{7.57}$$

λ^1 的係數爲

$$\hat{H}^{(0)}\psi_n^{(1)}+c_1\hat{H}^{(1)}\psi_1^{(0)}+c_2\hat{H}^{(1)}\psi_2^{(0)}=c_1E_n^{(1)}\psi_1^{(0)}+c_2E_n^{(1)}\psi_2^{(0)}+E_d^{(0)}\psi_n^{(1)}\;,$$
$$\tag{7.58}$$

則 $\qquad \hat{H}^{(0)}\psi_n^{(1)}-E_d^{(0)}\psi_n^{(1)}=E_n^{(1)}\left(c_1\psi_1^{(0)}+c_2\psi_2^{(0)}\right)-\hat{H}^{(1)}\left(c_1\psi_1^{(0)}+c_2\psi_2^{(0)}\right)\;,$
$$\tag{7.59}$$

以每一個簡併態的共軛態乘在上式中,再對全空間積分,

則 $\qquad \langle\psi_1^{(0)}|\hat{H}^{(0)}-E_d^{(0)}|\psi_n^{(1)}\rangle=\langle\psi_1^{(0)}|E_n^{(1)}c_1|\psi_1^{(0)}\rangle+\langle\psi_1^{(0)}|E_n^{(1)}c_2|\psi_2^{(0)}\rangle$
$$-\langle\psi_1^{(0)}|c_1\hat{H}^{(1)}|\psi_1^{(0)}\rangle-\langle\psi_1^{(0)}|c_2\hat{H}^{(1)}|\psi_2^{(0)}\rangle\;;\tag{7.60}$$

且 $\qquad \langle\psi_2^{(0)}|\hat{H}^{(0)}-E_d^{(0)}|\psi_n^{(1)}\rangle=\langle\psi_2^{(0)}|c_1E_n^{(1)}|\psi_1^{(0)}\rangle+\langle\psi_2^{(0)}|c_2E_n^{(1)}|\psi_2^{(0)}\rangle$
$$-\langle\psi_2^{(0)}|c_1\hat{H}^{(1)}|\psi_1^{(0)}\rangle-\langle\psi_2^{(0)}|c_1\hat{H}^{(1)}|\psi_2^{(0)}\rangle\;,\tag{7.61}$$

因爲 $\qquad \langle\psi_1^{(0)}|\hat{H}^{(0)}|\psi_n^{(1)}\rangle-E_d^{(0)}\langle\psi_1^{(0)}|\psi_n^{(1)}\rangle$
$$=E_d^{(0)*}\langle\psi_1^{(0)}|\psi_n^{(1)}\rangle-E_d^{(0)}\langle\psi_1^{(0)}|\psi_n^{(1)}\rangle$$
$$=E_d^{(0)}\langle\psi_1^{(0)}|\psi_n^{(1)}\rangle-E_d^{(0)}\langle\psi_1^{(0)}|\psi_n^{(1)}\rangle$$
$$=0\;,\tag{7.62}$$

同理 $\qquad \langle\psi_2^{(0)}|\hat{H}^{(0)}|\psi_n^{(1)}\rangle-E_d^{(0)}\langle\psi_2^{(0)}|\psi_n^{(1)}\rangle=0\;,\tag{7.63}$

所以

$$0=c_1E_n^{(1)}\langle\psi_1^{(0)}|\psi_1^{(0)}\rangle+c_2E_n^{(1)}\langle\psi_1^{(0)}|\psi_2^{(0)}\rangle-c_1\langle\psi_1^{(0)}|\hat{H}^{(1)}|\psi_1^{(0)}\rangle$$
$$-c_2\langle\psi_1^{(0)}|\hat{H}^{(1)}|\psi_2^{(0)}\rangle\;;\tag{7.64}$$

且

$$0 = c_1 E_n^{(1)} \langle \psi_2^{(0)} | \psi_1^{(0)} \rangle + c_2 E_n^{(1)} \langle \psi_2^{(0)} | \psi_2^{(0)} \rangle - c_1 \langle \psi_2^{(0)} | \widehat{H}^{(1)} | \psi_1^{(0)} \rangle$$

$$- c_2 \langle \psi_2^{(0)} | \widehat{H}^{(1)} | \psi_2^{(0)} \rangle \ , \tag{7.65}$$

若 $\qquad \langle \psi_1^{(0)} | \widehat{H}^{(1)} | \psi_1^{(0)} \rangle = H_{11}^{(1)} \ ; \tag{7.66}$

$$\langle \psi_1^{(0)} | \widehat{H}^{(1)} | \psi_2^{(0)} \rangle = H_{12}^{(1)} \ ; \tag{7.67}$$

$$\langle \psi_2^{(0)} | \widehat{H}^{(1)} | \psi_1^{(0)} \rangle = H_{21}^{(1)} \ ; \tag{7.68}$$

$$\langle \psi_2^{(0)} | \widehat{H}^{(1)} | \psi_2^{(0)} \rangle = H_{22}^{(1)} \ , \tag{7.69}$$

且 $\qquad \langle \psi_1^{(0)} | \psi_2^{(0)} \rangle = 0 \ ; \tag{7.70}$

$$\langle \psi_2^{(0)} | \psi_1^{(0)} \rangle = 0 \ ; \tag{7.71}$$

$$\langle \psi_1^{(0)} | \psi_1^{(0)} \rangle = 1 \ ; \tag{7.72}$$

$$\langle \psi_2^{(0)} | \psi_2^{(0)} \rangle = 1 \ , \tag{7.73}$$

則 $\qquad \begin{cases} (H_{11}^{(1)} - E_n^{(1)}) c_1 + H_{12}^{(1)} c_2 = 0 \ , \\ H_{21}^{(1)} c_1 + (H_{22}^{(1)} - E_n^{(1)}) c_2 = 0 \end{cases} \tag{7.74}$

以矩陣型式表式重寫上面的方程組為

$$\begin{bmatrix} H_{11}^{(1)} - E_n^{(1)} & H_{12}^{(1)} \\ H_{21}^{(1)} & H_{22}^{(1)} - E_n^{(1)} \end{bmatrix} \begin{bmatrix} c_1 \\ c_2 \end{bmatrix} = 0 \ , \tag{7.75}$$

又 $\qquad H_{12}^{(1)} = H_{21}^{(1)*} \ , \tag{7.76}$

則 $\qquad E_n^{(1)} = \frac{1}{2} \left[H_{11}^{(1)} + H_{22}^{(1)} \pm \sqrt{(H_{11}^{(1)} - H_{22}^{(1)})^2 + 4(H_{12}^{(1)})^2} \right] \ , \tag{7.77}$

或 $\qquad E_n^{(1)} = E_{n+}^{(1)} = \frac{H_{11}^{(1)} + H_{22}^{(1)}}{2} + \frac{1}{2} \sqrt{(H_{11}^{(1)} - H_{22}^{(1)})^2 + 4(H_{12}^{(1)})^2} \ ; \tag{7.78}$

$$E_n^{(1)} = E_{n-}^{(1)} = \frac{H_{11}^{(1)} + H_{22}^{(1)}}{2} - \frac{1}{2} \sqrt{(H_{11}^{(1)} - H_{22}^{(1)})^2 + 4(H_{12}^{(1)})^2} \ 。 \tag{7.79}$$

　　能量本徵值 $E_{n\pm}^{(1)}$ 可求出，只要求出 c_1 和 c_2，則對應的本徵函數 $\phi_n^{(0)} = c_1\psi_1^{(0)} + c_2\psi_2^{(0)}$ 也可以得到。

　　由歸一化的條件，

即 $\qquad\qquad |c_1|^2 + |c_2|^2 = 1 ,$ $\qquad\qquad\qquad$ (7.80)

及 $\qquad\qquad (H_{11}^{(1)} - E_n^{(1)})c_1 + H_{12}^{(1)}c_2 = 0 ;$ $\qquad\qquad$ (7.81)

$\qquad\qquad\quad H_{21}^{(1)}c_1 + (H_{22}^{(1)} - E_n^{(1)})c_2 = 0 ,$ $\qquad\qquad$ (7.82)

則對應於 $E_n^{(1)} = E_{n+}^{(1)}$，的 c_1^+ 和 c_2^+ 為

$$c_1^+ = \frac{H_{12}^{(1)}}{|H_{12}^{(1)}|^2 + |E_{n+}^{(1)} - H_{11}^{(1)}|^2} ; \qquad\qquad (7.83)$$

$$c_2^+ = \frac{E_{n+}^{(1)} - H_{11}^{(1)}}{|H_{12}^{(1)}|^2 + |E_{n+}^{(1)} - H_{11}^{(1)}|^2} , \qquad\qquad (7.84)$$

對應於 $E_n^{(1)} = E_{n-}^{(1)}$，的 c_1^- 和 c_2^- 為

$$c_1^- = \frac{H_{12}^{(1)}}{|H_{12}^{(1)}|^2 + |E_{n-}^{(1)} - H_{11}^{(1)}|^2} ; \qquad\qquad (7.85)$$

$$c_2^- = \frac{E_{n+}^{(1)} - H_{11}^{(1)}}{|H_{12}^{(1)}|^2 + |E_{n-}^{(1)} - H_{11}^{(1)}|^2} 。 \qquad\qquad (7.86)$$

　　顯然，$\phi_n^{(0)}$ 有無限多種組合的結果，但是有沒有一種「好的」（Good）或「正確的」（Correct）選擇使 $H_{12}^{(1)} = 0$，則微擾的能量 $E_n^{(1)}$ 就可以只由 $H_{11}^{(1)}$ 和 $H_{22}^{(1)}$ 決定了，也就是說，如果我們選擇了「正確的」$\psi_1^{(0)}$ 和 $\psi_2^{(0)}$ 除了使 $H_{12}^{(1)} = \langle \psi_1^{(0)} | H^{(0)} | \psi_2^{(0)} \rangle = 0$ 之外，亦將使能量簡併的修正量更容

易求得。換言之，只要我們從正確的 $\psi_1^{(0)}$ 和 $\psi_2^{(0)}$ 開始，就可以用比較簡單的非簡併微擾理論來討論能量簡併的問題。

其實，如果算符 $\hat{A}$ 和 $\hat{H}^{(0)}$、$\hat{H}^{(1)}$ 或 $\hat{H}^{(0)} + \hat{H}^{(1)}$ 可交換的（commute），即 $[\hat{A}, \hat{H}^{(0)}] = 0$；$[\hat{A}, \hat{H}^{(1)}] = 0$；$[\hat{A}, \hat{H}^{(0)} + \hat{H}^{(1)}] = 0$，則只要是算符 $\hat{A}$ 的本徵函數 $\psi_i^{(0)}$ 就可以作為正確的零階波函數（Correct zeroth-order wave functions）因為算符 $\hat{A}$ 和微擾算符 $\hat{H}^{(1)}$ 是可以交換的，所以如果 $\psi_i^{(0)}$ 和 $\psi_j^{(0)}$ 對應於算符 $\hat{A}$ 的本徵值是不同的，則將使 $\langle \psi_i^{(0)} | H^{(1)} | \psi_j^{(0)} \rangle = 0$。

在 d 重簡併的情況下，如果算符 $\hat{A}$ 作用在的本徵值都不同，則使矩陣 $\langle \psi_i^{(0)} | H^{(1)} | \psi_j^{(0)} \rangle$ 對角化（Diagonal），且 $\psi_1^{(0)}$、$\psi_2^{(0)}$、$\cdots$、$\psi_d^{(0)}$。也就是正確的零階波函數；如果算符作用在 $\psi_1^{(0)}$、$\psi_2^{(0)}$、$\cdots$、$\psi_d^{(0)}$ 的本徵值有些是相同的，則將使矩陣 $\langle \psi_i^{(0)} | H^{(1)} | \psi_j^{(0)} \rangle$ 區塊對角化（Block-diagonal），而對的零階波函數則存在 $\psi_1^{(0)}$、$\psi_2^{(0)}$、$\cdots$、$\psi_d^{(0)}$ 的線性組合。

首先，我們必須證明，如果算符 $\hat{A}$ 是一個用 Hermitian 算符且和 $\hat{H}^{(0)}$ 和 $\hat{H}^{(1)}$ 是可交換的，則若二個來微擾 Hermitian $\hat{H}^{(0)}$ 的簡並本徵函數 $\psi_i^{(0)}$ 和 $\psi_j^{(0)}$ 是算符 $\hat{A}$ 的本徵值不同，則 $H_{ij}^{(1)} = \langle \psi_i^{(0)} | H^{(1)} | \psi_j^{(0)} \rangle = 0$。簡單說明如下：

因為 $[\hat{A}, \hat{H}^{(1)}] = 0$，且 $\hat{A} | \psi_i^{(0)} \rangle = \alpha | \psi_i^{(0)} \rangle$；且 $\hat{A} | \psi_j^{(0)} \rangle = \beta | \psi_j^{(0)} \rangle$，其中 $\alpha \neq \beta$，所以

$$
\begin{aligned}
&\langle \psi_i^{(0)} | \, [\hat{A}, \hat{H}^{(1)}] \, | \psi_j^{(0)} \rangle \\
&= \langle \psi_i^{(0)} | \hat{A} \hat{H}^{(1)} | \psi_j^{(0)} \rangle - \langle \psi_i^{(0)} | \hat{H}^{(1)} \hat{A} | \psi_j^{(0)} \rangle \\
&= \alpha \langle \psi_i^{(0)} | \hat{H}^{(1)} | \psi_j^{(0)} \rangle - \beta \langle \psi_i^{(0)} | \hat{H}^{(1)} | \psi_j^{(0)} \rangle \\
&= (\alpha - \beta) \langle \psi_i^{(0)} | \hat{H}^{(1)} | \psi_j^{(0)} \rangle \\
&= (\alpha - \beta) \hat{H}_{ij}^{(1)} \\
&= 0 \, \text{。}
\end{aligned}
$$

$$(7.87)$$

因為 $\alpha \neq \beta$，所以 $\hat{H}_{ij}^{(1)} = \langle \psi_i^{(0)} | H^{(1)} | \psi_j^{(0)} \rangle = 0$。得證。 （7.88）

所以現在接下來的工作就是要找出在有微擾 $H^{(1)}$ 存在的情況下正確的零階波函數（Correct zero-order wave function），如前所述，這個零階波函數會因為線性組合的係數的不同而有無限多種，這些係數的正確組合將依微擾 $H^{(1)}$ 的不同而決定。

如果有 d 重簡併，

則
$$\begin{bmatrix} H_{11}^{(1)} - E_n^{(1)} & H_{12}^{(1)} & H_{13}^{(1)} & \cdots & H_{1d}^{(1)} \\ H_{21}^{(1)} & H_{22}^{(1)} - E_n^{(1)} & H_{23}^{(1)} & \cdots & H_{2d}^{(1)} \\ H_{31}^{(1)} & H_{32}^{(1)} & H_{33}^{(1)} - E_n^{(1)} & \cdots & H_{3d}^{(1)} \\ \vdots & \vdots & \vdots & \cdots & \vdots \\ H_{d1}^{(1)} & H_{d2}^{(1)} & H_{d3}^{(1)} & \cdots & H_{dd}^{(1)} - E_n^{(1)} \end{bmatrix} \begin{bmatrix} c_1 \\ c_2 \\ c_3 \\ \vdots \\ c_d \end{bmatrix} = 0 \text{，}$$

（7.89）

這個求本徵值和本徵向量的問題要有解，則行列式值要為零，

即
$$\begin{vmatrix} H_{11}^{(1)} - E_n^{(1)} & H_{12}^{(1)} & H_{13}^{(1)} & \cdots & H_{1d}^{(1)} \\ H_{21}^{(1)} & H_{22}^{(1)} - E_n^{(1)} & H_{23}^{(1)} & \cdots & H_{2d}^{(1)} \\ H_{31}^{(1)} & H_{32}^{(1)} & H_{33}^{(1)} - E_n^{(1)} & \cdots & H_{3d}^{(1)} \\ \vdots & \vdots & \vdots & \cdots & \vdots \\ H_{d1}^{(1)} & H_{d2}^{(1)} & H_{d3}^{(1)} & \cdots & H_{dd}^{(1)} - E_n^{(1)} \end{vmatrix} = 0 \text{，}$$

（7.90）

或者也可以表示成 $\det(\langle \psi_m^{(0)} | \hat{H}^{(1)} | \psi_i^{(0)} \rangle - E_n^{(1)} \delta_{mi}) = 0$。 （7.91）

這個久期方程式（Secular equation）是 $E_n^{(1)}$ 的 d 次方程式；有 d 個解 $E_1^{(1)}$、$E_2^{(1)}$、$E_3^{(1)}$、$\cdots$、$E_d^{(1)}$，這 d 個能量就是 d 重簡併非微擾能階的第一階修正，如果這 d 個解都不相同，則 d 重簡併非微擾能態將會分裂成 d 個不同的微擾能態，

即 $\qquad E_d^{(0)} + E_1^{(1)}$、$E_d^{(0)} + E_2^{(1)}$、$\cdots$、$E_d^{(0)} + E_d^{(1)}$， $\qquad$ （7.92）

就是本徵值，所以每個本徵值都可以有一個本徵向量，

即 $\qquad (c_1, c_2, \cdots, c_d)$， $\qquad\qquad\qquad\qquad\qquad$ （7.93）

與之對應，每個本徵向量都有不同的一組 c_1、c_2、$\cdots$、c_d，進而找到不同的正確的零階波函數，

其中 $\qquad |c_1|^2 + |c_2|^2 + \cdots + |c_d|^2 = 1 = c_1^* c_1 + c_2^* c_2 + \cdots + c_d^* c_d$。 $\qquad$ （7.94）

$\qquad$ 其實如果我們已經找到了這個 d 重簡併態的「正確線性組合」（Right linear combination）或「穩定化本徵函數」（Stabilized eigenfunction），

即 $\qquad \phi_n^{(0)} = \sum_{i=1}^{d} c_i \psi_i^{(0)}$， $\qquad\qquad\qquad\qquad$ （7.95）

其中 $1 \leq n \leq d$，

則這個 d 重簡併能量的一階修正量就是 $(d \times d)$ 矩陣 $\langle \psi_i^{(0)} | H^{(1)} | \psi_j^{(0)} \rangle$ 的 d 個本徵值。如果用線性代數的語彙來說，就是這個「正確的」、「好的」未

受微擾的波函數在簡併子空間（Degenerate subspace）中所建構的基底（Basis）對角化了矩陣 $\langle \psi_i^{(0)} | H^{(1)} | \psi_j^{(0)} \rangle$。

以下，我們將說明「簡併狀態的一階修正能量就是矩陣 $\langle \psi_i^{(0)} | H^{(1)} | \psi_j^{(0)} \rangle$ 的本徵值」。

若 d 重簡併態的穩定化本徵函數為

$$\phi_n^{(0)} = \sum_{i=1}^{d} c_i \psi_i^{(0)} \, , \tag{7.96}$$

其中 $\psi_i^{(0)}$，$i = 1, 2, 3, \cdots, d$，是互相正交歸一的，即 $\langle \psi_i^{(0)} | \psi_j^{(0)} \rangle = \delta_{ij}$，而且都是未受微擾 Hamiltonian（Unperturbed Hamiltonian）的簡併本徵函數（Degenerate eigenfunctions），即

$$H^{(0)} \psi_i^{(0)} = E_d^{(0)} \psi_i^{(0)} \, , \tag{7.97}$$

其中 $i = 1, 2, 3, \cdots, d$。

當然 $\phi_n^{(0)}$ 也是未受微擾 Hamiltonian 的本徵函數，而本徵值也為 E_n，

即

$$
\begin{aligned}
H^{(0)} \phi_n^{(0)} &= \sum_{i=1}^{d} H^{(0)} c_i \psi_i^{(0)} \\
&= \sum_{i=1}^{d} c_i E_d^{(0)} \psi_i^{(0)} \\
&= E_d^{(0)} \sum_{i=1}^{d} c_i \psi_i^{(0)} \\
&= E_d^{(0)} \phi_n^{(0)} \, 。
\end{aligned}
\tag{7.98}
$$

　　就像非簡併狀態一樣，求解完整的 Schrödinger 方程式（Full Schrödinger equation），

即 $\qquad \hat{H}\psi_n = E\psi_n$ ， $\qquad\qquad$ （7.99）

其中 $\qquad \hat{H} = \hat{H}^{(0)} + \lambda\hat{H}^{(1)}$ ； $\qquad\qquad$ （7.100）

$$\psi_n = \phi_n^{(0)} + \lambda\psi_n^{(1)} + \lambda^2\psi_n^{(2)} + \cdots$$

$$= \sum_{i=1}^{d} c_i\psi_i^{(0)} + \lambda\psi_n^{(1)} + \lambda^2\psi_n^{(2)} + \cdots ; \qquad （7.101）$$

$$E = E_d^{(0)} + \lambda E_n^{(1)} + \lambda^2 E_n^{(2)} + \cdots , \qquad （7.102）$$

所以 $\qquad \hat{H}\psi_n = (\hat{H}^{(0)} + \lambda\hat{H}^{(1)})(\phi_n^{(0)} + \lambda\psi_n^{(1)} + \lambda^2\psi_n^{(2)} + \cdots)$

$$= (E_d^{(0)} + \lambda E_n^{(1)} + \lambda^2 E_n^{(2)} + \cdots)(\phi_n^{(0)} + \lambda\psi_n^{(1)} + \lambda^2\psi_n^{(2)} + \cdots) ， \quad （7.103）$$

則 $\qquad \hat{H}^{(0)}\phi_n^{(0)} + \lambda(\hat{H}^{(0)}\psi_n^{(1)} + \hat{H}^{(1)}\phi_n^{(0)}) + \cdots$

$$= E_d^{(0)} + \phi_n^{(0)} + \lambda(E_d^{(0)}\psi_n^{(1)} + E_d^{(0)}\phi_n^{(0)}) + \cdots 。 \qquad （7.104）$$

逐項整理：

零階項 λ^0 係數為 $\hat{H}^{(0)}\phi_n^{(0)} = E_d^{(0)}\phi_n^{(0)}$，被消去了；

一階項 λ^1 係數為 $\hat{H}^{(0)}\psi_n^{(1)} + \hat{H}^{(1)}\phi_n^{(0)} = E_d^{(0)}\psi_n^{(1)} + E_n^{(1)}\phi_n^{(0)}$ 。 $\qquad$ （7.105）

　　對 $\langle \psi_j^{(0)}|$ 求內積，

即 $\qquad \langle \psi_j^{(0)}|\hat{H}^{(0)}|\psi_n^{(1)} \rangle + \langle \psi_j^{(0)}|\hat{H}^{(1)}|\phi_n^{(0)} \rangle$

$$= \langle \psi_j^{(0)}|E_d^{(0)}|\psi_n^{(1)} \rangle + \langle \psi_j^{(0)}|E_n^{(1)}|\phi_n^{(0)} \rangle$$

$$= E_d^{(0)} \langle \psi_j^{(0)}|\psi_n^{(1)} \rangle + E_n^{(1)} \langle \psi_j^{(0)}|\phi_n^{(0)} \rangle ， \qquad （7.106）$$

但是 $\qquad \langle \psi_j^{(0)}|\hat{H}^{(0)}|\psi_n^{(1)} \rangle = E_d^{(0)} \langle \psi_j^{(0)}|\psi_n^{(1)} \rangle ， \qquad$ （7.107）

所以 $\qquad \langle \psi_j^{(0)} | \widehat{H}^{(1)} | \phi_n^{(0)} \rangle = E_n^{(1)} \langle \psi_j^{(0)} | \phi_n^{(0)} \rangle$ ， $\qquad$ （7.108）

又 $\qquad \phi_n^{(0)} = \sum_{i=1}^{d} c_i \psi_i^{(0)}$ ， $\qquad$ （7.109）

且 $\qquad \langle \psi_i^{(0)} | \phi_j^{(0)} \rangle = \delta_{ij}$ ， $\qquad$ （7.110）

則 $\qquad \sum_{i=1}^{d} c_i \langle \psi_j^{(0)} | \widehat{H}^{(1)} | \psi_i^{(0)} \rangle = E_n^{(1)} \sum_{i=1}^{d} c_i \langle \psi_j^{(0)} | \psi_i^{(0)} \rangle$

$$= E_n^{(1)} c_j ， \qquad （7.111）$$

若定義 $\qquad H_{ji}^{(1)} \equiv \langle \psi_j^{(0)} | H^{(1)} | \psi_i^{(0)} \rangle$ ， $\qquad$ （7.112）

則 $\qquad \sum_{i=1}^{d} c_i \widehat{H}_{ji}^{(1)} = \sum_{i=1}^{d} \widehat{H}_{ji}^{(1)} c_i = E_n^{(1)} c_j$ ， $\qquad$ （7.113）

展開得

當 $j=1$ ，則 $\quad \widehat{H}_{11}^{(1)} c_1 + \widehat{H}_{12}^{(1)} c_2 + \widehat{H}_{13}^{(1)} c_3 + \cdots + \widehat{H}_{1d}^{(1)} c_d = E_n^{(1)} c_1$ ； $\qquad$ （7.114）

當 $j=2$ ，則 $\quad \widehat{H}_{21}^{(1)} c_1 + \widehat{H}_{22}^{(1)} c_2 + \widehat{H}_{23}^{(1)} c_3 + \cdots + \widehat{H}_{2d}^{(1)} c_d = E_n^{(1)} c_2$ ； $\qquad$ （7.115）

$$\vdots$$

當 $j=d$ ，則 $\quad \widehat{H}_{d1}^{(1)} c_1 + \widehat{H}_{d2}^{(1)} c_2 + \widehat{H}_{d3}^{(1)} c_3 + \cdots + \widehat{H}_{dd}^{(1)} c_d = E_n^{(1)} c_d$ ； $\qquad$ （7.116）

移項得

$$\begin{bmatrix} \widehat{H}_{11}^{(1)} - E_n^{(1)} & \widehat{H}_{12}^{(1)} & \widehat{H}_{13}^{(1)} & \cdots & \widehat{H}_{1d}^{(1)} \\ \widehat{H}_{21}^{(1)} & \widehat{H}_{22}^{(1)} - E_n^{(1)} & \widehat{H}_{23}^{(1)} & \cdots & \widehat{H}_{2d}^{(1)} \\ \widehat{H}_{31}^{(1)} & \widehat{H}_{32}^{(1)} & \widehat{H}_{33}^{(1)} - E_n^{(1)} & \cdots & \widehat{H}_{3d}^{(1)} \\ \vdots & \vdots & \vdots & \cdots & \vdots \\ \widehat{H}_{d1}^{(1)} & \widehat{H}_{d2}^{(1)} & \widehat{H}_{d3}^{(1)} & \cdots & \widehat{H}_{dd}^{(1)} - E_n^{(1)} \end{bmatrix} \begin{bmatrix} c_1 \\ c_2 \\ c_3 \\ \vdots \\ c_d \end{bmatrix} = 0 。$$

$$（7.117）$$

因爲 $\psi_i^{(0)}$，其中 $i = 1, 2, 3, \cdots, d$，構成了穩定化本徵函數 $\phi_n^{(0)}$，所以如果 $i \neq j$，則必 $\quad H_{ji}^{(1)} \Big|_{i \neq j} = \langle \psi_j^{(0)} | H^{(1)} | \psi_i^{(0)} \rangle \Big|_{i \neq j} = 0$。 $\qquad$ （7.118）

所以得

$$
\begin{bmatrix}
\hat{H}_{11}^{(1)} - E_n^{(1)} & 0 & 0 & \cdots & 0 \\
0 & \hat{H}_{22}^{(1)} - E_n^{(1)} & 0 & \cdots & 0 \\
0 & 0 & \hat{H}_{33}^{(1)} - E_n^{(1)} & \cdots & 0 \\
\vdots & \vdots & \vdots & \cdots & \vdots \\
0 & 0 & 0 & \cdots & \hat{H}_{dd}^{(1)} - E_n^{(1)}
\end{bmatrix}
\begin{bmatrix}
c_1 \\ c_2 \\ c_3 \\ \vdots \\ c_d
\end{bmatrix} = 0 ,
$$

（7.119）

如果這個方程組要有解，

則行列式值必須爲零，即

$$
\begin{vmatrix}
\hat{H}_{11}^{(1)} - E_n^{(1)} & 0 & 0 & \cdots & 0 \\
0 & \hat{H}_{22}^{(1)} - E_n^{(1)} & 0 & \cdots & 0 \\
0 & 0 & \hat{H}_{33}^{(1)} - E_n^{(1)} & \cdots & 0 \\
\vdots & \vdots & \vdots & \cdots & \vdots \\
0 & 0 & 0 & \cdots & \hat{H}_{dd}^{(1)} - E_n^{(1)}
\end{vmatrix} = 0 ,
$$

（7.120）

則 $\qquad (\hat{H}_{11}^{(1)} - E_n^{(1)})(\hat{H}_{22}^{(1)} - E_n^{(1)})(\hat{H}_{33}^{(1)} - E_n^{(1)}) \cdots (\hat{H}_{dd}^{(1)} - E_n^{(1)}) = 0$ ，

（7.121）

或 $\qquad (E_n^{(1)} - \hat{H}_{11}^{(1)})(E_n^{(1)} - \hat{H}_{22}^{(1)})(E_n^{(1)} - \hat{H}_{33}^{(1)})(E_n^{(1)} - \hat{H}_{dd}^{(1)})$。 $\qquad$ （7.122）

這是一個 $E_n^{(1)}$ 的 d 次方程式，且方程式的解爲 $E_n^{(1)} = \hat{H}_{11}^{(1)}$、或 $\hat{H}_{22}^{(1)}$、或

$\hat{H}_{33}^{(1)}$、$\cdots$、或 $\hat{H}_{dd}^{(1)}$。

如果再代回前面的矩陣形式，

則為
$$\begin{bmatrix} \hat{H}_{11}^{(1)} & 0 & 0 & \cdots & 0 \\ 0 & \hat{H}_{22}^{(1)} & 0 & \cdots & 0 \\ 0 & 0 & \hat{H}_{33}^{(1)} & \cdots & 0 \\ \vdots & \vdots & \vdots & \cdots & \vdots \\ 0 & 0 & 0 & \cdots & \hat{H}_{dd}^{(1)} \end{bmatrix} \begin{bmatrix} c_1 \\ c_2 \\ c_3 \\ \vdots \\ c_d \end{bmatrix} = \hat{H}_{11}^{(1)} \begin{bmatrix} c_1 \\ c_2 \\ c_3 \\ \vdots \\ c_d \end{bmatrix} ; \qquad (7.123)$$

或
$$\begin{bmatrix} \hat{H}_{11}^{(1)} & 0 & 0 & \cdots & 0 \\ 0 & \hat{H}_{22}^{(1)} & 0 & \cdots & 0 \\ 0 & 0 & \hat{H}_{33}^{(1)} & \cdots & 0 \\ \vdots & \vdots & \vdots & \cdots & \vdots \\ 0 & 0 & 0 & \cdots & \hat{H}_{dd}^{(1)} \end{bmatrix} \begin{bmatrix} c_1 \\ c_2 \\ c_3 \\ \vdots \\ c_d \end{bmatrix} = \hat{H}_{22}^{(1)} \begin{bmatrix} c_1 \\ c_2 \\ c_3 \\ \vdots \\ c_d \end{bmatrix} ; \qquad (7.124)$$

$$\vdots$$

或
$$\begin{bmatrix} \hat{H}_{11}^{(1)} & 0 & 0 & \cdots & 0 \\ 0 & \hat{H}_{22}^{(1)} & 0 & \cdots & 0 \\ 0 & 0 & \hat{H}_{33}^{(1)} & \cdots & 0 \\ \vdots & \vdots & \vdots & \cdots & \vdots \\ 0 & 0 & 0 & \cdots & \hat{H}_{dd}^{(1)} \end{bmatrix} \begin{bmatrix} c_1 \\ c_2 \\ c_3 \\ \vdots \\ c_d \end{bmatrix} = \hat{H}_{dd}^{(1)} \begin{bmatrix} c_1 \\ c_2 \\ c_3 \\ \vdots \\ c_d \end{bmatrix} , \qquad (7.125)$$

顯然 d 重簡併的一階能量修正：$\hat{H}_{11}^{(1)}$、$\hat{H}_{22}^{(1)}$、$\hat{H}_{33}^{(1)}$、$\cdots$、$\hat{H}_{dd}^{(1)}$ 就是 d 個本徵值，而每一個本徵值當然就對應著一個本徵向量。

接著，我們要找出對應於每個一階修正量的正確的零階波函數（Correct zeroth-order wave functions）。

假設 d 個本徵值都不相同，則由

$$(E_n^{(1)} - \hat{H}_{11}^{(1)}) c_1 = 0 ; \qquad (7.126)$$

$$(E_n^{(1)} - \widehat{H}_{22}^{(1)})\, c_2 = 0 \;; \tag{7.127}$$

$$(E_n^{(1)} - \widehat{H}_{33}^{(1)})\, c_3 = 0 \;; \tag{7.128}$$

$$\vdots$$

$$(E_n^{(1)} - \widehat{H}_{dd}^{(1)})\, c_d = 0 \;, \tag{7.129}$$

可知對於 $E_n^{(1)} = \widehat{H}_{11}^{(1)}$ 的一階微擾能量修正而言，

$$(\widehat{H}_{11}^{(1)} - \widehat{H}_{11}^{(1)})\, c_1 = 0 \Rightarrow c_1 可以爲任意常數 \;;$$

$$(E_n^{(1)} - \widehat{H}_{22}^{(1)})\, c_2 = 0 \Rightarrow c_2 = 0 \;; \tag{7.130}$$

$$(E_n^{(1)} - \widehat{H}_{33}^{(1)})\, c_3 = 0 \Rightarrow c_3 = 0 \;; \tag{7.131}$$

$$\vdots$$

$$(\widehat{H}_{11}^{(1)} - \widehat{H}_{dd}^{(1)})\, c_d = 0 \Rightarrow c_d = 0 \;。 \tag{7.132}$$

所以對應於 d 重簡併的一階微擾能量修正 W_{11} 的正確的零階波函數爲

$$\phi_n^{(0)} = \sum_{i=1}^{d} c_i\, \psi_i^{(0)} \bigg|_{E_n^{(1)} = W_{11}} = c_1\, \psi_1^{(0)} \underset{Normaliation}{=} \psi_1^{(0)} \;。 \tag{7.133}$$

對於 $E_n^{(1)} = \widehat{H}_{22}^{(1)}$ 的一階微擾能量修正而言，

$$(\widehat{H}_{22}^{(1)} - \widehat{H}_{11}^{(1)})\, c_1 = 0 \Rightarrow c_1 = 0 \;; \tag{7.134}$$

$$(\widehat{H}_{22}^{(1)} - \widehat{H}_{22}^{(1)})\, c_2 = 0 \Rightarrow c_2 可以爲任意常數 \;;$$

$$(\widehat{H}_{22}^{(1)} - \widehat{H}_{33}^{(1)})\, c_3 = 0 \Rightarrow c_3 = 0 \;; \tag{7.135}$$

$$\vdots$$

$$(\hat{H}_{22}^{(1)} - \hat{H}_{dd}^{(1)}) c_d = 0 \Rightarrow c_d = 0 \text{ 。} \tag{7.136}$$

所以對應於 d 重簡併的一階微擾能量修正 W_{22} 的正確的零階波函數為

$$\phi_n^{(0)} = \sum_{i=1}^{d} c_i \psi_i^{(0)} \bigg|_{E_n^{(1)} = W_{22}} = c_2 \psi_2^{(0)} \underset{Normaliation}{=} \psi_2^{(0)} \text{ 。} \tag{7.137}$$

相同的道理；相似的步驟，可得 $\psi_3^{(0)}$、$\psi_4^{(0)}$、$\cdots$、$\psi_d^{(0)}$ 分別對應於 d 重簡併的一階微擾能量修正 W_{33}、W_{44}、$\cdots$、W_{dd} 的正確的零階波函數。換言之，可以把矩陣 $\langle \psi_i^{(0)} | H^{(1)} | \psi_j^{(0)} \rangle$ 對角化的 $\psi_i^{(0)}$，其中 $i = 1, 2, 3, \cdots, d$，就是微擾 $H^{(1)}$ 的正確的零階波函數。這句話反過來說，也是成立的。

如果原來所假設的函數就是正確的零階波函數，則矩陣 $\langle \psi_i^{(0)} | H^{(1)} | \psi_j^{(0)} \rangle$ 就會是對角化的矩陣（Diagonal matrix）。說明如下：

由

$$\begin{bmatrix} \hat{H}_{11}^{(1)} - E_n^{(1)} & \hat{H}_{12}^{(1)} & \hat{H}_{13}^{(1)} & \cdots & \hat{H}_{1d}^{(1)} \\ \hat{H}_{21}^{(1)} & \hat{H}_{22}^{(1)} - E_n^{(1)} & \hat{H}_{23}^{(1)} & \cdots & \hat{H}_{2d}^{(1)} \\ \hat{H}_{31}^{(1)} & \hat{H}_{32}^{(1)} & \hat{H}_{33}^{(1)} - E_n^{(1)} & \cdots & \hat{H}_{3d}^{(1)} \\ \vdots & \vdots & \vdots & \cdots & \vdots \\ \hat{H}_{d1}^{(1)} & \hat{H}_{d2}^{(1)} & \hat{H}_{d3}^{(1)} & \cdots & \hat{H}_{dd}^{(1)} - E_n^{(1)} \end{bmatrix} \begin{bmatrix} c_1 \\ c^2 \\ c_3 \\ \vdots \\ c_d \end{bmatrix} = 0 \text{ ，}$$

$$\tag{7.138}$$

所以當假設　$\phi_n^{(0)} = \psi_1^{(0)} = \psi_1^{(0)} + 0\psi_2^{(0)} + 0\psi_3^{(0)} + \cdots + 0\psi_d^{(0)}$，　(7.139)

即　　$[c_1 \quad c_2 \quad c_3 \quad \cdots \quad c_d] = [1 \quad 0 \quad 0 \quad \cdots \quad 0]$，　(7.140)

則　　$\hat{H}_{11}^{(1)} - E_n^{(1)} = 0 \Rightarrow \hat{H}_{11}^{(1)} = E_n^{(1)} \neq 0$ ；　(7.141)

$$\widehat{H}_{21}^{(1)} = 0 \; ; \qquad\qquad (7.142)$$

$$\widehat{H}_{31}^{(1)} = 0 \; ; \qquad\qquad (7.143)$$

$$\vdots$$

$$\widehat{H}_{d1}^{(1)} = 0 \; 。 \qquad\qquad (7.144)$$

當假設 $\qquad \phi_n^{(0)} = \psi_2^{(0)} = 0\psi_1^{(0)} + \psi_2^{(0)} + 0\psi_3^{(0)} + \cdots + 0\psi_d^{(0)} \, , \qquad (7.145)$

即 $\qquad [c_1 \quad c_2 \quad c_3 \quad \cdots \quad c_d] = [0 \quad 1 \quad 0 \quad \cdots \quad 0] \, , \qquad (7.146)$

則 $\qquad \widehat{H}_{12}^{(1)} = 0 \; ; \qquad\qquad (7.147)$

$$\widehat{H}_{22}^{(1)} - E_n^{(1)} = 0 \Rightarrow \widehat{H}_{22}^{(1)} = E_n^{(1)} \neq 0 \; ; \qquad (7.148)$$

$$\widehat{H}_{32}^{(1)} = 0 \; ; \qquad\qquad (7.149)$$

$$\vdots$$

$$\widehat{H}_{d2}^{(1)} = 0 \; 。 \qquad\qquad (7.150)$$

$$\vdots$$

同理，我們可知 $\qquad H_{ij}^{(1)}\Big|_{i \neq j} = \langle \psi_i^{(0)} | H^{(1)} | \psi_j^{(0)} \rangle \Big|_{i \neq j} = 0 \; 。 \qquad (7.151)$

所以只要用了正確的零階波函數，就可以使矩陣 $\langle \psi_i^{(0)} | H^{(1)} | \psi_j^{(0)} \rangle$ 對角化。

7.2 和時間相關的微擾理論

　　和時間相關的微擾理論比和時間無關的微擾理論複雜一點，基本原則是相同的，而且因為有關光學躍遷的過程分析，大多須藉和時間相關的微擾理論作分析，所以還是值得花一點功夫作瞭解。

　　若全 Hamiltonian 為

$$\hat{H} = \hat{H}_0 + \hat{H}_{int}(t) \text{，} \tag{7.152}$$

其中 $\hat{H}_0$ 為非微擾項，不隨時間變化，而且可以精確求解；$\hat{H}_{int}(t)$ 為微擾項，隨時間而變化，在 $t=0$ 時微擾開始和系統產生交互作用。

若 $\hat{H}_0$ 的本徵態是 ϕ_n，且本徵能量為 E_n，

即

$$\hat{H}_0 \phi_n = E_n \phi_n \text{，} \tag{7.153}$$

假設在微擾產生之前，系統處於初始態 $\Phi_i(t)$，其和時間相依的波函數為

$$\Psi(t) = \Phi_i(t) = \phi_i \exp\left(-\frac{iE_i t}{\hbar}\right) \text{，} \tag{7.154}$$

當 $t>0$，則 Schrödinger 方程式為

$$\hat{H}\Psi(t) = [\hat{H}_0 + \hat{H}_{int}(t)]\Psi(t) = i\hbar \frac{\partial}{\partial t}\Psi(t) \text{，} \tag{7.155}$$

必須在滿足邊界條件 $\Psi(0) = \Phi(0)$ 的情況下求解，和前面的微擾方法一樣，我們要用非微擾的解把精確解（Exact solution）展開，但是係數是和時間相關的，

即

$$\Psi(t) = \sum_j a_j(t)\Phi_j(t) \text{，} \tag{7.156}$$

其中$a_j(t)$爲在時間t時，狀態j的機率振輻，且初始值爲

$$a_j(0) = \delta_{ij} \text{,} \qquad (7.157)$$

且
$$\hat{H}_0 \Phi_j(t) = i\hbar \frac{\partial}{\partial t} \Phi_j(t) \text{。} \qquad (7.158)$$

將 $\Psi(t) = \sum_j a_j(t)\Phi_j(t)$ 代入 Schrödinger 方程式，

即
$$\hat{H}\Psi(t) = [\hat{H}_0 + \hat{H}_{\text{int}}(t)]\sum_j a_j(t)\Phi_j(t) = i\hbar \frac{\partial}{\partial t}\sum_j a_j(t)\Phi_j(t) \text{,}$$
$$(7.159)$$

則
$$\sum_j a_j(t)\hat{H}_0\Phi_j(t) + \sum_j a_j(t)\hat{H}_{\text{int}}(t)\Phi_j(t)$$
$$= i\hbar \sum_j a_j(t)\frac{\partial \Phi_j(t)}{\partial t} + i\hbar \sum_j \frac{da_j(t)}{dt} \text{,} \qquad (7.160)$$

因爲
$$\hat{H}_0\Phi_j(t) = i\hbar \frac{\partial}{\partial t}\Phi_j(t) \text{,} \qquad (7.161)$$

所以
$$i\hbar \sum_j \frac{da_j(t)}{dt}\Phi_j(t) = \sum_j a_j(t)\hat{H}_{\text{int}}(t)\Phi_j(t) \text{,} \qquad (7.162)$$

又
$$\Phi_j(t) = \phi_j \exp\left(-\frac{iE_j t}{\hbar}\right) \text{,} \qquad (7.163)$$

則
$$i\hbar \sum_j \frac{da_j(t)}{dt}\phi_j \exp\left(-\frac{iE_j t}{\hbar}\right) = \sum_j a_j(t)\hat{H}_{\text{int}}(t)\phi_j \exp\left(-\frac{iE_j t}{\hbar}\right) \text{。}$$
$$(7.164)$$

把上式乘上終態（Finial state）$|\phi_f\rangle$ 的共軛複數，即 $\langle \phi_f|$，再對全空間積分後由於

$$\langle \phi_f|\phi_j\rangle = \delta_{fj} \text{,} \qquad (7.165)$$

所以只剩下 $j = f$ 的項，

得
$$i\hbar \sum_j \frac{da_f(t)}{dt} \exp\left(-\frac{iE_j t}{\hbar}\right) = \sum_j a_j(t) \exp\left(-\frac{iE_j t}{\hbar}\right) \langle \phi_f | \hat{H}_{\mathrm{int}}(t) | \phi_j \rangle \text{，}$$

$$(7.166)$$

令
$$H_{\mathrm{int}(f,j)}(t) = \langle \phi_f | \hat{H}_{\mathrm{int}}(t) | \phi_j \rangle \text{，} \qquad (7.167)$$

則得
$$\frac{da_f(t)}{dt} = \frac{1}{i\hbar} \sum_j a_j(t) H_{\mathrm{int}(f,j)}(t) \exp\left(\frac{i(E_f - E_j)t}{\hbar}\right) \text{。} \qquad (7.168)$$

這個方程式是和原來的 Schrödinger 方程式完全是同義且等價的，所有的近似與簡化都從這裡開始討論。

7.3　Hellmann-Feynman 理論

從量子力學的觀點來討論大自然的所有可觀察的現象都是求平均值，而平均值的計算，基本上就是在整個空間中做積分，如此當然就常常遇到很大的困難。Hellmann-Feynman 理論提供了一個方法，以微分取代積分求得所需的平均值，一般而言，微分計算顯然要比積分計算簡單多了。

Hellmann-Feynman 理論如下：若 ψ 爲 Hamiltonian $\hat{H}$ 的歸一化本徵函數，E 爲其所對應的本徵能量或本徵值，而 λ 是出現在 $\hat{H}$ 中的任何一個參數，

則
$$\frac{\partial E}{\partial \lambda} = \left\langle \psi \left| \frac{\partial \hat{H}}{\partial \lambda} \right| \psi \right\rangle \text{。} \qquad (7.169)$$

用文字敘述這個理論則爲：對一個歸一化的波函數，能量 E 對參數 λ

的偏微分等於 $\hat{H}$ 對 λ 偏微分的平均值，而 λ 可以是粒子的間距、電荷、座標⋯等等系統參數。證明如下。

由 $\langle\psi|\hat{H}|\psi\rangle=E$，則對方程式二邊作 λ 偏微分，

得

$$\frac{\partial E}{\partial \lambda} = \left\langle\psi\left|\hat{H}\right|\frac{\partial\psi}{\partial\lambda}\right\rangle + \left\langle\psi\left|\frac{\partial\hat{H}}{\partial\lambda}\right|\psi\right\rangle + \left\langle\frac{\partial\hat{H}}{\partial\lambda}\left|\hat{H}\right|\psi\right\rangle$$

$$= E^*\left\langle\psi\left|\frac{\partial\psi}{\partial\lambda}\right\rangle + E\left\langle\frac{\partial\psi}{\partial\lambda}\right|\psi\right\rangle + \left\langle\psi\left|\frac{\partial\hat{H}}{\partial\lambda}\right|\psi\right\rangle ,$$

$$\underset{E^*=E}{\equiv} E\frac{\partial}{\partial\lambda}\langle\psi|\psi\rangle + \left\langle\psi\left|\frac{\partial\hat{H}}{\partial\lambda}\right|\psi\right\rangle$$

$$\underset{\langle\psi|\psi\rangle=1}{\equiv} 0 + \left\langle\psi\left|\frac{\partial\hat{H}}{\partial\lambda}\right|\psi\right\rangle$$

$$= \left\langle\psi\left|\frac{\partial\hat{H}}{\partial\lambda}\right|\psi\right\rangle ，得証。 \tag{7.170}$$

我們可以舉一個例子來說明 Hellmann-Feynman 理論的應用。

若一維簡諧振盪的 Hamiltonian $\hat{H}$ 和能量分別為

$$\hat{H} = \frac{-\hbar^2}{2m}\frac{d^2}{dx^2} + \frac{1}{2}kx^2 , \tag{7.171}$$

$$E_n = \left(n+\frac{1}{2}\right)\hbar\omega , \tag{7.172}$$

其中 $\omega = \sqrt{\dfrac{k}{m}}$，

則我們可以 Hellmann-Feynman 理論求座標平方的平均值 $\langle x^2\rangle$。

選擇 $\lambda=k$，則由 Hellmann-Feynman 理論

$$\frac{\partial E}{\partial k} = \left\langle \psi \left| \frac{\partial \hat{H}}{\partial \lambda} \right| \psi \right\rangle \ , \tag{7.173}$$

則因為簡諧振盪，所以 $\omega = \sqrt{\dfrac{k}{m}}$ ， $\tag{7.174}$

$$\text{所以上式左邊} = \frac{\partial E}{\partial k} = \frac{\partial}{\partial k}\left[\left(n + \frac{1}{2}\right)\hbar\omega\right]$$

$$= \frac{\partial}{\partial k}\left[\left(n + \frac{1}{2}\right)\hbar\sqrt{\frac{k}{m}}\right]$$

$$= \left(n + \frac{1}{2}\right)\hbar\frac{1}{2\sqrt{km}} \ ; \tag{7.175}$$

$$\text{右邊} = \left\langle \psi \left| \frac{\partial}{\partial k}\left(-\frac{\hbar^2}{2m}\frac{d^2}{dk^2} + \frac{1}{2}kx^2\right) \right| \psi \right\rangle$$

$$= \left\langle \psi \left| \frac{\partial}{\partial k}\left(\frac{1}{2}kx^2\right) \right| \psi \right\rangle$$

$$= \left\langle \psi \left| \frac{x^2}{2} \right| \psi \right\rangle \ , \tag{7.176}$$

即 $\qquad \langle x^2 \rangle = \langle \psi | x^2 | \psi \rangle = \left(n + \dfrac{1}{2}\right)\dfrac{\hbar}{\sqrt{km}} \ 。 \tag{7.177}$

7.4　Koopmans 理論

　　我們在稍後會介紹固態物理常用的單電子近似，因為所有互相關聯的效應（Correlation effect）都略去不考慮，所以可得波動方程式為 Hartree-Fock 方程式，Koopmans 理論賦予這個方程式所求出的本徵值的物理意義。

　　Koopmans 推導出，在 Hartree-Fock 近似下，把一個電子由某一個 Bloch 態（Bloch state）轉移到另一個 Bloch 態所需的能量等於這二個 Bloch 態的能量差值。證明如下。

　　Hartree-Fock 方程式用 Dirac 符號可寫為

$$\hat{H}_{Hartree-Fock} = \widehat{\mathscr{H}}_1 + \sum_{j=1}^{N} \left\langle \varphi_{n_j}(\overrightarrow{r_2}) \left| \frac{e^2}{r_{12}} \right| \varphi_{n_j}(\overrightarrow{r_2}) \right\rangle$$

$$- \sum_{j=1}^{N} \left\langle \varphi_{n_j}(\overrightarrow{r_2}) \left| \frac{e^2}{r_{12}} \right| \varphi_{n_i}(\overrightarrow{r_2}) \right\rangle \frac{|\varphi_{n_j}(\overrightarrow{r_1})\rangle}{|\varphi_{n_i}(\overrightarrow{r_1})\rangle} \ , \qquad （7.178）$$

若包含 N 個電子的系統能量為 E_N，且由第 k 個 Bloch 態移去一個電子之後的 $N-1$ 個電子系統的能量為 E_{N-1}，若假設 N 個電子的系統和 $N-1$ 個電子系統的每一個單一電子的波函數都相同，

則
$$E_{N-1} = \left\langle \psi_{r_k}(\overrightarrow{r}) \left| \hat{H}_{Hartree-Fock} \right| \psi_{r_k}(\overrightarrow{r}) \right\rangle$$

$$= \sum_{\substack{i \neq k \\ i=1}}^{N} \left\langle \varphi_{n_i}(\overrightarrow{r_1}) \left| \widehat{\mathscr{H}}_1 \right| \varphi_{n_i}(\overrightarrow{r_1}) \right\rangle$$

$$+ \sum_{\substack{i \neq k \\ i=1}}^{N} \left\langle \varphi_{n_i}(\overrightarrow{r_1}) \left| \left[\sum_{j=1}^{N} \left\langle \varphi_{n_j}(\overrightarrow{r_2}) \left| \frac{e^2}{r_{12}} \right| \varphi_{n_j}(\overrightarrow{r_2}) \right\rangle \right] \right| \varphi_{n_i}(\overrightarrow{r_1}) \right\rangle$$

$$- \sum_{\substack{i \neq k \\ i=1}}^{N} \left\langle \varphi_{n_i}(\overrightarrow{r_1}) \left| \left[\sum_{j=1}^{N} \left\langle \varphi_{n_j}(\overrightarrow{r_2}) \left| \frac{e^2}{r_{12}} \right| \varphi_{n_i}(\overrightarrow{r_2}) \right\rangle \frac{|\varphi_{n_j}(\overrightarrow{r_1})\rangle}{|\varphi_{n_i}(\overrightarrow{r_1})\rangle} \right] \right| \varphi_{n_i}(\overrightarrow{r_1}) \right\rangle \ ,$$

$$（7.179）$$

其中 $|\varphi_{n_k}(\overrightarrow{r})\rangle$ 表示缺少第 k 個 Bloch 態的波函數。

$$E_N = \left\langle \psi(\overrightarrow{r}) \left| \hat{H}_{Hartree-Fock} \right| \psi(\overrightarrow{r}) \right\rangle$$

$$= \sum_{i=1}^{N} \left\langle \varphi_{n_i}(\overrightarrow{r_1}) \left| \widehat{\mathscr{H}}_1 \right| \varphi_{n_i}(\overrightarrow{r_1}) \right\rangle$$

$$+ \sum_{i=1}^{N} \left\langle \varphi_{n_i}(\overrightarrow{r_1}) \left| \left[\sum_{j=1}^{N} \left\langle \varphi_{n_j}(\overrightarrow{r_2}) \left| \frac{e^2}{r_{12}} \right| \varphi_{n_j}(\overrightarrow{r_2}) \right\rangle \right] \right| \varphi_{n_i}(\overrightarrow{r_1}) \right\rangle$$

$$- \sum_{i=1}^{N} \left\langle \varphi_{n_i}(\overrightarrow{r_1}) \left| \left[\sum_{j=1}^{N} \left\langle \varphi_{n_j}(\overrightarrow{r_2}) \left| \frac{e^2}{r_1^2} \right| \varphi_{n_i}(\overrightarrow{r_2}) \right\rangle \frac{|\varphi_{n_j}(\overrightarrow{r_1})\rangle}{\varphi_{n_i}(\overrightarrow{r_1})} \right] \right| \varphi_{n_i}(\overrightarrow{r_1}) \right\rangle \ ,$$

$$（7.180）$$

則
$$\Delta E = E_{N-1} - E_N$$

$$= \left\langle \psi_{n_k}(\vec{r}) \middle| \hat{H}_{Hartree-Fock} \middle| \psi_{n_k}(\vec{r}) \right\rangle - \left\langle \psi(\vec{r}) \middle| \hat{H}_{Hartree-Fock} \middle| \psi(\vec{r}) \right\rangle$$

$$= -\left\langle \varphi_{n_k}(\vec{r_1}) \middle| \widehat{\mathscr{H}_1} \middle| \varphi_{n_k}(\vec{r_1}) \right\rangle - \left\langle \varphi_{n_k}(\vec{r_1}) \middle| \left[\sum_{j=1}^{N} \left\langle \varphi_{n_j}(\vec{r_2}) \middle| \frac{e^2}{r_{12}} \middle| \varphi_{n_j}(\vec{r_2}) \right\rangle \right] \right.$$

$$\left. \middle| \varphi_{n_k}(\vec{r_1}) \right\rangle + \left\langle \varphi_{n_k}(\vec{r_1}) \middle| \left[\sum_{j=1}^{N} \left\langle \varphi_{n_j}(\vec{r_2}) \middle| \frac{e^2}{r_{12}} \middle| \varphi_{n_i}(\vec{r_2}) \right\rangle \frac{|\varphi_{n_j}(\vec{r_1})\rangle|}{|\varphi_{n_i}(\vec{r_1})\rangle|} \right] \middle| \varphi_{n_k}(\vec{r_1}) \right\rangle$$

$$= -\left\langle \varphi_{n_k}(\vec{r_1}) \middle| \hat{H}_{Hartree-Fock} \middle| \varphi_{n_k}(\vec{r_1}) \right\rangle$$

$$= -E_{n_k} \, , \tag{7.181}$$

或
$$\Delta E_{N, N-1} = E_{n_k} \text{。得証。} \tag{7.182}$$

　　這二個結果顯示：系統增加或減少一個電子所需的能量恰等於單一個電子的能量（One-electron energy）。

7.5　Virial 理論

　　Virial 理論是量子力學的基本定理之一，又稱為均功定理，被視為晶體鍵結的來源，其用途在於：

[1]　只要知道一個系統的總能量，就可以把動能和位能分開。

[2]　在平衡狀態下，只要知道動能和位能的其中一個的平均值，就可以求出另一個，且不需要做複雜的積分計算。

[3]　若想驗證所求出的波函數是否正確，或是否夠精確可以看看其所對應的能量關係是否滿足 Virial 理論。

　　在證明 Virial 理論之前有二個重要的定理：Euler 理論（Euler's theorem）和 Hyper-Virial 理論（Hyper-Virial theorem）要先介紹如下。

7.5.1 Euler 理論的證明

若 $F(x_1, x_2, \cdots, x_N)$ 為 N 次齊次函數（Homogeneous function），

則 $$\sum_{i=1}^{N} x_i \frac{\partial F}{\partial x_i} = NF \text{。} \tag{7.183}$$

證明如下。

因為 F 為 n 次齊次函數，

即 $$F(tx_1, tx_2, \cdots, tx_N) = t^N F(x_1, x_2, \cdots, x_N) \text{，} \tag{7.184}$$

其中 t 為任意參數，

等式二邊對 t 微分，

即
$$\frac{d}{dt} F(tx_1, tx_2, \cdots, tx_N)$$
$$= \frac{\partial F}{\partial(tx_1)} \frac{\partial(tx_1)}{\partial t} + \frac{\partial F}{\partial(tx_2)} \frac{\partial(tx_2)}{\partial t} + \cdots + \frac{\partial F}{\partial(tx_N)} \frac{\partial(tx_N)}{\partial t}$$
$$= x_1 \frac{\partial F}{\partial(tx_1)} + x_2 \frac{\partial F}{\partial(tx_2)} + \cdots + x_N \frac{\partial F}{\partial(tx_N)}$$
$$= \sum_{i=1}^{N} \left(x_i \frac{\partial F}{\partial(tx_N)} \right) \text{，} \tag{7.185}$$

且 $$\frac{d}{dt} (t^N F) = N t^{N-1} F \text{，} \tag{7.186}$$

則當 $t=1$ 時，$\sum\limits_{i=1}^{N} x_i \dfrac{\partial F}{\partial x_i} = NF$。得証。 （7.187）

7.5.2 Hyper-Virial 理論的證明

若 $|\psi\rangle$ 是 Hermitian 運算子 $\hat{H}$ 的一個歸一化本徵向量，且其本徵值為 E，則對任何運算子 $\hat{A}$ 存在有

$$\langle \psi | [\hat{H}, \hat{A}] | \psi \rangle = 0 \text{。}$$ （7.188）

所以 Hyper-Virial 理論就是在計算交換子（Commutator）的平均值。證明如下。

因為 $|\psi\rangle$ 是 Hermitian 運算子 $\hat{H}$ 的本徵向量，且其本徵值為 E，

即 $\qquad \hat{H}|\psi\rangle = E|\psi\rangle$ ， （7.189）

且 $\qquad \langle \psi | \hat{H} \rangle = E \langle \psi |$ ， （7.190）

其中 $\hat{H}$ 是和時間無關的。

若 $\hat{A}$ 為另一個和時間無關的線性運算子（Time-independent linear operator），

則 $\qquad \langle \psi | [\hat{H}, \hat{A}] | \psi \rangle = \langle \psi | (\hat{H}\hat{A} - \hat{A}\hat{H}) | \psi \rangle$

$\qquad\qquad\qquad\qquad = E \langle \psi | \hat{A} | \psi \rangle - E \langle \psi | \hat{A} | \psi \rangle$

$\qquad\qquad\qquad\qquad = 0 \text{。得証。}$ （7.191）

7.5.3 Virial 理論的證明

介紹了 Euler 理論和 Hyper-Virial 理論之後，我們可以藉由這二個定理證明 Virial 理論。關於 Virial 理論的證明有許多方法，我們甚至會發現 Virial 理論是 Euler 理論的一個特例。

假設有一個含有 S 個粒子的系統，而這 S 個粒子的直角座標為 x_1、x_2、x_3、$\cdots$、x_{3s}，

則若　　　$\hat{A} = \sum\limits_{i=1}^{3s} \hat{x}_i \hat{p}_i = -t\hbar \sum\limits_{i=1}^{3s} x_i \dfrac{\partial}{\partial x_i}$，　　　　（7.192）

又　　　$[\hat{A}, \hat{B}\hat{C}] = [\hat{A}, \hat{B}]\hat{C} + \hat{A}[\hat{B}, \hat{C}]$，　　　　（7.193）

所以　　　$[\hat{H}, \hat{A}] = \sum\limits_{i=1}^{3s} [\hat{H}, \hat{x}_i \hat{p}_i]$

$\qquad\qquad = \sum\limits_{i=1}^{3s} [\hat{H}, \hat{x}_i]\hat{p}_i + \sum\limits_{i=1}^{3s} \hat{x}_i [\hat{H}, \hat{p}_i]$，　　　　（7.194）

而　　　$[\hat{H}, \hat{x}_i] = \dfrac{-1}{m_i}\hat{p}_i$ 且 $[\hat{H}, \hat{p}_i] = \dfrac{\partial V}{\partial x_i}$。　　　　（7.195）

代入得　　　$[\hat{H}, \hat{A}] = \sum\limits_{i=1}^{3s} \dfrac{-1}{m_i}\hat{p}_i^2 + \sum\limits_{i=1}^{3s} \hat{x}_i \dfrac{\partial V}{\partial x_i}$

$\qquad\qquad = -2\hat{T} + \sum\limits_{i=1}^{3s} \hat{x}_i \dfrac{\partial V}{\partial x_i}$，　　　　（7.196）

其中 $\hat{T}$ 為動能的運算子。

所以　　　$\left\langle \psi \left|[\hat{H}, \hat{A}]\right| \psi \right\rangle = -2\left\langle \psi \left|\hat{T}\right| \psi \right\rangle + \left\langle \psi \left| \sum\limits_{i=1}^{3s} x_i \dfrac{\partial v}{\partial x_i} \right| \psi \right\rangle = 0$，　　（7.197）

即　　　$2\left\langle \psi \left|\hat{T}\right| \psi \right\rangle = \left\langle \psi \left| \sum\limits_{i=1}^{3s} x_i \dfrac{\partial v}{\partial x_i} \right| \psi \right\rangle$。　　　　（7.198）

這個結果就是 Virial 理論。

若系統的位能 V 是直角座標 $\{x_i\}$ 的 n 次齊次函數，則由 Euler 理論可得

$$\sum_i x_i \frac{\partial V}{\partial x_i} = nV ,$$　　　　　　　　　　（7.199）

代入 Virial 理論，

則　　　　　$2\langle\psi|\hat{T}|\psi\rangle = \langle\psi|\sum_i x_i \frac{\partial V}{\partial x_i}|\psi\rangle = n\langle\psi|V|\psi\rangle 。$　　（7.200）

可看出 Virial 理論是 Euler 理論的特例。

然而因爲　　$\langle\psi|\hat{T}|\psi\rangle + \langle\psi|\hat{T}|\psi\rangle = E ,$　　　　　　　（7.201）

所以　　　　$\langle\psi|\hat{T}|\psi\rangle + \frac{2}{n}\langle\psi|\hat{T}|\psi\rangle = E ,$　　　　　　（7.202）

則　　　　　$\langle\psi|\hat{T}|\psi\rangle = \frac{n}{n+2}E ;$　　　　　　　　（7.203）

且　　　　　$\langle\psi|\hat{V}|\psi\rangle = \frac{n}{n+2}E 。$　　　　　　　　（7.204）

7.5.4 Virial 理論的應用

只要知道系統位能函數的座標次冪關係，就可以 Virial 理論分別求出系統的平均動能 $\langle T \rangle$ 與總能量 E 以及平均位能 $\langle V \rangle$ 與總能量 E 的關係。以下我們找了兩個簡單的位能形式說明 Virial 理論的應用。

7.5.4.1 一維簡諧振盪

因為簡諧振盪的位能形式為 $V(x) = \frac{1}{2}kx^2$ 是座標的 2 次方，即 $n = 2$，而且我們由求解 Schrödinger 方程式已知簡諧振盪的總能量 E 為 $E = \left(n + \frac{1}{2}\right)\hbar\omega$，則由 Virial 理論可得簡諧振盪的平均動能與總能量的關係為

$$\langle T \rangle = \langle \psi | \hat{T} | \psi \rangle = \frac{2}{2+2}E = \frac{1}{2}E \; ; \tag{7.205}$$

且簡諧振盪的平均位能與總能量 E 的關係為

$$\langle V \rangle = \langle \psi | V | \psi \rangle = \frac{2}{2+2}E = \frac{1}{2}E \; 。 \tag{7.206}$$

7.5.4.2 氫原子

因為氫原子的 Coulomb 位能形式為 $V(r) = \frac{kq}{r}$ 是座標的 -1 次方，即 $n = -1$，若 E 為氫原子的總能量則由 Virial 理論可得氫原子的平均動能 $\langle T \rangle$ 與總能量 E 的關係為

$$\langle T \rangle = \frac{-1}{-1+2}E = -E \; ; \tag{7.207}$$

且氫原子的平均位能 $\langle V \rangle$ 與總能量 E 的關係為

$$\langle V \rangle = \frac{2}{-1+2}E = 2E \; 。 \tag{7.208}$$

7.6 習題

7-1 如果未受擾動的狀態是簡併的，也就是二個以上的狀態具有相同的能量，則一般的微擾理論就不再適用了。現在有一個二重簡併的狀態，即 $\hat{H}^{(0)}\psi_1^{(0)}=E_d^{(0)}\psi_1^{(0)}$；$\hat{H}^{(0)}\psi_2^{(0)}=E_d^{(0)}\psi_2^{(0)}$，且 $\left\langle\psi_1^{(0)}\middle|\psi_2^{(0)}\right\rangle=0$。若 $\Phi^{(0)}=c_1\psi_1^{(0)}+c_2\psi_2^{(0)}$，則 $\hat{H}^{(0)}\Phi^{(0)}=E_d^{(0)}\Phi^{(0)}$。因為這是一個二重簡併狀態，所以我們可以對 $\psi_1^{(0)}$ 和 $\psi_2^{(0)}$ 做不同的線性組合，找出二個「好的」「正確的」零階波函數 $\Phi_+^{(0)}$ 和 $\Phi_-^{(0)}$，即 $\Phi_+^{(0)}=c_1^+\psi_1^{(0)}+c_2^+\psi_2^{(0)}$；$\Phi_-^{(0)}=c_1^-\psi_1^{(0)}+c_2^-\psi_2^{(0)}$，或兩式合起來表示為 $\Phi_\pm^{(0)}=c_1^\pm\psi_1^{(0)}+c_2^\pm\psi_2^{(0)}$。

由課文內容可知 $\dfrac{c_2^+}{c_1^+}=\dfrac{E_{n+}^{(1)}-H_{11}^{(1)}}{H_{12}^{(1)}}$，且 $\dfrac{c_2^-}{c_1^-}=\dfrac{E_{n-}^{(1)}-H_{11}^{(1)}}{H_{12}^{(1)}}$，

其中 $E_{n+}^{(1)}=\dfrac{H_{11}^{(1)}+H_{22}^{(1)}}{2}+\dfrac{1}{2}\sqrt{\left(H_{11}^{(1)}-H_{22}^{(1)}\right)^2+4\left(H_{12}^{(1)}\right)^2}$；

$E_{n-}^{(1)}=\dfrac{H_{11}^{(1)}+H_{22}^{(1)}}{2}-\dfrac{1}{2}\sqrt{\left(H_{11}^{(1)}-H_{22}^{(1)}\right)^2+4\left(H_{12}^{(1)}\right)^2}$，

則試證

[1] $\left\langle\Phi_+^{(0)}\middle|\Phi_-^{(0)}\right\rangle=0$。

[2] $\left\langle\Phi_+^{(0)}\middle|\hat{H}^{(1)}\middle|\Phi_-^{(0)}\right\rangle=0$。

[3] $\left\langle\Phi_+^{(0)}\middle|\hat{H}^{(1)}\middle|\Phi_+^{(0)}\right\rangle=E_{n+}^{(0)}$；$\left\langle\Phi_-^{(0)}\middle|\hat{H}^{(1)}\middle|\Phi_-^{(0)}\right\rangle=E_{n-}^{(0)}$。

7-2 物理科學中，有非常多的干擾的形式是呈弦波時間相依的（Sinusoidal time dependence）的，即 $H'(\vec{r},t)=V(\vec{r})\cos(\omega t)$。通常是這兩種情況：[a]系統放在一個隨時間變化的位能中，例如一個原子被一束雷射光照射。[b]吸收或放射出一個粒子。

假設系統在兩個狀態之間做躍遷，則試以時間相關的微擾理論求出躍遷機率（Transition probability）。

7-3 一個簡諧振子的質量為 m 彈力常數原來為 k，如果現在並聯加上第二個彈簧，其彈力常數為 b，如圖所示。

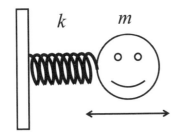 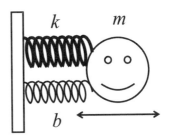

則

[1] 原來的基態能量為何？

[2] 用微擾論求出加入第二個彈簧之後的能量？

[3] 和古典物理的結果做比較。

7-4 有一個很簡單的簡併系統，就是一個質量為 m 的電子自由的在一維的空間長度 L 上運動，如圖所示。

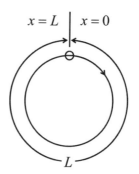

則我們知道穩態的波函數為 $\psi_n(x) = \dfrac{1}{\sqrt{L}} e^{i\frac{2\pi x}{L}n}$，其中 $\dfrac{-L}{2} < x < \dfrac{L}{2}$；

$n = \cdots, -2, -1, 0, 1, 2, \cdots$，且 $\psi_n(0) = \psi_n(L)$，而穩態的能量 E_n 為

$E_n = \dfrac{2}{m}\left(\dfrac{n\pi\hbar}{L}\right)^2$。所以除了基態（$n=0$）之外，所有的能量都是

二重簡併的。

如果我們引入一個陷阱微擾 $\widehat{H}^{(1)}(x)$ 為 $\widehat{H}^{(1)} = -V_0 e^{-\frac{x^2}{a^2}}$，其中 $a \ll L$，

如圖所示。

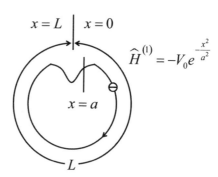

則

[1]　試由 $\phi_{n^+}^{(0)} = \dfrac{1}{\sqrt{L}} e^{i\frac{2\pi x}{L}n}$ 和 $\phi_{n^-}^{(0)} = \dfrac{1}{\sqrt{L}} e^{-i\frac{2\pi x}{L}n}$，求出一階能量修

　　正 $E_{n^+}^{(1)}$ 和 $E_{n^-}^{(1)}$。

[2]　試由 $\phi_{n^+}^{(0)}$ 和 $\phi_{n^-}^{(0)}$ 找出好的零階波函數 $\phi_{n^+}^{(0)}$ 和 $\phi_{n^-}^{(0)}$，再由 $\phi_{n^+}^{(0)}$ 和 $\phi_{n^-}^{(0)}$ 分別求出一階能量修正 $E_{n^+}^{(1)}$ 和 $E_{n^-}^{(1)}$。

7-5　氫原子是一個典型的束縛電子和 Coulomb 位能的系統，其平均位能 $\langle V \rangle_{nlm}$ 和平均動能 $\langle T \rangle_{nlm}$ 分別為 $\langle V \rangle_{nlm} = \left\langle -\dfrac{Ze^2}{r} \right\rangle_{nlm}$

$= \left\langle \psi_{nlm} \left| -\dfrac{Ze^2}{r} \right| \psi_{nlm} \right\rangle$; $\langle T \rangle_{nlm} = \left\langle \dfrac{p^2}{2m} \right\rangle_{nlm} = \left\langle \psi_{nlm} \left| \dfrac{p^2}{2m} \right| \psi_{nlm} \right\rangle$ 。

若基態波函數為 $\psi_{100} = \sqrt{\dfrac{Z^3}{\pi a_0^3}}\, e^{-\frac{Zr}{a_0}}$，則

[1]　試求平均位能 $\langle V \rangle_{100}$ 和平均動能 $\langle T \rangle_{100}$ 。

[2]　試驗證平均位能 $\langle V \rangle_{100}$ 和平均動能 $\langle T \rangle_{100}$ 滿足 Virial 理論。

7-6　[1]　試以一階微擾理論，估計一個具有位能 $V(x) = \begin{cases} V_0 & 0 \le x \le L \\ \infty & x<0 \ and \ x>L \end{cases}$ 的基態和第一激發態波函數的能量。

[2]　試以一階微擾理論，估計一個具有位能

$$V(x) = \begin{cases} V_0 & 0 \le x \le \dfrac{L}{2} \\ 0 & \dfrac{L}{2} \le x \le L \\ \infty & x<0 \ and \ x>L \end{cases}$$ 的基態和第一激發態波函數的能量。

[3]　試以一階微擾理論，估計一個具有位能

$$V(x) = \begin{cases} V_0 \cos\left(\dfrac{\pi x}{2a}\right) & |x| \le a \\ \infty & |x| > a \end{cases}$$ 的基態能量。

7-7 如果一個有引力的 Dirac 函數位能（Dirac delta function potential），試說明，束縛態的未擾動能量加上經過微擾計算的一階修正和二階修正，可以得到準確的能量。

7-8 [1] 試將微擾法應用於求解方程式 $x^2 + 2\varepsilon x - 3 = 0$。因為我們知道在這種情況下如何得到精確解，所以可以將近似解與精確解作比較。

[2] 我們可以將微擾法應用於微分方程式。

假設一個質量為 m 的粒子，初速為 v_0，在一個有阻力的介質中沿直線運動。若粒子的速度 $v = v(t)$ 為時間的函數，阻力的作用力為 $-av + bv^2$，其中 a 和 b 為正數且 $b \ll a$，即 b 比 a 小得多。則根據 Newton 第二定律，粒子的受力狀態為 $m\dfrac{dv}{dt} = -av + bv^2$，且 $v(0) = v_0$。試以微擾法求解運動方程式。

7-9 外加的擾動會改變半導體能帶結構。基本上，外加電場會使能帶傾斜。對於外加電場的效應，常見的就是：量子侷限 Stark 效應（Quantum confined Stark effect）和 Franz-Keldysh 效應（Franz-Keldysh effect）。

如果電子在一個傾斜的位能阱中運動的情況，該位能阱在均勻電場作用于系統時產生。如果電場 $\mathscr{E}$ 的作用，對 Hamiltonian 產生

的微擾是 $V=e\mathscr{E}x$，則試以微擾理論討論電子基態能量如何被外加電場 $\mathscr{E}$ 的作用所改變。

7-10 使用微擾理論來估計諧振子模型 Hamiltonian 的基態波函數的一階修正能量。

[1]　$\hat{H} = \dfrac{-\hbar^2}{2m}\dfrac{d^2}{dx^2} + \dfrac{1}{2}kx^2 + \varepsilon x^3$。

[2]　$\hat{H} = \dfrac{-\hbar^2}{2m}\dfrac{d^2}{dx^2} + \dfrac{1}{2}kx^2 + \gamma x^4$。

第八章

統計力學基本概念

　　自然科學或甚至於社會人文科學本來就是處理大量粒子的學問，因爲我們無法一個一個的觀測粒子的行爲性質，所以也就避免不了要運用統計力學來了解個別粒子的行爲和整體系統表現之間的關係。這個關係是雙向的，也就是因爲由每個單一粒子的微觀行爲，我們可以觀察到物質系統的巨觀特性；反之，我們也可以因爲觀察到物質系統的巨觀特性，而得知單一粒子的微觀行爲。

　　在科學上，我們所關心的是所謂「等同粒子」（Identical particles），意即相同的粒子，而等同粒子可以分成兩大類：可分辨的（Distinguishable）粒子和不可分辨的（Indistinguishable）粒子。因爲古典力學中，可清楚的分辨粒子；但是量子力學中，因測不準原理，所以無法確定的分辨粒子，所以其實可分辨的粒子就是古典粒子（Classical particles）；不可分辨的粒子就是量子粒子（Quanta）。古典統計學（Classical statistics）就是用來描述古典粒子的系統；量子統計學（Quantum statistics）則用來描述量子粒子的系統。

　　量子粒子又可以依其是否遵守 Pauli 不相容原理（Pauli exclusive principle），再分爲 Fermion 和 Boson，Fermion 是遵守 Pauli 不相容原理的，具有半整數的自旋；Boson 是不遵守 Pauli 不相容原理的，具有整數的自旋。

　　因爲古典粒子、Fermion、Boson 的性質不同，所以三種不同的粒子，也就有三種不同的能量分布函數，我們可以在系統的能量和粒子數守恆，且處於最大亂度的要求下求得：[1] 規範古典粒子的 Maxwell-Boltzmann 分布函數（Maxwell-Boltzmann distribution function）$f_{Maxwell-Bolltzmann}$ (E) 或 f_{MB} (E) 爲 f_{MB} $(E) = e^{\frac{E-\mu}{k_B T}}$；[2] 規範 Fermion 的 Fermi-Dirac 分布函數（Fermi-Dirac distribution function）$f_{Fermis-Dirac}$ (E) 或 f_{FD} (E) 爲 f_{FD} $(E) = \dfrac{1}{e^{\frac{E-\mu}{k_B T}} + 1}$；[3] 規範

Boson 的 Bose-Einstein 分布函數（Bose-Einstein distribution function）

$f_{Bose-Einstein}$ (E) 或 f_{BE} (E) 為 f_{BE} (E) $= \dfrac{1}{e^{\frac{E-\mu}{k_B T}} - 1}$ ，其中 E 為粒子的能量；μ 為化

學能量（Chemical energy）；k_B 為 Boltzmann 常數（Boltzmann constant）；

T 為溫度。

　　在推導這三個分布函數的過程中，我們採用的方法是統計力學常用的 Lagrange 乘子法（Lagrange multiplier method）。為了描述大量粒子的傳輸行為與運動狀態，所以引進了相空間（Phase space）的概念，這也是以下我們首先要介紹的。

　　最後我們簡單的介紹古典統計的平均能量、自由 Fermion 氣（Free Fermion gas）系統、Bose-Einstein 凝結（Bose-Einstein condensation）。

8.1　相空間

8.1.1 相空間的基本概念

　　如果要完整的描述一個含有 N 個粒子的系統在任何時間的三度空間中的狀態，則必須要確定 3N 個位置（Coordinates）和 3N 個動量（Momentum）。這個位置和動量的 6N 度空間就被稱為相空間或Γ空間（Γ－space）。

　　隨著時間的演進，相點（Phase point）Γ(t)在相空間所畫出來的路徑就是系統的軌跡（Trajectory）。因為相點的運動方程式是含有 6N 個一階微

分方程式的方程組，所以有 $6N$ 個積分常數，而積分常數可以是 $6N$ 個初始條件（Initial conditions）$\Gamma(0)$，一但確定了這 $6N$ 個積分常數，代入運動方程式之後，$\Gamma(t)$ 的軌跡也就完全被確定了。

對於系統隨著時間演進的變化，還可以有另外一種描述的方法，即 $\Gamma(t)$ 或 $\Gamma' = (\Gamma, t)$ 空間（$\Gamma' - \text{space}$），當 $6N$ 個初始條件確定了之後，系統的軌跡在 Γ' 空間中也就唯一被確定了，所以如果 Γ' 空間中的二個相點的初始條件是不同的，則在 Γ' 空間中的軌跡也不會相交。

我們可以用一個最簡單的力學系統—諧振子（Harmonic oscillator），來說明 Γ 空間和 Γ' 空間的意義。

諧振子的 Hamiltonian 為

$$H = \frac{1}{2}kx^2 + \frac{p^2}{2m} \, , \tag{8.1}$$

其中 m 為諧振子的質量；k 為彈力常數，
所以運動方程式為

$$\dot{x} = \frac{\partial H}{\partial p} = \frac{p}{m} \, ; \tag{8.2}$$

$$\dot{p} = -\frac{\partial H}{\partial p} = -kx \, , \tag{8.3}$$

而且其能量或 Hamiltonian 是一個常數。

這一個系統的 Γ 空間是 2×1 維的，即 (x, p)，且在 Γ 空間的軌跡為

$$(x(t), p(t)) = \left(x_0\cos(\omega t) + \frac{p_0}{m\omega}\sin(\omega t), \, p_0\cos(\omega t) - m\omega x_0\sin(\omega t) \right), \tag{8.4}$$

其中 x_0 和 p_0 為二個積分常數，在這個情況下也是初始條件；而角頻率 ω、彈力常數 k 和質量 m 的關係為

$$\omega^2 = \frac{k}{m} \circ \tag{8.5}$$

所以諧振子在 Γ 空間的等能線也就是一個橢圓，

即 $$m^2\omega^2 x^2(t) + p^2(t) = m^2\omega^2 x_0^2 + p_0^2 , \tag{8.6}$$

這個橢圓在 x 軸的截矩為 $\pm\sqrt{x_0^2 + \dfrac{p_0^2}{m^2\omega^2}}$；在 p 軸的截矩為 $\pm\sqrt{p_0^2 + m^2\omega^2 x_0^2}$，且運動週期為 $T = \dfrac{2\pi}{\omega} = 2\pi\sqrt{\dfrac{m}{k}}$，如圖 8.1 所示。

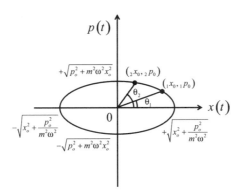

圖 8.1・在 Γ 空間諧振子的等能橢圓

任何具有相同能量的諧振子在 Γ 空間中的軌跡一定是依循著相同的橢圓，如果起始值 (x_0, p_0) 不同，則即使初始相角（Initial phase angle）不同，但是能量關係仍具有相同的橢圓，且經過時間 T 之後，都會再回到各自的 (x_0, p_0)。

若以 Γ' 空間來討論這個諧振子，則其軌跡為橢圓形的螺旋線（Elliptical coil），而等能面為橢圓柱（Elliptical cylinder），所以如果有兩個具有相同能量的不同的諧振子，它們的初始值不同，即初始相角不同，所代表的意義是在時間零的橢圓上之起始點不同，則在 Γ' 空間上，二者的軌跡是二個不相交的橢圓螺旋線，反之，如果在某個時刻，二個軌跡相交了，則二者的初始值一定相同，如圖 2-2 所示。

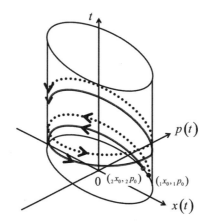

圖 8.2‧在 Γ' 空間諧振子的等能橢圓柱

8.1.2 相空間的基本意義

無論是古典粒子或是量子粒子，即 Bosons 和 Fermions，的能量配分函數（Partition function）都可以用能量密度（Density of states）來表示。

由在動量空間的能量密度為 $g(k)\,dk = \dfrac{V}{8\pi^3}\,4\pi k^2 dk$，且 $p = \hbar k$，其中 V 為體積

則
$$g(p)dp = \frac{V}{8\pi^3} 4\pi \frac{p^2}{\hbar^2} \frac{dp}{\hbar}$$

$$= \frac{V}{8\pi^3} \frac{1}{\hbar^3} dp_x dp_y dp_z , \tag{8.7}$$

所以可得配分函數為

$$Z = \int_{-\infty}^{\infty} f(p)g(p)dp$$

$$= \frac{v}{8\pi^3} \frac{1}{\hbar^3} \int_{-\infty}^{\infty}\int_{-\infty}^{\infty}\int_{-\infty}^{\infty} f(p)dp_x dp_y dp_z$$

$$= \frac{1}{8\pi^3\hbar^3} \int_{-\infty}^{\infty}\int_{-\infty}^{\infty}\int_{-\infty}^{\infty}\int_{-\infty}^{\infty}\int_{-\infty}^{\infty}\int_{-\infty}^{\infty} f(p)dp_x dp_y dp_z dxdydz ,$$

或
$$= \frac{1}{\hbar^3} \int_{-\infty}^{\infty}\int_{-\infty}^{\infty}\int_{-\infty}^{\infty}\int_{-\infty}^{\infty}\int_{-\infty}^{\infty}\int_{-\infty}^{\infty} f(E)dp_x dp_y dp_z dxdydz , \tag{8.8}$$

其中 $f(p)$ 和 $f(E)$ 為分布函數（Distribution function）。

這個結果顯示了兩個重要的基本特性：

[1]　我們可以藉由在六度空間的積分，即相空間，其六個軸為 p_x、p_y、p_z、x、y、z，來描述粒子的狀態。粒子在相空間的等能面（Constant energy）就被稱為遍歷面（Ergodic surface）。

[2]　一般而言，固態物質的特性都是粒子或準粒子在相空間行為的表現，所以在量測分析過程中，所有處理的數據，也就是大量數值的統計結果。然而由以上的（8.8）結果，我們可以知道「在一瞬間取得大量的數據」同義於「一次只取得單一個數據，但是經過長時間累積所取得的大量數據」。

8.2　Lagrange 乘子

　　一般說來，一個系統即使在某幾個約束的限制（Constraint）下，仍然會有比較大的機率是處於最低的能量狀態，如果這個系統僅含有少數幾個粒子，也許可以使用一些簡單的代數技巧，就可以求出最低能量的狀態；但是當一個系統含有大量的粒子，則因無法對系統中每一個粒子做計算，所以要依賴統計力學來處理，而對於求出最低能量狀態的方法，最常用的就是 Lagrange 乘子的方法（Method of Lagrange multipliers）。基本上，Lagrange 乘子的方法是一種求局部極值的方法。

　　若 $f(x,y,z)$ 是一個具有 x、y、z 三個變數的函數，如果我們想在 $g(x,y,z)=0$ 的限制條件下，找出 $f(x, y, z)$ 的極值，這個極值的幾何意義就是在 $g(x, y, z)=0$ 的表面上的某個滿足 $\nabla f(x_0, y_0, z_0)=\lambda \nabla g(x_0, y_0, z_0)$ 的點 (x_0, y_0, z_0)，其中 λ 是一個純量，被稱為 Lagrange 乘子（Lagrange multiplier）。以下簡述兩個有關 Lagrange 乘子的理論。

理論一：一個限制（One constraint）的 Lagrange 乘子

　　令函數 $f(x,y,z)$ 和 $g(x,y,z)$ 的一次偏微分都是連續的，若在 $g(x,y,z)=0$ 的限制下，$f(x,y,z)$ 的極大或極小發生在 p 點，而向量 $\nabla g(p) \neq 0$，

則　　　　　　　$\nabla f(p)=\lambda \nabla g(p)$，　　　　　　　　　　　　　　（8.9）

其中 λ 是一個常數，被稱為 Lagrange 乘子。

理論二：二個限制（Two constraints）的 Lagrange 乘子

　　令函數 $f(x,y,z)$、$g(x,y,z)$ 和 $h(x,y,z)$ 的一次偏微分都是連續的，若在 $g(x,y,z)=0$ 且 $h(x,y,z)=0$ 的二個限制下，$f(x,y,z)$ 的極大或極小發生在

(x_0, y_0, z_0)點，而向量 $\nabla g\,(x_0, y_0, z_0)$和 $\nabla h\,(x_0, y_0, z_0)$都不爲零且互相不平行，

即　　　　　　$\nabla g\,(x_0, y_0, z_0) \neq 0$，$\nabla h\,(x_0, y_0, z_0) \neq 0$；　　　　　（8.10）

且　　　　　　$\nabla g\,(x_0, y_0, z_0) \nparallel \nabla h\,(x_0, y_0, z_0)$，　　　　　　　（8.11）

則　　　　　　$\nabla f(x_0, y_0, z_0) = \lambda_1 \nabla g\,(x_0, y_0, z_0) + \lambda_2 \nabla g\,(x_0, y_0, z_0)$，　　（8.12）

其中 λ_1 和 λ_2 都是常數。

　　在證明這兩個理論之前，我們要先說明以下的理論：

　　假設函數 $f(x, y, z)$ 在界線曲線（Boundary curve），或稱爲微分曲線（Differential curve）、參數曲線（Parametric curve），$\mathscr{C}$：$\vec{r} = \hat{i}\,l\,(t) + \hat{j}\,m\,(t) + \hat{k}\,n\,(t)$，所包圍之範圍內的一次微分是連續的，如果在 $\mathscr{C}$ 上的點 p 之函數值 $f\,(p)$是相對於其他所有在 $\mathscr{C}$ 上之函數值的極大或極小，則在點 p 位置的向量 $\nabla f\,(p)$會垂直於曲線 $\mathscr{C}$。證明如下。

　　我們要證明在點 p 的位置上，向量 $\nabla f\,(p)$和曲線 $\mathscr{C}$的速度向量（Velocity vector）是互相正交的。

　　在曲線 $\mathscr{C}$ 上的函數值爲

$$f(x, y, z) = f(l\,(t), m\,(t), n\,(t))，\qquad (8.13)$$

則
$$\frac{df}{dt} = \frac{\partial f}{\partial x}\frac{dl(t)}{dt} + \frac{\partial f}{\partial y}\frac{dm(t)}{dt} + \frac{\partial f}{\partial z}\frac{dn(t)}{dt}$$

$$= \left(\hat{i}\,\frac{\partial f}{\partial x} + \hat{j}\,\frac{\partial f}{\partial y} + \hat{k}\,\frac{\partial f}{\partial z} \right) \cdot \left(\hat{i}\,\frac{dl(t)}{dt} + \hat{j}\,\frac{dm(t)}{dt} + \hat{k}\,\frac{dn(t)}{dt} \right)$$

$$= \nabla f \cdot \frac{d\vec{r}}{dt}$$

$$= \nabla f \cdot \vec{v}。\qquad (8.14)$$

對於任何在曲線 $\mathscr{C}$ 上的點 p，使 $f(x, y, z)$ 為局部極大（Local maximum）或局部極小（Local minimum），則必

$$\frac{df}{dt} = \nabla f = 0 \, , \tag{8.15}$$

所以　　　　　$\nabla f \cdot \vec{v} = 0 \, , \tag{8.16}$

即「向量 $\nabla f(p)$ 會垂直於曲線 $\mathscr{C}$」得証。

現再我們可以開始證明理論一了。

[理論一證明]：

實際上，$\nabla g\,(p) \neq 0$ 可以有另一種描述方式，由界線曲線為 $\mathscr{C}$：$\vec{r} = \hat{i}\,l(t) + \hat{j}\,m(t) + \hat{k}\,n(t)$，則在點 p 的非零的切線向量為 $\dfrac{d\vec{r}(t_0)}{dt}(\neq 0)$，其中 $t = t_0$ 使 $\vec{r}(t_0) = \overline{op}$，如圖 8.3 所示。

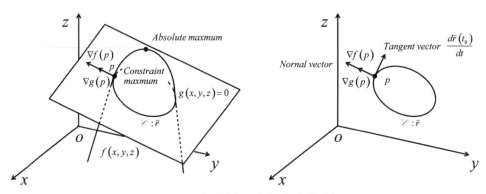

圖 8.3・在曲線 $\mathscr{C}$ 上的局部極值

如果在符合限制的情況下，函數 $f(x, y, z)$ 在點 p 會有極大值，即合成函數（Composite function）$f(l(t), m(t), n(t))$ 在相同的限制下，當 $t = t_0$ 時有極大值，

則　　　　$\dfrac{df}{dt} = \nabla f(\vec{r}\,(t_0)) \cdot \dfrac{d\vec{r}\,(t_0)}{dt} = \nabla f(p) \cdot \dfrac{d\vec{r}\,(t_0)}{dt} = 0 \,\text{。}$ 　　　　（8.17）

同理，$g\,(x, y, z)$在點p，即$t = t_0$，也有極大值，

則　　　　$\dfrac{dg}{dt} = \nabla g\,(\vec{r}\,(t_0)) \cdot \dfrac{d\vec{r}\,(t_0)}{dt} = \nabla g\,(p) \cdot \dfrac{d\vec{r}\,(t_0)}{dt} = 0 \,\text{。}$ 　　　　（8.18）

因為二個向量$\nabla f(p)$和$\nabla g(p)$都垂直於切線向量$\dfrac{d\vec{r}\,(t_0)}{dt}$，所以向量$\nabla f(p)$一定和向量$\nabla g\,(p)$成倍數關係，

即　　　　$\nabla f(p) = \lambda \nabla g\,(p)$， 　　　　（8.19）

其中λ為常數，得証。

同理可證二個限制條件的 Lagrange 乘子，如圖 8.4 所示，$\nabla f(p) = \lambda_1 \nabla g(p) + \lambda_2 \nabla h(p)$，進一步更可以推廣應用到多個限制條件的 Lagrange 乘子。

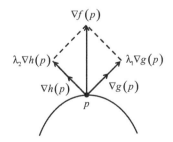

圖 8.4・二個限制條件的 Lagrange 乘子

8.3　基礎統計分布

很明顯的，當粒子數量很大時，因技術問題無法處理求解高次聯立運動方程式，所以我們無法分析每一個粒子的行為，只有引入統計的方法，求得整個系統的資訊。表 8-1 是最基本的三類全同粒子系統：Maxwell-Boltzmann 分布、Fermi-Dirac 分布、Bose-Einstein 分布 $f_{Maxwell-Boltzmann}$ (E) 或 f_{MB} (E)；$f_{Bose-Einstein}$ (E) 或 f_{BE} (E)；$f_{Fermi-Dirac}$ (E) 或 f_{FD} (E)。

表 8-1・三類全同粒子系統：Maxwell-Boltzmann 分布、Fermi-Dirac 分布、Bose-Einstein 分布

分布	Maxwell-Boltzmann	Fermi-Dirac	Bose-Einstein
範圍	古典力學	量子力學	量子力學
粒子特性	可分辨	不可分辨、遵守 Pauli 不相容原理、Fermion 具有半整數自旋	不可分辨、不遵守 Pauli 不相容原理、Boson 具整數自旋
本徵函數	沒有對稱的要求	反對稱	對稱
函數形式	f_{MB} $(E) = e^{\frac{-(E-\mu)}{k_B T}}$	f_{FD} $(E) = \dfrac{1}{e^{\frac{(E-\mu)}{k_B T}} + 1}$	f_{BE} $(E) = \dfrac{1}{e^{\frac{(E-\mu)}{k_B T}} - 1}$
例題	任何保持的氣體特質的溫度下的氣體、隔熱封閉系統的振動模式	Electron gas、Electronic specific heat、Contact potential、Thermionic emission	Photon gas、Cavity radiation、Phonon gas、Heat capacity、Liquid Helium

其中 E 為粒子的能量；μ 為化學能量（Chemical energy）；k_B 為 Boltzmann 常數（Boltzmann constant）；T 為溫度。

8.3.1 全同粒子

在古典力學中，因為假設粒子質量很大，諸如：氣體分子和一個簡諧振子，所以可以判別個別粒子的行為，但是在量子力學裡，全同粒子由於測不準原理而無法分辨，例如當二個自旋向上（Spin-up）的粒子碰撞之後，二個偵測器均收到自旋向上粒子的訊號，如圖 8.5 所示的兩種情況都有可能，但是到底是兩種情況的哪一種情況呢？

圖 8.5．二個自旋向上的粒子碰撞

因為古典粒子是全同但是可分辨的粒子，所以古典力學認為可以非常明確指出是兩種情況的哪一種情況，但是因為所謂「確定」的過程，就是「量測」，而實際上在「確定」的當時就已經破壞了粒子碰撞干射的過程，所以嚴格來說，古典物理的方法是不適用的。

因為量子是全同且不可分辨的粒子，所以量子力學認為在不破壞粒子碰撞干射的過程的要求下，也就是在測不準原理的規範下，我們無法確定的是兩種情況的哪一種情況。

　　為了描述系統的行為特性，建立系統的波函數是首要的工作。建立在古典力學上的波函數很簡單，因為系統中的粒子是全同且可分辨的粒子，所以系統的波函數就是把系統中所有粒子的波函數加起來，但是，如果系統的波函數是建立在量子力學上的，因為系統中的粒子是全同且不可分辨的粒子，所以要考慮系統的對稱性或反對稱性。全同且不可分辨的粒子波函數就是以下我們要介紹的重點。

　　假設有一系統包含二個全同粒子，且無交互作用，假設$\phi_\alpha(1)$表示粒子1處於α狀態；$\phi_\beta(2)$表示粒子2處於β狀態，因為系統的本徵函數ϕ_T滿足Schrödinger方程式，所以$\hat{H}\phi_T = E\phi_T$，其中E為系統的總能量，而測量得的物理量都是機率密度。現在要關心的是如何建構系統的本徵函數ϕ_T呢？

　　由於我們所建構的本徵函數ϕ_T已滿足 Schrödinger 方程式，又因為這兩個全同粒子是無法分辨的，所以當改變標記時，即 1→2，2→1，應該不會改變測得的物理量，最簡單的就是機率密度P_T，

$$P_T \triangleq \phi_T^* \phi_T \text{。} \tag{8.20}$$

　　因為系統中的粒子是全同且不可分辨的，所以如果$\phi_\alpha(1)$表示粒子1處於α狀態；$\phi_\beta(2)$表示粒子2處於β狀態；$\phi_\alpha(2)$表示粒子2處於α狀態；$\phi_\beta(1)$表示粒子1處於β狀態，則系統的本徵函數ϕ_T可以為

$$\phi_{\alpha\beta} \equiv \phi_\alpha(1)\phi_\beta(2) \text{；} \tag{8.21}$$

或　　　　　$$\phi_{\beta\alpha} \equiv \phi_\beta(1)\phi_\alpha(2) \text{，} \tag{8.22}$$

所以由（8.21）和（8.22）所得的機率密度 P_T 分別為

$$P_T = \phi_T^* \phi_T = \phi_{\alpha\beta}^* \phi_{\alpha\beta}$$

$$= [\phi_\alpha(1)\phi_\beta(2)]^* \phi_\alpha(1)\phi_\beta(2)$$

$$= \phi_\alpha^*(1)\phi_\beta^*(2)\phi_\alpha(1)\phi_\beta(2) \; ; \tag{8.23}$$

或　　　　$$P_T = \phi_T^* \phi_T = \phi_{\beta\alpha}^* \phi_{\beta\alpha}$$

$$= [\phi_\beta(1)\phi_\alpha(2)]^* \phi_\beta(1)\phi_\alpha(2)$$

$$= \phi_\beta^*(1)\phi_\alpha^*(2)\phi_\beta(1)\phi_\alpha(2) \; 。 \tag{8.24}$$

其中 $\phi_{\alpha\beta}^* \phi_{\alpha\beta}$ 和 $\phi_{\beta\alpha}^* \phi_{\beta\alpha}$ 是不相等的，即 $\phi_{\alpha\beta}^* \phi_{\alpha\beta} \neq \phi_{\beta\alpha}^* \phi_{\beta\alpha}$。然而，如前所述，因為這兩個全同粒子是無法分辨的，也就是當改變標記時，即 $1\to2$，$2\to1$，機率密度 P_T 應該要保持不變，但是

$$\phi_{\alpha\beta}^* \phi_{\alpha\beta} = \phi_\alpha^*(1)\phi_\beta^*(2)\phi_\alpha(1)\phi_\beta(2)$$

$$\underset{\substack{1\to2 \\ 2\to1}}{=} \phi_\beta^*(1)\phi_\alpha^*(2)\phi_\beta(1)\phi_\alpha(2)$$

$$= \phi_{\beta\alpha}^* \phi_{\beta\alpha} \; 。 \tag{8.25}$$

很明顯的產生了矛盾的結果，無論採用 $\phi_T = \phi_\alpha(1)\phi_\beta(2)$ 或 $\phi_T = \phi_\beta(1)\phi_\alpha(2)$ 建構本徵函數，都無法滿足「機率密度 P_T 保持不變」的要求。

為了解決這個問題，我們以下列二種方式建構本徵函數 ϕ_T：

[1]　對稱的本徵函數 $\phi_{Symmetric}$ 定義為

$$\phi_{Symmetric} \triangleq \frac{1}{\sqrt{2}} \left[\phi_\alpha(1)\phi_\beta(2) + \phi_\beta(1)\phi_\alpha(2) \right] = \frac{1}{\sqrt{2}} \left[\phi_{\alpha\beta} + \phi_{\beta\alpha} \right] ,$$

$$(8.26)$$

其中 $\frac{1}{\sqrt{2}}$ 表示歸一化常數。

且本徵函數 $\phi_{Symmetric}$ 滿足歸一化的條件

$$\langle \phi_{Symmetric} \mid \phi_{Symmetric} \rangle = 1 。$$

$$(8.27)$$

當標記互換,即 $1 \to 2$,$2 \to 1$,則 $\phi_{Symmetric} = \phi_{Symmetric}$。

[2] 非對稱的本徵函數 $\phi_{Symmetric}$ 定義為

$$\phi_{Antisymmetric} \triangleq \frac{1}{\sqrt{2}} \left[\phi_\alpha(1)\phi_\beta(2) - \phi_\beta(1)\phi_\alpha(2) \right] = \frac{1}{\sqrt{2}} \left[\phi_{\alpha\beta} - \phi_{\beta\alpha} \right] ,$$

$$(8.28)$$

其中 $\frac{1}{\sqrt{2}}$ 表示歸一化常數,

且非對稱的本徵函數 $\phi_{Antisymmetric}$ 滿足歸一化的條件

$$\langle \phi_{Antisymmetric} \mid \phi_{Antisymmetric} \rangle = 1 。$$

$$(8.29)$$

當標記互換,即 $1 \to 2$,$2 \to 1$,

則 $\phi_{Antisymmetric} = -\phi_{Antisymmetric}$。

$$(8.30)$$

現在我們可以機率密度 P_T 檢視對稱的本徵函數 $\phi_{Symmetric}$ 與非對稱的本徵函數 $\phi_{Antisymmetric}$ 是否適當。

對稱的本徵函數 $\phi_{Symmetric}$ 的機率密度 $P_{Symmetric}$ 為

$$
\begin{aligned}
P_{Symmetric} &= \phi^*_{Symmetric}\phi_{Symmetric} \\
&= \frac{1}{2}(\phi^*_{\alpha\beta}+\phi^*_{\beta\alpha})(\phi_{\alpha\beta}+\phi_{\beta\alpha}) \\
&= \frac{1}{2}(\phi^*_{\alpha\beta}\phi_{\alpha\beta}+\phi^*_{\alpha\beta}\phi_{\beta\alpha}+\phi^*_{\beta\alpha}\phi_{\alpha\beta}+\phi^*_{\beta\alpha}\phi_{\beta\alpha})\ ,
\end{aligned}
\tag{8.31}
$$

當標記互換時，即 $1\to2$，$2\to1$，

則
$$
\begin{aligned}
P'_{Symmetric} &= \frac{1}{2}(\phi^*_{\beta\alpha}\phi_{\beta\alpha}+\phi^*_{\beta\alpha}\phi_{\alpha\beta}+\phi^*_{\alpha\beta}\phi_{\beta\alpha}+\phi^*_{\alpha\beta}\phi_{\alpha\beta}) \\
&= \frac{1}{2}(\phi^*_{\alpha\beta}\phi_{\alpha\beta}+\phi^*_{\alpha\beta}\phi_{\beta\alpha}+\phi^*_{\beta\alpha}\phi_{\alpha\beta}+\phi^*_{\beta\alpha}\phi_{\beta\alpha})\ ,
\end{aligned}
\tag{8.32}
$$

則
$$
P_{Symmetric} = P'_{Symmetric}\ 。
\tag{8.33}
$$

所以這個對稱的本徵函數 $\phi_{Symmetric}$ 型式可以用來描述全同且不可分辨的粒子，具整數自旋（Integral spin），即 $\hbar$、$2\hbar$、$3\hbar$、...，稱為 Boson，例如：光子（Photon）和聲子（Phonon）、Pion。Boson 不遵守 Pauli 不相容原理，所以多個 Boson 可以同以佔有同一個量子狀態。

同理，非對稱的本徵函數 $\phi_{Antisymmetric}$ 的機率密度 $P_{Antisymmetric}$ 為

$$
\begin{aligned}
P_{Antisymmetric} &= \phi^*_{Antisymmetric}\phi_{Antisymmetric} \\
&= \frac{1}{2}(\phi^*_{\alpha\beta}-\phi^*_{\beta\alpha})(\phi_{\alpha\beta}-\phi_{\beta\alpha})
\end{aligned}
$$

$$= \frac{1}{2}\left(\phi_{\alpha\beta}^{*}\phi_{\alpha\beta} - \phi_{\alpha\beta}^{*}\phi_{\beta\alpha} - \phi_{\beta\alpha}^{*}\phi_{\alpha\beta} + \phi_{\beta\alpha}^{*}\phi_{\beta\alpha}\right), \quad (8.34)$$

當標記互換時，即 1→2，2→1，

則
$$P_{Antisymmetric}' = \frac{1}{2}\left(\phi_{\beta\alpha}^{*}\phi_{\beta\alpha} - \phi_{\beta\alpha}^{*}\phi_{\alpha\beta} - \phi_{\alpha\beta}^{*}\phi_{\beta\alpha} + \phi_{\alpha\beta}^{*}\phi_{\alpha\beta}\right)$$

$$= \frac{1}{2}\left(\phi_{\alpha\beta}^{*}\phi_{\alpha\beta} - \phi_{\alpha\beta}^{*}\phi_{\beta\alpha} - \phi_{\beta\alpha}^{*}\phi_{\alpha\beta} + \phi_{\beta\alpha}^{*}\phi_{\beta\alpha}\right), \quad (8.35)$$

則
$$P_{Antisymmetric} = P_{Antisymmetric}' \circ \quad (8.36)$$

所以這個非對稱的本徵函數 $\phi_{Antisymmetric}$ 型式可以用來描述全同且不可分辨的粒子，具半整數自旋（Half-odd-integral spin）即 $\frac{\hbar}{2}$、$\frac{3\hbar}{2}$、$\frac{5\hbar}{2}$、…，稱為 Fermion，例如：電子、質子（Proton）、Neutron、Positron、Quark。Fermion 遵守 Pauli 不相容原理：沒有兩個粒子在同一個狀態，換言之，兩個 Fermion 不能佔有同一個量子狀態。

為什麼 Boson 具有整數自旋？為什麼 Fermion 具有半整數自旋？基本上是實驗觀察所得，要用量子電動力學（Quantum electrodynamics）才可以證明。

8.3.2 統計力學的三個基本分布函數

因為三種粒子：古典粒子、Fermion 和 Boson 的特性不同，所以分別遵守不同的能量分布函數，而巨觀態（Macrostates）是由微觀態（Microstates）所構成的，所以首先我們分別將 Maxwell-Boltzmann 分布、Fermi-

Dirac 分布、Bose-Einstein 分布的微觀態算出來。

如果這三種不同分布分別包含有個微觀態，則依排列組合的數學原則，我們可以分別求出其巨觀態。

如果有 N 個粒子任意的分布在 m 個能態中，則會有 Ω_{MB} 個微觀態，如圖 8.6 所示，即 Maxwell-Boltzmann 分布：

$$\Omega_{MB} = \frac{N!}{n_1!\ n_2!...n_m!}\ g_1^{n_1}\ g_2^{n_2}\cdots g_m^{n_m}\ ; \tag{8.37}$$

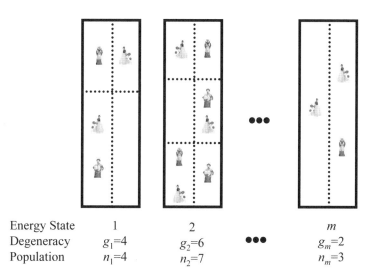

Energy State	1	2	•••	m
Degeneracy	$g_1{=}4$	$g_2{=}6$		$g_m{=}2$
Population	$n_1{=}4$	$n_2{=}7$		$n_m{=}3$

圖 8.6．Maxwell-Boltzmann 分布

如果有任意個粒子，雖然每個能態的簡併度不同，但是要滿足 Pauli 不相容原理，則會有 Ω_{FD} 個微觀態，如圖 8.7 所示，

即 Fermi-Dirac 分布：

$$\Omega_{FD} = \frac{g_1!}{n_1!(g_1-n_1)!}\frac{g_2!}{n_2!(g_2-n_2)!}\frac{g_3!}{(g_3-n_3)!}\cdots\ , \tag{8.38}$$

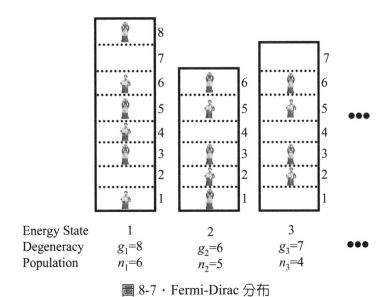

Energy State	1	2	3
Degeneracy	$g_1=8$	$g_2=6$	$g_3=7$
Population	$n_1=6$	$n_2=5$	$n_3=4$

圖 8-7・Fermi-Dirac 分布

如果有任意個粒子，雖然每個能態的簡併度不同，但是不滿足 Pauli 不相容原理，則會有 Ω_{BE} 個微觀態，如圖 8.8 所示，

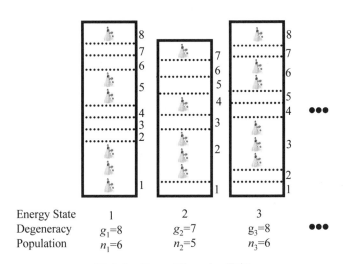

Energy State	1	2	3
Degeneracy	$g_1=8$	$g_2=7$	$g_3=8$
Population	$n_1=6$	$n_2=5$	$n_3=6$

圖 8.8・Bose-Einstein 分布

即 Bose-Einstein 分布：

$$\Omega_{BE} = \frac{(n_1 + g_1 - 1)!}{n_1!(g_1 - 1)!} \frac{(n_2 + g_2 - 1)!}{n_2!(g_2 - 1)!} \frac{(n_3 + g_3 - 1)!}{n_3!(g_3 - 1)!} \cdots \, 。 \tag{8.39}$$

現在我們先使微觀態 Ω 達到最大亂度，以找出最有可能的巨觀態。

首先為了計算方便，我們必須要求助於 Stirling 理論（Stirling's theorem），即

$$\ln N! = N \ln N - N , \tag{8.40}$$

這個理論讓我們可以藉由算出 $\ln \Omega$ 的極大值，而得到 Ω 的極大值的條件。分別將 Ω_{MB}、Ω_{FD}、Ω_{BE} 代入，則得

Maxwell-Boltzmann 分布：

$$\begin{aligned}
\ln \Omega_{MB} &= \ln N! + \sum_{s=1}^{m} n_s \ln g_s - \sum_{s=1}^{m} \ln n_s! \\
&= N \ln N - N + \sum_{s=1}^{m} n_s \ln g_s - \sum_{s=1}^{m} \ln n_s! \; ;
\end{aligned} \tag{8.41}$$

Fermi-Dirac 分布：

$$\begin{aligned}
\ln \Omega_{FD} &= \sum_{s=1}^{\infty} [\ln (g_s!) - \ln((g_s - n_s)!) - \ln (n_s!)] \\
&= \sum_{s=1}^{\infty} [\ln (g_s!) - n_s \ln n_s + n_s - (g_s - n_s) \ln (g_s - n_s) + (g_s - n_s)]
\end{aligned}$$

$$= \sum_{s=1}^{\infty} [\ln (g_s!) - n_s \ln n_s + n_s - (g_s - n_s) \ln (g_s - n_s) + g_s] \; ;$$

$$(8.42)$$

Bose-Einstein 分布:

$$\ln \Omega_{BE} = \sum_{s=1}^{\infty} [\ln((n_s + g_s - 1)!) - \ln (n_s!) - \ln((g_s - 1)!)]$$

$$= \sum_{s=1}^{\infty} [(n_s + g_s - 1)\ln(n_s + g_s - 1) - (n_s + g_s - 1)$$

$$- n_s \ln n_s + n_s - (g_s - 1)\ln(g_s - 1) + (g_s - 1)]$$

$$= \sum_{s=1}^{\infty} [(n_s + g_s - 1) \ln (n_s + g_s - 1) - n_s \ln n_s$$

$$- (g_s - 1)\ln (g_s - 1)] \; , \qquad (8.43)$$

在系統的粒子數守恆,

$$\sum n_s = N \; , \qquad (8.44)$$

和總能量守恆,

$$\sum n_s E_s = E \; , \qquad (8.45)$$

的約束下,我們可以找出 $\ln \Omega$ 的極大值。

引入兩個常數 α 和 β,就是如前所述的 Lagrange 乘子(Lagrange multipliers),

即 $\qquad \ln \Omega + \alpha N - \beta E = \ln \Omega + \alpha \sum_s n_s - \beta \sum_s n_s E_s$ ， $\qquad$ (8.46)

其中，α 和 β 前面的符號可以爲正也可以爲負，然而因爲我們已經知道最後的結果了，所以就把 β 前面刻意的加一個負號，如果 β 前面的符號是正的，那麼最後求出來的 β 則是負的。稍後我們會知道這兩個 Lagrange 乘子的物理意義。

上式極大值的條件爲

$$\frac{\partial}{\partial n_j}[\ln \Omega + \alpha N - \beta E]$$

$$= \frac{\partial}{\partial n_j}\ln \Omega + \alpha \frac{\partial}{\partial n_j}(\sum_s n_s) - \beta \frac{\partial}{\partial n_j}(\sum_s n_s E_s) = 0 ，\qquad (8.47)$$

然而在微分的過程中，只有 s 等於 j 的項才不爲零，即

Maxwell-Boltzmann 分布： $\quad \ln g_j - \ln n_j - 1 + 1 + \alpha - \beta E_j = 0$ ； $\quad$ (8.48)

Fermi-Dirac 分布： $\quad -\ln n_j - 1 + \ln(g_j - n_j) + 1 + \alpha - \beta E_j = 0$ ； $\quad$ (8.49)

Bose-Einstein 分布： $\quad \ln(n_j + g_j - 1) + \frac{(n_j + g_j - 1)}{(n_j + g_j - 1)} - \ln n_j - \frac{n_j}{n_j} + \alpha - \beta E_j = 0$ ，

$$(8.50)$$

所以可得 $f_{Maxwell-Boltzmann}\ (E_j)$、$f_{Fermi-Dirac}\ (E_j)$、和 $f_{Bose-Einstein}\ (E_j)$，

Maxwell-Boltzmann 分布： 由 $\qquad \ln n_j = \ln g_j + \alpha - \beta E_j$ ， $\qquad$ (8.51)

則 $\qquad n_j = g_j\, e^{\alpha}\, e^{-\beta E_j} = f_{Maxwell-Boltzmann}\ (E_j)$ ； $\qquad$ (8.52)

Fermi-Dirac 分布： 由 $\qquad \ln\left(\frac{g_j - n_j}{n_j}\right) = -\alpha + \beta E_j$ ， $\qquad$ (8.53)

則 $\qquad n_j = \frac{g_j}{1 + e^{-\alpha + \beta E_j}} = f_{Fermi-Dirac}\ (E_j)$ ； $\qquad$ (8.54)

Bose-Einstein 分布：由 $\qquad \ln\left(\dfrac{g_j+n_j}{n_j}\right)=-\alpha+\beta E_j$， $\qquad$ (8.55)

則 $\qquad n_j=\dfrac{g_j}{e^{-\alpha+\beta E_j}-1}=f_{Bose-Einstein}\,(E_j)$。 $\qquad$ (8.56)

很明顯的，由於不同的排列組合規則，在經過完全相同的演算過程之後，將產生三個不同的函數形式。

接下來要求出 α 和 β 的值，雖然可以用熱力學（Thermodynamics）的方法來找，但是我們採取另一種簡要的方式，是藉由 $\sum\limits_s n_s = N$ 和 $\sum\limits_s n_s E_s = E$ 的限制而得。

如果這些能態之間的差距是很小的、非常靠近的，形成了近似的連續狀態，則粒子的總數 N 為 $f(E)D(E)dE$，

即 $\qquad N=\displaystyle\int_0^\infty (e^\alpha e^{-\beta E})\left[\frac{1}{2\pi^2}\left(\frac{2m}{\hbar^2}\right)^{\frac{3}{2}}\sqrt{E}\right]dE$

$\qquad\qquad =\dfrac{1}{2\pi^2}\left(\dfrac{2m}{\hbar^2}\right)^{\frac{3}{2}}e^\alpha\displaystyle\int_0^\infty \sqrt{E}\,e^{-\beta E}dE$， $\qquad$ (8.57)

又 $\qquad \displaystyle\int_0^\infty x^n e^{-\alpha x}dx=\frac{\Gamma(n+1)}{a^{n+1}}$， $\qquad$ (8.58)

則 $\qquad N=\dfrac{1}{2\pi^2}\left(\dfrac{2m}{\hbar^2}\right)^{3/2}e^\alpha\dfrac{\Gamma(3/2)}{(\beta)^{3/2}}$。 $\qquad$ (8.59)

所以可得 N 個粒子的總能量為

$\qquad\qquad \langle E\rangle=\displaystyle\int_0^\infty Ef(E)D(E)dE$

$\qquad\qquad\qquad =\dfrac{1}{2\pi^2}\left(\dfrac{2m}{\hbar^2}\right)^{3/2}e^\alpha\dfrac{\Gamma(5/2)}{(\beta)^{5/2}}$， $\qquad$ (8.60)

則　　　　　　　$\dfrac{\langle E \rangle}{N} = \dfrac{\Gamma(5/2)}{\Gamma(3/2)}\beta = \dfrac{3}{2\beta}$。　　　　　　　　　　（8.61）

然而我們知道每一個粒子的平均能量爲

$$\frac{\langle E \rangle}{N} = \frac{3}{2}k_B T = \frac{3}{2\beta} \text{ ,}$$　　　　　　　　（8.62）

所以可得　　　$\beta = \dfrac{1}{k_B T}$。　　　　　　　　　　　　　（8.63）

　　在低溫下，因爲熱擾動很小，所以我們可以預期所有的 Boson 都集中在最低的能階上，而且對應的能量就是化學能（Chemical potential）μ，所以其分布函數值是「很大很大的」，

則由 Bose-Einstein 分布　　$f_{BE}(E_j) = \dfrac{g_j}{e^{-\alpha + \beta E_j} - 1}$ 且 $E_j = \mu$、$g_j = 1$、$\beta = \dfrac{1}{k_B T}$，

所以　　　　　$f_{BE}(\mu) = \dfrac{1}{e^{-\alpha + \frac{\mu}{k_B T}} - 1} \to \infty$，　　　　　（8.64）

得　　　　　　$-\alpha + \dfrac{\mu}{k_B T} = 0$，　　　　　　　　　　（8.65）

即　　　　　　$\alpha = \dfrac{\mu}{k_B T}$。　　　　　　　　　　　　　（8.66）

　　雖然我們具體的求出了 α 的表示式，但是其實 α 隱含著一些重要的意義，基本上 α 是溫度的函數，且和溫度成正比例的關係，當 α 爲零表示系統粒子數不守恆；當 α 不爲零表示系統粒子數守恆。

　　綜合以上的結果可得

Maxwell-Boltzmann 分布： $\qquad f_{MB}(E_j) = g_j \, e^{\frac{-(E_j - \mu)}{k_B T}}$ ； (8.67)

Fermi-Dirac 分布： $\qquad f_{FD}(E_j) = \dfrac{g_j}{e^{\frac{(E_j - \mu)}{k_B T}} + 1}$ ； (8.68)

Bose-Einstein 分布： $\qquad f_{BE}(E_j) = \dfrac{g_j}{e^{\frac{(E_j - \mu)}{k_B T}} - 1}$ 。 (8.69)

8.4 幾個統計物理的應用

如前所述，在很多領域，當然包含學術科學與工業技術，統計力學都是非常重要的，舉其犖犖大者，我們其實幾乎可以統計力學的觀點貫穿整個凝態物理和半導體物理。本小結將以 Maxwell-Boltzmann 分布、Fermi-Dirac 分布、Bose-Einstein 分布爲基礎，簡單的介紹幾個固態物理常見的議題，包含：古典統計之電子平均能量、古典統計之系統平均能量、Fermi 能量、Fermion 氣系統平均總能量、Bose-Einstein 凝結。

8.4.1 古典統計之平均能量

8.4.1.1 古典統計之電子平均能量

如果電子的分布遵守 Maxwell-Boltzmann 分布函數，則電子的平均能量爲 $\frac{3}{2} k_B T$，說明如下：

由 Maxwell-Boltzmann 分布函數爲 $f_{MB}(E) = e^{-\frac{E}{k_B T}}$，所以電子的量能分

布為 Maxwell 分布函數，即 $n(E)dE$，

則 $$n(E)dE = \frac{2\pi n}{(\pi k_B T)^{3/2}} E^{1/2} e^{-\frac{E}{k_B T}} dE ,\qquad (8.70)$$

所以平均能量 $\langle \frac{E}{N} \rangle$ 為

$$\langle \frac{E}{N} \rangle = \int_0^\infty \frac{E}{N} n(E)dE = \frac{2\pi}{(\pi k_B T)^{3/2}} \int_0^\infty E^{2/3} \exp\left(-\frac{E}{k_B T}\right) dE ,$$
$$(8.71)$$

又 Γ 函數（Γ function）的定義為 $\qquad \Gamma(x) = \int_0^\infty e^{-t} t^{(x-1)} dt ,\qquad (8.72)$

且其性質為 $\qquad \Gamma\left(\frac{1}{2}\right) = \sqrt{\pi}, \Gamma(x+1) = x\Gamma(x) 。\qquad (8.73)$

令 $t = \frac{E}{k_B T}$ ，則 $dt = \frac{dE}{k_B T}$ ，

所以電子的平均能量為

$$\begin{aligned}
\langle \frac{E}{N} \rangle &= \frac{2\pi}{(\pi k_B T)^{3/2}} \int (k_B T)^{3/2} t^{3/2} e^{-t} k_B T dt \\
&= \frac{2 k_B T}{\sqrt{\pi}} \int t^{3/2} e^{-t} dt \\
&= \frac{2 k_B T}{\sqrt{\pi}} \Gamma\left(\frac{5}{2}\right) \\
&= \frac{2 k_B T}{\sqrt{\pi}} \frac{3}{2} \frac{1}{2} \Gamma\left(\frac{1}{2}\right) \\
&= \frac{3}{2} k_B T 。
\end{aligned}\qquad (8.74)$$

8.4.1.2 古典統計之系統平均能量

依定義，古典統計之平均能量為

$$\langle \frac{E}{N} \rangle = \frac{\int_0^\infty E e^{-\frac{E}{k_B T}} dE}{\int_0^\infty e^{-\frac{E}{k_B T}} dE} , \tag{8.75}$$

我們把分子分母分別做運算，

其中分子部分，令 $\mu = E$，則 $\qquad du = dE$ ； $v = -k_B T e^{-\frac{E}{k_B T}}$ ， $dv = e^{-\frac{E}{k_B T}} dE$ ，

又 $\qquad \int u dv = uv - \int v du$ ， $\tag{8.76}$

得 $\qquad \int_0^\infty E e^{-\frac{E}{k_B T}} dE = k_B T e^{-\frac{E}{k_B T}} E \Big|_0^\infty + k_B T \int_0^\infty e^{-\frac{E}{k_B T}} dE = (k_B T)^2$ ，

$$\tag{8.77}$$

且分母為 $\qquad \int_0^\infty e^{-\frac{E}{k_B T}} dE = k_B T$ ， $\tag{8.56}$

代入得古典統計之系統平均能量為 $\qquad \langle \frac{E}{N} \rangle = k_B T$ 。 $\tag{8.78}$

8.4.2 自由 Fermion 氣系統

包含 N 個自由 Fermion（Free Fermion）的系統中，即不考慮晶體位能，則在極低溫或接近 0 K 的情形下，即 $T \approx 0 \text{K}$，因為沒有熱擾動，所以每個 Fermion 僅有位能，且不留空軌域，由最低能量的軌域一直向能量高的軌域填充，直至 N 個 Fermions 完全填入軌域，則最後填入的 Fermion 的能量即為 Fermi 能量 E_F。換言之，包含 N 個自由 Fermion 的系統，其所有

的 Fermion 都只有位能，在 $\vec{k}$ 空間上佔據半徑 k_F 的球體內的每一狀態，則

該球體表面（Fermi surface）的能量即爲 Fermi 能量。

如果考慮自旋向上（Spin-up）和自旋向下（Spin-down）兩種自旋，

則 Fermion 個數爲
$$N = 2\left(\frac{L}{2\pi}\right)^3 \frac{4}{3}\pi k_F^3 ,$$
(8.79)

所以
$$k_F = \left(\frac{3\pi^2 N}{V}\right)^{\frac{1}{3}} ,$$
(8.80)

則 Fermi 能量爲
$$E_F = \frac{\hbar^2 k_F^2}{2m} = \frac{\hbar^2}{2m}\left(\frac{3\pi^2 N}{V}\right)^{\frac{2}{3}} 。$$
(8.81)

且當溫度爲 0K 時，包含 N 個自由電子氣（Free electron gas）或自由

Fermion 氣的系統，系統平均總能量爲 $E = \frac{3}{5}NE_F$，則 Fermion 總數 N 爲

$$N = 2\int_0^\infty f(E)g(E)dE = \frac{8\pi V}{(2\pi\hbar)^3}\int_0^\infty \frac{E^{\frac{1}{2}}}{e^{\frac{E}{k_B T} + \alpha(T)} + 1}dE 。$$
(8.82)

因爲在極低溫時，即 $T \approx 0K$，則 $E_F \gg k_B T$，所以 $\dfrac{E_F}{k_B T} \gg 1$，

則
$$\alpha(0) = -\frac{E_F}{k_B T} \ll -1 ,$$
(8.83)

代入得
$$f_{FD}(E) = \frac{1}{e^\alpha e^{E/k_B T} + 1} = \frac{1}{e^\alpha e^{(E - E_F)/k_B T} + 1} ,$$
(8.84)

其中 E_F 爲 Fermi 能量，

又
$$\lim_{T \to 0} \int_0^\infty E^{\frac{1}{2}} \frac{dE}{e^{(E-E_F)/k_B T}+1} = \int_0^\infty E^{\frac{1}{2}} dE = \frac{2}{3} E_F^{\frac{3}{2}} \quad , \tag{8.85}$$

所以 Fermion 總數 N 爲

$$N = \frac{8\pi V}{(2\pi\hbar)^3} \sqrt{2m^3} \frac{2}{3} (E_F)^{\frac{3}{2}} \quad 。 \tag{8.86}$$

因爲 Fermion 系統的平均總能量 $\langle E \rangle$ 爲

$$
\begin{aligned}
\langle E \rangle &= 2 \int_0^\infty E f(E) g(E) \, dE \\
&= \frac{8\pi\sqrt{2m^3}}{(2\pi\hbar)^3} \int_0^\infty E^{\frac{3}{2}} f(E) \, dE \quad , \\
&\underset{T \cong 0}{\cong} \frac{8\pi\sqrt{2m^3}}{(2\pi\hbar)^3} \int_0^{E_F} \frac{E^{\frac{3}{2}}}{e^{(E-E_F)/k_B T}+1} \, dE \\
&= \frac{8\pi\sqrt{2m^3}}{(2\pi\hbar)^3} \int_0^{E_F} E^{\frac{3}{2}} \, dE \\
&= \frac{8\pi\sqrt{2m^3}}{(2\pi\hbar)^3} \frac{2}{5} (E_F)^{\frac{5}{2}} \\
&= \frac{3}{5} N E_F \quad ,
\end{aligned}
\tag{8.87}
$$

又因爲 Fermion 總數 N 爲
$$N = \frac{8\pi V}{(2\pi\hbar)^3} \sqrt{2m^3} \frac{2}{3} (E_F)^{\frac{3}{2}} \quad , \tag{8.88}$$

所以可得 Fermion 的平均能量 $\overline{E}$ 爲

$$\overline{E} = \frac{\langle E \rangle}{N} = \frac{3}{5} E_F \quad 。 \tag{8.89}$$

若以作功的觀點定義壓力，則零點壓力（Zero-point pressure）P_0為

$$P_0 = -\frac{\partial E}{\partial V} = \frac{2}{5} \frac{N}{V} E_F \text{。} \qquad (8.90)$$

8.4.3 Bose-Einstein 凝結

若 Bose-Einstein 分布函數f_{BE} (E)的形式表示為f_{BE} $(E) = \dfrac{1}{e^{\alpha + \frac{E}{k_B T}} - 1}$，其

中α是溫度T的函數$\alpha(T)$，要注意這裡的α和 8.4.2 節的α不同。從數學表示式來看，當α $(T_0) = 0$ 且 $E = 0$ 時，則$\lim\limits_{\substack{E \to 0 \\ \alpha = 0}} f_{BE}$ $(E) = \infty$，物理意義表示當溫度T接近T_0時，絕大部分的自由 Boson（Free Bosons）處於基態，所謂「自由」意思是只有動能沒有位能或是沒有交互作用，也就是當溫度$T \sim T_0$時，找到 Bosons 的機率是無限大的，此現象稱之為 Bose-Einstein 凝結，凝結溫度T_0也稱為λ點（λ point）溫度。

現在考慮有N個自由 Boson 在體積V中，

所以
$$N = \int_0^\infty n\,(E)\,g\,(E)\,dE$$

$$= \int_0^\infty f_{BE}\,(E) \frac{V 4\pi \sqrt{2m^3 E}}{(2\pi h)^3}\,dE$$

$$= \frac{V 4\pi \sqrt{2m^3}}{(2\pi h)^3} \int_0^\infty \frac{E^{\frac{1}{2}}}{e^\alpha e^{\frac{E}{k_B T}} - 1}\,dE \text{，} \qquad (8.91)$$

其中 $f_{BE}\,(E) = \dfrac{1}{e^{\alpha + \frac{E}{k_B T}} - 1}$ 。

令 $\qquad x = \dfrac{E}{k_B T}$,

則
$$N = \frac{4\pi V \sqrt{2m^3}}{(2\pi h)^3} (k_B T)^{\frac{3}{2}} e^{-\alpha} \int_0^\infty \frac{e^{-x} x^{\frac{1}{2}}}{1 - e^{-\alpha} e^{-x}} dx$$

$$= \frac{4\pi V}{(2\pi h)^3} (2mk_B T)^{\frac{3}{2}} \Gamma\left(\frac{3}{2}\right) \sum_{n=1}^\infty \frac{e^{-na}}{n^{\frac{3}{2}}} \text{。} \qquad (8.92)$$

因為 $\Gamma\left(\dfrac{3}{2}\right) = \dfrac{\sqrt{\pi}}{2}$,所以可得 Boson 的個數 N 為

$$N = \frac{V}{(2\pi h)^3} (2m\pi k_B T)^{\frac{3}{2}} \sum_{n=1}^\infty \frac{e^{-na}}{n^{\frac{3}{2}}} \text{。} \qquad (8.93)$$

因為 Boson 數目 N 是固定的,也就是 Bosons 的數目 N 是守恆的,所以當溫度 T 上升時,則 α 必須要上升以保持 Boson 數 N 為定值。因為 α 不但是溫度 T 的函數,還是溫度 T 的嚴格增函數 $\alpha\,(T)$,如圖 8.9 所示,且由於 Bosons 數目 N 是一個有限量,所以 $\alpha \geq 0$,否則當 $\alpha < 0$,Boson 數 N 會發散。所以 $\alpha\,(T)$ 在某一溫度 T_0 時為零,即 $\alpha\,(T_0) = 0$,則 T_0 為系統所允許的最低溫度,亦為 λ 點的溫度或 Bose-Einstein 凝結溫度 T_0,如圖 8.9 所示。

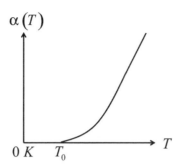

圖 8.9・Bose-Einstein 凝結

我們可以推導 Bose-Einstein 凝結溫度 T_0 的表示式。

由
$$N = \frac{V}{(2\pi h)^3} (2m\pi k_B T)^{\frac{3}{2}} \sum_{n=1}^{\infty} \frac{e^{-na}}{n^{\frac{3}{2}}} \text{ 。} \tag{8.94}$$

當 α 為零表示系統粒子數不守恆，即 $\alpha(T_0) = 0$ 表示 Boson 數不守恆，將凝結成液態，

則
$$\sum_{n=1}^{\infty} \frac{e^{-na}}{n^{\frac{3}{2}}} \underset{\alpha=0}{=} \sum_{n=1}^{\infty} \frac{1}{n^{3/2}} \approx 2.61 \text{ ，} \tag{8.95}$$

所以可得 Bose-Einstein 凝結溫度 T_0 為

$$T_0 = \frac{(2.61)^{-2/3}(2\pi\hbar c)^2}{2\pi k_B(mc^2)} \left(\frac{N}{V}\right)^{2/3}$$

$$\approx 1.50 \times 10^{-9} \frac{\left(\dfrac{N}{V}\right)^{2/3}}{mc^2} eV \cdot K \cdot m^2 \text{ 。} \tag{8.96}$$

以 ^4He 爲例，可求得 $T_0 = 3.1K$，也就是 ^4He 在 T_0 時，形成超流體無阻力，不需外力即可流動，$T_0 = 3.1K$ 就是 λ 點（λ point）。實際所得之實驗值爲 $T_0 = 2.17K$，其誤差原因是由於我們忽略了 Bosons 的交互作用。

8.5　習題

8-1　現在我們有三個不同的系統，分別包含有 3 種不同的粒子：[1] 古典粒子；[2] Fermion；[3] Boson。如果每個系統都有 2 個能態，第一個能態有 1 個粒子；第二個能態有 2 個粒子，而第一個能態的簡併度爲 3；第二個能態的簡併度爲 4，則因爲三種不同的統計分布，所以會有不同的微觀態，依排列組合的數學原則，試分別說明其微觀態的數目。

8-2　Fermi-Dirac 分布函數 $f_{FD}(\varepsilon) = \dfrac{1}{e^{(\varepsilon - \mu)/k_B T} + 1}$ 在低溫的條件下，即 $k_B T \ll \mu$，有一個重要的解析特性：$\dfrac{-\partial}{\partial \varepsilon} f(\varepsilon) \approx \delta(\varepsilon - \mu)$。試証之。

8-3　以統計力學解決問題經常需要求出最低能量或狀態，最常用的方法就是 Lagrange 乘子的方法。如課文所述，Lagrange 乘子的方法是一種求局部極值的方法。以下我們用一個簡單的例子來看看 Lagrange 乘子的使用。

在 $x-y$ 平面上，有一個橢圓 $ax^2 + by^2 + cxy = 1$，則試以不同的方法求出這個橢圓的方向角（Orientation angle）φ。

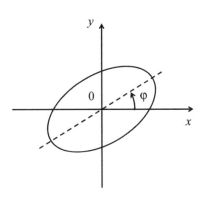

[1]　直角座標旋轉。

[2]　用線性代數的方法演算座標旋轉。

[3]　用 Lagrange 乘子找出局域極大值（Local maximum）。

[4]　把橢圓置於極座標（Polar coordinates）上，找出極值。

8-4　如果整個系統有兩個位置 I、II，可以容納兩個粒子 1、2，因為這兩個粒子是不可分辨的（Indistinguishable），所以當這兩個粒子交換位置前後，其被觀察到的機率是相同的，

即　$|\varphi_I(1)\varphi_{II}(2)|^2 = |\varphi_I(2)\varphi_{II}(1)|^2$，

則　$[\varphi_I(1)\varphi_{II}(2)]^2 - [\varphi_I(2)\varphi_{II}(1)]^2 = 0$，

則　$\begin{cases} \varphi_I(1)\varphi_{II}(2) - \varphi_I(2)\varphi_{II}(1) = 0 \\ \varphi_I(1)\varphi_{II}(2) + \varphi_I(2)\varphi_{II}(1) = 0 \end{cases}$，

所以可以得到兩個解，

由 Bosons 所構成的對稱波函數（Symmetric wavefunction）特性為
$\varphi_I(1)\varphi_{II}(2) = \varphi_I(2)\varphi_{II}(1)$；

由 Fermions 所構成的反對稱波函數（Antisymmetric wavefunction）特性為

$\varphi_I(1)\varphi_{II}(2) = -\varphi_I(2)\varphi_{II}(1)$，

其中我們可以發現兩個 Fermions 交換位置之後，波函數要變號，所以我們可以把整個系統的波函數表示成

$$\Phi(1, 2) = \frac{1}{\sqrt{2}} [\varphi_I(1)\varphi_{II}(2) - \varphi_I(2)\varphi_{II}(1)] = \frac{1}{\sqrt{2!}} \begin{vmatrix} \varphi_I(1) & \varphi_I(2) \\ \varphi_{II}(1) & \varphi_{II}(2) \end{vmatrix},$$

試驗證這個波函數滿足以下兩個條件。

[1] 當位置交換時，則波函數變號。

[2] 滿足 Pauli 不相容原理。

8-5 如果有二個粒子填入一個二階系統中，則試依據不同粒子的特性建構出有可能本徵函數。

[1] 若粒子為相同且可分辨的粒子

[2] 若粒子為相同但不可分辨且半奇數自旋，即 Fermion。

[3] 若粒子為相同但不可分辨且整數自旋，即 Boson。

8-6 現在我們有三個不同的系統，分別包含有三種不同且不會互相作用的粒子：[1] 古典粒子；[2] Fermion；[3] Boson。

如果系統處在一維無限位能阱中，即位能形式為

$$V(x) = \begin{cases} 0, & as\, 0 < x < a \\ \infty, & otherwise \end{cases},$$

則試分別說明三個系統在基態的能量和波函數；在第一激發態的能量和波函數；在第二激發態的能量和波函數。

8-7 當我們計算 Fermion 的各種特性時，會經常遇到這種運算 $I = \int_{0}^{\infty} f(\varepsilon, T)\, g(\varepsilon)\, d\varepsilon$，其中 $f(\varepsilon, T)$ 為 Fermi-Dirac distribution function；$g(\varepsilon)$ 可以是具有物理意義的任何函數，且 $g(0) = 0$。

由分部積分的基本技巧（Integration by part）$\int u\, dv = uv - \int v\, du$，如果令 $g(\varepsilon) \equiv \dfrac{dG(\varepsilon)}{d\varepsilon}$，

則 $\quad I = \int_{0}^{\infty} f(\varepsilon, T)\, g(\varepsilon)\, d\varepsilon$

$\qquad = \int_{0}^{\infty} f(\varepsilon, T) \dfrac{dG(\varepsilon)}{d\varepsilon}\, d\varepsilon$

$\qquad = f(\varepsilon)\, G(\varepsilon) \Big|_{0}^{\infty} - \int_{0}^{\infty} G(\varepsilon) \dfrac{df(\varepsilon)}{d\varepsilon}\, d\varepsilon$

$\qquad = f(\infty)\, G(\infty) - f(0)G(0) - \int_{0}^{\infty} G(\varepsilon) \dfrac{df(\varepsilon)}{d\varepsilon}\, d\varepsilon$，

因為 $f(\infty) = 0$ 且 $G(0) = 0$，所以

$I = \int_{0}^{\infty} f(\varepsilon, T)\, g(\varepsilon)\, d\varepsilon$

$\quad = -\int_{0}^{\infty} G(\varepsilon) \dfrac{df(\varepsilon)}{d\varepsilon}\, d\varepsilon = \int_{0}^{\infty} G(\varepsilon) \left(-\dfrac{df(\varepsilon)}{d\varepsilon} \right) d\varepsilon$，

這就是我們分析計算 Fermi 系統（Fermi system）的特性時，所

經常使用的計算關係。

然而如我們所知 $-\dfrac{df(\varepsilon)}{d\varepsilon}$ 只有在 Fermi 能量 $E_F(T)$ 附近是有限的，所以接著我們要在一般的溫度下或 $k_B T \ll E_F(T)$ 的條件下，把這個積分作 Taylor 級數展開。

[1]　請將 $G(\varepsilon)$ 在 $E_F(T)$ 附近作 Taylor 級數展開。

[2]　代入 $I = \displaystyle\int_0^\infty G(\varepsilon)\left(-\dfrac{df(\varepsilon)}{d\varepsilon}\right) d\varepsilon$，可得

$$I = -G(\varepsilon_F)\int_0^\infty \dfrac{df(\varepsilon)}{d\varepsilon}\,d\varepsilon - \dfrac{dG(\varepsilon)}{d\varepsilon}\bigg|_{\varepsilon=\varepsilon_F} \int_0^\infty (\varepsilon - E_F)\dfrac{df(\varepsilon)}{d\varepsilon}\,d\varepsilon$$

$$-\dfrac{1}{2}\dfrac{d^2G(\varepsilon)}{d\varepsilon^2}\bigg|_{\varepsilon=\varepsilon_F} \int_0^\infty (\varepsilon - E_F)^2 \dfrac{df(\varepsilon)}{d\varepsilon}\,d\varepsilon - \cdots 。$$

[3]　求證在 $E_F \gg k_B T$ 條件下，$-\displaystyle\int_0^\infty \dfrac{df(\varepsilon)}{d\varepsilon}\,d\varepsilon = 1$。

[4]　若已知 $\dfrac{1}{n!}\displaystyle\int_0^\infty (\varepsilon - E_F)^n \left[-\dfrac{df(\varepsilon)}{d\varepsilon}\right] d\varepsilon \cong \dfrac{(k_B T)n}{n!}\int_{-\infty}^\infty \dfrac{z^n dz}{(1+e^z)(1+e^{-z})}$

$$= \begin{cases} 2C_n(k_B T)^n，\text{若 } n \text{ 為偶數} \\ \quad 0 \qquad，\text{若 } n \text{ 為奇數} \end{cases}，$$

則可得 Sommerfeld 展開（Sommerfeld expansion）

$$I = G(E_F(T)) + \dfrac{\pi^2}{6}(k_B T)^2 \dfrac{d^2G(\varepsilon)}{d\varepsilon^2}\bigg|_{\varepsilon=E_F(T)} + \cdots 。$$

8-8 有一個自由電子被限制在一個邊長為 (L_1, L_2, L_3) 的矩形立方盒子中，則電子的動量本徵值為 $_x p_j = \dfrac{2\pi\hbar j}{L_1}$、$_y p_k = \dfrac{2\pi\hbar k}{L_2}$、$_z p_l = \dfrac{2\pi\hbar l}{L_3}$，其中 $j, k, l = 0, \pm 1, \pm 2, \cdots$。試求這個自由電子的 Fermi 能量 E_F。

8-9 平均自由徑（Mean free path）λ和豫弛時間（Relaxation time）可以用相同的方式來定義。

若一個粒子的平均自由徑（Mean free path）為λ，則該粒子在行進了dx的距離後發生碰撞的機率為常數$\dfrac{dx}{\lambda}$。如果在起始點有n_0個粒子沿著x方向行進，現在假設發生碰撞後，粒子的行進方向就不再沿著x方向，則在x位置且還保持在x行進方向的粒子數標示為$n(x)$，而在行進了dx的距離後發生碰撞的粒子數$dn(x)$則為$n(x)\dfrac{dx}{\lambda}$，即$dn(x)=-\dfrac{n(x)}{\lambda}dx$，其中的負號表示隨著行進的距離越長，可以發生碰撞的粒子數$dn(x)$就越少。這個表示式也可以寫成$\dfrac{dn(x)}{n(x)}=-\dfrac{dx}{\lambda}$，因為$dn(x)$是發生碰撞的粒子數，而$n(x)$是還保持在$x$行進方向的粒子數，於是我們就可以將其理解為粒子在行進了dx的距離後發生碰撞的機率為$\dfrac{dn(x)}{n(x)}$，當然，如前所述，等於$\dfrac{dx}{\lambda}$。

方程式$\dfrac{dn(x)}{dx}=-\dfrac{1}{\lambda}n(x)$的解為$n(x)=n_0 e^{-\frac{x}{\lambda}}$，如果我們把$x$換成$t$，即為$n(t)=n_0 e^{-\frac{t}{\lambda}}$，則$\lambda$就是輻射衰減（Radioactive decay）的平均生命時間（Mean lifetime）。若在距離dx的分布為$dn(x)$，試由統計平均的方法求出平均自由徑為λ。

8-10 我們在介紹 Planck 量子論時，就已經提過狀態密度，這一章也用到了狀態密度的觀念，其實 Planck 量子論的結果是可以劃分到統計力學裡作說明的。試由狀態密度開始分別求出能量在 E 和 $E+dE$ 之間的粒子數 $N(E)dE$ 以及動量在 p 和 $p+dp$ 之間的粒子數 $N(p)dp$。

8-11 Fermi-Dirac 分布為全同不可分辨具半整數自旋粒子 Fermion 的機率分佈函數

$$f_{Fermi-Dirac}(E) = \frac{1}{e^{\frac{E-E_F}{k_BT}} + 1} \, 。$$

試在[1] 當溫度 T 為 0K，[2] 低溫時 $E_F \gg k_BT$，[3] $E-E_F \gg k_BT$ 的情況下繪出 $f_{Fermi-Dirac}(E)$ 的圖形。

第九章

密度矩陣理論

　　密度矩陣理論（Density matrix theory）一般而言並不會納入近代物理的課程中，可能因爲密度矩陣理論融合了量子力學和統計力學的觀念，也常常讓人望而生畏，但是，其實這是一個非常有用的方法，其基本觀念也並不會太難理解。

　　首先，我們先談談密度矩陣理論的引入原因。量子力學大多專注在那些以狀態向量（State vectors）表示的系統狀態，然而因爲在很多我們所感興趣的系統中是包含有許多狀態向量的，如果僅依據量子力學的方法，也就是只有一個動態的狀態向量中的一個本徵態所對應的機率是確定的，則因爲訊息的不夠充足，所以系統無法完全的被決定。在這種情況下，如果想要分析系統的特性，就必須和統計物理一樣採取統計平均的方式。

　　密度矩陣理論就是用來描述量子力學中的統計方法，或者簡單的來說，密度矩陣就是以量子力學得到的期望值再以統計方法求一次平均值。當然，實際的運算過程並非如此。此外，要特別提出來的，有些文獻上會說「Density」基本上並沒有特別的類似「單位體積」意涵，只是一個名稱，但是，一旦接觸到密度泛函理論（Density functional theory, DFT）之後，就會知道「Density」正意謂著「單位體積」。

　　密度矩陣理論吸引研究者的目光之處主要在於，其施用在建構通用的數學表示式，以及證明通用的理論時的解析能力。一般說來，如果不使用密度矩陣的方式來計算系統的平均值和機率，則過程將會極爲複雜；但是，如果以密度矩陣來表示量子力學的狀態，就可以避免引入許多不必要的變數，將使系統的最大訊息（Maximum information）狀態的表示變得簡捷。此外，密度矩陣的技術在處理完備的或不完備的量子力學狀態，方法都是一致的，這也是密度矩陣方法的一個優點。

　　密度矩陣理論方法現在大多被歸類在統計物理的範疇，而且其應用的

範圍也越來越廣泛，當然也包含了對電子與光子的論述，即自旋態（Spin states）和自旋 $\frac{1}{2}$ 粒子的密度矩陣理論、光子的極化狀態（Polarization states）、光子自旋（Photon spin）和密度矩陣理論。

　　本章的內容將先介紹包含純粹態（Pure states）、混合態（Mixed states），密度算符（Density operator）…等幾個密度矩陣理論相關的基本定義。因為我們希望能處理系統的動態特性，所以接著介紹密度矩陣隨時間演變的特性（Time evolution of the density matrix），即密度算符的運動方程式，或稱為密度算符的 Liouville 方程式（Liouville equation），再進一步還可以衍生出量子 Boltzmann 方程式（Quantum mechanic Boltzmann equation）以及應用廣泛的算符期望值的運動方程式（Equation of motion）。

9.1　純粹態與混合態

　　我們要先介紹量子系統的純粹態（Pure states）與混合態（Mixed states）。我們打算用一個簡單的情況來感覺一下純粹態與混合態的差異。

　　如果一個人就是一個狀態向量，那麼當兩個人，即兩個狀態向量 $|\psi_a\rangle$ 和 $|\psi_b\rangle$，組成一個家庭，則 $|\psi_a\rangle$ 和 $|\psi_b\rangle$ 就是純粹態，而這個家庭就是一個混合態。

　　先從個人談起，如果假設人是具有樂觀 $|u_1\rangle$ 和 $|u_2\rangle$ 悲觀兩種本徵狀態的，

即　　　　　　　　$|\psi_a\rangle = a_1|u_1\rangle + a_2|u_2\rangle = \sum_k a_k|u_k\rangle$;　　　　　　(9.1)

且 $\qquad |\psi_b\rangle = b_1|u_1\rangle + b_2|u_2\rangle = \sum_k b_k|u_k\rangle\,,$ $\qquad$ (9.2)

其中 a_1、a_2 和 b_1、b_2 分別代表兩個人的樂觀 $|u_1\rangle$ 和 $|u_2\rangle$ 悲觀本徵狀態的比例。

現在，我們可以來看看這兩個人在面對同樣一件事的態度 $\langle A \rangle$ 爲何？這個事件 $\hat{A}$ 的科學意義就是一個干擾或是一個量測。

這個人 $|\psi_a\rangle$ 對 $\hat{A}$ 的態度是

$$
\begin{aligned}
\langle A \rangle &= \langle \psi_a | \hat{A} | \psi_a \rangle \\
&= (\langle u_1 | a_1^* + \langle u_2 | a_2^*) \hat{A} (a_1 | u_1 \rangle + a_2 | u_2 \rangle) \\
&= |a_1|^2 \langle u_1 | \hat{A} | u_1 \rangle + |a_2|^2 \langle u_2 | \hat{A} | u_2 \rangle \\
&\quad + a_1^* a_2 \langle u_1 | \hat{A} | u_2 \rangle + a_2^* a_1 \langle u_2 | \hat{A} | u_1 \rangle\,。
\end{aligned}
$$
$\qquad$ (9.3)

我們會說：這個人 $|\psi_a\rangle$ 在處理面對事情 A 時抱有 $|a_1|^2$ 機率的樂觀；有 $|a_2|^2$ 機率的悲觀；有 $a_1^* a_2$ 的機率的樂悲觀；有 $a_2^* a_1$ 機率的悲樂觀。

這是透過一個事件 $\hat{A}$ 才可以說這個人 $|\psi_a\rangle$ 呈現樂觀 $|a_1|^2$ 和悲觀 $|a_2|^2$ 的機率：以及喜悲交集和悲喜交集的機率分別是 $a_1^* a_2$ 和 $a_2^* a_1$，換言之，我們不太會或不應該在沒有事件發生時，說這個人 $|\psi_a\rangle$ 是樂觀的機率是 $|a_1|^2$ 或悲觀的機率是 $|a_2|^2$，因爲這個人就是 $|\psi_a\rangle$，就是 $a_1|u_1\rangle + a_2|u_2\rangle$。我們也永遠不能忘記「實證科學」的哲學精神，所以在沒有事件發生時，如果以多少機率是樂觀或多少機率是悲觀來描述這個人的說法是不恰當的，因爲在沒有事件發生時，我們是無法觀察到上述的那些機率的。在以上的描述中，$|\psi_a\rangle$ 就是一個純粹態；就是一個狀態向量。

但是，當 $|\psi_a\rangle$ 和 $|\psi_b\rangle$ 兩個人組成一個家庭或一個搭擋，則當事件 $\hat{A}$ 發生時，這個人 $|\psi_a\rangle$ 對 A 的態度表現爲 $\langle \psi_a | \hat{A} | \psi_a \rangle$；這個人 $|\psi_b\rangle$ 對 A 的態度

表示爲 $\langle \psi_b | \hat{A} | \psi_b \rangle$，而這個家庭或這個搭擋中的這兩個人所共同面對事件的整體態度 $\langle A \rangle$ 的分量是不同的，

即 $$\langle A \rangle = P_a \langle \psi_a | \hat{A} | \psi_a \rangle + P_b \langle \psi_b | \hat{A} | \psi_b \rangle , \tag{9.4}$$

其中 P_a 爲 $|\psi_a\rangle$ 在處理事件 $\hat{A}$ 時的做法和態度在這個家庭中所占的分量或是機率；P_b 爲 $|\psi_b\rangle$ 在處理事件時的做法和態度在這個家庭中所占的分量或機率；所以 $P_a + P_b = 1$。

　　我們藉由這個例子，有了初步的純粹態與混合態概念之後，下一節可以用比較物理的說明作進一步的介紹，

9.2　密度算符

　　在古典力學中，即使系統是由一大堆粒子所構成的，如果所有粒子的位置和動量都是已知的，則系統之動力狀態（Dynamical state）仍然可以完全被確定，而且系統隨時間變化的狀態也是可被預測而確定的。但是通常我們只能知道位置和動量的平均值，而無法知道個別粒子的位置和動量。就是因爲訊息的缺乏，所以必須以統計力學的方法來處理相關的問題。我們先把密度算符（Density operator）的定義寫出來，再說明其意義。

　　一般而言，我們並沒有足夠的訊息去說一個系統可以用單一個特別的狀態函數 $|\psi\rangle$ 來描述。例如：假設我們用兩種不同的方式製備了二群的簡諧振子，則 $t = t_0$ 在時，$|\psi_a(t_0)\rangle$ 和 $|\psi_b(t_0)\rangle$ 分別爲兩個不同群的簡諧振子在 $t = t_0$ 時的狀態函數（State functions），

$$|\psi_a(t_0)\rangle = \sum_k a_k |u_k\rangle \quad ; \tag{9.5}$$

$$|\psi_b(t_0)\rangle = \sum_k b_k |u_k\rangle \quad , \tag{9.6}$$

其中$|u_k\rangle$是一組正交歸一的本徵狀態。

因爲狀態函數可以是正交的；也可以不是正交的，所以兩群簡諧振子的算符的期望值分別爲$\langle \psi_a(t) | \hat{A} | \psi_a(t) \rangle$和$\langle \psi_b(t) | \hat{A} | \psi_b(t) \rangle$。

如果有N_a個簡諧振子的狀態函數是$|\psi_a(t_0)\rangle$；有N_b個簡諧振子的狀態函數是$|\psi_b(t_0)\rangle$，兩種簡諧振子混合在一起，而且兩種簡諧振子不會互相作用，則這個混合系統（Mixture）的算符$\hat{A}$的期望值爲

$$\langle A \rangle = P_a \langle \psi_a(t) | \hat{A} | \psi_a(t) \rangle + P_b \langle \psi_b(t) | \hat{A} | \psi_b(t) \rangle \quad , \tag{9.7}$$

其中$P_a = \dfrac{N_a}{N_a + N_b}$爲系統呈現$|\psi_b(t)\rangle$的機率；$P_b = \dfrac{N_b}{N_a + N_b}$爲系統呈現$|\psi_b(t)\rangle$的機率。

所以如果這個系統是由n個狀態函數所構成的，則算符的平均值可以表示爲

$$\langle A \rangle = \sum_n P_n \langle \psi_n | \hat{A} | \psi_n \rangle \quad , \tag{9.8}$$

其中P_n爲系統呈現$|\psi_n\rangle$的機率。

如果有足夠的或完整的（Complete）量測當然可以把P_n確定下來，但是如果沒有足夠的或不夠完整的（Incomplete）量測，則必須由統計分佈理論來計算P_n。

　　我們仔細看一下就可以發現算符的平均值是由兩個平均值所構成的，其中 $\langle \psi_n | \hat{A} | \psi_n \rangle$ 是量子力學的平均值；而 $\sum_n P_n \langle \psi_n | \hat{A} | \psi_n \rangle$ 則是統計力學的平均值，所以有些文獻上會表示為 $\langle\langle A \rangle\rangle$ 或 $\overline{\langle A \rangle}$，表示是有兩種的平均結果，如表 9-1 所示，本徵態、純粹態、混合態的期望值是不同的。

表 9-1・本徵態、純粹態、混合態的期望值

System in	Expectation value of operator
Eigen state	$\langle A \rangle = \langle u_k | \hat{A} | u_k \rangle$
Pure state	$\langle A \rangle = \langle\langle u_k | \hat{A} | u_k \rangle\rangle$
Mixed state	$\langle A \rangle = \langle\langle A \rangle\rangle = \overline{\langle A \rangle} = \sum_n P_n \langle u_k | \hat{A} | u_k \rangle$

　　然而，機率 P_n 是什麼呢？我們可以分成兩個現象說明。

[1]　我們知道狀態函數 $|\psi_n\rangle$，其實 $|\psi_n\rangle$ 就是純粹態，用本徵態 $|u_k\rangle$ 可以展開表示為 $|\psi_n\rangle = \sum_n c_n |u_n\rangle$。因為我們對於這個系統的所有訊息都非常瞭解，所以才可以寫出上述的表示式。這個表示式的 $|c_n|^2$ 被稱為是系統 $|\psi_n\rangle$ 處於 $|u_n\rangle$ 的機率，其實是源自於量子系統的測量所致，這個量測的干擾使得系統呈現出本徵狀態 $|u_n\rangle$。

[2]　從 $\langle A \rangle = \sum_n P_n \langle u_k | \hat{A} | u_k \rangle$ 可以看出這個系統是由幾個可能的狀態向量 $|\psi_n\rangle$ 所構成，因為缺乏足夠的訊息或系統製備的過程無法確切的掌握，所以我們只能說系統在經過測量或觀察之後處於狀態向量 $|\psi_n\rangle$ 的機率為 P_n。

　　這個做法就是統計物理的方法，也就是這個量子系統是一個混合態，必須對系統中的每一個狀態 $|\psi_n\rangle$ 採取適當的權重（Weight）或機率才可以

描述這個混合態。只要是無法用單一個狀態向量描述的系統狀態就稱爲統計混合（Statistical mixtures）。

因爲系統處於狀態向量 $|\psi_n\rangle$ 的機率爲 P_n，且 $|\psi_n\rangle$ 呈現本徵態 $|u_j\rangle$ 的機率爲 $|c_{nj}|^2$ 所以系統處於狀態向量 $|\psi_n\rangle$ 且呈現本徵態 $|u_j\rangle$ 的機率就是 $P_n|c_{nj}|^2$，又因爲系統是由很多的狀態向量 $|\psi_1\rangle$、$|\psi_2\rangle$、$|\psi_3\rangle$、……、$|\psi_n\rangle$ 所混合成的，而且每一個狀態向量都有本徵態 $|u_j\rangle$，於是整個系統呈現本徵態 $|u_j\rangle$ 的機率就是

$$\rho_{jj} = \sum_n P_n |c_{nj}|^2 \, 。 \tag{9.9}$$

這個表示式可以示意如圖 9.1 所示

把第三章所介紹的等同算符（Identity operator），

即 $$\sum_k |u_k\rangle\langle u_k| = I \, , \tag{9.10}$$

代入 $\langle A\rangle = \sum_n P_n \langle\psi_n|\hat{A}|\psi_n\rangle$ 中，

可得
$$
\begin{aligned}
\langle A\rangle &= \sum_n \sum_k P_n \langle\psi_n|\hat{A}|u_k\rangle\langle u_k|\psi_n\rangle \\
&= \sum_k \sum_n P_n \langle u_k|\psi_n\rangle\langle\psi_n|\hat{A}|\psi_k\rangle \\
&= \sum_k \langle u_k|\left[\sum_n P_n|\psi_n\rangle\langle\psi_n|\right]\hat{A}|u_k\rangle \\
&= \sum_k \langle u_k|\rho\hat{A}|u_k\rangle \\
&= \sum_k (\rho\hat{A})_{kk} \\
&= Tr(\rho\hat{A}) \, ,
\end{aligned}
\tag{9.11}
$$

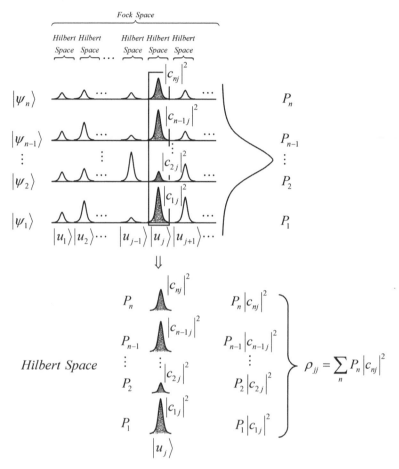

圖 9.1・系統呈現本徵態的機率示意圖

其中 $\qquad \rho \equiv \sum_n P_n |\psi_n\rangle\langle\psi_n|$。 $\qquad\qquad\qquad\qquad$ (9.12)

　　這個 ρ 就能稱爲密度算符，也被稱爲統計算符（Statistical operator）。密度算符 ρ 其實就是一個混合態，所以我們已經發現，算符 $\hat{A}$ 的期望值等於 $\rho\hat{A}$ 乘積矩陣的對角元素之和，也就是矩陣的 Trace，簡記爲 Tr，即 $\langle A \rangle = Tr(\rho\hat{A})$。

因為所以可以觀察的期望值都可以用上述的方式獲得，所以我們會說密度算符 ρ 包含了系統中所有具有物理意義的訊息，因此，以密度算符 ρ 來重新改寫量子力學的方程式就對物理問題的量子力學相關應用處理非常有用。因為量子力學的基本計算方式都是源自於 Hamiltonian，所以我們必須先來看看 Hamiltonian 和密度算符之間的關係，簡單來說如果以 Hamiltonian 的本徵態的線性組合來表示狀態向量，則由其線性展開的係數可以導出密度算符 ρ 的矩陣元素。

由 $$|\psi_n\rangle = \sum_k c_n e^{-i\omega_k t}|u_k\rangle \; , \tag{9.13}$$

代入得
$$\begin{aligned}
\rho &= \sum_n P_n|\psi_n\rangle\langle\psi_n| \\
&= \sum_n P_n\left[\sum_k c_{nk}e^{-i\omega_k t}|u_k\rangle\right]\left[\sum_l c_{nl}^* e^{+i\omega_l t}|u_l\rangle\right] \\
&= \sum_n \sum_k \sum_l P_n c_{nk} c_{nl}^* e^{-i(\omega_k-\omega_l)t}|u_k\rangle\langle u_l| \; \circ \tag{9.14}
\end{aligned}$$

如果我們定義矩陣元素 ρ_{mj} 為

$$\rho_{mj} = \langle u_m|\rho|u_l\rangle \; ,$$

則
$$\begin{aligned}
\rho_{mj} &= \langle u_m|\left[\sum_n \sum_k \sum_l P_n c_{nk} c_{nl}^* e^{-i(\omega_k-\omega_l)t}|u_k\rangle\langle u_l|\right]|u_j\rangle \\
&= \sum_n P_n \langle u_m|\sum_k \sum_l [c_{nk} c_{nl}^* e^{-i(\omega_k-\omega_l)t}|u_k\rangle\langle u_l|]|u_j\rangle \\
&= \sum_n P_n c_{nm} c_{nj}^* e^{-i(\omega_k-\omega_l)t} \; \circ \tag{9.15}
\end{aligned}$$

若 $m=j$ 即對角矩陣元素 ρ_{jj} 為

$$\rho_{jj} = \sum_n P_n c_{nj} c_{nj}^* e^{-i(\omega_j - \omega_j)t}$$

$$= \sum_n P_n |c_{nj}|^2 \text{,} \tag{9.16}$$

其物理意義爲系統呈現本徵態 $|u_{kj}\rangle$ 的機率是 ρ_{jj}，則

[1]　對混合態而言，密度算符 ρ 含有機率和純粹態，但是並非只是簡單的把純粹態作線性組合，其定義爲

$$\rho = \sum_n P_n |\psi_n\rangle\langle\psi_n| \text{,} \tag{9.17}$$

其中 $|\psi_n\rangle$ 爲純粹態；加總「Σ」則是遍及混合態中所有的純粹態；P_n 爲統計權重（Statistical weight），也就是機率。

爲了可以把 $\rho = \sum_n P_n |\psi_n\rangle\langle\psi_n|$ 表示爲矩陣的形式，我們必須先選定一組基態（Basis states）$|u_1\rangle$、$|u_2\rangle$、$|u_3\rangle$、$\cdots$，這一組基態必須滿足正交歸一性及完備性，即 $\langle u_n|u_n\rangle = \delta_{mn}$；且 $\sum_n |u_n\rangle\langle u_n| = 1$，

現在將 $|\psi_n\rangle$ 以 $|u_1\rangle$、$|u_2\rangle$、$|u_3\rangle$、$\cdots$、展開，即 $|\psi_n\rangle = \sum_j c_{nj} |u_j\rangle$，於是整個系統呈現本徵態的機率就是

$$\rho_{jj} = \sum_n P_n |c_{nj}|^2 \text{。} \tag{9.18}$$

[2]　對純粹態而言，因爲只有一個狀態向量，

所以　　$\rho_{jj} = \sum_n P_n |c_{nj}|^2$

$$= P_1 |c_{1j}|^2$$

$$= |c_j|^2 \text{,} \tag{9.19}$$

其中 $P_1 = 1$。

9.3 密度算符與最大可能訊息

我們現在將集中注意力在那些缺乏「最大可能訊息」（Maximum possible information）的量子系統上。因為在量子力學中，並非所有可以被觀察的物理量都是可以精確的同時被測量的，所以這裡所謂的「最大可能訊息」是遠比古典力學裡的義意要嚴苛得多。於是我們首要的工作就是要討論量子力學中「最大可能訊息」的意涵。

如我們所知，只有當對應於二個變數的二個算符是可交換的，這二個物理量才有可能同時被精確得量測。如果 Q_1 和 Q_2 二個算符是可交換的，那麼就可以找到具有本徵值 q_1 和 q_2 對應於 Q_1 和 Q_2 的本徵態。同理，如果有第三個算符 Q_3 和 Q_1、Q_2 是可交換的，那麼就可以找到具有本徵值 q_1 和 q_1、q_3 對應於 Q_1 和 Q_2、Q_3 的本徵態；…；如果有第 n 個算符 Q_n 和 Q_1、Q_2、Q_3、…、Q_{n-1} 是可交換的，那麼就可以找到具有本徵值 q_1、q_2、q_3、…和 q_n 對應於本徵態 Q_1、Q_2、Q_3、…和 Q_n；…。

基本上，可交換的算符數量愈多，即互相獨立的觀察量愈多，則我們對系統的特性描述就可以愈完備。如果把所有可交換的算符定義在一個集合中，那麼我們會希望能增加這個集合的元素數目，也就是希望這個集合的元素能夠愈多愈好。但是如果在集合中加入了另外一個量測，其所對應的算符與 Q_1、Q_2、Q_3、…是不可交換的，那就一定至少會對一個已測定量引入不確定性，在這樣的情況下，即使集合的元素數目增加了，但是對系統特性描述的完備性也不會增加。

　　所以，從量子力學的觀點來說，如果一個系統含有一組完備的本徵值及其所對應的一組完備的可交換算符，則這個系統就是有著「最豐富的訊息」（Maximum information）。然而因爲所謂的「一組完備的可交換算符」，正意味著「一個完備的實驗觀察」，所以一旦完成了這個完備的實驗觀察，我們就可以由對應的本徵態 Q_1、Q_2、Q_3、$\cdots$，以及量測得到的本徵值 q_1、q_2、q_3、$\cdots$，而確定系統的狀態，並且，狀態向量 $|q_1, q_2, q_3, \cdots\rangle$ 就完全可以作爲系統的一個標示。如果立即再對系統進行變數 Q_1、Q_2、Q_3、$\cdots$ 的重覆量測，我們可以非常確定，相同的 q_1、q_2、q_3、$\cdots$，量測數值會再重覆的被觀察到。這樣一組「可以完全的確定預測結果」之實驗的存在給了「含有最多知識的狀態」（State of maximum knowledge）所具備的充份特徵及必要特徵。這種所謂的「含有最多知識的狀態」就被稱爲純粹態。

　　純粹態就如同古典物理所定義的狀態一樣，當所有的粒子之位置與動量都是已知的，則我們可以很準確的預測系統所有的實驗觀察結果。對量子力學而言，測不準原理訂出了觀察準確度的限制，而純粹態正代表著實驗或觀察結果最高的準確度。

　　基於量子力學實驗的論點，純粹態的作用就像是一個「濾波器」或是像一個「篩子」。現在我們設計一個實驗來看看純粹態的「功能」。

　　對於一束自由電子而言，動量算符 $\hat{p}$ 和自旋算符（Spin operator）$\hat{S}$ 的 z 方向分量 $\widehat{S_z}$ 就構成了一組完備的可交換的算符。如果我們把兩個意想的「篩子」，即動量算符 $\hat{p}$「篩子」和自旋算符 $\widehat{S_z}$「篩子」，依序組合在一起成爲一組裝置，則當一束電子送進這個裝置的第一個動量算符 $\hat{p}$「篩子」時，將會「篩出」具有精確的動量值 $\vec{p}$ 的粒子；接著再進入這個裝置的第二個自旋算符 $\widehat{S_z}$「篩子」時，將會「篩出」具有精確的自旋算符 $\widehat{S_z}$ 本

徵值 m 的粒子，於是一束具有狀態爲 $|\vec{p}, m\rangle$ 的電子就製備出來了。也就是說，只要一束電子通過這組裝置就一定會具有相同的動量 $\vec{p}$ 和相同的本徵值 m。我們可以作一個測試，如果現在有兩組上述的裝置，先把一束電子送進第一組裝置之後將會得到具有狀態爲 $|\vec{p}, m\rangle$ 的電子，再把這一束 $|\vec{p}, m\rangle$ 的電子送進第二組裝置，則會發現這束電子將會沒有阻礙的完全（Completely）通過。這個實驗可以一再一再重覆的做，我們將非常的確定觀察的結果總是相同的動量 $\vec{p}$ 和相同的本徵值 m。

選取完備可交換的算符集合之方法並非唯一的，例如：我們可以動量算符 $\hat{p}$ 和自旋算符 $\widehat{S_z}$ 的本徵態 $|\vec{p}, m\rangle$ 把另一個純粹態展開，這個純粹態是動量算符 $\hat{p}$ 和自旋算符 $\widehat{S_{z'}}$ 的本徵態 $|\vec{p}, m'\rangle$，其中 z 和 z' 是不相同的。或者可以理解爲完備的可交換的算符集合的組合也是一個完備的可交換的算符集合；純粹態的組合也是一個純粹態。

9.4 密度算符及其基本性質

在這一節中，我們要介紹密度算符的兩個很有用的基本性質：

[1] 密度算符是 Hermitian，即 $\langle \varphi | \rho | \phi \rangle = \langle \phi | \rho | \varphi \rangle^*$。 （9.20）

[2] $Tr(\rho) = 1$。 （9.21）

推導說明如下：

[1] 由 $\rho = \sum_n P_n |\varphi_n\rangle\langle\varphi_n|$， （9.22）

則　　　$\langle\varphi|\rho|\phi\rangle = \sum_n P_n \langle\varphi|\varphi_n\rangle\langle\varphi_n|\phi\rangle$

$$= \sum_n P_n \langle\varphi_n|\varphi\rangle^* \langle\phi|\varphi_n\rangle^*$$

$$= \sum_n P_n (\langle\varphi|\varphi_n\rangle\langle\varphi_n|\phi\rangle)^*$$

$$= \left(\sum_n P_n (\langle\phi|\varphi_n\rangle\langle\varphi_n|\varphi\rangle\right)^*$$

$$= \langle\phi|\rho|\varphi\rangle^* \circ \text{得證} \circ \tag{9.23}$$

[2]　假設狀態向量$|\varphi_n\rangle$是歸一化的，即$\langle\varphi_n|\varphi_n\rangle = 1$，且若$P_n$代表機率，則$\sum_n P_n = 1$表示系統處於向量狀態函數（Vector state function）所展開的空間中的機率為 1，

則　　　$Tr(\rho) = \rho_{11} + \rho_{22} + \rho_{33} + \cdots$

$$= \sum_k \langle u_k|\rho|u_k\rangle$$

$$= \sum_k \langle u_k|\left(\sum_n P_n|\varphi_n\rangle\langle\varphi_n|\right)|u_k\rangle$$

$$= \sum_k \sum_n P_n \langle u_k|\varphi_n\rangle\langle\varphi_n|u_k\rangle$$

$$= \sum_n P_n \sum_k \langle u_k|\varphi_n\rangle\langle\varphi_n|u_k\rangle$$

$$= \sum_n P_n \langle\varphi_n|\left(\sum_k |u_k\rangle\langle u_k|\right)|\varphi_n\rangle$$

$$= \sum_n P_n \langle\varphi_n|\varphi_n\rangle$$

$$= \sum_n P_n$$

$$= 1 \text{，} \tag{9.24}$$

其中 $\quad\quad \sum\limits_k |u_k\rangle\langle u_k| = 1$。得證。 $\hfill (9.25)$

9.5　Liouville 方程式

在瞭解了密度算符的基本概念之後，我們要介紹密度算符的時間相關性，也就是密度矩陣隨時間演變的特性（Time evolution of the density matrix），即密度算符的運動方程式，或稱為密度算符的 Liouville 方程式。我們藉由古典力學中的 Liouville 方程式已經描述了許多粒子的動力學和運動學的特性，現在我們把密度算符代入 Liouville 方程式中，也將可以用來解析量子的行為。

由 $\langle A \rangle = Tr \langle \rho A \rangle$ 可以求出任何觀察量的期望值，但是必須先知密度算符 ρ，所以接下來，我們要介紹密度算符的運動方程式，解出這個運動方程式可得到密度算符 ρ。

由 $\quad\quad \rho = \sum\limits_n P_n |\Psi_n\rangle\langle\Psi_n|$, $\hfill (9.26)$

對時間微分，

得 $\quad\quad i\hbar \dfrac{\partial \rho}{\partial t} = i\hbar \sum\limits_n P_n \left[\dfrac{\partial |\Psi_n\rangle}{\partial t} \langle\Psi_n| + |\Psi_n\rangle \dfrac{\partial \langle\Psi_n|}{\partial t} \right]$。 $\hfill (9.27)$

以下我們將從波動方程式找出取代 $\dfrac{\partial |\Psi_n\rangle}{\partial t}$ 和 $\dfrac{\partial \langle\Psi_n|}{\partial t}$ 的表示式。

Ket 向量的波動方程式為

$$H|\Psi_n\rangle = i\hbar \frac{\partial |\Psi_n\rangle}{\partial t} \ , \tag{9.28}$$

則 Bra 向量的波動方程式為

$$\langle\Psi_n|H = -i\hbar \frac{\partial \langle\Psi_n|}{\partial t} \ , \tag{9.29}$$

將這二個方程式帶入（9.27），

得
$$i\hbar \frac{\partial \rho}{\partial t} = i\hbar \sum_n P_n \left[\frac{\partial |\Psi_n\rangle}{\partial t} \langle\Psi_n| + |\Psi_n\rangle \frac{\partial \langle\Psi_n|}{\partial t} \right]$$
$$= \sum_n P_n [H|\Psi_n\rangle\langle\Psi_n| - |\Psi_n\rangle\langle\Psi_n|H]$$
$$= H\left(\sum_n P_n|\Psi_n\rangle\langle\Psi_n| \right) - \left(\sum_n P_n|\Psi_n\rangle\langle\Psi_n| \right)H$$
$$= H\rho - \rho H$$
$$= [H,\rho] \ , \tag{9.30}$$

其中 $[H,\rho] \equiv H\rho - \rho H$ 為交換子（Commutator），即密度算符的運動方程式為

$$i\hbar \frac{\partial \rho}{\partial t} = [H,\rho] \ 。 \tag{9.31}$$

若 H_0 是沒有微擾的 Hamiltonian（Unperturbed Hamiltonian），則我們也可以找出有微擾的密度算符 ρ 矩陣元素的微分方程式，說明如下。

若系統的 Hamiltonian H

$$H = H_0 + H_1 \text{，} \tag{9.32}$$

其中 H_0 為沒有微擾的 Hamiltonian 且 $H_0 | u_k \rangle = E_k | u_k \rangle$；$H_1$ 為介質和微擾交互作用的能量算符（Energy operator）。

由 Liouville 方程式，

$$i\hbar \frac{\partial \rho}{\partial t} = [H, \rho] \text{，} \tag{9.33}$$

所以
$$\langle u_i | i\hbar \frac{\partial \rho}{\partial t} | u_j \rangle = \langle u_i | (H\rho - \rho H) | u_j \rangle \text{，} \tag{9.34}$$

則
$$i\hbar \frac{\partial}{\partial t} \langle u_i | \rho | u_j \rangle = i\hbar \frac{\partial}{\partial t} \rho_{ij}$$
$$= \langle u_i | H\rho | u_j \rangle - \langle u_i | H\rho | u_j \rangle \text{。} \tag{9.35}$$

以下，我們將等號右側二項分開來算。

因為
$$H = H_0 + H_1 \text{，}$$

所以
$$\langle u_i | H\rho | u_j \rangle = \langle u_i | (H_0 + H_1) \rho | u_j \rangle$$
$$= \langle u_i | H_0 \rho | u_j \rangle + \langle u_i | H_1 \rho | u_j \rangle$$
$$= E_i^* \langle u_i | \rho | u_j \rangle + \langle u_i | H_1 \rho | u_j \rangle$$
$$= E_i \rho_{ij} + \langle u_i | H_1 \rho | u_j \rangle \text{。} \tag{9.36}$$

同理 $\qquad \langle u_i | \rho H | u_j \rangle = E_j \rho_{ij} + \langle u_i | \rho H_1 | u_j \rangle$ 。 $\qquad (9.37)$

所以可得密度算符的運動方程式為

$$ i\hbar \frac{\partial}{\partial t} \rho_{ij} = (E_i - E_j)\rho_{ij} + \langle u_i | (H_1\rho - \rho H_1) | u_j \rangle $$

$$ = (E_i - E_j)\rho_{ij} + [H_1, \rho]_{ij} , \qquad (9.38) $$

其中 $[H_1, \rho]_{ij} = \langle u_i | (H_1\rho - \rho H_1) | u_j \rangle$ ，且注意下標 i 不要和 $\sqrt{-1} = i$ 混淆。

9.6 量子 Boltzmann 方程式

由 $i\hbar \dfrac{\partial \rho}{\partial t} = [H, \rho]$ ，

若 $\qquad H = H_0 + H_1$

$\qquad\qquad = H_0 + H_{Perturbation} + H_{Relaxation}$ ， $\qquad\qquad (9.39)$

則 $\qquad i\hbar \dfrac{\partial \rho}{\partial t} = [H, \rho]$

$\qquad\qquad = [H_0, \rho] + [H_{Perturbation}, \rho] + [H_{Relaxation}, \rho]$ 。 $\qquad (9.40)$

所以若用弛豫時間近似（Relaxation time approximation）來表示 $[H_{Relaxation}, \rho]$ ，

則 $\qquad ih\dfrac{\partial \rho}{\partial t} = [H_{Nonrelaxation}, \rho] + ih\left(\dfrac{\partial \rho}{\partial t}\right)_{Random}$ ， $\qquad$ （9.41）

或 $\qquad \dfrac{\partial \rho_{ij}}{\partial t} = \dfrac{-i}{\hbar}[H_{Nonrelaxation}, \rho]_{ij} + \left(\dfrac{\partial \rho}{\partial t}\right)_{ij, Random}$ 。 $\qquad$ （9.42）

上式就是量子力學的 Boltzmann 方程式（Quantum mechanics Boltzmann equation）。

如果把 $H_{Nonrelaxation} = H_0 + H_{Perturbation}$ 代入，

則 $\qquad \dfrac{\partial \rho_{ij}}{\partial t} = \dfrac{-i}{\hbar}[H_{Nonrelaxation}, \rho]_{ij} + \dfrac{-i}{\hbar}[H_{Perturbation}, \rho]_{ij}$

$\qquad\qquad - \gamma_{ij}(\rho_{ij} - \rho_{ij, Equlirium})$

$\qquad\quad = -i\omega_{ij}\rho_{ij} + \dfrac{-i}{\hbar}[H_{Perturbation}, \rho]_{ij} - \gamma_{ij}(\rho_{ij} - \rho_{ij, Equlirium})$ ，

$\qquad\qquad\qquad\qquad\qquad\qquad\qquad\qquad\qquad\qquad\qquad$ （9.43）

其中 $\qquad \dfrac{1}{\gamma_{ij}} = \begin{cases} T_1, \text{當 } i=j, \text{ Longitudinal Time} \\ T_2, \text{當 } i \neq j, \text{ Transverse Time} \end{cases}$ 。 $\qquad$ （9.44）

時間常數 T_1 和時間常數 T_2 的名稱有好幾種不同的來源，如表 9-2 所示。

表 9-2・幾種時間常數 T_1 和時間常數 T_2 的名稱和來源

符號	T_1	T_2
名稱	Longitudinal relaxation、Spin-Lattice relaxation、Dipole-Lattice relaxation	Transverse relaxation、Spin-Spin relaxation、Dipole-Dipole relaxation
來源	Spontaneous emission、Interactions with the lattice、Inelastic collisions	Spontaneous emission、Interactions with the lattice、Inelastic collisions、Elastic collisions

[1]　時間常數 T_1 通常被稱爲縱向弛豫時間（Longitudinal relaxation time）、自旋-晶格弛豫時間（Spin-lattice relaxation time）、雙極矩-晶格弛豫時間（Dipole-lattice relaxation time），其主要的來源爲自發性輻射（Spontaneous emission）、粒子與晶格的交互作用（Interactions with the lattice）、非彈性碰撞（Inelastic collisions）…等等。

[2]　時間常數 T_2 通常被稱爲橫向弛豫時間（Transverse relaxation time）、自旋-自旋弛豫時間（Spin-spin relaxation time）、雙極矩-雙極矩弛豫時間（Dipole-dipole relaxation time），其主要的來源除了包含了所有時間常數 T_1 的自發性輻射（Spontaneous emission）、粒子與晶格的交互作用（Interactions with the lattice）、非彈性碰撞（Inelastic collisions）…等等之外，還有彈性碰撞（Elastic collisions）…等等。因爲時間常數和這些機制是呈倒數的關係，即如（9.44）所示，所以時間常數 T_2 是小於或等於時間常數 T_1 的，即 $T_2 \le T_1$。

我們可以再寫得更仔細一點

[1]　若 $i = j$，

則　　　$\dfrac{\partial \rho_{ii}}{\partial t} = \dfrac{-i}{\hbar}[H_{Perturbation}, \rho]_{ii} - \dfrac{1}{T_1}(\rho_{ii} - \rho_{ii, Equlibrium})$。　　（9.45）

[2]　若 $i \ne j$，則因爲在平衡狀態且在不受干擾的情況下，$\rho_{ij, Equilibrium} = 0$，即密度算符的非對角項爲零，

所以　　$\dfrac{\partial \rho_{ij}}{\partial t} = -i\omega_{ij}\rho_{ij} + \dfrac{-i}{\hbar}[H_{Perturbation}, \rho]_{ij} - \dfrac{1}{T_2}(\rho_{ij} - \rho_{ij, Equilibrium})$。

（9.46）

9.7 算符期望值的運動方程式

前面幾節介紹了密度算符的時間一次微分方程式，但是因爲量測觀察的結果還是我們所關心的，所以現在我們要討論算符期望值的時間微分方程式。

我們常遇到的時間的一次微分和時間的二次微分所建立的方程式，除了前述的方程式之外，還有連續方程式和波動方程式或運動方程式，這都是應用廣泛的方程式。所以本節，我們要討論算符期望值 $\langle A \rangle$ 的時間一次微分和二次微分方程式。

因爲 $$\langle A \rangle = Tr(\rho A) = \sum_k \langle v_k | \rho A | v_k \rangle \, , \tag{9.47}$$

所以對非時間函數（Explicit function of time）的算符 A 之期望值對時間微分爲

$$
\begin{aligned}
\langle \dot{A} \rangle &\equiv \frac{\partial \langle A \rangle}{\partial t} \\
&= \sum_k \langle v_k | \dot{\rho} A + \rho \dot{A} | v_k \rangle \\
&= \sum_k \langle v_k | \dot{\rho} A | v_k \rangle \\
&= Tr(\dot{\rho} A) \, 。
\end{aligned}
\tag{9.48}
$$

因爲密度算符 ρ 的對角元素時間微分 $\dfrac{\partial \rho_{ii}}{\partial t}$ 與非對角元素時間微分 $\dfrac{\partial \rho_{ij}}{\partial t}$ 是不同的，

即
$$\frac{\partial \rho_{ii}}{\partial t} = \frac{-i}{\hbar} [H_{Perturbation}, \rho]_{ii} - \frac{1}{T_1} (\rho_{ii} - \rho_{ii, Equilibrium}) \; ; \qquad (9.49)$$

$$\frac{\partial \rho_{ij}}{\partial t} = \frac{-i}{\hbar} [H_{Perturbation}, \rho]_{ij} - \frac{1}{T_2} (\rho_{ij} - \rho_{ij, Equilibrium}) \; \circ \qquad (9.50)$$

又
$$\langle \dot{A} \rangle = \sum_i \langle v_i | \dot{\rho} A | v_i \rangle$$

$$= \sum_i \sum_j \langle v_i | \dot{\rho} | v_j \rangle \langle v_j | A | v_i \rangle$$

$$= \sum_i \sum_j \frac{\partial \rho_{ij}}{\partial t} A_{ji}$$

$$= \sum_i \sum_j \frac{-i}{\hbar} [H_{Perturbation}, \rho]_{ij} A_{ji} - \frac{1}{T_1} \sum_i (\rho_{ii} - \rho_{ii, Equilibrium}) A_{ii}$$

$$- i \sum_i \sum_j \omega_{ij} \rho_{ij} A_{ji} - \frac{1}{T_2} \sum_{\substack{i \ j \\ i \neq j}} \rho_{ij} A_{ji} \; \circ \qquad (9.51)$$

我們還可以作進一步的整理化簡，

$$\sum_i \sum_j [H_{Perturbation}, \rho]_{ij} A_{ji} = \sum_i \sum_j \langle v_i | [H_{Perturbation}, \rho]_{ij} | v_j \rangle \langle v_j | A | v_i \rangle$$

$$= \sum_i \langle v_i | [H_{Perturbation}, \rho] A | v_j \rangle$$

$$= Tr ([H_{Perturbation}, \rho] A)$$

$$= Tr (H_{Perturbation} \rho A - \rho H_{Perturbation} A)$$

$$= \sum_i \langle v_i | H_{Perturbation} \rho A - \rho H_{Perturbation} A | v_i \rangle$$

$$= \sum_i \langle v_i | \rho A H_{Perturbation} - \rho H_{Perturbation} A | v_i \rangle$$

$$= \sum_i \langle v_i | \rho [A, H_{Perturbation}] | v_i \rangle$$

$$= Tr (\rho [A, H_{Perturbation}])$$

$$= \langle [A, H_{Perturbation}] \rangle \quad \circ \qquad (9.52)$$

上面的運算利用了一個關係如下

$$\sum_i \langle v_i|H\rho A|v_i\rangle = \sum_i \sum_j \sum_k \langle v_i|H|v_j\rangle\langle v_j|\rho|v_k\rangle\langle v_k|A|v_i\rangle$$

$$= \sum_i \sum_j \sum_k \langle v_j|\rho|v_k\rangle\langle v_k|A|v_i\rangle\langle v_i|H|v_j\rangle$$

$$= \sum_j \langle v_j|\rho AH|v_j\rangle$$

$$= \sum_i \langle v_i|\rho AH|v_i\rangle \quad \text{。} \tag{9.53}$$

同理
$$\sum_i \sum_j [H_0,\rho]_{ij} A_{ji} = \sum_i \sum_j \langle v_i|[H_0,\rho]|v_j\rangle\langle v_j|A|v_i\rangle$$

$$= \sum_i \sum_j \left(\langle v_i|H_0\rho|v_j\rangle - \langle v_i|\rho H_0|v_j\rangle \right) \langle v_j|A|v_i\rangle$$

$$= \sum_i \sum_j \left(\hbar\omega_i \langle v_i|\rho|v_j\rangle - \hbar\omega_j \langle v_i|\rho|v_j\rangle \right) \langle v_j|A|v_i\rangle$$

$$= \sum_i \sum_j \hbar(\omega_i - \omega_j) \langle v_i|\rho|v_j\rangle\langle v_j|A|v_i\rangle$$

$$= \sum_i \sum_j \hbar\omega_{ij}\rho_{ij} A_{ij}$$

$$= \langle [A,H_0] \rangle \quad \text{。} \tag{9.54}$$

其實，同理可得

$$\frac{1}{i\hbar} \langle [A,H_{Non\text{-}relaxation}] \rangle$$

$$= \frac{1}{i\hbar} \sum_i \sum_j [H_{Perturbation},\rho]_{ij} A_{ji} - i\sum_i \sum_j \omega_{ij}\rho_{ij} A_{ij}$$

$$= \langle [A,H_{Perturbation}] \rangle + \langle [A,H_0] \rangle \quad \text{。} \tag{9.55}$$

又
$$\frac{1}{T_1}\sum_i (\rho_{ii} - \rho_{ii,Equlibrium}) A_{ii}$$

$$= \frac{-1}{T_1}\sum_i \rho_{ii} A_{ii} + \frac{1}{T_1}\sum_i \rho_{ii,Equlibrium} A_{ii}$$

$$= \frac{-1}{T_1} \sum_i \rho_{ii} A_{ii} + \frac{1}{T_1} Tr(\rho A)_{Equilibrium}$$

$$= \frac{-1}{T_1} \sum_i \rho_{ii} A_{ii} + \frac{1}{T_1} \langle A \rangle_{Equilibrium} , \qquad (9.56)$$

且

$$-\frac{1}{T_2} \sum_i \sum_j \rho_{ij} A_{ji} = \frac{1}{T_2} \langle A \rangle$$

$$= \frac{-1}{T_2} \sum_i \rho_{ii} A_{ii} - \frac{1}{T_2} \sum_i \sum_{j \neq i} \rho_{ij} A_{ji} , \qquad (9.57)$$

所以

$$-\frac{1}{T_2} \sum_{j \neq i} \rho_{ij} A_{ji} = -\frac{1}{T_2} \langle A \rangle + \frac{1}{T_2} \sum_i \rho_{ii} A_{ii} 。 \qquad (9.58)$$

代入可得算符期望值的時間一次微分方程式為

$$\langle \dot{A} \rangle = \frac{1}{i\hbar} \langle [A, H_{Non\text{-}relaxation}] \rangle - \frac{1}{T_1} \sum_i \rho_{ii} A_{ii} + \frac{1}{T_1} \langle A \rangle_{Equilibrium}$$

$$- \frac{1}{T_2} \langle A \rangle + \frac{1}{T_2} \sum_i \rho_{ii} A_{ii}$$

$$= \frac{1}{i\hbar} \langle [A, H_{Non\text{-}relaxation}] \rangle + \frac{1}{T_1} \langle A \rangle_{Equilibrium}$$

$$- \frac{1}{T_2} \langle A \rangle + \left(\frac{1}{T_2} - \frac{1}{T_1} \right) \sum_i \rho_{ii} A_{ii} , \qquad (9.59)$$

則

$$\langle \dot{A} \rangle + \frac{1}{T_2} \langle A \rangle - \frac{1}{T_1} \langle A \rangle_{Equilibrium}$$

$$= \frac{1}{i\hbar} \langle [A, H_{Non\text{-}relaxation}] \rangle + \left(\frac{1}{T_2} - \frac{1}{T_1} \right) \sum_i \rho_{ii} A_{ii} 。 \qquad (9.60)$$

有二種特別的情況：

[1]　若 A 所有的對角元素都為零，即 $A_{ii} = 0$，

則

$$\langle \dot{A} \rangle = \frac{1}{i\hbar} \langle [A, H_{Non\text{-}relaxation}] \rangle - \frac{1}{T_1} \sum_i (\rho_{ii} - \rho_{ii, Equilibrium}) A_{ii}$$

$$-\frac{1}{T_2}\langle A\rangle+\frac{1}{T_2}\sum_i\rho_{ii}A_{ii}$$

$$=\frac{1}{i\hbar}\langle[A,H_{Non\text{-}relaxation}]\rangle-\frac{1}{T_2}\langle A\rangle \ , \tag{9.61}$$

所以　　$\langle\dot A\rangle+\frac{1}{T_2}\langle A\rangle=\frac{1}{i\hbar}\langle[A,H_{Non\text{-}relaxation}]\rangle \ 。 \tag{9.62}$

[2]　若只有 A 的對角元素是非零的，即 $A_{ii}\neq0$ 且 $A_{ij}\big|_{i\neq j}=0$ ，

則　　$-\frac{1}{T_2}\sum_i\sum_{j\neq i}\rho_{ij}A_{ji}=0 \ , \tag{9.63}$

則　　$\langle\dot A\rangle=\frac{1}{i\hbar}\langle[A,H_{Non\text{-}relaxation}]\rangle-\frac{1}{T_1}\sum_i\rho_{ii}A_{ii}+\frac{1}{T_1}\langle A\rangle_{Equilibrium}$

$$=\frac{1}{i\hbar}\langle[A,H_{Non\text{-}relaxation}]\rangle-\frac{1}{T_1}\langle A\rangle+\frac{1}{T_1}\langle A\rangle_{Equilibrium} \ ,$$

$$\tag{9.64}$$

得　　$\langle\dot A\rangle+\frac{\langle A\rangle-\langle A\rangle_{Equilibrium}}{T_1}=\frac{1}{i\hbar}\langle[A,H_{Non\text{-}relaxation}]\rangle \ 。 \tag{9.65}$

通常我們會要知道對角元素為零的算符 A 的時間二次微分方程式，

即　　$\langle\ddot A\rangle+\frac{1}{T_2}\langle\mathring A\rangle=\frac{1}{i\hbar}\langle[A,H_{Non\text{-}relaxation}]\rangle \ 。 \tag{9.66}$

可得算符 A 的時間二次微分方程式為

$$\langle\ddot A\rangle+\frac{2}{T_2}\langle\dot A\rangle+\frac{1}{T_2^2}\langle A\rangle=-\frac{1}{\hbar^2}\langle[A,H_{Non\text{-}relaxation}],H_{Non\text{-}relaxation}\rangle$$

$$+\frac{1}{i\hbar}\left[\frac{1}{T_2}-\frac{1}{T_1}\right]\sum_i\rho_{ii}[A,H_{Non\text{-}relaxation}]_{ii} \ 。 \tag{9.67}$$

綜合以上的說明，一般而言，我們會對在 $[A, H_{Non\text{-}relaxation}]_{ii} = 0$ 情況下的解特別有興趣，所以算符期望值的運動方程式為

$$\langle \ddot{A} \rangle + \frac{2}{T_2} \langle \dot{A} \rangle + \frac{1}{T_2^2} \langle A \rangle = -\frac{1}{\hbar^2} \langle [A, H_{Non\text{-}relaxation}], H_{Non\text{-}relaxation} \rangle \text{。} \quad (9.68)$$

幾乎可以說，我們可以使用這個算符期望值的運動方程式來分析各種的物質與輻射之間的交互作用過程，這些過程或者統稱為量子電子學（Quantum electronics），也就是包含各種偶極矩躍遷（Dipole transitions）、共振過程（Resonant processes）、雷射動力學（Laser dynamics）、量子介質中的非線性效應（Nonlinear effects in quantized media）、各種場的量子化（Field quantization）、聲子和輻射的交互作用（Interaction between phonon and radiation）、以及粒子在固態中的行為。

9.8 習題

9-1　如果有一個系綜（Ensemble）的原子都處在能量為 E_0 的基態（Ground states）$|0\rangle$，則這些原子都會因為吸收光子而躍遷到高能態。若激發的光脈衝寬度非常窄，也就是脈衝寬度 Δt 比激發態原子的壽命（Lifetime）還要短的多，我們就可以把這個激發的過程視為在 $t = 0$ 的時刻，瞬間（Instantaneously）發生。試說明在這樣的激發條件下的量子拍（Quantum beats）效應。

9-2 假設 $\widehat{H}$ 為簡諧振子的 Hamiltonian，即 $\widehat{H}|n\rangle = E_n|n\rangle = \left(n+\dfrac{1}{2}\right)\hbar\omega|n\rangle$。若密度算符為 $\hat{\rho} = Ae^{-\frac{\widehat{H}}{k_BT}}$，則試求簡諧系統呈現本徵態 $|n\rangle$ 的機率。

9-3 在雷射物理中，我們如果要深入一點的討論雷射發生的整個過程，最常使用的就是密度算符（Density operator）的速率方程式（Rate equation）。

由 Maxwell 方程式可得

$$\frac{d^2}{dt^2}\overrightarrow{\mathscr{E}}(t) + \gamma_0\frac{d}{dt}\overrightarrow{\mathscr{E}}(t) + \omega_0^2\overrightarrow{\mathscr{E}}(t) = -\frac{d^2}{dt^2}\overrightarrow{\mathscr{P}}(t),$$

其中 $\overrightarrow{\mathscr{P}}(t)$ 為雷射活性介質的巨觀電極化量（Macroscopic electric polarization of the active medium）；ω_0 為未受擾動時的共振模態頻率（Resonant frequency of the unperturbed cavity mode）；γ_0 為共振阻尼（Damping）；而 $\overrightarrow{\mathscr{P}}(t) = N Trace\ [\vec{\wp}\rho(t)]$，其中 N 為介質中和輻射場發生耦合的活性原子之密度（the Density of the active atoms coupled to the radiation field）；$\vec{\wp}$ 為電偶算符（Electric dipole operator）。

而密度矩陣 $\rho(t)$ 的量子力學 Boltzmann 方程式（Quantum mechanical Boltzmann equation）為

$$\frac{d\rho}{dt} = \frac{\partial\rho}{\partial t}\bigg|_{Coherent} + \frac{\partial\rho}{\partial t}\bigg|_{Incoherent} + \Lambda,$$

其中 $\dfrac{\partial\rho}{\partial t}\bigg|_{Coherent} = \dfrac{-i}{\hbar}[H,\rho]$；$\dfrac{\partial\rho}{\partial t}\bigg|_{Incoherent}$ 是為了描述弛豫過程現象

而引入的項；$\Lambda = \begin{bmatrix} \lambda_1 & 0 \\ 0 & \lambda_2 \end{bmatrix}$ 是泵激發（Pumping excitation）。

為了方便說明，所以先不考慮量子力學 Boltzmann 方程式的後兩項：$\dfrac{\partial \rho}{\partial t}\bigg|_{Incoherent}$ 和 $\Lambda = \begin{bmatrix} \lambda_1 & 0 \\ 0 & \lambda_2 \end{bmatrix}$，當然稍後會再加進來，則密度算符（Density operator）的運動方程式（Equation of motion）為

$\dfrac{d\rho}{dt} = \dfrac{1}{i\hbar}[H,\rho]$。

若在沒有外場作用時，能量的本徵態為 $|1\rangle$ 和 $|2\rangle$，即 $H_0|1\rangle = E|1\rangle$；$H_0|2\rangle = E_2|2\rangle$，則 $H_0 = \begin{bmatrix} E_1 & 0 \\ 0 & E_2 \end{bmatrix}$，且本徵態的正交歸一性質為 $\langle 1|1\rangle = 1$、$\langle 2|2\rangle = 1$、$\langle 1|2\rangle = 0$、$\langle 2|1\rangle = 0$。所以這組基底（Basis）可以建構出的密度算符為 $\rho = \begin{bmatrix} \rho_{11} & \rho_{12} \\ \rho_{21} & \rho_{22} \end{bmatrix}$。因為整體的 Hamiltonian（Total Hamiltonian）為 $H = H_0 - \vec{\mu} \cdot \vec{\mathscr{E}}(t) = H_0 - \mu\mathscr{E}(t)$，其中由於 $\vec{\mu}$ 和 $\vec{\mathscr{E}}(t)$ 是同方向平行的，即 $\vec{\mu} \parallel \vec{\mathscr{E}}(t)$，所以把向量符號拿掉了；而 H_0 為原子的未受干擾時的 Hamiltonian（Unperturbed Hamiltonian）；$\vec{\mu} \cdot \vec{\mathscr{E}}(t)$ 為原子和電磁場的交互作用能量（Interaction energy）。

因為 $\langle 1|\mu\mathscr{E}|1\rangle = 0$；$\langle 2|\mu\mathscr{E}|2\rangle = 0$；$\langle 1|\mu\mathscr{E}|2\rangle = \langle 1|\mu|2\rangle \mathscr{E} = \mu_{12}\mathscr{E}$；$\langle 2|\mu\mathscr{E}|1\rangle = \langle 2|\mu|1\rangle \mathscr{E} = \mu_{21}\mathscr{E}$，其中由於 μ 是 Hermitian，或是當 μ_{12} 和 μ_{21} 是同相的（in phase），則會有 $\mu_{12} = \mu_{21}$ 或 $\mu_{12}\mathscr{E} = \mu_{21}\mathscr{E}$ 的結果，則 $-\vec{\mu} \cdot \vec{\mathscr{E}}(t) = \begin{bmatrix} 0 & -\mu_{12}\mathscr{E} \\ -\mu_{12}\mathscr{E} & 0 \end{bmatrix}$。

[1] 試求出整體的 Hamiltonian H 為

$$H = \begin{bmatrix} \mathscr{E}_1 & -\mu_{12}\mathscr{E} \\ -\mu_{12}\mathscr{E} & \mathscr{E}_2 \end{bmatrix} \text{。}$$

如果把激發（Excitation）Λ 和衰減（Decay）Γ 一起考慮進來之後，就可以建立速率方程式，即

$$\frac{d\rho}{dt} = \Lambda + \frac{1}{i\hbar}[H,\rho] - \frac{1}{2}\{\Gamma,\rho\}$$

$$= \Lambda + \frac{1}{i\hbar}(H\rho - \rho H) - \frac{1}{2}(\Gamma\rho + \rho\Gamma) \text{，}$$

其中 $\Lambda = \begin{bmatrix} \lambda_1 & 0 \\ 0 & \lambda_2 \end{bmatrix} = \lambda_i\delta_{ij}$ 代表激發過程；$\Gamma = \begin{bmatrix} \gamma_1 & 0 \\ 0 & \gamma_2 \end{bmatrix} = \gamma_i\delta_{ij}$ 代表衰減過程；且本徵態為 $|1\rangle = \begin{bmatrix} 1 \\ 0 \end{bmatrix}$；$\langle 1| = [1\ 0]$；$|2\rangle = \begin{bmatrix} 0 \\ 1 \end{bmatrix}$；$\langle 2| = [0\ 1]$，如圖所示。

Excitation	Decay	No Excitation
$\Lambda = \begin{bmatrix} \lambda_1 & 0 \\ 0 & \lambda_2 \end{bmatrix}$	$\Gamma = \begin{bmatrix} \gamma_1 & 0 \\ 0 & \gamma_2 \end{bmatrix}$	No Decay

接著，我們要分別求出 $\dfrac{d\rho}{dt} = \dfrac{d}{dt}\begin{bmatrix} \rho_{11} & \rho_{12} \\ \rho_{21} & \rho_{22} \end{bmatrix}$ 的表示式。

[2] 試証 $\dfrac{d\rho_{11}}{dt} = \lambda_1 - \gamma_1\rho_{11} - \dfrac{i}{\hbar}\mu_{12}\mathscr{E}(\rho_{12} - \rho_{21})$。

[3] 因為 $\dfrac{d\rho_{12}}{dt} = \dfrac{d\rho_{21}^*}{dt}$，所以只要知道 $\dfrac{d\rho_{12}}{dt}$ 就可以知道 $\dfrac{d\rho_{21}}{dt}$。若

$$E_1 - E_2 = \hbar\omega \text{ 且 } \gamma = \frac{1}{2}(\gamma_1 + \gamma_2)，試証 \frac{d\rho_{12}}{dt} = -(i\omega - \gamma)\rho_{12} - \frac{i}{\hbar}\mu_{12}\mathscr{E}$$

$$(\rho_{11} - \rho_{22})。$$

[4]　試証 $\dfrac{d\rho_{22}}{dt} = \lambda_2 - \gamma_2\rho_{22} + \dfrac{i}{\hbar}\mu_{12}\mathscr{E}(\rho_{12} - \rho_{21})$。

我們也可以用另外一種方式表達介質受到激發Λ的過程。

當沒有外加干擾，且達到穩定狀態（Steady state）時，即

$$\frac{d\rho_{11}}{dt} = 0 = \lambda_1 - \gamma_1\rho_{11}\ ;\quad \frac{d\rho_{22}}{dt} = 0 = \lambda_2 - \gamma_2\rho_{22}，\quad 則 \quad \lambda_1 = \gamma_1\rho_{11}^{(0)}\ ;$$

$\lambda_2 = \gamma_2\rho_{22}^{(0)}$。所以這三個速率方程式也可以表示為

$$\frac{d\rho_{11}}{dt} = -\gamma_1(\rho_{11} - \rho_{11}^{(0)}) - \frac{i}{\hbar}\mu_{12}\mathscr{E}(\rho_{12} - \rho_{21})\ ;$$

$$\frac{d\rho_{22}}{dt} = -\gamma_2(\rho_{22} - \rho_{22}^{(0)}) + \frac{i}{\hbar}\mu_{12}\mathscr{E}(\rho_{12} - \rho_{21})\ ;$$

$$\frac{d\rho_{12}}{dt} = -(i\omega + \gamma)\rho_{12} - \frac{i}{\hbar}\mu_{12}\mathscr{E}(\rho_{11} - \rho_{22})，$$

而激發項Λ則可表示為 $\Lambda = \begin{bmatrix} \lambda_1 & 0 \\ 0 & \lambda_2 \end{bmatrix} = \begin{bmatrix} \gamma_1\rho_{11}^{(0)} & 0 \\ 0 & \gamma_2\rho_{22}^{(0)} \end{bmatrix}$。

這三個速率方程式可以整合表示成一個方程式為

$$\frac{d\rho}{dt} = \frac{1}{i\hbar}[H,\rho] - \frac{1}{2}[\Gamma(\rho - \rho^{(0)}) + (\rho - \rho^{(0)})\Gamma]$$

$$= \frac{1}{i\hbar}[H,\rho] - \frac{1}{2}\{\Gamma, \rho - \rho^{(0)}\}，其中 [H,\rho] = H\rho - \rho H；$$

$\{\Gamma, \rho\} = \Gamma\rho + \rho\Gamma$。

於是我們有了一些不同觀點的論述：

[5]　在沒有干擾的情況下，也就是沒有光子的情況下，則

$$\frac{d\rho}{dt} = -\frac{1}{2}[\Gamma(\rho - \rho^{(0)}) + (\rho - \rho^{(0)})\Gamma]。$$

請簡單的說明這個式子的意義。

[6]　顯然 $\rho^{(0)}$ 是和外在激發的情況有關的，如果外在激發是非同

調的（Incoherent），則 $\rho^{(0)}$ 是完全對角化的（Purely diagonal）。

當共振腔內的光場為零或更具體的說是電波場或簡稱腔場（Cavity field）為零，即 $\mathscr{E}=0$，也就是在共振腔內沒有光子時，試證明

$$\frac{d\rho_{11}}{dt} = -\gamma_1(\rho_{11} - \rho_{11}^{(0)}) \ ;$$

$$\frac{d\rho_{22}}{dt} = -\gamma_2(\rho_{22} - \rho_{22}^{(0)}) \ ,$$

請簡單的說明這個式子的意義。

9-4 在理論上只需要五個獨立的變數所建立的三個方程式就可以描述在任何時間雷射的動態行為（Dynamical behaviors）。

下圖為共振腔內的輻射場和二階活性介質交互作用的示意圖。

$$\Lambda = \begin{bmatrix} \lambda_1 & 0 \\ 0 & \lambda_2 \end{bmatrix} \qquad\qquad \Gamma = \begin{bmatrix} \gamma_1 & 0 \\ 0 & \gamma_2 \end{bmatrix}$$

如果我們已經建立了三個密度矩陣的速率方程式為：

$$\frac{d\rho_{11}}{dt} = -\gamma_1(\rho_{11} - \rho_{11}^{(0)}) - \frac{i}{\hbar}\wp_{12}\mathscr{E}(\rho_{12} - \rho_{21}) \,;$$

$$\frac{d\rho_{22}}{dt} = -\gamma_2(\rho_{22} - \rho_{22}^{(0)}) + \frac{i}{\hbar}\wp_{12}\mathscr{E}(\rho_{12} - \rho_{21}) \,;$$

$$\frac{d\rho_{12}}{dt} = -\left(i\omega + \frac{\gamma_1 + \gamma_2}{2}\right)\rho_{12} - \frac{i}{\hbar}\wp_{12}\mathscr{E}(\rho_{11} - \rho_{22})\,,$$

其中激發項則可表示為 $\Lambda = \begin{bmatrix} \lambda_1 & 0 \\ 0 & \lambda_2 \end{bmatrix} = \begin{bmatrix} \gamma_1\rho_{11}^{(0)} & 0 \\ 0 & \gamma_2\rho_{22}^{(0)} \end{bmatrix}$ 代表激發過

程；$\Gamma = \begin{bmatrix} \gamma_1 & 0 \\ 0 & \gamma_2 \end{bmatrix}$ 代表衰減過程；且本徵態為 $|1\rangle = \begin{bmatrix} 1 \\ 0 \end{bmatrix}$、

$\langle 1| = [1 \quad 0]$、$|2\rangle = \begin{bmatrix} 0 \\ 1 \end{bmatrix}$、$\langle 2| = [0 \quad 1]$；原子和電磁場的交互作

用能量（Interaction energy）為 $-\vec{\wp} \cdot \overrightarrow{\mathscr{E}}(t) = \begin{bmatrix} 0 & -\wp_{12}\mathscr{E} \\ -\wp_{12}\mathscr{E} & 0 \end{bmatrix}$。

[1]　試由上述的三個速率方程式求出 $\dfrac{d}{dt}(\rho_{11} + \rho_{22})$；

　　　$\dfrac{d}{dt}(\rho_{11} - \rho_{22})$；$\dfrac{d}{dt}\rho_{12} + i\omega\rho_{12}$。

[2]　因為在上、下能階的粒子總數隨著時間是不會改變的，即

　　　$\dfrac{d}{dt}(\rho_{11} + \rho_{22}) = 0 = -\gamma_1(\rho_{11} - \rho_{11}^{(0)}) - \gamma_2(\rho_{22} - \rho_{22}^{(0)})$。

　　　若令 $T_1 = \dfrac{\gamma_1 + \gamma_2}{2\gamma_1\gamma_2}$；$T_2 = \dfrac{2}{\gamma_1 + \gamma_2}$，

　　　則試証

$$\begin{cases} \dfrac{d}{dt}(\rho_{11} - \rho_{22}) + \dfrac{1}{T_1}[(\rho_{11} - \rho_{22}) - (\rho_{11}^{(0)} - \rho_{22}^{(0)})] = \dfrac{i2}{\hbar}\wp_{12}\mathscr{E}(\rho_{21} - \rho_{12}) \\ \dfrac{d}{dt}\rho_{12} + i\omega\rho_{12} + \dfrac{1}{T_2}\rho_{12} = \dfrac{-i}{\hbar}\wp_{12}\mathscr{E}(\rho_{11} - \rho_{22}) \end{cases}$$　。

[3]　若 $\hat{\rho} = \begin{bmatrix} \rho_{11} & \rho_{12} \\ \rho_{21} & \rho_{22} \end{bmatrix}$ 且 $\hat{\wp} = \begin{bmatrix} 0 & \wp_{12} \\ \wp_{21} & 0 \end{bmatrix}$，則試証 $\overrightarrow{\mathscr{P}} = N(\wp_{12}\rho_{21} + \wp_{21}\rho_{12})$。

[4]　由 Maxwell 方程式

$$\frac{d^2}{dt^2}\overrightarrow{\mathscr{E}}(t)+\gamma_0\frac{d}{dt}\overrightarrow{\mathscr{E}}(t)+\omega_0^2\overrightarrow{\mathscr{E}}(t)=-\frac{d^2}{dt^2}\overrightarrow{\mathscr{P}}(t)\ ,$$

其中 $\overrightarrow{\mathscr{P}}(t)$ 為雷射活性介質的巨觀電極化量（Macroscopic electric polarization of the active medium）；ω_0 為未受擾動時的共振模態頻率（Resonant frequency of the unperturbed cavity mode）；γ_0 為共振阻尼（Damping）。

又由於 $\overrightarrow{\mathscr{P}}(t)$ 和 $\overrightarrow{\mathscr{E}}(t)$ 是同方向平行的，即 $\overrightarrow{\mathscr{P}}(t)\|\overrightarrow{\mathscr{E}}(t)$，

則試証 $\dfrac{d^2}{dt^2}\mathscr{E}+\gamma_0\dfrac{d}{dt}\mathscr{E}+\omega_0^2\mathscr{E}=-N\dfrac{d^2}{dt^2}(\wp_{12}\rho_{21}+\wp_{21}\rho_{12})$。

[5] 我們把上述的三個方程式再列一次：

$$\frac{d}{dt}(\rho_{11}-\rho_{22})+\frac{1}{T_1}\left[(\rho_{11}-\rho_{22})-(\rho_{11}^{(0)}-\rho_{22}^{(0)})\right]=\frac{i2}{\hbar}\wp_{12}\mathscr{E}(\rho_{21}-\rho_{12})\ ;$$

$$\frac{d}{dt}\rho_{12}+i\omega\rho_{12}+\frac{1}{T_2}\rho_{12}=\frac{-i}{\hbar}\wp_{12}\mathscr{E}(\rho_{11}-\rho_{22})\ ;$$

$$\frac{d^2}{dt^2}\mathscr{E}+\gamma_0\frac{d}{dt}\mathscr{E}+\omega_0^2\mathscr{E}=-N\frac{d^2}{dt^2}(\rho_{12}\rho_{21}+\rho_{22}\rho_{12})\ 。$$

試說明其意義。

9-5 試由可觀測算符 $\hat{\mathscr{O}}$ 的期望值 $\langle\mathscr{O}\rangle$，

$$\begin{aligned}\langle\mathscr{O}\rangle&=\langle\psi(t)|\mathscr{O}|\psi(t)\rangle\\&=\langle\psi(0)|e^{+\frac{iHt}{\hbar}}\mathscr{O}e^{-\frac{iHt}{\hbar}}|\psi(0)\rangle\\&=\langle\psi(0)|\mathscr{O}(t)|\psi(0)\rangle\ ,\end{aligned}$$

其中 $\mathscr{O}(t)=e^{+\frac{iHt}{\hbar}}\mathscr{O}e^{-\frac{iHt}{\hbar}}$，

簡單說明 Schrödinger 圖象（Schrödinger picture）和 Heisenberg 圖象（Heisenberg picture）。

9-6 對於統計混合（Statistical mixture）的問題，我們經常要面對處理的是處於熱平衡狀態下的系統。

熱平衡狀態的密度矩陣 $\rho_{Equilibrium}$ 通常可以定義為

$\rho_{Equilibrium} \equiv \dfrac{e^{-\frac{\hat{H}}{k_B T}}}{Z}$，其中 k_B 為 Boltzmann 常數；T 為熱平衡的溫度；$\hat{H}$ 為 Hamiltonian；Z 為分割函數（Partition function）且為 $Z = Tr\left(e^{-\frac{\hat{H}}{k_B T}}\right)$。且若 $\hat{H}|n\rangle = E_n|n\rangle$，則系統處於量子狀態為 $|n\rangle$ 的機率 P_n 為 $P_n = \dfrac{e^{-\frac{E_n}{k_B T}}}{Z}$。

試以密度矩陣的方法求

[1] 在熱平衡狀態下，系統處於量子狀態為 $|n\rangle$ 的機率 P_n。

[2] 算符 $\hat{A}$ 的熱平均期望值（Thermally averaged expectation value）$\langle\langle A \rangle\rangle$。

9-7 有一個能量為 $\hbar\omega_a$ 和 $\hbar\omega_b$ 的二階量子系統（Two-state quantum system），若其所對應的本徵態為 $|a\rangle$ 和 $|b\rangle$，即 $\hat{H}|a\rangle = \hbar\omega_a|a\rangle$；$\hat{H}|b\rangle = \hbar\omega_b|b\rangle$；$\langle a|a\rangle = 1$；$\langle b|b\rangle = 1$ 且 $\langle a|b\rangle = 0$；$\langle b|a\rangle = 0$。

[1] 試分別以 Schrödinger 圖像和 Heisenberg 圖像寫出本徵態 $|a\rangle$ 隨時間的演進（Time evolution）的方程式。

[2] 在 $t=0$ 時，純粹態為 $|\phi(0)\rangle = \dfrac{1}{\sqrt{2}}(|a\rangle + i|b\rangle)$，試分別以 Schrödinger 圖像和 Heisenberg 圖像寫出 $|\phi(t)\rangle$。

[3] 在 $t=0$ 時，有一個混合態定義為：系統有 25% 處在狀態

$|\psi_1\rangle=\dfrac{1}{\sqrt{2}}(|a\rangle+|b\rangle)$；有 25% 處在狀態 $|\psi_2\rangle=\dfrac{1}{\sqrt{2}}(|a\rangle-|b\rangle)$；

有 50% 處在狀態 $|\psi_3\rangle=\dfrac{1}{\sqrt{2}}(|a\rangle+i|b\rangle)$，試寫出在 $t=0$ 時

的密度矩陣 ρ。

[4]　試分別在 Schrödinger 圖像中，密度算符 ρ_S 隨時間的演進
　　（Time evolution）的方程式；在 Heisenberg 圖像中，密度
　　算符 ρ_H 隨時間的演進（Time evolution）的方程式。

[5]　如果有一個算符 $\widehat{X}$ 具有的特性為 $\widehat{X}|a\rangle=|b\rangle$ 及 $\widehat{X}|b\rangle=|a\rangle$，
　　則試求期望值 $\langle x\rangle$。

9-8 現在有兩個本徵態 $|0\rangle=\begin{bmatrix}1\\0\end{bmatrix}$ 和 $|1\rangle=\begin{bmatrix}0\\1\end{bmatrix}$，其正交歸一的關係為

$\langle 0|0\rangle=[1\ 0]\begin{bmatrix}1\\0\end{bmatrix}=1$；$\langle 1|1\rangle=[0\ 1]\begin{bmatrix}0\\1\end{bmatrix}=1$ 且 $\langle 0|1\rangle=[1\ 0]\begin{bmatrix}0\\1\end{bmatrix}=0$。

由這兩個本徵態構成四個純粹態如下：

$|\phi_1\rangle=\cos\theta|0\rangle+\sin\theta|1\rangle$；$|\phi_2\rangle=\cos\theta|0\rangle-\sin\theta|1\rangle$；$|\psi_1\rangle=|0\rangle$；

$|\psi_2\rangle=|1\rangle$。

再由這四個純粹態構成兩個混合態為：

[1]　$\dfrac{1}{2}$ 的機率為 $|\phi_1\rangle=\cos\theta|0\rangle+\sin\theta|1\rangle$；$\dfrac{1}{2}$ 的機率為

　　$|\phi_2\rangle=\cos\theta|0\rangle-\sin\theta|1\rangle$，顯然 $\dfrac{1}{2}+\dfrac{1}{2}=1$。

[2]　$\cos^2\theta$ 的機率為 $|\psi_1\rangle=|0\rangle$；$\sin^2\theta$ 的機率為 $|\psi_2\rangle=|1\rangle$，顯

　　然 $\cos^2\theta+\sin^2\theta=1$。

試證明這兩個混合態是無法分辨的（Indistinguishable）。

9-9 簡單來說，我們可以把混合態視為純粹態聚集在一起的狀態，而每一個純粹態都有各自的機率，當然這些機率都小於 1；而機率的總和為 1。因為量子狀態通常會和環境糾結（Entanglement）在一起，無法一個一個的分開，所以我們會需要討論混合態。以下我們來看看如果一開始構成的混合態是不相同的，但是混合態的密度矩陣卻會是相同的。

[1]　$|0\rangle$ 和 $|1\rangle$ 構成的混合態是由 $\dfrac{1}{2}$ 機率的 $|0\rangle$；$\dfrac{1}{2}$ 的機率為 $|1\rangle$，

顯然 $\dfrac{1}{2}+\dfrac{1}{2}=1$，當中的兩個本徵態也是純粹態為 $|0\rangle=\begin{bmatrix}1\\0\end{bmatrix}$

和 $|1\rangle=\begin{bmatrix}0\\1\end{bmatrix}$，其正交歸一的關係為；$\langle 0|0\rangle=\begin{bmatrix}1&0\end{bmatrix}\begin{bmatrix}1\\0\end{bmatrix}=1$；

$\langle 1|1\rangle=\begin{bmatrix}0&1\end{bmatrix}\begin{bmatrix}0\\1\end{bmatrix}=1$ 且 $\langle 0|1\rangle=\begin{bmatrix}1&0\end{bmatrix}\begin{bmatrix}0\\1\end{bmatrix}=0$。

[2]　$|+\rangle$ 和 $|-\rangle$ 構成的混合態是由 $\dfrac{1}{2}$ 機率的 $|+\rangle$；$\dfrac{1}{2}$ 的機率為

$|-\rangle$，顯然 $\dfrac{1}{2}+\dfrac{1}{2}=1$，當中的兩個本徵態也是純粹態為

$|+\rangle=\dfrac{1}{\sqrt{2}}\begin{bmatrix}1\\1\end{bmatrix}$ 和 $|-\rangle=\dfrac{1}{\sqrt{2}}\begin{bmatrix}1\\-1\end{bmatrix}$，其正交歸一的關係為

$\langle +|+\rangle=\dfrac{1}{\sqrt{2}}\begin{bmatrix}1&1\end{bmatrix}\dfrac{1}{\sqrt{2}}\begin{bmatrix}1\\1\end{bmatrix}=1$；$\langle -|-\rangle=\dfrac{1}{\sqrt{2}}\begin{bmatrix}1&-1\end{bmatrix}$

$\dfrac{1}{\sqrt{2}}\begin{bmatrix}1\\-1\end{bmatrix}=1$ 且 $\langle +|-\rangle=\dfrac{1}{\sqrt{2}}\begin{bmatrix}1&1\end{bmatrix}\dfrac{1}{\sqrt{2}}\begin{bmatrix}1\\-1\end{bmatrix}$。

試分別寫出 $|0\rangle$ 和 $|1\rangle$ 構成的混合態的密度矩陣和 $|+\rangle$ 和 $|-\rangle$ 構成的混合態的密度矩陣。

Classical Electrodynamics, J. D. Jackson, John Wiley & Sons, 3rd edition, 1998.

Classical Mechanics, H. Goldstein, C. P. Poole Jr., and J. L. Safko, Addison-Wesley, 3rd edition, 2001.

Introduction to Quantum Mechanics, D. J. Griffiths, Pearson Prentice Hall, 2nd edition, 2004.

Lasers, K. Thyagarajan and A. K. Ghatak, Plenum press, 1981.

Modern Quantum Mechanics, J. J. Sakurai and J. J. Napolitano, Addison-Wesley, 2nd edition, 2010.

Principles of Quantum Mechanics, R. Shankar, Plenum Press, 2nd edition, 1994.

Quantum Mechanics, B. H. Bransden and C. J. Joachain, Addison-Wesley, 2nd edition, 2000.

Quantum Mechanics for Scientists and Engineers, D. A. B. Miller, Cambridge University Press, 2008.

Quantum Mechanics Non-Relativistic Theory, L. D. Landau and L. M. Lifshitz, Butterworth-Heinemann, 3rd edition, 1981.

Quantum Mechanics, Claude Cohen-Tannoudji, Bernard Diu, Frank Laloe, Wiley-VCH, 2 Volume Set edition, 1992.

Quantum Mechanics: A Paradigms Approach, D. McIntyre, Addison-Wesley, 1st edition, 2012.

Quantum Mechanics: Concepts and Applications, N. Zettili, John Wiley & Sons, 2nd edition, 2009.

Quantum Mechanics: Fundamentals and Applications to Technology, J. Singh, John Wiley & Sons, 1997.

Quantum Theory, D. Bohm, Prentice Hall College Div, 1st edition, 1959.

Statistical Mechanics, K. Huang, John Wiley & Sons, 2nd edition, 1987.

量子力學教程，曾謹言，科學出版社，2008。

索 引

國家圖書館出版品預行編目資料

近代物理／倪澤恩著. -- 二版. -- 臺北市：五南
圖書出版股份有限公司, 2023.06
面；　公分
I S B N：978-626-366-100-4（平裝）

1.CST: 近代物理

339　　　　　　　　　　　　　112007288

5BH2

近代物理
Modern Physics

作　　者 — 倪澤恩（478）

發 行 人 — 楊榮川

總 經 理 — 楊士清

總 編 輯 — 楊秀麗

副總編輯 — 王正華

責任編輯 — 金明芬

封面設計 — 姚孝慈

出 版 者 — 五南圖書出版股份有限公司

地　　址：106 台北市大安區和平東路二段 339 號 4 樓

電　　話：(02)2705-5066　傳　　真：(02)2706-6100

網　　址：https://www.wunan.com.tw

電子郵件：wunan@wunan.com.tw

劃撥帳號：01068953

戶　　名：五南圖書出版股份有限公司

法律顧問　林勝安律師

出版日期　2013 年 12 月初版一刷
　　　　　2023 年 6 月二版一刷

定　　價　新臺幣 580 元

經典永恆・名著常在

五十週年的獻禮——經典名著文庫

五南，五十年了，半個世紀，人生旅程的一大半，走過來了。

思索著，邁向百年的未來歷程，能為知識界、文化學術界作些什麼？

在速食文化的生態下，有什麼值得讓人雋永品味的？

歷代經典・當今名著，經過時間的洗禮，千錘百鍊，流傳至今，光芒耀人；

不僅使我們能領悟前人的智慧，同時也增深加廣我們思考的深度與視野。

我們決心投入巨資，有計畫的系統梳選，成立「經典名著文庫」，

希望收入古今中外思想性的、充滿睿智與獨見的經典、名著。

這是一項理想性的、永續性的巨大出版工程。

不在意讀者的眾寡，只考慮它的學術價值，力求完整展現先哲思想的軌跡；

為知識界開啟一片智慧之窗，營造一座百花綻放的世界文明公園，

任君遨遊、取菁吸蜜、嘉惠學子！